Peter Köppl/Martin Neureiter

●

Corporate Social Responsibility

Corporate Social Responsibility

Leitlinien und Konzepte im Management der
gesellschaftlichen Verantwortung von Unternehmen

Herausgegeben von

Peter Köppl
Martin Neureiter

Bibliografische Information Der Deutschen Bibliothek

Die Deutsche Bibliothek verzeichnet diese Publikation in der Deutschen Nationalbibliografie; detaillierte bibliografische Daten sind im Internet über http://dnb.ddb.de abrufbar.

ISBN 3-7073-0639-9

Es wird darauf verwiesen, dass alle Angaben in diesem Buch trotz sorgfältiger Bearbeitung ohne Gewähr erfolgen und eine Haftung der Autoren oder des Verlages ausgeschlossen ist.

© LINDE VERLAG WIEN Ges.m.b.H., Wien 2004
1210 Wien, Scheydgasse 24, Tel.: 01/24630
www.lindeverlag.at

Druck: Hans Jentzsch & Co. GmbH., 1210 Wien, Scheydgasse 31

Was ist Corporate Social Responsibility (CSR)?

Corporate Social Responsibility beschreibt die aktive, dem Unternehmensziel förderliche Übernahme der gesellschaftlichen Verantwortung eines Unternehmens in Abstimmung mit den für das Unternehmen relevanten Anspruchsgruppen (Stakeholdern) aus der Gesellschaft. CSR basiert im Wesentlichen auf drei als gleichwertig zu betrachtenden Säulen: der ökonomischen Verantwortung, der ökologischen Verantwortung und der gesellschaftlichen Verantwortung.

Die im deutschen Sprachraum gängige Übersetzung von CSR als „soziale Verantwortung" greift dabei zu kurz, beziehungsweise ist irreführend, da es im Managementkonzept CSR eben nicht nur um soziale Aspekte geht. Auch der ebenfalls eingebürgerte und mit CSR identisch verwendete Begriff der „Nachhaltigkeit" zieht sprachliche Missverständnisse nach sich: der Begriff Nachhaltigkeit stammt ursprünglich aus der Forstwirtschaft und beschreibt heute gemeinhin die Bereiche Umweltschutz, energieeffizientes und ressourcenschonendes Wirtschaften, also ausschließlich die Aspekt der ökologischen Verantwortung. Dies ist aber nur eine Säule der Corporate Social Responsibility.

Die gängige Kritik – ausschließlich die wirtschaftliche Verantwortung beschreibe die hard facts, während die gesellschaftliche Verantwortung nur die imagefördernden soft facts betone – ist bei näherer Betrachtung nicht aufrechtzuerhalten. Denn erst das Zusammenwirken aller drei Säulen ist der Schlüssel für Risikomanagement, Gestaltung des Umfeldes und damit für nachhaltigen Unternehmenserfolg. Die EU-Kommission hat dies trefflich zusammengefasst: „Corporate Social Responsibility ist ein Konzept, das den Unternehmen als Grundlage dient, auf freiwilliger Basis soziale Belange und Umweltbelange in ihre Unternehmenstätigkeit und in die Wechselbeziehungen mit den Stakeholdern zu integrieren, da sie zunehmend erkennen, dass verantwortliches Verhalten zu nachhaltigem Unternehmenserfolg führt." (Mitteilungen der EU-Kommission: „Die soziale Verantwortung der Unternehmen", Juli 2002)

Vorwort der Herausgeber

Corporate Social Responsibility – wieder einer jener unzähligen englischsprachigen Fachbegriffe, der in die alltägliche wirtschaftspolitische Diskussion Eingang gefunden hat. Für Politiker und Wirtschaftstreibende gilt es bereits als chic, das Wort bei Gastbeiträgen, Pressekonferenzen und Ansprachen beredt im Munde zu führen. Die Medien greifen es in der tagtäglichen Diskussion über die Verantwortung von Politik und Unternehmen in einer globalisierten Welt eifrig auf und verschafften dem Begriff in ungewohnt kurzer Zeit eine stattliche Karriere. Dass dabei prononcierte Kritiker unmittelbar folgen mussten, um Sinn und Zweck der intensivierten Beschäftigung von Unternehmen mit ihrer Verantwortung wieder in Frage zu stellen, leuchtet ein.

Bei genauerem Hinsehen macht sich allerdings Ernüchterung breit: Worüber reden wir hier eigentlich alle? Ein wohlklingender neuer Management-Trend? Ein Marketing-Gag potenter Großunternehmen für die übersättigten Konsumenten westlicher Ausprägung? Ein Spin gewiefter Polit-Strategen zur Verpackung von politischen Plänen? Oder gar ein treffendes Argument gegenüber den lauten Globalisierungsgegnern?

Es wäre müßig, alle diese Aussagen richtig stellen zu wollen. Einfacher ist die historische Chronologie der gesellschaftlichen Verantwortung von Unternehmen – denn die ist so alt wie die Geschichte der Wirtschaft selbst. Unternehmen agieren seit jeher als zentraler Bestandteil ihrer lokalen Kommune, de facto als „Bürger der Gesellschaft". Von dort beziehen sie nicht nur Grundstoffe und Mitarbeiter, sondern ihre gesamte Legitimation. Und in diese Gesellschaft liefern sie im Gegenzug ihre Leistungen und Produkte ebenso wie Löhne und Gehälter. Spätestens mit der Einführung der Steuern und Abgaben dehnte sich die Leistungserbringung von Unternehmen auch auf die übergeordnete gesellschaftliche Ebene aus. Doch was für einen kleinen Betrieb selbstverständlich und betriebsnotwendig ist – die gegenseitig befruchtende Symbiose mit der lokalen oder regionalen Gesellschaft und Umwelt – wird für ein überregionales Unternehmen bereits zur Herausforderung. Und erst recht für international oder global agierende Konzerne. Auf dem Weg zur internationalen Wirtschaftsgemeinschaft verkümmerten viele Aspekte diese vielschichtigen „guten Bürgerschaftsbeziehungen".

Spätestens die konfliktschwere Diskussion der 1970er Jahre über die (All-) Macht der multinationalen Konzerne und die Ohnmacht der Bürger gab den Startschuss dafür, die auseinander gedrifteten Enden wieder zusammenzuführen. Behauptetes oder tatsächliches Fehlverhalten von Unternehmen trugen das Ihre dazu bei, eine intensive Beschäftigung – wissenschaftlicher wie praktischer Natur – auszulösen. Im deutschsprachigen Raum lag der Fokus auf immer strengeren Umweltschutzbestimmungen, die die unternehmerischen Pflichten zusätzlich zu den bestehenden Sozialgesetzgebungen zu erfüllen hatten. Trotz Widerspruch sind die Aspekte der Umweltschutzes heute weit gehend integrierter Bestandteil der unternehmerischen Praxis.

Anders die Entwicklung in den USA. Dort begannen bereits Ende der 1960er Jahre die Initiativen, die Veranlagungen von Pensionsfonds an Vorgaben zu binden. Die kalifornische Lehrergewerkschaft war denn historisch gesehen das erste bekannte Großinvestment, dass seine Pensionsbeiträge ausschließlich in „nachhaltig wirtschaftende Unternehmen" veranlagen wollte, womit eine ganze Branche – „social responsible investment" – ihren Ursprung fand. Die jüngsten Entwicklungen dieser Richtung sind bekannt: etwa der „FTSE4Good" Index in London oder das Dow Jones Sustainability Rating.

Womit wir gegen Ende der 1990er Jahre wieder in Mitteleuropa, dem Ausgangspunkt der ersten modernen Wirtschaftsbetriebe angelangt wären. Hier zeigen mittlerweile alle Barometer betreffend Glaubwürdigkeit der Wirtschaft steil nach unten – Rationalisierung und Globalisierung sind zu umgangssprachlichen Reizwörtern geworden und der Abschwung des Wirtschaftszyklus führt zu einer polarisierten, emotionalisierten und ideologisierten Diskussion, die die Vertrauensfragen wieder in den Vordergrund stellt.

Werkschließungen, Umweltverschmutzung, Kurzarbeit, Abwanderungen von Fabriken, Nebenwirkungen, Produktmängel, Preisanstieg – haben denn die Unternehmen überhaupt keine Verantwortung mehr? Es bedurfte weder der in chinesischen Arbeitslagern gefertigten Nobel-Sportschuhe noch der skandalumwitterten Pleiten von Enron oder Parmalat, um die Diskussion über die Verantwortung der Wirtschaft wieder mehr in den Mittelpunkt zu stellen. Denn die Anspruchsgruppen der Unternehmen – die Konsumenten, Mitarbeiter, Anrainer, Pensionisten, Jugendliche, Politiker, Medien – waren längst hellhörig geworden. Und nicht nur die UNO, die EU-Kommission und die OECD hatten mit entsprechenden Initiativen längst reagiert. Auch die Analysten und Investoren sowie die Gesetzgebung mehrerer europäischer Länder hatten sich der Thematik bereits angenommen.

Auf der Suche nach entsprechenden Antworten griffen die Unternehmen sowie die Unternehmerverbände auf Arbeiten und Leistungen anderer Länder zurück – aus der beschriebenen Wirtschaftsgeschichte der vergangenen 40 Jahre war im Wechselspiel zwischen den USA und den skandinavischen Ländern das Managementsystem der „Corporate Social Responsibility" entstanden. Dieses Konzept ist – mit entsprechenden Adaptionen – auch im deutschsprachigen Raum umsetzbar.

Aktuell wird über die Art und Weise der Umsetzung und Implementierung diskutiert. Dieses Buch versteht sich in diesem Zusammenhang als niedergeschriebener Stakeholder-Dialog zum Thema CSR. Hier werden von unterschiedlichsten gesellschaftlichen Kräften – von der Katholischen Kirche, über die Gewerkschaften bis hin zu Transparency International – unterschiedliche Zugänge zum Thema aufgezeigt. Weiters kommt die Politik ebenso zu Wort wie Nichtregierungsorganisationen, Finanzexperten und Konsumentenschützer. Außerdem stellen höchst unterschiedliche Unternehmen ihre ganz praktische Herangehensweise an CSR vor – mit unterschiedlichen Zielen und Strategien.

Dieses Buch ergibt daher einen spannenden Einblick in die Vielschichtigkeit des Themas mit dem Ziel, zur Diskussion, Entwicklung und Etablierung von Corporate Social Responsibility im deutschsprachigen Raum beizutragen. Im Interesse der Unternehmen ebenso wie im Interesse der Gesellschaft.

Dieses Buch wäre nicht zustande gekommen, hätten nicht alle Autoren ohne zu zögern zugestimmt, ihre Sicht zum Thema CSR auf Papier zu bringen und uns zur Verfügung zu stellen. Dafür, dass sich alle Autoren bereit erklärten, einen Beitrag dazu zu leisten, die Diskussion im deutschsprachigen Raum über CSR wieder ein Stück voranzutreiben, gebührt unser ganz besonderer Dank.

Als Herausgeber möchten wir auch all jenen ganz besonders danken, die sonst zum Zustandekommen dieses Buches beigetragen haben, sei es durch Kritik oder Lob, Anregungen oder Ablehnungen. Letztere haben uns ganz besonders motiviert, an diesem Thema weiterzuarbeiten. Vor allem möchten wir dem Team von Kovar & Köppl Public Affairs Consulting – Edith Hierzenberger, Walter Osztovics und Andreas Kovar – danken, auch dass sie uns die Zeit gegeben haben, dieses Buch zusammenzustellen. Natürlich gebührt auch Dank den Lebenspartnern Sandra und Elma und ganz besonders meiner Tochter Mia, die eine Quelle der Inspiration ist.

Wien, im März 2004   Peter Köppl
                                                         Martin Neureiter

Inhaltsverzeichnis

Inhaltsverzeichnis

Gesellschaftliche Verantwortung als Business-Motor: Was ist Corporate Social Responsibility? Ein globaler Rundgang.

von *Peter Köppl* und *Martin Neureiter*

„Der Erfolg eines Unternehmens kann heute nicht mehr nur unter rein ökonomischen Aspekten gesehen werden. Es gilt vielmehr, als Unternehmen die Balance zu finden zwischen ökonomischen, ökologischen und sozialen Zielen. Diese drei Säulen der Nachhaltigkeit stehen nicht im Konflikt zueinander, sondern sind das Fundament für den langfristigen Erfolg eines Unternehmens. Nachhaltigkeit begründet Zukunftsfähigkeit. Das gilt für Wirtschaft, Gesellschaft und Politik, das gilt noch mehr für ein nachhaltig wirtschaftendes Unternehmen, das sich damit als Corporate Citizen ebenso aktiv in der Gesellschaft positionieren will, wie es sich im Wettbewerb behaupten muss."

Joachim Milberg, Vorstandsvorsitzender BMW AG (Nachhaltigkeitsbericht 2002)

„Wir bei British Telecom sind der Überzeugung, dass das Schaffen von Wert für Stakeholder der richtige Weg ist, um Gewinne für unsere Shareholder zu erzeugen. Wir glauben, dass die Maximierung der Kunden- und Mitarbeiterzufriedenheit, die Zusammenarbeit mit Lieferanten zum gegenseitig Besten und das Verantwortungsbewusstsein für unsere Handlungen gegenüber der Gesellschaft ebenso von Bedeutung sind wie Gewinne zu erzielen. Weil alle diese Faktoren in Wahrheit dasselbe sind. Denn durch die Berücksichtigung der Stakeholder-Interessen schaffen wir Shareholder-Value."

(British Telecom Enlightened Values Report, Oktober 2001)

Geprägt durch Umweltkatastrophen, gefälschte Finanzberichte, Kinderarbeit, Diskriminierung am Arbeitsplatz und ähnliche Skandale geraten in einer sensiblen und kritischen Öffentlichkeit die Wirtschaftsunternehmen unter zunehmend aufmerksame Beobachtung. Nicht nur die Kunden, auch alle direkt und indirekt betroffenen Anspruchsgruppen fordern Transparenz, Verantwortlichkeit und die Berücksichtigung ihrer Interessen von den Unternehmen ein. Vertrauen und Verantwortungsbewusstsein gehen weit über Produktkommunikation und inszenierte Produkterlebnisse hinaus und beziehen das gesellschaftliche Verhalten des Unternehmens mit ein. Das Unternehmen und sein Verhalten hinter den Produkten, Marken und Erfolgen wird zusehends zum kaufentscheidenden Faktor.

Erfolgreich zu sein erfordert daher auch klimagestaltend tätig zu werden. Der Aufbau von Vertrauen und die Ausgestaltung der Unternehmenspersönlichkeit stehen im engen Zusammenhang mit den Aspekten Verantwortung und Legitimität gegenüber den Anspruchsgruppen. Gefragt ist „the company with good citizenship" und seine gesellschaftliche Verantwortung. Das oberste Ziel jedes Unternehmens ist es, wirtschaftlich erfolgreich zu sein. Ohne dem können auch andere Verantwortungen nicht wahrgenommen werden. Corporate Social Responsibility spricht diese weiteren Verantwortlichkeiten einer Organisation an und macht sie gestaltbar: Unternehmen sind heute der Gesellschaft sowie den Stakeholdern (sprich den Anspruchsgruppen) gegenüber verantwortlich für ihre Aktivitäten und Handlungen. Ökonomische, ökologische und soziale Verantwortlichkeit bilden eine Einheit und sind eine Messgröße für die Bewertung eines Unternehmens, weit über Image und Erfolg der Produkte hinaus. Ausschlaggebend für den unternehmerischen Erfolg ist die „Corporate Social Performance", also die Ausgestaltung der gesellschaftlichen Verantwortung eines Unternehmens als Bürger der Gesellschaft.

I. Änderung der Erwartungen: Vom Shareholder- zum Stakeholder-Interesse

„Die einzige Verantwortung eines Wirtschaftsunternehmens ist es, Gewinne zu schreiben." Dieses – von Milton Friedman stammende – Credo einer ganzen Manager- und Mediengeneration, das die 80er und 90er Jahre des 20. Jahrhunderts dominierte, wurde nicht zuletzt von Globalisierungsgegnern in Seattle, Washington D.C., Genua und Salzburg mit Füßen getreten. Aber auch einzelne Wirtschaftskapitäne und Analysten dies- und jenseits des Atlantiks haben das Ihre dazu beigetragen, den reinen Glauben an die pure Shareholder-Orientierung in die Fußnote der Geschichtsbücher zu verweisen. Glaubwürdigkeit, Ehrlichkeit und Angemessenheit des wirtschaftlichen Agierens vor dem Hintergrund der Gewinnmaximierung stehen weltweit am Pranger.

Vor diesem Hintergrund haben sich alle Beteiligten die Frage zu stellen: Wie viel Glaubwürdigkeit hat die Wirtschaft noch? Denn diese Diskussion ist geprägt von Kriminalitätsvorwürfen gegenüber Spitzen-Managern, Boykottaufrufen wegen Kinderarbeit in der Dritten Welt, massiven Entlassungswellen, ökologischen Katastrophen und Fragen der sozialen Nachhaltigkeit von Investitionen. Denn jedes Unternehmen wird heute verstärkt anhand außerökonomischer Kriterien bewertet. Deshalb stellen Mitarbeiter, Medien, Konsumenten und die Politik bohrende Fragen nach sozialer, ökologischer und ökonomischer Verantwortung. Nicht nur die Unternehmen formulieren ihre Strategien dazu. Immer mehr Stakeholder artikulieren eigene Kriterien der für sie relevanten Verantwortung. Aus der Sicht des Managements heißt die Frage daher: In welchem Verhältnis stehen Verantwortung und Unternehmensgewinn? Wie viel Verantwortung ist genug Verantwortung?

„Die Ära des Shareholder-Value neigt sich ihrem Ende zu", schrieb Allan Kennedy von der „Financial Times" (Kennedy, 2001) und regt an, das „Primat des Shareholder-Value als Haupttriebfeder zu überdenken", und zwar zugunsten einer intensiven Stakeholder-Orientierung von Unternehmen. Denn diese gesellschaftlichen Gruppen, so die Analyse des Financial Times-Autors, die im Zuge der Shareholder-Value-Ära unter Druck gesetzt oder gar ausgebeutet wurden, sind es, die nunmehr verstärkt die Erfolgsparameter der Wirtschaft definieren. Die Veränderung der Unternehmensbeziehungen zu den zentralen Anspruchsgruppen Mitarbeiter, Lieferanten, Kunden und Staat – verstanden als das gesellschaftspolitische Umfeld – stehen heute als Prämisse im Mittelpunkt der Erfolgsmaximierung. Ohne Anpassung an diese Anspruchsgruppen und Abgleichung der Anliegen, Ziele und Wertkodices werden gewinnorientierte Unternehmen faktisch von ihrem Umfeld zu teils kostenintensiven, teils konfliktreichen Veränderungen gezwungen.

Unternehmen als Bürger der Gesellschaft

Wie sind also die erforderliche Gewinnorientierung und die geforderte Gesellschaftsverträglichkeit im Day-to-day-Business vereinbar? Auf diese Fragestellung lässt sich die neue Herausforderung für das Top-Management drastisch verkürzen. Es wäre freilich falsch, das Streben nach wirtschaftlichem Erfolg als Motor der unternehmerischen Aktivität gänzlich in Abrede zu stellen. In kapitalistischen Gesellschaften westlicher Ausprägung kann und wird die Gewinnorientierung von Unternehmen das bestimmende Element bleiben, unabhängig von den noch zu erwartenden Ausprägungen der Corporate Social Responsibility. Die Geschichte der gesellschaftlichen Entwicklung zeigt dabei eine konstante Lernkurve. Die Vorläufer der heutigen Wirtschaftsunternehmen stammen aus kleinen Städten in Frankreich. Vor Jahrhunderten erkannten dort die Bürger, dass sie ihre Bedürfnisse für Güter und Dienstleistungen am besten durch Zusammenarbeit und Spezialisierung stillen konnten, anstatt weiter auf individuelle Selbstversorgung zu setzen. Unternehmen wurden – und werden – gegründet, weil die Gesellschaft sie benötigt. Als Produzenten von notwendigen Gütern, Anbieter der nachgefragten Dienstleistungen, Erhalter von Arbeitsplätzen und letztlich als Steuerzahler. Dieser Grundsatz gilt auf lokaler Ebene ebenso wie auf globaler.

„Eigentum verpflichtet", auf diese Formel bringt das Deutsche Grundgesetz den Kerngedanken des unternehmerischen Engagements für die Gesellschaft. Jeder Mensch verknüpft in seinem Handeln den Eigennutz mit dem Gemeinwohl, etwa im Bereich der Nachbarschaftshilfe, der Kirchengemeinde, am Arbeitsplatz etc. Auch die „ehrenamtliche" oder freiwillige Betätigung für kommunale, soziale, kirchliche, karitative oder ähnliche Zwecke gehört zum menschlichen Selbstverständnis. Dieses bürgerliche Engagement ist aber nicht nur eine Selbstverständlichkeit, sondern auch eine Notwendigkeit für das Funktionieren von Gesellschaften. Wir spenden Geld oder Zeit für das Gemeinwohl, für die Gemeinde, in der wir leben, um damit unser gesellschaftliches Umfeld mitzugestalten.

Daraus leitet sich auch jene Managementphilosophie ab, die im angloamerikanischen Raum „giving back to society" genannt wird. Darunter ist nichts anderes zu verstehen als die Erkenntnis des ordentlichen Kaufmanns, dass ohne Verständigung und Übereinstimmung mit der Unternehmensumgebung kein Geschäft zu machen ist. Oder anders gesagt: Unternehmen sind „Bürger" der Gesellschaft und so wie dem Einzelnen kommen auch einem Unternehmen damit Rechte und Pflichten zuteil, und zwar im Bereich der Aus- und Mitgestaltung der Gesellschaft, dem Umgang mit den zum Einsatz kommenden Ressourcen sowie dem Umgang mit der wirtschaftlichen Verantwortung. Über Jahrhunderte hinweg wurde darüber nicht wirklich debattiert und dennoch folgte eine Phase der Prosperität der anderen. Warum ist diese Debatte jetzt auf globaler wie lokaler Ebene so aktuell? Ist die Wirtschaft wirklich verantwortungsloser geworden oder hat sie mit geänderten Ansprüchen aus der Gesellschaft zu kämpfen? Eine monokausale Antwort darauf ist weder möglich noch zulässig. Belegbar sind jedenfalls die sich ändernden Ansprüche an das unternehmerische Verhalten seitens der Zivilgesellschaft und seiner Gruppen.

Mobilisierung der Transparenz

Die Produkte und Dienstleistungen werden immer ähnlicher, die Unternehmensidentitäten immer diffuser. Daher werden das Unternehmen und sein Verhalten hinter den Produkten, Marken und Erfolgen zusehends zum kaufentscheidenden Faktor. Doch nicht nur die Konsumenten, auch alle direkt und indirekt betroffenen Stakeholder fordern Transparenz und Verantwortlichkeit von den Unternehmen ein. Nicht nur diese Forderungen selbst, sondern auch die steigende Professionalisierung der Artikulation der Forderungen sind für viele Unternehmen und politische Entscheidungsträger neu. Unterstützt durch global vernetzte Medienunternehmen, die ihrerseits ebenfalls der Gewinnmaximierung folgen – in diesem Fall durch Quote und Auflage – werden selbst nur durchschnittlich relevante Aspekte zu Skandalen aufgebaut. Geht es darum, das Verhalten eines Unternehmens anzukreiden, sind Verbrauchergruppen,

Nichtregierungsorganisationen und Internet-Plattformen ebenso rasch errichtet, wie sich politische Entscheidungsträger finden, die im Sog dieser inszenierten Öffentlichkeit ihre „15 minutes of fame" suchen. Verständlich, auch Politiker bewegen sich am Markt und wollen gewählt und bekannt sein. Auch ein Streik, eine Demonstration oder ein Boykott sind heutzutage flink arrangiert, denn im Kern reicht ein Medienbericht darüber, um die entsprechende Aufmerksamkeit zu erzielen. Dieses Inszenieren von Nachrichten durch Kommunikationsprofis ist zweifelsohne mehr als nur eine Zeiterscheinung und in jedem Fall bei Wirtschaftsunternehmen ebenso wie bei Gewerkschaften, Politikern und Nichtregierungsorganisationen in gleichem Maße professionell ausgeprägt.

„Beweislastumkehr" ist eine treffende Bezeichnung aus der Rechtslehre für diesen gegenüber Unternehmen entstehenden Legitimationsdruck. Die Bereitstellung von Gütern und Dienstleistungen für die Gesellschaft reichen als Legitimationsdokumentation nicht mehr aus, um Einklang der Interessen herzustellen. „Giving back to society" wird aktiv eingefordert, verknüpft mit konkreten Forderungen. Reichte vor wenigen Jahren der möglichst günstige Verkaufspreis eines Marken-Sportschuhs aus, so ist dasselbe Unternehmen heute aufgefordert, zuerst zu beweisen, dass bei der Herstellung keine Menschenrechte verletzt werden und mit den natürlichen Ressourcen schonend umgegangen wird. Lockten Handelsketten früher ihre Konsumenten mit einer möglichst breiten Palette an Produkten in die Geschäfte, so fordern Konsumenten heute vorab ein generelles Bekenntnis gegen Gentechnik in Lebensmitteln. Manche Unternehmen haben dieses geänderte Konsumentenverhalten – Stichwort: „New Consumerism" – zur bestimmenden Kraft ihres Wirtschaftens erhoben: „The Body Shop" etwa machte weltweit Furore mit der Garantie, nur Kosmetikprodukte zu verkaufen, die ohne Tierversuche hergestellt werden. „Ben & Jerry's Icecream" in den USA garantiert die ausschließliche Verwendung von lokalen Grundstoffen aus nachhaltiger Produktion, spendet einen zweistelligen Prozentsatz des Gewinns für soziale Projekte und verlangt für Eiscreme außerdem deutlich höhere Preise als die Konkurrenz – sehr erfolgreich noch dazu (aus: Köppl, 2003, Seite 148).

Kritische Konsumenten

„Ich wäre mehr dazu geneigt, die Produkte eines Unternehmens zu kaufen, von dem ich weiß, dass das Unternehmen hilft, die Gesellschaft zu verbessern." Diese Aussage findet immerhin bei 86 Prozent der befragten Konsumenten in Frankreich, Deutschland, Italien und England Zustimmung („Europäische Einstellungen zum Corporate Community Investment", Fleishman-Hillard / Ipsos 1999). Neben den Konsumenten haben auch die Investmentgesellschaften auf diesen globalen Trend reagiert. „Ethische Fonds" sind en vogue, die Londoner Börse hat mit dem „FTSE 4 Good" Segment, in dem nur nachhaltig agierende Unternehmen gelistet werden, ebenso wirtschaftlichen Erfolg wie die Dow Jones Gruppe mit dem „Dow Jones Sustainability Index". Weltweit denken politischen Institutionen, von der UNO bis zur Europäischen Union, über Regulierungsmechanismen für diese Bereiche nach und nicht nur bestehende NGOs fokussieren sich auf das Schlagwort der Nachhaltigkeit von Unternehmen, sondern rund um diese Thematik entstehen außerdem laufend neue Nichtregierungsorganisationen.

Kann die Wirtschaft diesem gesellschaftlichen Legitimationsdruck standhalten? Und wenn ja, welche Strategien sind nicht nur erfolgreich, sondern auch glaubwürdig? Bis dato existiert kein einfaches, allgemeingültiges Schema dafür. Diverse konkrete Ansätze zeigt dieses Buch auf. In Österreich und Deutschland wurde beispielsweise mit der Erarbeitung eines Corporate-Governance-Kodex der Umgang mit wirtschaftlicher Verantwortung neu definiert. Damit scheint gleichzeitig der Damm gebrochen für Regulierungsmaßnahmen und damit letztlich auch der Möglichkeit von politisch-regulativer Intervention.

Einer der hemmenden Faktoren bei dieser Thematik ist das existierende Begriffswirrwarr. Zum einen wird etwa „giving back to society" oftmals falsch verstanden als „Freikaufen" – in Sorge um das Unternehmensimage werden Geldmittel einfach diversen Organisationen und gemeinnützigen Zwecken nachgeworfen, ohne auf die Nachhaltigkeit dieser Maßnahme zu achten. Der Begriff Nachhaltigkeit selbst, der fälschlicherweise im deutschen Sprachraum als Übersetzung für CSR und Sustainability gleichermaßen herhalten muss, wird dazu weit gehend mit ökologischer Nachhaltigkeit gleichgesetzt. Corporate Social Responsibility ist zweifelsohne mehr: darunter wird die aktive, dem Unternehmensziel förderliche, Übernahme der gesellschaftlichen Verantwortung eines Unternehmens verstanden – und zwar in allen drei Bereichen: ökonomische, ökologische und gesellschaftliche (soziale) Verantwortung. Aus der Summe der entsprechenden Maßnahmen resultiert das Bewusstsein, sich als „Corporate Citizen", als Bürger der Gesellschaft zu verhalten.

Kurz gesagt: Corporate Citizenship bezeichnet das Selbstverständnis eines Unternehmens als verantwortungsvoller Bürger der Gesellschaft, dem daraus bestimmte Rechte, aber auch bestimmte Pflichten zukommen. Corporate Social Responsibility ist das aus diesem Grundverständnis abgeleitete Managementprinzip der aktiven Übernahme der Verantwortung des Unternehmens für die Gesellschaft – zum Vorteil von Unternehmen und Gesellschaft. Sustainable Development und Corporate Sustainability sind im Kern andere Begriffe für dieses nachhaltige Managementprinzip im Sinne des „gesellschaftsverträglichen Wirtschaftens" durch die Berücksichtung aller relevanten Verantwortungsbereiche.

Ein zweiter hemmender Faktor, der zur Verwirrung rund um das Thema CSR beiträgt, ist die Tatsache, dass die Übernahme gesellschaftlicher Verantwortung oftmals als „PR-Trick" verstanden wird – und zwar von den Unternehmen selbst. Nicht nur, dass diese Vorgangsweise von allen beteiligten Stakeholdern rasch durchschaut wird, es widerspricht in diesem Verständnis auch grundlegend dem eigentlichen Zweck. Dem Management von Risiken im Unternehmensumfeld und der Herstellung von Ausgleich der unterschiedlichen Erwartungshaltungen gegenüber dem Unternehmen mit dem Ziel, die wirtschaftliche Performance durch gesteigerte Gesellschaftsverträglichkeit zu verbessern. Oder, wie es bei Dow Jones heißt: „Only sustainable value is good shareholder value."

II. Spurensuche: Was ist CSR und warum gewinnt es an Bedeutung?

Was versteht man nun aber konkret unter Corporate Social Responsibility? Ein klarer Leitgedanken ist, dass sich Corporate Social Responsibility mit dem strategisch geplanten, wohlwollenden Verhalten eines Unternehmens gegenüber allen Interessengruppen befasst, abseits von rechtlichen Zwängen und Richtlinien. Die Beispiele für das entsprechende Handeln sind facettenreich, etwa die Investments in ein lokales Gemeinschaftsprojekt, die Zuschüsse für Ausbildungseinrichtungen, die Einrichtung einer Wohltätigkeitsorganisation oder Stiftung, oder die Pflege von Geschäftsbeziehungen zu lokalen Geschäften und Betrieben (folgende Darstellung nach: Köppl, 2003).

Unternehmen leben und zehren vom Human- und Sozialkapital der Gemeinde, in der sie aktiv sind, ihren Standort oder Produktionsstätte haben. Als „Bürger" der Gesellschaft verfügen Unternehmen über Rechte und Pflichten gleichermaßen. Neben dem Erhalt von Arbeitsplätzen, der Bereitstellung von Gütern und Dienstleistungen sowie der Entrichtung der Abgaben und Steuern – die klassischen Pflichten des Unternehmens als Bürger – existieren weiter gehende vielfache Erwartungshaltungen der Gemeinde gegenüber dem Unternehmen. Anders gesagt: Neben dem Recht auf Mitgestaltung gibt es auch die Pflicht zur Mitwirkung, etwa durch karitatives oder soziales Engagement oder durch andere Wege, um die aus der Gemeinschaft erzielten Vorteile an die Gesellschaft zurückzugeben. Verständlich wird dieser Grundsatz unter der Bezeichnung „giving back to society".

Nichtökonomische Bewertungskriterien

Die Gesellschaft ist in vielfacher Art und Weise von der Existenz und dem Erfolg der Wirtschaft abhängig. Primär wird erwartet, dass Arbeitsplätze geschaffen und erhalten werden, denn dadurch wird der Lebensstandard bestimmt. Steuern und Abgaben der Unternehmen wiederum sind unerlässlich für die Finanzierung lokaler, regionaler und überregionaler Serviceeinrichtungen. Die Verflechtungen zwischen den Unternehmen stimulieren darüber hinaus Handel, Wirtschaftswachstum und die Schaffung neuer Technologien. Auch davon profitiert letztendlich die Gesellschaft. Unternehmen definieren damit die wirtschaftliche Kraft im Umkreis ihrer Tätigkeit – speziell lokal und regional, aber auch überregional. Diese zentrale Rolle in der Gesellschaft führt jedoch auch dazu, dass vielfach ein Missbrauch dieser wirtschaftlichen Macht befürchtet oder vermutet wird. Da jede Entscheidung eines Unternehmens – beispielsweise eine Betriebsansiedlung oder die Aufgabe eines Standorts – die Bevölkerung und damit die Gemeinde unmittelbar betreffen, wird nicht nur Transparenz verlangt, sondern auch erwartet, dass sich die Unternehmen ihrer diversen Verantwortungen bewusst sind und ihnen nachkommen. Das „eiserne Gesetz der Verantwortung" besagt demnach, dass langfristig gesehen nur jene Unternehmen erfolgreich sind, die ihre Macht und ihr Potenzial so einsetzen, wie es die Gesellschaft für verantwortungsvoll erachtet. Oder umgekehrt, Unternehmen, die ausschließlich auf ihre ökonomischen Erfolge abstellen und die Interessen ihrer Stakeholder beharrlich außer Acht lassen, weniger Rückhalt in und Unterstützung von der Gesellschaft erwarten können.

Die Konsumenten bewerten Unternehmen ebenso wie politische Entscheidungsträger und andere Teile der Gesellschaft nicht nur nach dem wirtschaftlichen Erfolg, sondern auch anhand außerökonomischer Faktoren. Damit im Zusammenhang steht die von allen Stakeholdern eingeforderte gesellschaftliche Verantwortung eines Unternehmens als zusätzlicher Faktor der Kaufentscheidung.

So sehr auch die Übernahme gesellschaftlicher Verantwortung von den Unternehmen erwartet wird, niemand verlangt, dass jedes Wirtschaftsunternehmen eine karitative Organisation ist. Speziell die primäre Ausrichtung, nämlich wirtschaftlich erfolgreich zu sein, stellt niemand ernsthaft in Abrede, denn dieser Erfolg schafft erst die Basis für das Übernehmen spezieller Verantwortung. Die Grenzen der Übernahme von Verantwortung liegen in den Bereichen Legitimität, Kosten, Effizienz und Komplexität: Legitimität – niemand kann sich von „schlechtem" Handeln freikaufen; Kosten – der Ertrag kann und soll nicht geschmälert werden; Effizienz – wirksame Aktionen sind wichtiger als große, teure und nur schöne; Komplexität – die Errichtung von Parallelstrukturen etwa zu staatlichen Einrichtungen ist ebenfalls nicht zielführend. Klarerweise erwartet die Gesellschaft ein Höchstmaß an unternehmerischer Verantwortung, die effektive Umsetzung muss jedoch im Rahmen des Machbaren und Sinnvollen bleiben. Letztlich sind es Entscheidungen über die Strategie des Unternehmens und die langfristigen Ziele, die diese Überlegungen bestimmen.

Bei Corporate Social Responsibility geht es demnach um die Effekte der unternehmerischen Handlungen auf die Mitarbeiter, die Gesellschaft, die Politik und die Umwelt. Die gesetzlichen Auflagen definieren die Mindeststandards und die Gesellschaft gibt ethische und moralische Standards vor. Die Erwartungen einzelner Stakeholder-Gruppen gehen jedoch weit über die – selbstverständliche – Einhaltung der Vorschriften hinaus. Ansprüche und Erwartungen ändern sich ständig. Das Kernstück dabei ist die Verantwortung eines Unternehmens gegenüber den Eigentümern und Investoren sowie gegenüber anderen Stakeholdern im Sinne der Nachhaltigkeit in allen Belangen des unternehmerischen Handelns. Unabhängig von der Unternehmensgröße und dem Unternehmensgegenstand existieren nachstehende Verantwortungsbereiche eines Unternehmens, die allesamt Auswirkung auf den wirtschaftlichen Erfolg nach sich ziehen („triple-bottom-line"):

Die drei zentralen Verantwortungsbereiche eines Unternehmens

(1) **Verantwortung gegenüber der Gesellschaft/soziale Verantwortung:** Kunden haben ebenso wie die Gesellschaft Interesse am Verhalten und Engagement eines Unternehmens. Das Unternehmen kann daraus Vorteile in den Bereichen Glaubwürdigkeit und Vertrauen gewinnen – bis hin zur Kundenloyalität und Markentreue. Dazu gehört weiters die *Verantwortung gegenüber den Mitarbeitern*: Motivation und Leistungsfähigkeit der Mitarbeiter sind ein zentrales Kapital des Unternehmens und haben damit direkte Auswirkung auf die Produktivität. Auch die *Verantwortung gegenüber der Politik* zählt zu diesem Bereich: Über die Einhaltung von gesetzlichen Auflagen hinausgehend, wird durch gelebtes gesellschaftliches Engagement und Transparenz die Basis für eine Kooperation zwischen Politik und Unternehmen geschaffen

(2) **Verantwortung gegenüber der Umwelt:** Die Umweltverträglichkeit des Handels im Rahmen der Wertschöpfungskette wird mehr und mehr zu einem Messkriterium für alle Stakeholder – speziell für Investoren – und damit den finanziellen Kennzahlen beinahe ebenbürtig.

(3) **Wirtschaftliche Verantwortung:** Corporate Governance wird immer mehr in direkten Zusammenhang mit der wirtschaftlichen Performance gebracht. Im Mittelpunkt stehen Fragen nach Offenheit und Transparenz, Hierarchien, der Rolle der Vorstände beziehungsweise der Aufsichtsräte bei Ergebnisverantwortung sowie Manager-Gehälter.

Warum ist CSR wichtig?

Der Corporate-Social-Responsibility-Gedanke wurde im Laufe des vergangenen Jahrzehnts in Großbritannien zu einem anerkannten und geläufigen Geschäftsmodell entwickelt. Dieser Zuspruch ist auf das steigende Bewusstsein der Konsumenten zurückzuführen, die in zunehmenden Maße kritisch die Herkunft von Produkten hinterfragen oder wissen wollen, ob ein Unternehmen oder Konzern auf ethisch verträgliche Art sein Geschäft betreibt. Darüber hinaus tragen in zunehmendem Maße diverse Pressure Groups und eine neue Art von „aktiven Aktionären" dazu bei, dass sich die Wirtschaftsunternehmen zunehmend der Corporate Social Responsibility zuwenden. Der ehemalige EU-Kommissar Likkanen betonte: „Shareholders have become more active and powerful when expressing their concerns and expectations vis à vis companies as a consequence, enterprises themselves have become more aware of the relevance to their activities on social and environmental aspects for their business success."

Es ist heute aufgrund der modernen Medien- und Kommunikationstechnologien jederzeit möglich, unverantwortliches Handeln von Unternehmen offen zu legen und Verantwortliche an den massenmedialen und gesellschaftsethischen Pranger zu stellen. Konzerne können sich daher nur mehr bedingt hinter internen Papieren und dem behaupteten Informationsgeheimnis verstecken. Folgender Überblick summiert einige konkrete Daten zur Bedeutung von Corporate Social Responsibility in Europa:

Wie sich die Bedeutung von CSR manifestiert

- 70 Prozent der Vorstandsvorsitzenden (CEOs) glauben, dass ein Unternehmen verantwortlich handeln muss, um Bedenken in der Gesellschaft entgegenwirken zu können (www.bit.org.uk).

- Großbritannien hat eigens einen Minister für Corporate Social Responsibility ernannt, der sich für die Förderung dieses Konzepts in allen Bereichen von Politik und Gesellschaft einsetzt (Stephen Timms, MP).

- Die Kommission der Europäischen Union hat ein Grünbuch erstellt, „Promoting a European Framework", das sich mit der Förderung von Corporate Social Responsibility in Europa befasst.

- 1995 startete die Kommission der Europäischen Union die Initiative „CSR Europe". Diese plant, neben allgemeinen Studien zum Thema, einen CSR-Wettbewerb auszuschreiben, der in den Ländern Europas Engagement und Interesse auslösen soll (CSR Europe, 2001).

- Corporate Social Responsibility entwickelt sich zu einer anerkannten Grundlage für CEOs, einem Unternehmen Respekt zuzusprechen (Financial Times, 17. Dezember 2001, Seite 3).

- Die Vereinigung der Britischen Versicherungsgesellschaften (ABI) hat eine Reihe von Richtlinien entwickelt, die die Transparenz von Unternehmen im Hinblick auf ihre CSR-Kompetenz verbessern sollen. Der ABI-Bericht macht deutlich, das CSR ein nicht zu verachtender Geschäftsvorteil sein kann.

- Die Vereinigung der Britischen Industrie (CBI) bemerkte im Jahr 2001, dass britische Unternehmen in Bezug auf CSR noch zu wenig Engagement zeigen, und rief alle Mitglieder auf, sich mehr an der CSR-Diskussion zu beteiligen (The Guardian, 6. November 2001, Seite 2).

- Im Herbst 2002 hat das Institute of Public Relations (IPR) ein „IPR CSR Network" gegründet. Diese Gruppe umfasst über 220 Mitglieder, die sich mit dem Spannungsfeld von CSR und der Kommunikation von CSR beschäftigen. Dabei geht es im Kern um die Beziehung zwischen CSR und Public Relations (www.ipr.org.uk/csr).

- Ebenfalls im Herbst 2002 hat das Institute of Public Relations eine Spezialgruppe gebildet, die sich mit dem Thema „Non Financial Reporting" befasst, also im weitesten Sinne mit der Frage der Einbindung der CSR-Thematik in den Geschäftsbericht und ob diese gesetzlich oder freiwillig geregelt werden sollte.

- Im April 2003 wurde der Business in the Community (BITC) Index veröffentlicht. Dies ist der erste nationale Index, der das nachhaltige und verantwortliche Handeln von Unternehmen aus verschiedensten Geschäftsbereichen darlegt (www.bitc.org.uk).

Besonderes Augenmerk auf Corporate Social Responsibility legen die Investoren, womit CSR speziell für die Investor Relations von besonderer Bedeutung ist. Dies vor allem deshalb, da die Aktivitäten der so genannten SRI, der „Social Responsible Investors", stark zunehmen. Verstärkt wird heute die Entscheidung eines Investments mit der Frage verbunden, ob das betreffende Unternehmen sozial verantwortlich beziehungsweise nachhaltig agiert. Manche Aspekte haben bereits Eingang in gesetzliche Auflagen gefunden.

„Socially Responsible Investing"

Wie die Dow-Jones-Gruppe die Attraktivität des nachhaltigen Wirtschaftens begründet:

(1) Das Konzept des Corporate Sustainability (Anmerkung: nachhaltiges Wirtschaften) ist für Investoren sehr attraktiv, weil es darauf abzielt, den langfristigen Shareholder Value zu steigern.

(2) Das Verhalten gemäß Corporate Sustainability steht für diszipliniertes Management, was einen wichtigen Erfolgsfaktor darstellt.

Speziell aus der Sicht der Investor Relations gewinnt die Managementphilosophie der Corporate Social Responsibility zunehmend an Bedeutung.

Die Bedeutung von CSR aus der Sicht der Investoren

- Laut dem britischen „Ethical Investment Research Service" (1999) erwarten 77 Prozent der Pensionsfonds-Anleger eine sozial verantwortliche Investmentpolitik.

- Das britische Treuhändergesetz (Trustee Act, 2000) verpflichtet Pensionsfonds, soziale, ökologische und ethische Faktoren bei Investments zu berücksichtigen.

- Neben Großbritannien („Social Investment Forum" SIF, 1991) gibt es seit einigen Jahren nun auch in Deutschland, Frankreich, Italien und den Niederlanden ähnliche Foren. Sie liefern genaue Informationen über sozial verantwortliche Unternehmensführung. Die EU-weite Vernetzung – European Social Investing Forum – ist geplant.

- Der „Domini 400 Social Index" (DSI) hat seit der Einführung 1990 den S&P 500 (Standard & Poor) im Vergleichszeitraum um mehr als ein Prozent übertroffen.

- Der „FTSE 4 Good Europe-Index" bewertet die Performance der Unternehmen nach folgenden Aspekten: Wahrung der Menschenrechte, ökologische Nachhaltigkeit und die Beziehungen zu Mitarbeitern, Kunden und Aktionären.

- Der „Dow Jones Sustainability Index", der gemeinsam mit Fondsmanagern publiziert wird, hat seit 1993 um 180 Prozent zugelegt. Der Dow Jones Global im Vergleichszeitraum hingegen um nur 125 Prozent.

Doch neben dem Interesse der Investoren hat sich auch die Politik weltweit dem Thema Corporate Social Responsibility angenommen – und in weiten Bereich bereits staatlichen Regelungsbedarf erkannt.

III. Die globale Dimension der CSR-Debatte

Ein wesentliches Ziel der Europäischen Union ist es, Europa bis zum Jahr 2010 „zum wettbewerbsfähigsten und dynamischsten, wissensbasierten Wirtschaftsraum der Welt zu machen – einem Wirtschaftsraum, der fähig ist, dauerhaftes Wirtschaftswachstum mit mehr und besseren Arbeitsplätzen und einem größeren sozialen Zusammenhalt zu erzielen" (Lissabon-Strategie). Dieses ehrgeizige Ziel ist eingespannt zwischen zwei Visionen: Einerseits geht es darum, das europäische Wirtschafts- und Sozialmodell neu zu konturieren, auch um die Rahmenbedingungen der Globalisierung aktiv mitgestalten zu können. Andererseits dient der integrative Ansatz der „nachhaltigen Entwicklung" (Sustainable Development) als anzustrebende Zukunftsvision.

Mit der österreichischen Nachhaltigkeitsstrategie, die im April 2002 von der Bundesregierung beschlossen wurde, war ein erster Schritt in diese Richtung gesetzt, den Beitrag Österreichs für eine nachhaltige Standort-, Arbeits-, Lebens- und Umweltqualität zu formulieren.

Nachhaltige Entwicklung ist in diesem Zusammenhang als Konzept zu verstehen, das eine gemeinsame, balancierte und gleichberechtigte Behandlung der drei Dimensionen Ökonomie, Soziales und Ökologie gewährleistet. Dies bedeutet im Detail:

- Eine prosperierende wirtschaftliche Entwicklung wird auf Dauer nur stattfinden, wenn der soziale Friede gesichert ist und eine intakte Umwelt bewahrt wird.

- Sozialverträglichkeit und damit der Ausgleich zwischen Regionen mit verschiedenen wirtschaftlichen Entwicklungsstadien kann nur erreicht werden, wenn die Wirtschaft prosperiert und die Lebensgrundlagen gesichert sind.

- Umweltprobleme haben nur eine Chance auf dauerhafte Lösung, wenn die Wirtschaft gedeiht und im sozialen Bereich die lokale und globale Armut gelindert wird.

- Das Modell der Gesellschaftlichen Verantwortung von Unternehmen (GVU, engl. Corporate Social Responsibility – CSR) steht ganz in der Tradition der bisher genannten Wirtschafts- und Sozialvisionen.

- GVU ist ein Konzept zur Integration der Vision der nachhaltigen Entwicklung in die Unternehmensstrategie. Ein Programm, „das den Unternehmen als Grundlage dient, auf freiwilliger Basis soziale Belange und Umweltbelange in ihre Unternehmenstätigkeit und in die Wechselbeziehungen mit den Stakeholdern zu integrieren" (Grünbuch der Europäischen Kommission, 2001).

- GVU ist kein Human- oder Sozialprogramm, sondern ein Managementansatz, der neben der ökonomischen Logik soziale und ökologische Verantwortung zu einem konkreten Bestandteil der Unternehmensstrategie macht. Weil gesellschaftlich verantwortliches Verhalten zu nachhaltigem Unternehmenserfolg führt.

Bereits 1993 führte der Aufruf des Präsidenten der Europäischen Kommission zum Kampf gegen die soziale Ausgrenzung zu einer starken Mobilisierung aller Akteure und zur Entwicklung europäischer Unternehmensnetzwerke. Anlässlich des Weltwirtschaftsforums in Davos, Schweiz im Jahr 1999 rief der Generalsekretär der Vereinten Nationen die Organisationen auf, ethische Systeme zu übernehmen, die die Themen wie Menschenrechte, die Arbeitsplatzsituation und die Umwelt umfassen. Im März 2000 appellierte der Europäische Rat in Lissabon an das soziale Verantwortungsbewusstsein der Organisationen in Bezug auf die Einführung von Best Practice in den Bereichen lebenslanges Lernen, Arbeitsorganisation, Chancengleichheit, soziale Eingliederung und nachhaltige Entwicklung.

Auch auf der Ebene der Normungsinstitute existieren international vielfältige Initiativen: Bei AFNOR in Frankreich arbeitet beispielsweise eine „Sustainable Development Group" und das Britische Normungsinstitut etablierte das SIGMA-Projekt, das gemeinsam mit dem „Social and Ethical Accountability Institut" und dem „Forum for Future" an der Verbesserung der sozialen, ökologischen und ökonomischen Leistungen einer Organisation durch Entwicklung eines Managementsystems für eine integrierte nachhaltige Entwicklung abzielt. In den USA arbeitet die Ethics Officers Association (EOA) an einem CSR-Managementsystem-Standard. Und schließlich wird im Rahmen der ISO-Zertifizierungen intensiv an der ISO 14004 gearbeitet, die zwar primär Umweltmanagementstandards festlegen soll, aber damit auch Grundlagen schafft für eine etwaige spätere Erweiterung auf soziale und ökonomische Standards.

In Österreich existiert in dieser Kategorie bereits der „Standard – TransFair Siegel für das Lizenzprodukt Kaffee in Form einer ON-Regel vom 1. August 2000", herausgegeben vom Österreichischen Normungsinstitut. Weiters das „Audit Familie und Beruf – Rahmenrichtlinie zur Durchführung 2002" des Bundesministeriums für soziale Sicherheit und Generationen, bei dem anhand standardisierter Überprüfung von Indikatoren festgestellt wird, wie familienfreundlich ein Unternehmen ist. 2002 wurde auf Initiative des Österreichischen Normungsinstitutes sowie der Oesterreichischen Kontrollbank AG und der

Kovar & Köppl Public Affairs Consulting ein von Wirtschaftsunternehmen beschickter Arbeitskreis gebildet, der es sich zur Aufgabe machte, einen Leitfaden für die Implementierung von CSR als Managementsystem zu erarbeiten (*siehe „CSR-Leitfaden" im Anhang*).

Tour d'Horizon: CSR im Fokus globaler Organisationen

Im Laufe des vergangenen Jahrzehnts begannen verschiedene global agierende Organisation dem Thema CSR nach und nach konkrete Gestalt zu verleihen. Mit teilweise sehr unterschiedlicher Ausprägung zeigt alleine die Fülle der befassten Organisationen – die hier nur im Ausschnitt wiedergegeben wird – sowie die Tiefe einzelnen Projekte die steigende wirtschaftliche und politische Bedeutung von Corporate Social Responsibility.

Global Reporting Initiative der UNEP

Die Global Reporting Initiative (GRI) wurde 1997 durch die US-amerikanische Nicht-Regierungsorganisation CERES (Coalition for Environmentally Responsible Economies) gemeinsam mit dem UN-Umweltprogramm (UNEP) gestartet. Das Ziel der GRI ist die Erstellung eines allgemein gültigen Rasters für die Beurteilung des Einflusses eines Unternehmens auf Menschen und die Umwelt. Die GRI-Guidelines aus 2002 stellen einen Katalog von 96 Indikatoren dar, die die Bereiche Sozialwesen, Ökologie und Ökonomie umfassen und von den Unternehmen in einen Leistungsbericht zusammengefasst werden sollen. Zurzeit haben 21 US-Unternehmen auf freiwilliger Basis dieses Instrument angewendet. Mit der „Global Reporting Initiative" sollen global einheitliche Rahmenbedingungen für die Bewertung von Unternehmen geschaffen werden („Sustainability Reporting"). Weitere Informationen finden sich unter www.gri.org.

Die zentralen Aspekte der Global Reporting Initiative Guidelines:

- *Ökonomische Kriterien*: beinhalten Gehälter und Löhne, Produktivität, Outsourcing, Forschung & Entwicklung und Ausbildung
- *Ökologische Kriterien*: Auswirkungen auf Wasser, Luft, Land, Artenvielfalt und Gesundheit
- *Soziale Kriterien*: Sicherheit und Gesundheit am Arbeitsplatz, Arbeitsrechtsbestimmungen, Menschenrechte, Gehälter und Arbeitsbedingungen im Rahmen des Outsourcing

Das „Global Compact" Projekt der UNO

Beim World Economic Forum in Davos (31. Januar 1999) stellte UNO-Generalsekretär Kofi Annan das „Global Compact" Projekt und die dazugehörigen „Neun Prinzipien" vor. „Global Compact" ist kein regulatorisches Instrument und auch kein globaler Code of Conduct, sondern eine auf gemeinsamen Werten basierende Plattform, um die Prinzipien des Corporate Citizenship in der Weltwirtschaft zu verankern.

Die „Neun Prinzipien" basieren auf der „Universal Declaration of Human Rights", den „Fundamental Principles on Rights at Work" (ILO) und den „Rio Principles on Environment and Development". Das Projekt ruft Unternehmen auf, ihr Handeln an diesen Prinzipien auszurichten. Kofi Annan begründet das beabsichtige Engagement der Unternehmen damit, dass in globalen Märkten auch die Prinzipien und Praktiken des Corporate Citizenship gelten sollten. Es ist im wirtschaftlichen Interesse der Unternehmen, diese Prinzipien in ihre Unternehmensstrategie und -praktiken zu integrieren (www.unglobalcompact.org).

Die „Neun Prinzipien des Global Compact"

Menschenrechte

Der UN-Generalsekretär ersucht die Weltwirtschaft:

- Prinzip 1: den Schutz der internationalen Menschenrechte in ihrem Einflussbereich zu unterstützen und zu respektieren und
- Prinzip 2: sicherzustellen, dass ihre eigenen Unternehmen keine Vergehen gegen die Menschenrechte begehen.

Arbeitnehmerrechte

Der UN-Generalsekretär ersucht die Weltwirtschaft:

- Prinzip 3: die Freiheit des Beitritts zu Gewerkschaften und die Kollektivvertragsfähigkeit der Gewerkschaften zu berücksichtigen,
- Prinzip 4: gegen Zwangsarbeit aufzutreten,
- Prinzip 5: gegen Kinderarbeit aufzutreten und
- Prinzip 6: sich gegen jegliche Diskriminierung am Arbeitsplatz zu engagieren.

Umweltschutz

Der UN-Generalsekretär ersucht die Weltwirtschaft:

- Prinzip 7: einen umsichtigen Umgang mit ökologischen Herausforderungen zu pflegen,
- Prinzip 8: Initiativen zur Förderung von ökologischer Verantwortung zu unternehmen und

- Prinzip 9: die Entwicklung und Verbreitung von umweltfreundlichen Technologien zu ermutigen.

Jedes Unternehmen, dass diese Neun Prinzipien unterstützt, ist aufgefordert, dem UN-Generalsekretär einen Brief zu schreiben (Vordruck auf der Webseite), in dem das Unternehmen die Unterstützung der „Neun Prinzipien" zum Ausdruck bringt. Diese Zustimmung wird auf der Webseite der UNO gelistet. Weiters verpflichtet sich das Unternehmen zu folgenden Schritten: (1) Öffentlichkeitswirksame Publikation einer Unterstützungserklärung für das Global-Compact-Projekt und seine Neun Prinzipien. Zum Beispiel durch Information der Mitarbeiter, Eigentümer, Kunden und Lieferanten, die Integration der „Neun Prinzipien" in interne Trainingsprogramme bzw. in das Leitbild, den Geschäftsbericht und andere Veröffentlichungen des Unternehmens. Weiters sollen (2) in einem Bericht, der einmal jährlich an die UN gesandt wird, ein konkretes Beispiel des erreichten Fortschritts bzw. Erfahrungen bei der Implementierung oder Anwendung der „Neun Prinzipien" beschrieben werden. Auch dieser Bericht wird auf die UN-Webseite aufgenommen.

OECD-Leitsätze für Multinationale Unternehmen

Die OECD-Leitsätze für multinationale Unternehmen sind der derzeit einzige umfassende Verhaltenskodex für multinationale Unternehmen, zu dessen Förderung sich die teilnehmenden Regierungen (neben den 29 OECD-Mitgliedern zur Zeit auch Argentinien, Brasilien, Chile und die Slowakei) verpflichtet haben. Die OECD-Leitsätze für multinationale Unternehmen sind eine gemeinsame Empfehlung der teilnehmenden Regierungen an die in ihren Ländern oder von ihren Ländern aus operierenden multinationalen Unternehmen. Sie bilden einen auf Freiwilligkeit basierenden Rahmen für sozial verantwortliches unternehmerisches Verhalten. Ziel ist es, den positiven Beitrag von Investitionen zum Gemeinwohl zu erhöhen und eine Atmosphäre des Vertrauens zwischen Unternehmen, Arbeitnehmern, Regierungen und der Gesellschaft als Ganzes zu schaffen.

Diese Leitsätze (Angaben der OECD)

- sind weltweit gültig. Sie erfassen multinationale Unternehmen aus Mitgliedsländern unabhängig davon, wo sie ihre geschäftlichen Aktivitäten entfalten.
- wurden unter Einbeziehung von Unternehmens- und Arbeitnehmervertretern sowie Vertretern von Nichtregierungsorganisationen (NGOs) erarbeitet.

- verfügen über einen funktionierenden Umsetzungsmechanismus sowohl in den teilnehmenden Ländern („nationale Kontaktpunkte") als auch auf multilateraler Ebene (im Rahmen des OECD-Investitionskomitees CIME).

Zur Umsetzung der Leitsätze sind in allen teilnehmenden Ländern „nationale Kontaktpunkte" eingerichtet. Dessen Aufgaben beinhalten die Bekanntmachung der Leitsätze, die Beantwortung von Anfragen und die Behandlung von besonderen Fällen. Jeder nationale Kontaktpunkt übermittelt einmal pro Jahr einen Tätigkeitsbericht an das OECD-Investitionskomitee (CIME). Einmal pro Jahr treffen alle nationalen Kontaktpunkte zu einem Gedankenaustausch zusammen. Diese nationalen Kontaktpunkte sind unter anderem für konkrete Beschwerden wegen behaupteter Verstöße grenzüberschreitend tätiger Unternehmen gegen die in den OECD-Leitsätzen niedergelegten Empfehlungen zuständig. Solche Beschwerden können von den Betroffenen jederzeit geltend gemacht werden.

Die OECD-Leitsätze für multinationale Unternehmen

Allgemeine Grundsätze – Unternehmen sollen

- der erklärten Politik der Länder, in denen sie tätig sind, voll Rechnung tragen und auch die Meinungen der anderen Unternehmensbeteiligten in Betracht ziehen sollten. In dieser Hinsicht sollen Unternehmen einen Beitrag zur nachhaltigen Entwicklung leisten.
- die Menschenrechte respektieren.
- den Aufbau lokaler Kapazitäten fördern und solide Geschäftspraktiken beachten.
- Beschäftigung schaffen und die Aus- und Weiterbildung fördern.
- keine ungesetzlichen Ausnahmen anstreben oder akzeptieren.
- gute Corporate Governance unterstützen und anwenden.
- das Vertrauen zwischen Unternehmen und Gesellschaft im Gastland stärken.
- ihre Arbeitnehmer umfassend über die Unternehmenspolitik informieren.
- Arbeitnehmer, die Missstände aufzeigen, nicht benachteiligen.
- ihre Geschäftspartner zur Einhaltung der OECD-Leitsätze ermuntern.
- sich nicht ungebührlich in die Politik des Gastlandes einmischen.

Offenlegung von Informationen – Unternehmen sollen

- rechtzeitig und regelmäßig verlässliche und sachdienliche Informationen über ihre Geschäftstätigkeit, Struktur, Finanzlage und Geschäftsergebnisse veröffentlichen. Bei Offenlegung, Rechnungslegung und Buchprüfung sollen hohe Qualitätsstandards zugrunde gelegt werden.

- Kapitalbeteiligungen an Tochtergesellschaften sollen ausgewiesen werden.

Arbeitsbeziehungen – Unternehmen sollen

- Gewerkschaften akzeptieren und mit diesen über die Beschäftigungsbedingungen verhandeln.
- zur Abschaffung von Kinder- und von Zwangsarbeit beitragen.
- ihre Arbeitnehmer nicht wegen deren Rasse, Hautfarbe, Geschlecht, Religion, politischer Anschauung, Abstammung oder sozialer Herkunft diskriminieren.
- den Arbeitnehmervertretern Informationen und nötige Unterstützung zur Verfügung stellen sowie Konsultationen und Zusammenarbeit fördern.
- im Gastland nicht schlechtere Standards als vergleichbare Arbeitgeber anwenden, sowie angemessene Maßnahmen für Sicherheit und Gesundheit am Arbeitsplatz treffen.
- soweit möglich, einheimische Arbeitskräfte beschäftigen, und für Fortbildung sorgen.
- bei geplanten Unternehmensschließungen und Massenentlassungen die Arbeitnehmervertreter und gegebenenfalls die zuständigen Behörden informieren und mit ihnen zwecks Milderung der nachteiligen Auswirkungen zusammenarbeiten.
- bei Verhandlungen über die Beschäftigungsbedingungen nicht mit der Verlagerung von Standorten in ein anderes Land drohen.

Bekämpfung der Korruption – Unternehmen sollen

- für Aufträge keine Bestechungsgelder anbieten, versprechen, gewähren oder fordern, und ebenso wenig sollen Bestechungsgelder von ihnen gefordert oder erwartet werden.
- Dies gilt insbesondere für Provisionen an öffentliche Amtsträger und Arbeitnehmer von Geschäftspartnern. Bei den Maßnahmen zur Bekämpfung der Korruption sollen die Arbeitnehmer und die Öffentlichkeit einbezogen werden, weiters geeignete Management-Kontrollsysteme eingeführt werden.

Umweltschutz – Unternehmen sollen

- der Notwendigkeit des Schutzes von Umwelt, öffentlicher Gesundheit und Sicherheit in gebührender Weise Rechnung tragen und ihre

Geschäftstätigkeit so ausüben, dass sie einen Beitrag zur nachhaltigen Entwicklung leisten. Insbesondere sollen sie

- ein Umwelt-Managementsystem haben, das die Sammlung und Auswertung von Informationen über mögliche Auswirkungen ihrer Tätigkeit auf Umwelt, Gesundheit und Sicherheit vorsieht, weiters Zielvorgaben und deren regelmäßige Überprüfung bzw. die Beobachtung ihrer Umsetzung.
- Öffentlichkeit und Beschäftigte darüber informieren; dies unter Berücksichtigung von Kosten, Geschäftsgeheimnissen und dem Schutz der Rechte an geistigem Eigentum.
- die Folgen von Verfahren, Gütern und Dienstleistungen über deren gesamten Lebenszyklus hinweg für Umwelt, Gesundheit und Sicherheit abschätzen und bei Entscheidungen berücksichtigen, und gegebenenfalls eine Umweltverträglichkeitsprüfung durchführen.
- kostenwirksame Maßnahmen gegen eine gemäß den wissenschaftlich-technischen Kenntnissen drohende ernste Umweltschädigung nicht unter dem Vorwand aufzuschieben, es mangle an absoluter wissenschaftlicher Gewissheit.
- Krisenpläne bereithalten.
- die Einführung von Technologien und Betriebsverfahren mit dem unternehmensintern besten Umweltstandard fördern, umweltfreundliche Güter bzw. Dienstleistungen entwickeln und bereitstellen, das Umweltbewusstsein der Kunden stärken und Möglichkeiten zur langfristigen Verbesserung der Umweltergebnisse des Unternehmens erforschen.
- ihre Beschäftigen in Umwelt-, Gesundheits- und Sicherheitsfragen hinreichend schulen.
- zu einer ökologisch sinnvollen und ökonomisch effizienten staatlichen Umweltpolitik beitragen.

Verbraucherinteressen – Unternehmen sollen

- faire Geschäfts-, Vermarktungs- und Werbepraktiken anwenden und alle zumutbaren Maßnahmen treffen, um die Sicherheit und Qualität ihrer Güter und Dienstleistungen zu gewährleisten. Wichtig sind insbesondere ausreichende Produktinformation, einfache und wirksame Bearbeitung von Verbraucherbeschwerden sowie der Schutz personenbezogener Daten.

Wissenschaft und Technologie – Unternehmen sollen

- zum Ausbau der Innovationskapazitäten auf lokaler und nationaler Ebene beitragen, unter gebührender Berücksichtigung des Schutzes der Rechte an geistigem Eigentum die rasche Verbreitung von Technologien und Know-how fördern, gegebenenfalls Entwicklungsarbeiten im Gastland durchführen bzw. dabei einheimisches Personal beschäftigen und bei Lizenzvergaben und Technologietransfers die langfristige Entwicklung des Gastlands fördern.

Wettbewerb – Unternehmen sollen

- insbesondere keine wettbewerbswidrigen Kartelle errichten, das Wettbewerbsrecht des Gastlands berücksichtigen, mit dessen Wettbewerbsbehörden zusammenarbeiten und für ein entsprechendes Bewusstsein bei ihren Arbeitnehmern sorgen.

Besteuerung – Unternehmen sollen

- ihre Steuerschulden im Gastland pünktlich begleichen und dessen Steuervorschriften einhalten.

Immer mehr Organisationen beschäftigen sich weltweit mit Forschung und Analyse der diversen Aspekte von Corporate Social Responsibility, mit Schulung und der Schaffung von Aufmerksamkeit für diese Thematik. Diese alle hier abbilden zu wollen ist schon alleine aufgrund der Dynamik der Entwicklung von CSR nicht möglich. Folgende Übersicht stellt eine Auswahl der relevanten globalen Akteure aus der Sicht der Autoren dar und erhebt keinerlei Anspruch auf Vollständigkeit.

Ein globaler Rundgang

Weitere ausgewählte Organisationen, die sich mit den unterschiedlichen Facetten der CSR beschäftigen, im Überblick (basierend auf Eigenangaben der Organisationen):

Boston College

An der Wallace E. Carrol School am Boston College ist das „Ressource Center on Corporate Citizenship" angesiedelt, das CSR-Informationen von über 1000 Unternehmen und über 400 Organisationen bereithält. Die Thematik selbst findet auch Eingang in das universitäre Lehrangebot und wird durch gezielt Forschung, Publikationen und Konferenzen unterstützt. (www.bc.edu/centers/ccc/index.html)

Business for Social Responsibility (BSR)

Diese globale Non-Profit-Organisation unterstützt die Mitgliedsunternehmen dabei, ihre wirtschaftlichen Ziele unter Berücksichtung von ethischen

Werten, Menschen, Gemeinden und der Umwelt zu erreichen. Das BSR hat das Ziel, durch Weiterbildung und gemeinsame Aktivitäten Corporate Social Resonsibility zu einem zentralen Bestandteil der Unternehmen zu machen. (www.bsr.org)

Centre for Tomorrow's Company (CTC)

Das CTC ist ein unabhängiger Think-Tank mit Sitz in London, der das Ziel verfolgt, Nachhaltigkeit zu einem elementaren Bestandteil der Unternehmen zu machen. Das CTC arbeitet mit Benchmark- und Best-Practice-Untersuchungen bei Unternehmen sowie Seminaren und Publikationen, um diesen Gedanken in der Wirtschaft zu verankern. (www.tomorrowscompany.com)

Civicus

Civicus bezeichnet sich selbst als eine internationale Allianz, die die Aktivitäten von Bürgern und der Gesellschaft stärken möchte. Dazu gehört das Engagement bei der Stärkung der partizipativen Demokratie mit dem Ziel der Entwicklung eines „Global Citizen Commitment", speziell in den Bereichen der Mitwirkung von Frauen, der Jugend, aber auch in Fragen des gesellschaftlichen Engagements von Unternehmen. (www.civicus.org)

Coalition for Environmentally Responsible Economies (CERES)

Diese Organisation, dessen Ziel in der weit reichenden Verankerung von Corporate Social Responsibility besteht, setzt sich aus Gruppen zusammen, die in den Bereichen Investitionen, Umweltschutz, Religion, Arbeitnehmerrechte und soziale Gerechtigkeit aktiv sind. Die „CERES-Prinzipien" sollen einen Standard bilden für die Berücksichtigung und Bewertbarkeit der gesellschaftspolitischen Orientierung von Unternehmen (CERES ist Begründer der Global Reporting Initiative; siehe dort). Die Organisation strebt die Etablierung eines global standardisierten Berichtswesens von Unternehmen an, die alle Aspekte der Corporate Social Responsibility gleichwertig beinhaltet. (www.ceres.org)

The Conference Board

Das Ziel dieser Organisation besteht darin, das Wirtschaftssystem als solches kontinuierlich zu verbessern, im Speziellen den Beitrag der Wirtschaft für die Entwicklung der Gesellschaft. Dies geschieht durch Forschung, Konferenzen und Seminare sowie die regelmäßige Publikation von Wirtschaftsindikatoren wie den „Consumer Confidence Index" oder die „Leading Economic Indicators". Conference Board agiert von New York aus, mit Schwesterorganisationen in Canada und Europa. Die inhaltlichen Schwerpunkte liegen auf Corporate Governance, Informationsmanagement und

Umweltsicherheit – in den jeweiligen Arbeitskreisen agieren ausschließlich Top-Manager. (www.conference-board.org)

The Copenhagen Centre (TCC)

Diese „neue Partnerschaft für gesellschaftliche Verantwortung" unterstützt freiwillige Kooperationen zwischen Unternehmen, Regierungen sowie der Gesellschaft, die das Ziel verfolgen, bürgerschaftliches Engagement zu fördern. Diese Kooperationen werden auch als Fallstudien publiziert. In Zusammenarbeit mit dem „European Business Network for Social Cohesion" versucht das TCC, CSR-Themen europaweit in die universitäre Aus- und Weiterbildung zu integrieren. (www.copenhagencentre.org)

Corporate Citizenship Company

Diese Organisation hat es sich zum Ziel gesetzt, Unternehmen dabei zu helfen, wirtschaftlich erfolgreich zu sein, indem sie aktive Bürger der Gesellschaft im Sinne der drei zentralen Verantwortungsbereiche sind. Neben Fachpublikationen und Analysen zählt auch die Beratung von Unternehmen zu den Angeboten dieser Organisation, die auch eine eigene Software für Sozial-Audits entwickelt hat. (www.corporate-citizenship.co.uk)

CSR Europe

CSR Europe will seinen Mitgliedern helfen, Profitabilität und Nachhaltigkeit zu kombinieren, indem Corporate Social Responsibility zu einem zentralen Element der Unternehmensführung erhoben wird. Dies soll primär über Online-Dialogforen und Informationszentren geschehen. (www.csreurope.org)

Forum for the Future

Mit dem Projekt „The Natural Step" entwickelte das Forum for the Future eine auf wissenschaftlichen Kriterien basierende Initiative, die wirtschaftliche und nachhaltige Kriterien für Unternehmen vereint und dabei explizit über den Faktor der Ökologie hinausgeht. (www.forumforthefuture.org.uk)

International Business Leaders Forum (IBLF)

Diese Non-Profit-Organisation wurde 1990 als persönliche Initiative vom Prince of Wales gegründet und ist heute in 60 Ländern aktiv. (Das IBLF ist daher auch bekannt unter dem Namen „Prince of Wales Business Leaders Forum".) Die Mitglieder dieser Organisation setzen sich aus mehr als 60 multinationalen Unternehmen zusammen. Das IBLF fördert verantwortungsvolles und nachhaltiges Wirtschaften, mit dem Ziel, die Interessen von Wirtschaft und Gesellschaft gleichermaßen zu unterstützen. In der strategischen Zusammenarbeit zwischen Wirtschaftsunternehmen, der

Gesellschaft und dem öffentlichen Sektor strebt das IBLF danach, die Prinzipien einer nachhaltigen Entwicklung in den Bereichen Soziales, Wirtschaft und Umwelt zu etablieren. Das IBLF unterstützt weiters die Verbesserung von verantwortungsvollen und nachhaltigen Wirtschaftspraktiken in allen Unternehmensbereichen und entwickelt regionale bzw. thematische Partnerschaften in allen drei Bereichen der gesellschaftlichen Verantwortung. (www.iblf.org)

Institute for Global Ethics

Die praktische Anwendung und Umsetzung von Aspekten der Wirtschaftsethik steht im Vordergrund dieser Organisation, die von Camden aus operiert. Neben Publikationen zu diesem Thema arbeitet das Institut auch an Ausbildungsprogrammen, der Steigerung der öffentlichen Wahrnehmung sowie der Beratung von Unternehmen in Fragen der Wirtschaftsethik. (www.globalethics.org)

Institute of Social and Ethical AccountAbility

Diese internationale Mitgliederorganisation strebt nach der stärkeren Verankerung von gesellschaftlicher Verantwortung und ethisch korrektem Verhalten der Wirtschaft. Im Vordergrund steht die Entwicklung entsprechender anwendbarer Standards, wie etwa dem „AA 1000 Standard", der das ethische Verhalten dokumentieren hilft. (www.accountability.org.uk)

International Institute for Sustainable Development (IISD)

Diese kanadische Organisation hat sich zum Ziel gesetzt, durch Expertise und Vorschläge das Prinzip der Nachhaltigkeit in die Politikfelder Internationaler Handel und Investitionen, Klimawandel und Umgang mit Ressourcen einzubringen. Der Schwerpunkt besteht in der Beratung von politischen Entscheidungsträgern in diesen Themenbereichen, unter anderem auch in Form eines Online-„Clearinghouse" für entsprechende Informationen. (www.iisd.org)

Investor Responsibility Research Center

Das IRRC ist eine Non-Profit-Organisation, die Produkte und Dienstleistungen für Unternehmen, Analysten und Investoren entwickelt und anbietet, mit denen Bewertungen der Aspekte Corporate Governance sowie soziales und ökologischen Verhalten ermöglicht werden sollen. (www.irrc.org)

New Academy of Business

Die New Academy of Business wurde 1995 von Anita Roddick – der Gründerin von „The Body Shop" – ins Leben gerufen. Das Ziel besteht darin, Unternehmen bei den Herausforderungen Nachhaltigkeit und gesellschaftliche Verantwortung durch Forschung und Ausbildung zu unterstützen. Dazu werden unter anderem in Zusammenarbeit mit einer britischen Universität Lernmaterialen, Seminare und Ausbildungsmuster entwickelt. (www.new-academy.ac.uk)

Social Accountability International (SAI)

Das SAI ist eine von New York aus operierende Organisation, die sich primär mit den globalen Arbeitsbedingungen beschäftigt und entsprechende Standards entwickelt hat. Zum Beispiel: „Social Accountability 8000 (SA8000)" – dieser international anerkannte Standard für den Bereich der Arbeitsplatzbedingungen basiert auf den neun Prinzipien der internationalen Menschenrechtskonvention. (www.sa-intl.org)

SustainAbility

Diese Kombination aus Think-Tank und Unternehmensberatung aus Großbritannien tritt für die Etablierung von Unternehmenspraktiken ein, die „sozial verantwortlich, ökologisch sinnvoll und wirtschaftlich relevant" sind. (Eigenangabe) Gemeinsam mit der UNEP entwickelte diese Organisation das „Engaging Stakeholders Programme" zur Schaffung einheitlicher Kriterien des Nachhaltigkeitsberichtswesen. (www.sustainability. co.uk)

World Business Council for Sustainable Development (WBCSD)

Das in Genf angesiedelte WBCSD ist ein Zusammenschluss von über 120 international agierenden Unternehmen, die sich zu den Prinzipien einer nachhaltigen Wirtschaftsentwicklung bekennen. Rund um diesen gemeinsamen Nenner entwickelt das WBCSD Kooperationen zwischen Unternehmen, Regierungen und anderen Stakeholdern und ist außerdem um die Verankerung des Nachhaltigkeitsprinzips in den Unternehmen bemüht. Weiters wurde – in Kooperation mit Unternehmen, Universitäten und der Weltbank – eine „Virtual University for Sustainable Business" ins Leben gerufen, das Manager und politische Entscheidungsträger auf die Herausforderungen einer nachhaltig agierenden Wirtschaft vorbereitet. Ein weiteres Programm unterstützt Unternehmen auf dem Weg von der „traditionellen Wirtschaftsweise zum nachhaltigen Wirtschaften". (www.wbcsd. ch)

World Economic Forum

Auch das „World Economic Forum", ebenfalls in Genf situiert, befasst sich seit geraumer Zeit mit CSR. Die „Global Corporate Citizenship Initiative" wurde im Februar 2002 gemeinsam mit dem Prince of Wales International Business Leaders Forum (IBLF) eingerichtet. Beim Start wiesen 36 Top-Manager aus allen Teilen der Welt darauf hin, dass „Corporate Citizenship das grundlegende Managementprinzip für wirtschaftlichen Erfolg ist, das allen Top-Managern vorgibt, wie ihre Unternehmen zu führen sind und wie die Beziehungen mit Stakeholdern zu gestalten sind." (www.weforum.org)

The World Bank Group

Die CSR-Aktivitäten der Weltbank, die in der Abteilung Private Sektorberatungsleistungen (PSAS) angesiedelt sind, sind darauf konzentriert, im öffentlichen Sektor Verständnis und Anreize für CSR zu schaffen. Die Abteilung liefert länderspezifische Diagnosen, um es den Regierungen der Entwicklungsländer zu ermöglichen, effizienter mit Unternehmen zu kooperieren, CSR in Entwicklungspläne zu integrieren und freiwillige Ansätze mit staatlichen Auflagen zu koordinieren. Für die Weltbank ist CSR die Verpflichtung der Unternehmen, zu einer nachhaltigen wirtschaftlichen Entwicklung beizutragen, in Form der Zusammenarbeit mit Angestellten, ihren Familien, der lokalen Gemeinschaft und Gesellschaft im Allgemeinen, um die Lebensqualität zum Wohle aller Beteiligten zu verbessern und damit der Wirtschaft und den Interessen der Entwicklung dienlich sind. Viele Unternehmen, die in Entwicklungsländern aktiv sein wollen, erkennen – nach Ansicht der Weltbank – den Nutzen von CSR-Initiativen in der Verbesserungen des Marktzuganges, der Produktivität und dem Risikomanagement. Im Vordergrund stehen dabei immaterielle Markenwert- und Image-Aspekte, die für Unternehmen in Entwicklungsländern von Bedeutung sind. Regierungen wiederum beginnen, CSR als ein praktikables Mittel anzusehen, um ihre nationalen Strategien der Wettbewerbsfähigkeit zu erhöhen und sich um Direktinvestitionen zu bewerben. Der öffentliche Sektor hat dabei die Chance, die Begeisterung der Unternehmen für CSR für eigene Ziele zu nutzen.

Die Weltbank engagiert sich in der Erforschung der diversen Aspekte des Corporate Social Responsibility – in einzelnen Ländern ebenso wie in Sektoren und in der Frage von Wirtschaftlichkeitsberechnungen, Standards, Codices und Maßnahmen der Politik. Unter diesem Blickwinkel berät die Weltbank auch Regierungen bei der Etablierungen von CSR-Praktiken und Standards, speziell um den Kriterien der Auslandsdirektinvestitionen folgen zu können. Ein eigener Fonds finanziert auch Projekte, die für Länder die Aspekte der CSR diagnostizieren – etwa zu einem bestimmten Problem oder für einen Sektor – und daraus Vorschläge für politische Aktivitäten und Instrumente abzuleiten sowie Pilotprojekte zu unterstützen. Bis vor kurzem bot die Weltbank auch einen Online-Ausbildungskurs zum CSR-Manager an. (www.worldbank.org)

IV. Strategische Nächstenliebe als Wirtschaftsfaktor

Im April 2001 luden in Deutschland Siemens und das Magazin „Wirtschafts-woche" zu einem Kongress mit dem Titel „Corporate Citizenship", der von Bundeskanzler Gerhard Schröder eröffnet wurde. „Die Zeit" (Fischermann, 2001) beschrieb die Veranstaltung launig wie folgt: „Die Creme der deutschen Konzernlenker ist angereist, und alle hatten die richtigen Vokabeln gepaukt: (...) nach mehr als zehn Jahren ‚Downsizing' und ‚Reengineering' mit Massenent-lassungen und dem allgegenwärtigen Aktionärskult erklingt in Deutschlands Chefetagen das Hohelied auf die Zivilgesellschaft."

Dass die Führungselite der großen Unternehmen nicht aus Jux und Tollerei auf CSR aufmerksam wurde, liegt auf der Hand. Das Thema wird seit Jahrzehnten an Universitäten und Business-Schools behandelt und der Druck in Sachen Ethik und Transparenz vor allem durch NGOs im Verbund mit den Medien stieg in den letzten Jahren deutlich an. „Aktivisten nutzen Rufschädigung von Konzernen als Waffe", schreibt Fischermann und bezieht sich dabei auf die Expertise der „Carnegie Endowment for Internationale Peace" in Washington, D.C.: „Der typische Verlauf von Protestaktionen – vom Medienrummel bis zum Verbraucherboykott – ist nur der Anfang. Mitarbeiter gehen auf Distanz zu ihrem verrufenen Arbeitgeber, das Engagement lässt nach, und viel versprechende Nachwuchskandidaten lassen den in schiefes Licht geratenen Betrieb links liegen. Nach außen müssen Firmen mit schlechtem Leumund erleben, wie Politiker misstrauisch werden, Gerichtsprozesse in Gang kommen und Genehmigungsverfahren immer länger dauern. Für ein multinationales Unternehmen stellen sich diese Probleme in einer Vielzahl von Ländern mit den unterschiedlichsten Wertvorstellungen und Rechtssystemen." Daher mehrt sich auch bereits die Kritik von Aktivisten und diversen Organisation am Corporate Citizenship-Boom bei Unternehmen: Corporate Watch aus dem britischen Oxford bringt es auf den Punkt – „Kein Dialog, Torten werfen!"

Damit im Zusammenhang ist die Tatsache zu sehen, dass Umwelt- und Menschenrechtsorganisationen zu internationalen Markenartikeln werden, die betreffend Glaubwürdigkeit die Unternehmen, aber auch die Politik längst eingeholt haben. Der „PR-Guide" berichtete über eine Vergleichsstudie zwischen Europa und den USA, bei der im Jahr 2002 in Summe 850 Meinungsführer befragt wurden. Das Ergebnis: in Europa sprachen 52 Prozent der Befragten den NGOs ihr Vertrauen aus, ein Anstieg um drei Prozent gegenüber dem Vorjahr. Bei dieser Studie, die von StrategyOne, einem Tochterunternehmen der Edelman-Agenturgruppe durchgeführt wurde, lagen Amnesty International, WWF und Greenpeace mit jeweils deutlich über 60 Prozent an der Spitze aller abgefragten Marken. Die Unternehmen kamen hingegen nur auf 41 Prozent und die Regierungen auf 26 Prozent Glaubwürdigkeitsvotum.

Amerikaner und Europäer schenken den Unternehmen aus ihren jeweiligen Heimatländern mehr Vertrauen als den jeweils anderen. Dies ist durchaus als ein Aufruf für mehr Corporate-Citizenship-Aktivitäten von Unternehmen in ihren Gastländern zu verstehen. Den CSR-Aktivitäten räumen alle Befragten eine sehr hohe Bedeutung ein, auch wenn die Unternehmen bislang den ihnen gegenüber erhobenen Ansprüchen nicht gerecht würden. NGOs hingegen werden in der Wahrnehmung der Befragten immer deutlicher zu den einzig vertrauenswürdigen Vertretern der gemeinsamen sozialen und ökologischen Interessen der Gesellschaft. Eine große Mehrheit – jeweils über 80 Prozent der Befragten – spricht sich daher für eine verstärkte Zusammenarbeit zwischen Wirtschaft und NGOs aus, um dadurch weltweit eine „starke Verbesserung ethischer, sozialer und ökologischen Standards" zu erreichen.

Da allerdings kaum ein Unternehmen von sich aus die entsprechenden Strukturen zur Bewältigung der Verantwortungsbereiche in sich trägt, boomen die spezialisierten Beratungsunternehmen. Sie bringen Licht in das Wertmuster der Unternehmen, klären die Risiken und Chancen und assistieren bei der Umsetzung entsprechender Programme. Der größte Wachstumsmarkt aber entsteht bei der Prüfung und Zertifizierung von Wohlverhalten. Nicht nur neue Beratungsfirmen sondern auch renommierte Wirtschaftsprüfungsgesellschaften entwickeln konkurrierende Verfahren von Audits, die allesamt am Ende dem Unternehmen eine „weiße Weste" bescheinigen sollen. Deshalb wird der Ruf nach einheitlichen Standards zunehmend lauter. „Der Mechanismus zur Selbstregulierung – Unternehmen verhalten sich anständig, weil sie Rampenlicht, Skandale und Proteste scheuen – funktioniert nicht immer", beschreibt Fischermann diesen Trend. „Der drohende Druck von außen kommt nur bei einer Hand voll Reizthemen zum Tragen, oft hält er nicht lange an, und er gilt in der Regel nur bekannten Unternehmen, die einen Ruf zu verlieren haben. Für namenlose Firmen in der Provinz oder chinesische Staatskonzerne machen sich Schornsteinkletterer nicht die Finger schmutzig." Einheitliche Mindeststandards zur gesellschaftlichen Verantwortung auf verbindlicher, aber freiwilliger Basis und deren Überwachung, so die Schlussfolgerung, könnten daher im Interesse und zum Vorteil aller Beteiligten sein.

> *„Wir bei Porsche legen größten Wert darauf, dass wir uns als Teil der Gesellschaft verstehen, in der wir nicht nur agieren, sondern auch unserer sozialen Verantwortung gerecht werden wollen. Wir meinen deshalb, auch Manager und Unternehmer sollten durch ihr tägliches Handeln glaubwürdig deutlich machen, dass auch die Industrie einen konstruktiven Beitrag dazu leisten kann, Deutschland wieder nach vorn zu bringen. Jammer allein über Steuerbelastungen und Gesetzesfesseln hilft nicht weiter. Auch die Wirtschaft ist in der Pflicht, Konzepte und Ideen auf den Tische zu legen [...]."*
> *Dr. Wendelin Wiedeking, Vorstandvorsitzender F. Porsche AG (in: Der Hauptstadtbrief, Juli 2003)*

Verwendete Literatur:

Fischermann, Thomas: Strategische Nächstenliebe. Die Ethikbranche wächst: Konzerne kaufen sich einen guten Ruf bei Kunden und Politiker. in: Die Zeit, 23/2001

Kennedy, Allan: Das Ende des Shareholder-Value. Warum Unternehmen zu langfristigen Wachstumsstrategien zurückkehren müssen. Financial Times (Deutschland) Prentice Hall, München 2001

Köppl, Peter: Power Lobbying. Das Praxishandbuch der Public Affairs. Wie professionelles Lobbying die Unternehmenserfolge absichert und steigert. Linde International, Wien 2003

„Umwelt- und Menschenrechtsorganisationen werden internationale Super-Marken"; in: PR-Guide (www.pr-guide.de) Oktober 2002 (Online-Version vom 8.10.2002)

Die europäische Dimension von CSR: das Grünbuch der EU-Kommission und die Stellungnahme des Europäischen Parlaments

(gekürzte Fassungen der Originaldokumente)

von *Martin Neureiter*

I. Europäische Rahmenbedingungen für die soziale Verantwortung der Unternehmen (Grünbuch) Europäische Kommission, Juli 2001

Immer mehr europäische Unternehmen agieren sozial verantwortlich als Reaktion auf mannigfaltigen gesellschaftlichen, wirtschaftlichen und ökologischen Druck. Ihr Ziel ist, ein Zeichen zu setzen gegenüber den Stakeholdern, mit denen sie in einer Wechselbeziehung stehen: Arbeitnehmern, Anteilseignern, Investoren, Verbrauchern, öffentlichen Behörden und NGO. Die Unternehmen sehen ihr freiwilliges Engagement als Zukunftsinvestition, die letztlich auch dazu beitragen soll, ihre Ertragskraft zu steigern.

Mit dem Bekenntnis zu ihrer sozialen Verantwortung und der freiwilligen Übernahme von Verpflichtungen, die über ohnehin einzuhaltende gesetzliche und vertragliche Verpflichtungen hinausgehen, streben die Unternehmen danach, die Sozial- und Umweltschutzstandards anzuheben und zu erreichen, dass die Grundrechte konsequenter respektiert werden. Dabei praktizieren sie eine offene Unternehmenspolitik, die widerstreitende Interessen in einer globalen Sicht von Qualität und Nachhaltigkeit in Einklang zu bringen sucht.

Die Europäische Union hat die soziale Verantwortung der Unternehmen zu ihrem Anliegen gemacht, denn CSR kann beitragen zur Verwirklichung des in Lissabon vorgegebenen strategischen Ziels, die Union zum „wettbewerbsfähigsten und dynamischsten wissensbasierten Wirtschaftsraum der Welt zu machen – einem Wirtschaftsraum, der fähig ist, ein dauerhaftes Wirtschaftswachstum mit mehr und besseren Arbeitsplätzen und einem größeren sozialen Zusammenhalt zu erzielen".

Die soziale Verantwortung der Unternehmen ist im Wesentlichen eine freiwillige Verpflichtung der Unternehmen, auf eine bessere Gesellschaft und eine sauberere Umwelt hinzuwirken. Diese Entwicklung ist eine Reaktion auch auf die Erwartungen, die europäische Bürger und Stakeholder mit der sich verändernden Rolle der Unternehmen in der neuen sich wandelnden Gesellschaft von heute verknüpfen. Dies steht in Einklang mit der Grundaussage der

Strategie für eine nachhaltige Entwicklung Europas, die auf dem Europäischen Rat von Göteborg im Juni 2001 vereinbart wurde: langfristig gesehen gehen Wirtschaftswachstum, sozialer Zusammenhalt und Umweltschutz Hand in Hand.

Viele Faktoren sind ausschlaggebend für die Entwicklung einer sozialen Verantwortung der Unternehmen:

- Neue Anliegen und Erwartungen der Bürger, der Verbraucher, der Behörden und der Investoren im Kontext der Globalisierung und des industriellen Wandels.
- Soziale Kriterien nehmen zunehmend Einfluss auf die Investitionsentscheidungen von Einzelpersonen und Organisationen in deren Rolle als Verbraucher und Investoren.
- Die durch die Wirtschaftstätigkeit bedingte Umweltschädigung löst immer größere Besorgnis aus.
- Die Medien und die moderne Informations- und Kommunikationstechnik machen die Wirtschaftstätigkeit immer transparenter.

Wirtschaft und Corporate Social Responsibility

Obwohl die primäre Aufgabe eines Unternehmens darin besteht, Gewinne zu erzielen, können Unternehmen gleichzeitig einen Beitrag zur Erreichung sozialer und ökologischer Ziele leisten, indem sie die soziale Verantwortung in ihre grundsätzliche Unternehmensstrategie, ihre Managementinstrumente und ihre Unternehmensaktivitäten einbeziehen. CSR beinhaltet einen Prozess, nach dem die Unternehmen ihre Beziehungen zu unterschiedlichen Stakeholdern gestalten, die ihrerseits realen Einfluss nehmen auf den Handlungsspielraum der Unternehmen. Dies macht die wirtschaftliche Tragweite deutlich. Wie beim Qualitätsmanagement sollten die damit verbundenen Aufwendungen als Investitionen betrachtet werden, nicht als Kosten. Die Unternehmen können dabei einen integrativen Ansatz – finanziell, wirtschaftlich und sozial – praktizieren sowie, darauf aufbauend, eine langfristige Strategie, die durch Unsicherheit bedingte Risiken minimiert.

In ihrem Positionspapier „Releasing Europe's employment potential: Companies' views on European Social Policy beyond 2000" hat UNICE (Union of Industrial and Employers' Confederations of Europe) betont, dass die europäischen Unternehmen sich als integralen Teil der Gesellschaft betrachten: Sie handeln sozial verantwortlich, sehen Gewinne als das Hauptziel ihrer unternehmerischen Tätigkeit an, nicht jedoch als ihre einzige Daseinsberechtigung, und verfolgen eine langfristig angelegte Strategie bei unternehmerischen Entscheidungen und Investitionen.

CSR hat erhebliche Auswirkungen für alle wirtschaftlichen und sozialen Akteure und für die Behörden – Auswirkungen, denen sie in Entscheidungen über ihre eigenen Aktivitäten Rechnung tragen sollten. Verschiedene Mitgliedstaaten haben dies erkannt und entsprechende Fördermaßnahmen eingeleitet. Generell könnte die Europäische Kommission CSR durch Integration in ihre Programme und Aktivitäten fördern. Weiterhin ist sicherzustellen, dass das Konzept der sozialen Verantwortung der Unternehmen mit den Gemeinschaftspolitiken und mit auf internationaler Ebene eingegangenen Verpflichtungen vereinbar ist.

In Dänemark hat der Minister für soziale Angelegenheiten 1994 die Kampagne „Unser gemeinsames Anliegen – die soziale Verantwortung der Unternehmen" („Our Common Concern – the social responsibility of the corporate sector") initiiert und im Jahr 1998 das Copenhagen Centre eingerichtet.

Im Vereinigten Königreich wurden im März 2000 ein Beauftragter für die soziale Verantwortung der Unternehmen ernannt. Zur besseren Koordinierung der Förderung der sozialen Verantwortung der Unternehmen in allen Regierungsstellen wurde ein interministerieller Ausschuss eingesetzt.

Die Europäische Kommission hat sich zur aktiven Förderung der OECD-Leitlinien verpflichtet. Die Einhaltung der grundlegenden Arbeitsnormen der IAO (Vereinigungsfreiheit, Abschaffung der Zwangsarbeit, Nichtdiskriminierung und Ausmerzung der Kinderarbeit) sind zentrale Bestandteile der sozialen Verantwortung der Unternehmen. Diese Normen sollten konsequenter eingehalten, und ihre Einhaltung sollte gründlicher überwacht werden. Hauptbeitrag des europäischen Ansatzes wird es sein, einen Mehrwert zu schaffen und bereits laufende Aktivitäten wie folgt zu ergänzen:

- Schaffung gesamteuropäischer Rahmenbedingungen, die darauf abzielen, die Qualität und die einheitliche Umsetzung des Konzepts der sozialen Verantwortung zu fördern durch Erarbeitung von
- Grundzügen und Instrumentarien und Förderung von Best Practice und innovativen Ideen;
- Förderung von Best Practice in der kosteneffizienten Bewertung und unabhängigen Validierung von CSR-Verfahren mit dem Ziel, deren Wirksamkeit und Glaubwürdigkeit zu garantieren.

Soziale Kriterien einbeziehende Aktienindizes sind nützliche Benchmarks für die positiven Auswirkungen des sozialpolitischen Prüfverfahrens auf die finanzielle Leistung:

- Der Domini 400 Social Index (DSI) hat seit seiner Einführung im Mai 1990 im Jahresgesamtergebnis und unter Berücksichtigung der Risikogewichtung den S&P 500 um mehr als 1% übertroffen;

– der Dow Jones Sustainability Index hat seit 1993 um 180% zugelegt, der Dow Jones Global Index im selben Zeitraum lediglich um 125%.

Es ist generell damit zu rechnen, dass sozial verantwortlich handelnde Unternehmen überdurchschnittlich hohe Erträge erzielen, denn die Fähigkeit eines Unternehmens, Umweltprobleme und soziale Herausforderungen erfolgreich zu bewältigen, ist ein glaubwürdiger Maßstab der Managementqualität.

Soziale Verantwortung der Unternehmen: die interne Dimension

Sozial verantwortungsvolles Handeln in den Unternehmen betrifft in erster Linie die Arbeitnehmer; dabei geht es um Fragen wie Investitionen in Humankapital, Arbeitsschutz und Bewältigung des Wandels. Umweltbewusstes Handeln betrifft hauptsächlich den Umgang mit den in der Produktion verwendeten natürlichen Ressourcen. Beides eröffnet neue Wege der Bewältigung des Wandels und neue Möglichkeiten, soziale Errungenschaften mit Steigerung der Wettbewerbsfähigkeit in Einklang zu bringen.

Arbeitsschutz

Der Arbeitsschutz wurde bisher hauptsächlich durch Gesetzgebung und Vollzugsmaßnahmen verordnet. Der Trend zur Auslagerung an externe Firmen und Zulieferer hat zur Folge, dass die Unternehmen abhängiger sind von der Arbeitsschutzleistung ihrer Geschäftspartner und Vertragsunternehmen, insbesondere derjenigen, die auf dem Betriebsgelände arbeiten

> *Das schwedische Gütesiegel TCO (TCO Labelling Scheme) für Büroausstattung ist eine freiwillige Kennzeichnung, die Hersteller dazu anhalten soll, ergonomischere und umweltfreundlichere Büroausstattungen zu entwickeln, und den Käufern dabei helfen soll, entsprechende Kaufentscheidungen zu treffen, d.h. sie gibt Käufern und Verkäufern klar definierte Qualitätsmerkmale an die Hand, deren Nutzung beim Kauf Arbeitsaufwand und Kosten sparen hilft.*
>
> *Zweck der Dutch Safety Contractors Checklist (SCC) ist es, Arbeitsschutz-Managementsysteme von Unternehmen zu bewerten und zu zertifizieren, die Dienstleistungen für die petrochemische und chemische Industrie anbieten. Das dänische IKA Procurement gibt Leitlinien vor für die Festlegung von Anforderungen in Ausschreibungen für Reinigungsmittel.*

Anpassung an den Wandel

Die umfassenden Umstrukturierungen in Europa lösen bei allen Arbeitnehmern und anderen Stakeholdern Befürchtungen aus. Es drohen Betriebsschließungen und ein massiver Stellenabbau mit allen schwer wiegenden wirtschaftlichen, sozialen und politischen Folgen für die betroffenen Gemeinschaften. Nur wenige Unternehmen können sich der Notwendigkeit von Umstrukturierungen entziehen, die oft mit Betriebsverkleinerungen einhergehen. Nach einer Studie erreichen weniger als ein Viertel aller Umstrukturierungsmaßnahmen ihr Ziel des Kostenabbaus, der Produktivitätssteigerung, der Qualitätsverbesserung und der Verbesserung des Kundendienstes, da sie oft die Motivation, Loyalität, Kreativität und Produktivität der Arbeitnehmer beeinträchtigen.

Unternehmen können die sozialen und lokalen Auswirkungen umfassender Umstrukturierungen dadurch mildern, dass sie im Rahmen von Partnerschaften zur lokalen Entwicklung und/oder sozialen Eingliederung sich in der lokalen Entwicklung und der aktiven Arbeitsmarktpolitik engagieren.

Die „Stiftung Unternehmen und Gesellschaft" (Fundación Empresa y Sociedad – FES) im Rahmen des ESF-Pilotprojekts der Aktion „Lokales Kapital für soziale Zwecke" gemäß Artikel 6 ist ein interessantes Beispiel für die Förderung des sozialen Zusammenhalts durch die Privatwirtschaft. Gefördert werden für Kleinstunternehmen ausgelegte Mikroprojekte in einem benachteiligten Viertel in Madrid. Neben der Bereitstellung von Kleindarlehen wird ein kostenloses Betreuungsprogramm angeboten, für das die Privatwirtschaft Fachkräfte zur Verfügung stellt. Weitere Unterstützungsmaßnahmen des ESF sind der Zugang zu ergänzenden Kleindarlehen und die kostenlose Überlassung von IT-Ausrüstung durch privatwirtschaftliche Unternehmen.

Umweltverträglichkeit und Bewirtschaftung der natürlichen Ressourcen

Wenn man den Ressourcenverbrauch, die Umweltverschmutzung und die Abfallproduktion einschränkt, dann sinkt im Allgemeinen die Umweltbelastung. Positiv für die Unternehmen ist meist auch, wenn sie ihre Energie- und Abfallentsorgungskosten sowie ihre Produktions- und Schadstoffbeseitigungskosten senken. Einzelne Unternehmen haben erkannt, dass ein sparsamerer Ressourceneinsatz ihre Ertragskraft und ihre Wettbewerbsfähigkeit verbessern kann.

Im Umweltbereich bezeichnet man derartige Umweltinvestitionen gewöhnlich als „Win-Win"-Situation – gut für die Wirtschaft und gut für die Umwelt. Dieses Prinzip besteht seit einer Reihe von Jahren und fand jüngst Eingang in das Sechste Umweltaktionsprogramm der Kommission.

Ein gutes Beispiel der Zusammenarbeit zwischen Behörden und Unternehmen ist die Integrierte Produktpolitik (IPP). IPP beruht auf dem Konzept der Berücksichtigung der Umweltauswirkungen während des gesamten Produktlebenszyklus. Das Konzept sieht vor, dass die Un-

47

ternehmen und die anderen Stakeholder gemeinsam den kostengünstigsten Ansatz erarbeiten. Im Umweltbereich kann es deshalb zweckmäßige Rahmenbedingungen vorgeben zur Förderung der sozialen Verantwortung der Unternehmen.

Ein weiteres für CSR nutzbares Konzept ist das Gemeinschaftssystem für das Umweltmanagement und die Umweltbetriebsprüfung (Community's Eco-Management and Audit Scheme [EMAS] ISO 19000). Es will die Unternehmen veranlassen, auf Betriebs- oder Unternehmensebene freiwillig ein System für Umweltmanagement und Umweltbetriebsprüfung einzuführen, das eine kontinuierliche Verbesserung der Umweltleistung bewirken soll. Die zugehörige Umwelterklärung wird öffentlich abgegeben und von zugelassenen Umweltgutachtern validiert.

Die Europäische Ökoeffizienz-Initiative (European Eco-Efficiency Initiative [EEEI]), eine Initiative des World Business Council for Sustainable Development und der Europäischen Partner für die Umwelt (European Partners for the Environment) in Partnerschaft mit der Europäischen Kommission, zielt darauf ab, die Ökoeffizienz in alle europäischen Unternehmen und in die Industrie- und Wirtschaftspolitik der Europäischen Union (EU) zu integrieren.

Soziale Verantwortung der Unternehmen: die externe Dimension

Die soziale Verantwortung der Unternehmen endet nicht an den Werkstoren. Sie reicht in die lokalen Gemeinschaften hinein und bezieht neben den Arbeitnehmern und den Aktionären eine Vielzahl weiterer Stakeholder ein: Geschäftspartner und Zulieferer, Kunden, Behörden, lokale Gemeinschaften ebenso wie den Umweltschutz vertretende NGO. Die rasante Globalisierung hat eine Diskussion über die Rolle und Entwicklung der globalen Governance ausgelöst. Freiwillige CSR-Praktiken leisten hierzu einen Beitrag.

Lokale Gemeinschaften

Bei der sozialen Verantwortung der Unternehmen geht es – in Europa und weltweit – auch um die Integration der Unternehmen in das lokale Umfeld. Unternehmen haben eine wichtige Funktion vor allem in lokalen Gemeinschaften: Sie bieten Arbeitsplätze, zahlen Arbeitsentgelt und Sozialleistungen und bescheren den Kommunen Steuereinnahmen. Andererseits sind die Unternehmen abhängig von der Stabilität und dem Wohlstand der Gesellschaft und der Gemeinschaften, in denen sie tätig sind. So rekrutieren sie z.B. die Mehrzahl ihrer Arbeitnehmer auf dem lokalen Arbeitsmarkt und haben deshalb ein unmittelbares Interesse daran, dass auf diesem Markt die von ihnen benötigten Qualifikationen verfügbar sind. Der Ruf eines Unternehmens an seinem Standort, sein Image als Arbeitgeber und Produzent und auch als Akteur auf der lokalen Szene beeinflussen mit Sicherheit seine Wettbewerbsfähigkeit.

Viele Unternehmen nehmen positiv Einfluss auf Gemeinschaftsbelange: durch Bereitstellung zusätzlicher Berufsausbildungsplätze, Umweltengagement, Einstellung sozial Ausgegrenzter, Bereitstellung von Kinderbetreuungseinrichtungen für die Arbeitnehmer, Partnerschaften mit Kommunen, Sponsoring von lokalen Sport- und Kulturereignissen und durch Spenden für wohltätige Zwecke.

Die Entwicklung positiver Beziehungen mit der lokalen Gemeinschaft und in diesem Zusammenhang die Anhäufung von sozialem Kapital ist besonders bedeutsam für nicht nur im lokalen Bereich tätige Firmen. Die Vertrautheit der Unternehmen mit den lokalen Akteuren, den Traditionen und Vorzügen eines lokalen Umfelds ist ein Bonus, aus dem sie Kapital schlagen können.

Weiterhin haben EGB (Europäischer Gewerkschaftsbund) und CEEP European Centre of Enterprises with public participation and of enterprises of general economic interest) im Juni 2000 einen gemeinsamen Vorschlag für eine Charta der Dienstleistungen von allgemeinem Interesse vorgelegt.

Geschäftspartner, Zulieferer und Verbraucher

Durch enge Zusammenarbeit mit Geschäftspartnern können Unternehmen Schwierigkeiten vermeiden, Kosten senken und die Qualität steigern. Zulieferer werden nicht mehr nur ausschließlich auf der Basis von Preisangeboten ausgewählt. Die Zusammenarbeit mit Allianz- und Jointventure-Partnern sowie mit Franchisenehmern ist gleichermaßen bedeutend. Langfristig können derartige Partnerschaften eher faire Preise und Bedingungen sowie Qualität und zuverlässige Belieferung bieten. Sozial und ökologisch verantwortliches Handeln schließt jedoch ein, dass alle Unternehmen die einschlägigen Rechtsvorschriften der EU und das nationale Wettbewerbsrecht einhalten.

Große Unternehmen sind Geschäftspartner kleinerer Unternehmen, als Kunden, Zulieferer, Auftraggeber oder Wettbewerber. Firmen sollten sich bewusst sein, dass ihre soziale Leistung beeinflusst werden kann durch die Praktiken ihrer Partner und Zulieferer in der ganzen Versorgungskette. Die Auswirkungen von CSR bleiben nicht auf das jeweilige Unternehmen selbst beschränkt. Vielmehr werden sie auch auf die Geschäftspartner ausstrahlen.

Menschenrechte

CSR hat eine ausgeprägte Menschenrechtsdimension, insbesondere in Bezug auf die internationale Wirtschaftstätigkeit und die globalen Versorgungsketten.

Seinen Ausdruck findet dies in internationalen Abkommen, wie z.B. der ILO Tripartite Declaration of Principles concerning Multinational Enterprises and Social Policy (Erklärung der IAO über grundlegende Prinzipien und Rechte bei der Arbeit) und den OECD Guidelines for Multinational Enterprises (OECD-Leitlinien für multinationale Unternehmen).

Unter wachsendem Druck von NGO und Verbrauchergruppen stellen immer mehr Unternehmen und Sektoren Verhaltenskodizes auf in Bezug auf Arbeitsbedingungen, Menschenrechte und Umweltaspekte, die sich insbesondere an Subunternehmen und Zulieferer richten. Sie tun dies aus einer ganzen Reihe von Gründen, vor allem jedoch um das Unternehmensimage zu verbessern und die Gefahr negativer Verbraucherreaktionen zu vermindern.

Der Verband der dänischen Industrie hat Menschenrechts-Leitlinien für die Industrie erarbeitet. Darin werden die Unternehmen aufgefordert, in den Ländern, in denen sie Niederlassungen unterhalten, dieselben Standards der sozialen Verantwortung anzulegen wie in ihrem Stammland.

Im Jahr 1998 hat Eurocommerce eine Empfehlung über „soziale Einkaufsbedingungen" angenommen, die sich u.a. mit Kinderarbeit, Zwangsarbeit und Gefängnisarbeit befasst. Insbesondere in der Textil- und Bekleidungsindustrie und im Handel gibt es eine ganze Reihe von Verhaltenskodizes, die von den Sozialpartnern auf europäischer Ebene unterzeichnet wurden. Die Kommission begrüßt diese Maßnahmen.

Am 15. Januar 1999 nahm das Europäische Parlament eine Entschließung an mit dem Titel „EU-Normen für in Entwicklungsländern tätige europäische Unternehmen im Hinblick auf die Entwicklung eines europäischen Verhaltenskodex". Darin wird ein europäischer Verhaltenskodex gefordert, der zu einer größeren Vereinheitlichung der freiwilligen Verhaltenskodizes beiträgt, gestützt auf internationale Normen und die Einrichtung einer europäischen Überwachungsstelle, einschließlich Bestimmungen über Beschwerdeverfahren und Sanktionen.

Globaler Umweltschutz

Bedingt durch die grenzüberschreitenden Auswirkungen vieler wirtschaftlich bedingter Umweltprobleme und den Verbrauch von Ressourcen aus allen Teilen der Welt, sind die Unternehmen auch Akteure im globalen Umweltszenario. Sie können deshalb soziale Verantwortung in Europa wie auch international praktizieren. Sie können z.B. im Rahmen des IPP-Konzepts die Umweltleistung in ihrer gesamten Versorgungskette anheben und vermehrt Gebrauch machen von einschlägigen europäischen und internationalen Instrumentarien des Unternehmens- und Produktmanagements. Investitionen und

Aktivitäten der Unternehmen auf dem Gebiet von Drittländern können direkten Einfluss auf die soziale und wirtschaftliche Entwicklung in diesen Ländern haben.

Eine ganzheitliche Sicht der sozialen Verantwortung der Unternehmen

Zwar bekennen sich die Unternehmen immer mehr zu ihrer sozialen Verantwortung, doch steht eine entsprechende Anpassung der Managementpraktiken in vielen Fällen noch aus. Soweit diese Prinzipien in das Tagesmanagement und damit die gesamte Versorgungskette zu integrieren sind, müssen den Arbeitnehmern und den Managern durch Schulung und Weiterbildung die entsprechenden Qualifikationen und Kompetenzen vermittelt werden. Unternehmen, die hier eine Vorreiterrolle übernehmen, können durch Verbreitung von Best Practice dazu beitragen, sozial verantwortliches Handeln zu einem zentralen Thema zu machen.

Konkret praktiziert werden kann die soziale Verantwortung nur von den Unternehmen selbst. Andere Stakeholder, insbesondere Arbeitnehmer, Verbraucher und Investoren, können jedoch die wichtige Funktion übernehmen, die Unternehmen zu sozial verantwortungsbewusstem Handeln zu veranlassen. In Bereichen wie Arbeitsbedingungen, Umwelt und Menschenrechte geschieht dies im Interesse der Unternehmen selbst und im Namen der genannten Stakeholder. Dabei muss die soziale und ökologische Leistung der Unternehmen transparent gemacht werden.

Unternehmensführung im Bewusstsein der sozialen Verantwortung

Wie die Unternehmen in Bezug auf ihre Verantwortlichkeiten und die Beziehungen zu den Stakeholdern im Einzelnen agieren, ist sektoral und kulturell unterschiedlich. Die Unternehmen neigen dazu, zunächst eine Erklärung ihrer Geschäftsprinzipien, einen Verhaltenskodex oder generell ein Credo auszuarbeiten, in dem sie die Unternehmensziele, die Grundwerte und die Verantwortung gegenüber den Stakeholdern darlegen. Diese Werte sind anschließend im gesamten Tätigkeitsbereich des Unternehmens in konkrete Maßnahmen umzusetzen, in der Unternehmensstrategie wie in den täglichen Unternehmensentscheidungen. Dies setzt bestimmte Maßnahmen voraus, z.B.: Der Aspekt soziale Verantwortung ist in Unternehmensplanung und -etats einzubringen; die Unternehmensleistung in diesem Bereich ist zu bewerten; auf lokaler Ebene sind beratende Ausschüsse einzusetzen; Sozial- und Umweltaudits sind auszuführen und entsprechende Fortbildungsprogramme sind auszuarbeiten.

Soziale Verantwortung – Berichterstattung und Audit

Viele multinationale Unternehmen veröffentlichen mittlerweile CSR-Berichte. Während Umweltschutzberichte und Arbeitsschutzberichte heute an der Tagesordnung sind, gilt dies nicht für Berichte, die Fragen wie Menschenrechte und Kinderarbeit behandeln. Dabei sind die Ansätze der Unternehmen in der Sozialberichterstattung genauso vielfältig wie ihre Ansätze in der sozialen Verantwortung der Unternehmen.

Im Jahr 1998 forderte die auf Initiative des Europäischen Rates eingesetzte hochrangige Sachverständigengruppe für die wirtschaftlichen und sozialen Auswirkungen industrieller Wandlungsprozesse die Unternehmen mit mehr als 1.000 Arbeitnehmern auf, freiwillig einen Bericht „Strategie für den industriellen Wandel" zu veröffentlichen, d.h. im Wesentlichen einen jährlichen Bericht über Beschäftigung und Arbeitsbedingungen. Die Empfehlungen der Sachverständigengruppe übernehmend hat die Kommission in ihrer Sozialagenda vorgeschlagen, eine europäische Stelle zur Beobachtung des Wandels einzurichten.

Die am 30.5.2001 angenommene Empfehlung über den Ansatz, die Bewertung und die Offenlegung von Umweltdaten in den Jahresabschlüssen und Lageberichten von Unternehmen soll entscheidend beitragen zur Ermittlung aussagekräftiger und vergleichbarer Daten über Umweltfragen in der EU.

Im Zusammenhang mit Handelsverhandlungen hat die Kommission ein „Sustainability Impact Assessment" (SIA – Bewertung des Einflusses auf die Nachhaltigkeit) der vorgeschlagenen neuen Runde der WTO-Verhandlungen gestartet und sich dazu verpflichtet, das Instrument SIA auch bei anderen Handelsverhandlungen, wie z.B. den laufenden Verhandlungen zwischen der EU und Chile/Mercosur, anzuwenden.

Der dänische Sozialindex ist ein vom Ministerium für soziale Angelegenheiten entwickeltes Selbstbewertungsinstrument. Mit seiner Hilfe soll ermittelt werden, in welchem Maße ein Unternehmen seiner sozialen Verantwortung gerecht wird. Der Sozialindex sieht eine Leistungsskala von 0 bis 100 vor, d.h., die Arbeitnehmer und externe Stakeholder können sich ein gutes Bild davon machen, wie sozial verantwortlich ein Unternehmen handelt.

Artikel 64 des französischen Gesetzes über die neue Wirtschaftsordnung macht es den Unternehmen zur Auflage, in ihrem Jahresbericht die „sozialen und ökologischen Konsequenzen" ihrer Unternehmenstätigkeit zu berücksichtigen. Diese Auflage gilt für Unternehmen auf dem ersten Markt bereits für den Bericht 2001, für die anderen Unternehmen ab 2002.

Als Reaktion auf die Unterschiedlichkeit der Verhaltenskodizes hat SAI (Social Accountability International) einen Standard für Arbeitsbedingungen und ein System für die unabhängige Überprüfung der Einhaltung durch die Betriebe entwickelt. Die Norm Social Accountability 8000 (SA8000) und das zugehörige Überprüfungssystem stützen sich auf etablierte unternehmerische Strategien der Qualitätssicherung (z.B. ISO 9000), ergänzt durch verschiedene Komponenten, die nach Einschätzung internationaler Menschenrechtsexperten wesentlich sind für Sozialaudits.

Was die Umweltkomponente angeht, so gilt die Global Reporting Initiative derzeit als Best Practice. Die darin vorgegebenen Leitlinien für die Berichterstattung über dauerhafte und umweltgerechte Entwicklung ermöglichen Vergleiche zwischen Unternehmen. Dieselben Leitlinien setzen auch hohe Maßstäbe für die Sozialberichterstattung.

In der Mitteilung der Kommission über die Strategie für die nachhaltige Entwicklung heißt es: „Alle an der Börse notierten Unternehmen mit mindestens 500 Beschäftigten sind aufgefordert, in ihren Jahresberichten an die Aktionäre eine ‚dreifache Bilanz‘ zu veröffentlichen, in der ihre Leistung anhand von wirtschaftlichen, umwelttechnischen und sozialen Kriterien gemessen wird.“

Qualität der Arbeit

Die Arbeitnehmer sind die wichtigsten Stakeholder in den Unternehmen. Die Umsetzung von CSR erfordert darüber hinaus das Engagement der Unternehmensführung wie auch innovatives Denken, d.h. sie setzt neue Qualifikationen voraus und damit auch eine engere Einbeziehung der Belegschaft auf allen Ebenen in einen Dialog, der die Voraussetzungen schafft für kontinuierliches Feedback und laufende Anpassungen. Der soziale Dialog mit den Arbeitnehmervertretern, wichtigstes Instrument zur Gestaltung der Beziehungen zwischen einem Unternehmen und seinen Arbeitnehmern, spielt deshalb eine wesentliche Rolle in der Verbreitung sozial verantwortlichen Handelns.

Sozial- und Umweltgütesiegel

Erhebungen (MORI 2000) haben ergeben, dass die Verbraucher nicht nur gute und sichere Produkte wünschen, sondern auch wissen wollen, ob sie auf sozial verträgliche Weise produziert werden. Für die Mehrheit der europäischen Verbraucher beeinflusst die Einstellung eines Unternehmens zur sozialen Verantwortung die Kaufentscheidung oder die Wahl eines Dienstleistungsanbieters. Dies eröffnet interessante Marktchancen: Viele Verbraucher erklären, sie wären bereit, mehr für derartige Produkte zu bezahlen. Woran den europäischen Verbrauchern am meisten liegt, sind der Arbeitsschutz und die Respektierung der Menschenrechte im gesamten Tätigkeitsbereich des Unternehmens und auch in der gesamten Versorgungskette (z.B. keine Kinderarbeit), der Umweltschutz im Allgemeinen und die Senkung der Treibhausgasemissionen im Besonderen.

Als Reaktion auf diesen Trend werden immer mehr Sozialgütesiegel geschaffen, und zwar entweder von einzelnen Herstellern (selbst verliehene Gütesiegel oder Marken) oder Industriesektoren, NGO oder Regierungen. Es handelt sich hier um marktgestützte Anreizsysteme (ohne offizielle Regelung), die das Sozialbewusstsein der Unternehmen, der Einzelhändler und der Verbraucher stärken können.

Sozial verantwortliches Investieren

In den letzten Jahren erfreut sich das sozial verantwortliche Investieren (SRI = Socially Responsible Investing) zunehmender Popularität bei institutionellen Anlegern. Verantwortliches Handeln unter sozialen und ökologischen Aspekten liefert Investoren zuverlässige Anhaltspunkte über die Qualität des internen und externen Managements. Die Einbeziehung dieser Aspekte trägt dazu bei, Risiken zu minimieren durch Antizipieren und Vermeiden von Krisen, die den Ruf schädigen und ein dramatisches Fallen der Aktienkurse zur Folge haben können. Im Zuge der in Europa rasch wachsenden Nachfrage nach SRI-Fonds bringen Wertpapierdienstleister immer mehr derartige Fonds auf den Markt.

SRI-Fonds investieren in Unternehmen, die spezifische soziale und ökologische Kriterien erfüllen. Diese Kriterien können ausschließenden Charakter haben, d.h. die Tabakindustrie, die Alkoholindustrie und die Rüstungsindustrie z.B. ausschließen. Sie können jedoch auch positiv formuliert sein, d.h. auf sozial und ökologisch proaktiv handelnde Unternehmen ausgerichtet sein. Eine weitere wichtige Option für Investoren, Unternehmensleitungen zu sozial verantwortlichem Handeln zu veranlassen, ist der Shareholder Activism. Shareholder Activism wird sich in nächster Zeit weiter ausbreiten im Zuge der wachsenden Bedeutung der Corporate Governance und der Pensionsfonds.

Damit SRI weiter zunehmen kann, müssen die Finanzmärkte für das Ertragspotenzial sensibilisiert werden. Nachdem im Vereinigten Königreich bereits 1991 das Social Investment Forum (SIF) geschaffen wurde, sind derartige Foren für Sozialinvestitionen in jüngster Zeit in Deutschland, Frankreich, Italien und den Niederlanden entstanden. Sie sollen genaue Informationen über sozial verantwortliche Unternehmensführung liefern und die Entwicklung von SRI fördern. Das geplante European Social Investing Forum, ein Netzwerk nationaler SIF, wird zur Weiterentwicklung von SRI beitragen.

Im Mai 2000 veranstaltete die Europäische Kommission in Lissabon die Erste Europäische Konferenz über Triple-bottom-line-Investitionen in Europa.

Im Jahr 2000 wurde die UK Social Investment Taskforce eingesetzt, deren Aufgabe es ist, die dem sozial verantwortlichen Investieren entgegenstehenden Hindernisse zu ermitteln und Maßnahmen zur Beseitigung dieser Hindernisse vorzuschlagen.

Seit Juli 2000 macht es das britische „Trustee Act" (Treuhändergesetz) allen Pensionsfondsverwaltern zur Auflage, ihre Maßnahmen zur Förderung des sozial verantwortlichen Investierens offen zu legen.

Das französische Gesetz über vermögenswirksame Leistungen schreibt vor, dass Investmentfonds, die Mittel aus vermögenswirksamen Leistungen, unternehmenübergreifenden Sparplänen und auf freiwilliger Partnerschaft basierenden vermögenswirksamen Leistungen verwalten, über ihre Politik des sozial verantwortlichen Investierens berichten.

Im September 2000 kündigten die „Global Partners for Corporate Responsibility Research" die Veröffentlichung von „Ten requirements for higher standards of disclosure in the 21st century" („Zehn Anforderungen für höhere Offenlegungsstandards im 21. Jahrhundert") an, in denen eine Mischung aus freiwilligen, regulativen und marktorientierten Maßnahmen empfohlen wird, um den Zugang zu Unternehmensdaten sowie deren Zuverlässigkeit und Vollständigkeit zu verbessern, was gleichzeitig ein angemessenes Audit und Benchmarking ermöglicht.

Auf dem Europäischen Rat in Stockholm wurde die Schaffung eines dynamischen und effizienten europäischen Wertpapiermarktes bis Ende 2003 als ein notwendiger Schritt bezeichnet. In diesem Kontext werden europäische Marktindizes zur Kennzeichnung von Unternehmen mit herausragender sozialer und ökonomischer Leistung zunehmend an Bedeutung gewinnen als Basis für die Schaffung von SRI-Fonds und als Performance-Benchmarks für SRI. Um die Qualität und Objektivität dieser Indizes zu gewährleisten, sollte die Bewertung der sozialen und ökologischen Leistung der gelisteten Unternehmen auf der Grundlage von Informationen erfolgen, die sowohl vom Management als auch von den Stakeholdern vorgelegt werden. Um darüber hinaus die Exaktheit der Daten, Bewertungsverfahren und Ergebnisse zu überwachen und zu garantieren, sollten zur Qualitätssicherung externes Audit und interne Kontrollen eingesetzt werden.

II. Der Bericht des Europäischen Parlaments (A5-0133/2003) vom 28. April 2003 über die Mitteilung der Kommission betreffend die soziale Verantwortung der Unternehmen: ein Unternehmensbeitrag zur nachhaltigen Entwicklung (KOM(2002) 347-2002/2261(INI)

Ausschuss für Beschäftigung und soziale Angelegenheiten;
Berichterstatter: *Philip Bushill-Mathews*

Die Europäische Kommission übermittelte dem Europäischen Parlament ihre Mitteilung betreffend die soziale Verantwortung der Unternehmen. Dieser wurde an den Ausschuss für Beschäftigung und soziale Angelegenheiten und den Ausschuss für Industrie, Außenhandel, Forschung und Energie, den Ausschuss für Umweltfragen, Volksgesundheit und Verbraucherpolitik, den Ausschuss für Entwicklung und Zusammenarbeit und den Ausschuss für die Rechte der Frau und Chancengleichheit zur Information überwiesen.

Der Ausschuss hat dann den Entschließungsantrag mit 32 Stimmen bei 2 Gegenstimmen ohne Enthaltungen angenommen.

Der Entschließungsantrag hat folgende Inhalte (Kurzfassung):

– Die Schlüsselprinzipien der sozialen Verantwortung der Unternehmen (CSR) sind ihre Einbeziehung in die Basisgeschäftsabläufe und die Förderung von Transparenz und Überprüfbarkeit.

– Dass eine wachsende Zahl von Unternehmen, auch kleine und mittlere Unternehmen, ihre Geschäftstätigkeit auf weltweiter Basis entwickeln und daher die Grundsätze der sozialen Verantwortung der Unternehmen neben lokaler Bedeutung und Anwendung auch eine globale Auswirkung in Betracht ziehen müssen und dass sich weltweit immer mehr die Auffassung durchsetzt, dass die Unternehmen umfassendere Verpflichtungen haben als nur Gewinnerzielung.

– Dass es die Entwicklungsziele der Union erfordern, dass in den Entwicklungsländern die internationalen Standards für die soziale Verantwortung von Unternehmen angewendet werden, was beinhaltet, dass die EU diesen Ländern hilft, dafür zu sorgen, dass sowohl die internationalen Investoren als auch die Unternehmen dieser Länder sie anwenden.

– Dass die Unternehmen nicht an die Stelle der Staatsorgane treten können, wenn es diesen nicht gelingt, die Kontrolle über die Einhaltung der Sozial- und Umweltvorschriften zu gewährleisten.

- Dass die soziale Verantwortung der Unternehmen (CSR) einen Beitrag zur Verwirklichung der in der europäischen Strategie für die nachhaltige Entwicklung festgelegten Ziele leisten kann, sofern die Unternehmen über bloße Verpflichtungsintentionen hinausgehen und sofern sie ihre soziale Verantwortung nicht nur zum Zwecke der Öffentlichkeitsarbeit einsetzen.

- Dass festgestellt wird, dass die Unternehmen heute nicht einem fest gefügten Universum von Themen und Fragen gegenüberstehen, die man abhaken kann, um Verantwortung zu zeigen.

- Dass Unternehmen eine gesellschaftliche Aufgabe haben und gegenüber allen Parteien Verantwortung übernehmen müssen, die von der Unternehmenstätigkeit betroffen sind, und das die Arbeitnehmer am stärksten von Unternehmenstätigkeit betroffen sind.

- Dass die OECD-Leitsätze für multinationale Unternehmen und die internationalen Sozialstandards der IAO international anerkannte Normen darstellen; dass die soziale Verantwortung der Unternehmen bezüglich der Verbesserung ihrer Umwelt- und Sozialleistungen wertvoll sein kann; dass sie nicht als Mechanismus zur Verdrängung rechtlicher Verpflichtungen, sondern als deren Ergänzung betrachtet werden sollte.

- Dass der Begriff der sozialen Verantwortung der Unternehmen für alle Unternehmensgrößen relevant ist.

- Dass der Begriff „soziale Verantwortung der Unternehmen" ein facettenreicher Begriff mit verschiedenen Elementen von Unternehmenspraktiken ist, die unter sozialen, ökologischen und gesellschaftlichen Aspekten verantwortungsbewusst sind.

Das Europäische Parlament (EP) ist sich bewusst, dass die CSR-Politik auf freiwilliger Basis entwickeln muss, ungeachtet bestehender nationaler und europäischer Regulierung, internationaler Übereinkünfte und Leitlinien und der Weiterentwicklung dieser Regelungen; betont allerdings, dass der Beitrag der Unternehmen zu einer sauberen Umwelt gesetzlich vorgeschrieben und nicht nur auf freiwilliger Basis vorgesehen werden sollte. Das EP stellt fest und begrüßt, dass immer mehr Konsumenten CSR-Kriterien bei ihren Kaufentscheidungen als wichtig ansehen.

Das EP stellt ferner fest, dass die soziale Verantwortung der Unternehmen von den Unternehmen selbst ausgehen muss und dass die Entwicklung von Werkzeugen für die Geschäftstätigkeit den Prozess erleichtern könnte; unterstreicht, dass Transparenz, Rechenschaftspflicht und Überprüfbarkeit als im strategischen Interesse des Unternehmens von den Unternehmen akzeptiert werden sollten und dass deshalb dem Unternehmen die Förderung und Entwicklung der CSR zugestanden werden muss. Das EP ist der Auffassung, dass freiwillige Maßnahmen im Zusammenhang mit sozialer Verantwortung von Unternehmen zwar vom Unternehmen selbst ausgehen müssen; unterstreicht jedoch, dass bei der konkreten inhaltlichen Ausgestaltung sowie der Kontrolle und Durchsetzung der Maßnahmen Arbeitnehmer, der Vertreter, Verbraucher und Investoren einzubeziehen sind.

Das EP ist der Auffassung, dass die soziale Verantwortung der Unternehmen einen Mehrwert für ein Unternehmen und seine Nachhaltigkeit erbringen und sozial verantwortliche Unternehmen die langfristige Rentabilität des Unternehmens schützen und fördern können. Das EP dringt darauf, dass ökologische, entwicklungspolitische, unternehmerische und soziale Aspekte der CSR gleichwertig behandelt werden. Das EP fordert weiters die Kommission und die Mitgliedsstaaten auf, die Anwendung von EMAS als wichtiges Instrument für die Unternehmen zur kontinuierlichen Verbesserung ihrer Umweltleistung weiter voranzutreiben.

Das EP fordert die Kommission mit Nachdruck auf, die öffentlichen Auftraggeber für die Möglichkeiten, die ihnen das Gemeinschaftsrecht hinsichtlich der Einbeziehung sozialer und ökologischer Erwägungen in die öffentlichen Auftragsvergabe bietet, zu sensibilisieren.

Das EP fordert die Kommission, den Rat und die Mitgliedsstaaten mit Nachdruck auf, die soziale Verantwortung der Unternehmen (CSR) auf internationaler Ebene durch die Einbeziehung der CSR-Grundsätze in die Politik im Bereich der Außenbeziehungen, der Entwicklung und des Handels zu fördern; empfiehlt insbesondere, dass das CSR-Konzept bei den Exportkreditagenturen und für die Entwicklungshilfe zuständigen Agenturen und anderen Einrichtungen, die mit ausländischen Direktinvestitionen zu tun haben, gefördert wird.

Das EP unterstreicht weiters, dass in Bezug auf die ökologische und soziale Leistung der Unternehmen Transparenz wünschenswert ist.

Das EP unterstreicht die bedeutsame Rolle der CSR in der Positionierung europäischer Unternehmen im globalen Wettbewerb; ist der Auffassung, dass CSR ihren Zweck am besten erfüllen kann, wenn die Kommunikation auf Basis vergleichbarer Informationen zwischen Unternehmen und Verbraucher verbessert wird. Das EP fordert die Kommission auf, die Möglichkeit der Schaffung eines Systems der Rechenschaftspflicht der Unternehmen gegenüber den Bürgern zu prüfen.

Das EP ersucht die Kommission, den Prozess der Entwicklung der das EU-Umweltgütezeichen betreffenden Kriterien für weitere Produktkategorien zu beschleunigen und einen Vorschlag für ein soziales Gütezeichen in Erwägung zu ziehen.

Schließlich unterstützt das EP die Kommission in ihrem Wunsch, für klare Fortschritte bei der Förderung der CSR-Grundsätze und -Politiken auf EU-Ebene nach der zweijährigen Arbeit des Multi-Stakeholder-Forums zu sorgen, und fordert die Mitglieder des Forums auf, mit allen Kräften einen Konsens für künftige Aktionen auf dieser Basis zu sichern.

Der Ausschuss für Industrie, Außenhandel, Forschung und Energie hat eine eigene Stellungnahme abgegeben. Die wichtigsten Aussagen daraus sind:

CSR ist eine Hoffnung. Bei der Thematik der sozialen Verantwortung innerhalb der CSR sind zwei Dimensionen besonders relevant: Einerseits handelt es sich bei diesem Konzept um ein wettbewerbspolitisches Instrument. Andererseits ist es ein unabdingbares Instrument in der Implementierung europäischer und globaler nachhaltiger Entwicklung.

Damit soziale Verantwortung als wettbewerbspolitisches Instrument an Bedeutung gewinnt, müssen Unternehmen das CSR-Konzept in ihr Managementsystem integrieren. Dies beinhaltet große Transparenz bei und in der Unternehmensführung sowie die Kommunikation interner Prozesse an die Öffentlichkeit, um ethischen, sozialen und ökologischen Kriterien gerecht zu werden. Die Übernahme sozialer Verantwortung wiederum kräftigt Unternehmen intern, sie erfüllt eine Integrationsfunktion und kann als wettbewerbspolitischer Vorteil wirken. Es ist wichtig, dass Unternehmen ihre soziale Verantwortung in der Gesellschaft und auf internationaler Ebene mit den Akteuren der Gesellschaft definieren. Dies bedeutet, dass Unternehmen im Rahmen nachhaltiger Entwicklung mit allen beteiligten Stakeholdern profund und effizient kommunizieren und konkrete Maßnahmen treffen. Unternehmen müssen also dieses Konzept sozialer Verantwortung bewusst unternehmensintern zur Anwendung bringen und zudem extern veranschaulichen. Um verschiedene Praktiken zu bewerten, sollte jedoch nicht nur ein Best-Practice Modell angewendet werden. Um vergleichbare Bewertungen der Unternehmen vorzunehmen ist die Festlegung von Kriterien notwendig, welche soziale Verantwortung wie auch Nachhaltigkeit messen. So können Unternehmen präzise durch alle Interessierten, voran Konsumenten und Investoren, bewertet werden. Die Vergleichbarkeit hilft am Ende allen – auch den transnationalen Unternehmen wie eben auch den KMU, die in ihrem eigenen Interesse so schnell und intensiv wie möglich in die CSR einbezogen werden müssen.

Daher betont der Ausschuss ausdrücklich, dass eindeutige, nachvollziehbare und vergleichbare CSR-Kriterien notwendig sind, damit CSR nicht beliebig und letztlich nichts sagend wird. Der Ausschuss hält fest, dass bei den CSR-Kriterien die Offenlegung und Vergleichbarkeit der Angaben von größter Bedeutung ist.

Der Ausschuss ersucht die Kommission, die Arbeit der Global Reporting Initiative durch die Festlegung von Kriterien für die Tripple-Bottom-Line-Berichterstattung aktiv zu unterstützen und dabei das Ziel zu verfolgen, innerhalb von drei Jahren eine Richtlinie vorzulegen, die die Unternehmen zur Erstellung von Sozial- und Umweltberichten in einer ihrer Größe und ihrer Branche angepassten Form verpflichtet, die ihre Tätigkeit auf EU-und internationaler Ebene abdecken und fordert schließlich die Einleitung von Schritten im Hinblick auf ein globales Übereinkommen über die Rechenschaftspflicht der Unternehmen, da die internationale Gesellschaft ein Recht darauf hat, dass transnationale Unternehmen und in der Folge auch KMU in Bezug auf Umwelt, Gesellschaft und Menschenrechte Rechenschaft ablegen.

Die Stellungnahme des Ausschusses für Umweltfragen, Volksgesundheit und Verbraucherpolitik enthält folgende wesentlichen Punkte:

Die soziale Verantwortung der Unternehmen (CSR) kann einen Beitrag zur Verwirklichung der in der europäischen Strategie für die nachhaltige Entwicklung festgelegten Ziele leisten, sofern die Unternehmen über bloße Verpflichtungsintensionen hinausgehen und sofern sie ihre soziale Verantwortung nicht nur zum Zwecke der Öffentlichkeitsarbeit einsetzen.

Der Ausschuss fordert die Kommission auf, in ihrer Richtlinie über Prospektverpflichtungen nicht nur eine Vereinfachung anzustreben, sondern auch Bestimmungen im Hinblick auf sozial verantwortliches unternehmerisches Handeln aufzunehmen, wonach Unternehmen verpflichtet sind darzulegen, in welchem Umfang sie auch anderen als finanziellen Risiken Rechnung tragen, insbesondere sozialen, ökologischen und ethischen Risiken und Verbindlichkeiten.

Der Ausschuss für Entwicklung und Zusammenarbeit gab ebenfalls eine Stellungnahme ab, die im Wesentlichen folgende Punkte enthielt: Der Ausschuss fordert die Kommission auf, eine Agentur zu gründen, die die Aufgabe hat, ein System zur Beurteilung und Kontrolle der Einhaltung der internationalen und nationalen CSR- und Umweltstandards durch die europäischen Unternehmen, die in den Entwicklungsländern tätig sind, einzuführen.

Fordert weiters die Kommission auf, die Unternehmen zur Einhaltung der internationalen CSR-Normen zu ermuntern, indem sie von den ihr zur Verfügung stehenden Instrumenten Gebrauch macht, nämlich die Mechanismen für Investitionsbeihilfen, die Vergabe öffentlicher Aufträge, Finanzhilfen und die Veröffentlichung im Amtsblatt. Weiters fordert der Ausschuss die Mitgliedsstaaten auf, dasselbe zu tun, insbesondere indem sie nur Unternehmen, die nicht gegen die CSR-Normen verstoßen, Exportkredite gewähren.

Der Ausschuss schlägt ferner vor, ein europäisches Etikettierungssystem im Bereich Gewährleistung der sozialen und ökologischen Verantwortung der

Unternehmen einzurichten, das sich vor allem auf die Wahrung der Menschenrechte und des Arbeitsrechtes (wie sie in der ILO-Charta und den OECD-Leitlinien verankert sind) sowie auf eine soziale und ethische Berücksichtigung der Arbeitnehmer, den Umweltschutz sowie den Schutz der Gesundheit der Arbeitnehmer stützen sollte, um so den Verbrauchern die Möglichkeit zu geben, in voller Kenntnis der Sachlage eine aktive Rolle bei der Gewährleistung einer nachhaltigen Entwicklung zu spielen.

Der Ausschuss fordert schließlich die Kommission auf, einen legislativen Rahmen für eine obligatorische Berichterstattung im Sinne der EU-Strategie für nachhaltige Entwicklung vorzulegen und fordert die transnationalen Unternehmen auf, eine von unabhängiger Seite überprüfte dreifache Endbilanzierung in ihren Jahresberichten vorzulegen, die ihre Leistung anhand ökologischer, sozialer und wirtschaftlicher Kriterien misst.

Außerökonomische Leitlinien für ökonomisches Verhalten?

von *Franz Eckert*, Integrationsbeauftragter im Generalsekretariat
der Österreichischen Bischofskonferenz

I. Befund

1. Das viel zitierte Wort von Karl Kraus an einen Studenten der Wirtschafts-Ethik, „er werde sich wohl zwischen beidem entscheiden müssen", ist heute weitgehend zu relativieren:

Ethisches Planen und ethisches Handeln sind nicht mehr Antithese, sondern Fundament und Rahmen nachhaltig erfolgreichen Wirtschaftens innerhalb demokratisch-rechtsstaatlicher Freiheitsordnungen. Für eine geglückte Symbiose zwischen Wirtschaft und Ethik taugen weder die untergegangenen Staatswirtschaftsmodelle des vergangenen Jahrhunderts noch die – nach dem Untergang des Realsozialismus gelegentlich als „Ende der Geschichte" und somit Zielvorstellung der Wirtschaftsentwicklung proklamierten – neoliberalen Wirtschaftssysteme.

2. Der von Adam Smith im Jahr 1776 proklamierte Kreislauf „Freihandel – Wettbewerb – Wohlstand" braucht – wie das wärmende Feuer den Ofen – eine gesetzliche Rahmenordnung,

- die das potentielle Ungleichgewicht zwischen den Wirtschaftsteilnehmern mildert,
- durch kontroversielle Zielverfolgung der Wirtschaftsteilnehmer hervorgerufene Spannungen abfedert,
- existentielle Interessen der Schwachen wahrt und
- das allgemeine Vertrauen in eine menschengerechte Wirtschafts-, Rechts- und Gesellschaftsordnung wahrt und mehrt,

all dies, ohne in dirigistische Modelle zurückzufallen und das dem Menschen eingestiftete freie Erwerbsstreben mehr als unbedingt nötig zu reglementieren.

„Im Verhältnis zwischen Starken und Schwachen unterdrückt die Freiheit und befreit das Gesetz" (J. J. Rousseau). Die Suche nach einer Formel für den notwendigen Kompromiss zwischen Liberalismus und Dirigismus ergibt, dass zu dem von der christlichen Soziallehre in Fortentwicklung des Ordo-Liberalismus (Walter Eucken) propagierten System einer sozialen und nachhaltigen Marktwirtschaft (Kurzformel: „ökosoziale Marktwirtschaft") keine brauchbare Alternative besteht, wenn nicht Mensch und Umwelt langfristig den Kürzeren ziehen sollen.

3. Der somit erforderliche Mindest-Rechtsrahmen für freies menschliches Wirtschaften muss – angesichts der durch die Globalisierung „entbetteten" Wirtschaftsströme – „oberhalb" der nationalstaatlichen Rechtsordnungen angesiedelt werden, wenn nicht der notwendige Schutzzweck durch entsprechende Standortwahl unterlaufen werden soll: Der weltweite Wettlauf zwischen jenen Standorten, die minimale oder gar keine Vorschriften zum Schutz von Mensch und Umwelt und daher eine entsprechend wohlfeile Kostenstruktur anpreisen, ist wegen seiner wettbewerbsverzerrenden Konsequenzen schon heute eine wesentlichere Bedrohung für die Entwicklung eines freien Welthandels als die Existenz der nach wie vor vorhandenen, aber mehr und mehr im Abbau begriffenen Steueroasen.

4. Die in Abschwächung begriffene „neoliberale Zeitspanne" seit dem Fall der Mauer hat nicht nur gezeigt, dass regelloses Wirtschaften Mensch und Umwelt schädigt, sondern selbstreinigende Kräfte der Wirtschaft auf den Plan gerufen, die nun aller Orten manifest werden. Unternehmensinterne Moralverhaltenskodizes („Niemand darf im Beruf etwas tun, wofür er sich im privaten Bereich zu schämen hätte."), spezielle Aufsichts- und Kontrollgremien in den Leitungsorganen der in der Wirtschaft tätigen Kapitalgesellschaften und erhöhte Transparenz in der Öffentlichkeit korrespondieren mit den Bemühungen zahlreicher NGOs, die Konsumenten als Adressaten und Partner der Realwirtschaft zu mobilisieren.

Die alte Erkenntnis, dass sich moralisches Verhalten auch wirtschaftlich bezahlt macht und dass grobe Verstöße gegen Recht und Sitte zum Käuferboykott führen können, bricht sich mehr und mehr Bahn. Der Konflikt zwischen Shell und Greenpeace wegen der Bohrinsel „Brent Spa" hat in diesem Sinn Wirtschaftsgeschichte geschrieben, dient aber – im Hinblick auf die während des Käuferstreiks geschehenen Gewalttaten – auch zur Warnung: Wer Wind sät, kann Sturm ernten.

Diese hoffnungsvolle Entwicklung betrifft in erster Linie die Realwirtschaft und viel weniger die Finanzwirtschaft (die durch Frustrationen auf Konsumentenebene naturgemäß kaum betroffen ist) und wird die Notwendigkeit einer gesetzlichen Rahmenordnung weder heute noch in Zukunft ersetzen können; je nachhaltiger wirtschaftsethische Grundsätze realisiert und von einer wachen Öffentlichkeit honoriert werden, desto weitmaschiger kann – zum Nutzen einer freien Wirtschaft – das Rahmenregelwerk gestaltet werden.

Der letztlich unlösliche Widerspruch zwischen Freiheit und Sicherheit wird hier ebenso deutlich wie das Wagnis der Demokratie: Je konsequenter der Mensch – ob Produzent, Investor Konsument oder Politiker – sein berufliches und privates Leben freiwillig nach ethischen Grundsätzen gestaltet, desto niedriger kann jener Sockel zwangsgesetzlicher Regelungen ausfallen, den die demokratische Administration zur Sicherung des eigenen Fortbestandes und des Bürgerwohls errichten muss.

5. Gegenüber den engmaschigen, aber nicht mehr praktikablen nationalstaatlichen Rahmenordnungen einerseits und der unfertigen sowie in jedem Falle höchst weitmaschigen weltweiten Rahmenordnung einer „Global Governance" andererseits erweist sich für Europa die Rechtsordnung der Europäischen Union als geeigneter „Zwischenboden",

– um die genuin europäischen Zielvorstellungen menschen- und umweltgerechten Wirtschaftens durch eine spezifisch europäische Rahmenordnung zu fördern,

– handelshemmende Partikularrechtsordnungen, schädliche Standortwettbewerbe, Sozialdumping und grenzüberschreitende Umweltrisken innerhalb der (erweiterten) Union abzubauen und

– die weltweit vorbildlichen europäischen Sozial- und Umweltstandards gegenüber einer „Nivellierung nach unten" als Folge regelloser Globalisierung abzusichern.

Hier gilt das von den Regionen und Mitgliedsländern regelmäßig gegen ein Ausufern der Unionslegislative beschworene Subsidiaritätsprinzip nicht nur für das Verhältnis zwischen den Mitgliedstaaten und der Union, sondern auch für dasjenige zwischen der Union und der Welt: Was regional- oder nationalstaatlich befriedigend geregelt werden kann, bedarf keiner Unionsregelung, was aber nach der Subsidiaritätsregelung der Union zugewiesen ist, sollte durch deren Legislative unionseinheitlich und unionsspezifisch geregelt und nicht ohne zwingenden Grund an die Globalebene verwiesen werden.

Der hohe Stellenwert von Mensch und Umwelt in der europäischen Wirtschaft kann auf solche Weise erhalten bleiben und sich als „Frischzelle" für die Weltwirtschaft erweisen.

Dass die Unionslegislative, um ein solches Ziel erreichen zu können, einer verfassungsrechtlich abgesicherten Rechtspersönlichkeit bedarf, liegt auf der Hand; wer nach außen hin nicht mit einer Stimme sprechen kann, wird zwar „global payer", nicht aber „global player" sein und überdies in Gefahr geraten, seinen sozialen und ökologischen, darüber hinaus aber wohl auch seinen kulturellen und spirituellen Eigenstand an eine globalisierte Einheitswelt zu verlieren.

6. Die pro-aktive Mitgestaltung der Entwicklungsbedingungen unseres Wirtschaftssystems in Richtung sozialer und ökologischer Nachhaltigkeit wird für unternehmerische Verantwortungsträger zum entscheidenden Ort der sozialethischen Bewährung („Managers Value").

Wenn über die notwendige Aktivierung privater Wirtschaftsführer hinaus gesetzliche Rahmenbedingungen für freies Wirtschaften verlangt werden, so darf doch die notwendige wertepluralistische Sicht nicht aufgegeben werden, „die das Wirtschaftssystem als Ordnungsrahmen einer spontanen, evolutionären Ordnung zukunftsoffen hält". Der gefährliche „Weg zur Knechtschaft" (F. A. Hayek) beginnt nämlich immer gleich um die nächste Ecke – dort, wo ein deterministisches Weltbild Gerechtigkeitsvorstellungen um einen zu hohen Preis an Freiheit umzusetzen sucht.

Die Anhänger historizistischer Weltbilder werden mit ihren geschlossenen Entwürfen vom Endzustand einer Gesellschaft letztlich zu Feinden der offenen Gesellschaft (Sir Karl Popper). Andererseits müssen wir es aber wagen, gerade deshalb „das allzu geschlossene Weltbild eines idealisierten Marktsystems zu entzaubern, sozusagen den Markt-Determinismus und seine absolutistischen Lord-Siegel-Bewahrer zu entthronen, und zwar ohne die antimarktwirtschaftlichen Vorurteile der Drachentöter des Neoliberalismus".

Der einer Gesellschaft zugrunde liegende Werte- und Zielkanon muss einsehbar und erlebbar sein, wenn die Motivation für die Lebensverwirklichung in dieser Gesellschaft erhalten bleiben soll. Es geht dabei um Werte wie Chancengleichheit und Fairness, um eine ausgewogene Kombination von Sachgerechtigkeit, Menschengerechtigkeit und Naturgerechtigkeit.

Unser Wirtschaftssystem benötigt, nach einem Wort von F. A. Hayek, ein sozialethisch akzeptables Fundament, wonach „eine freie Gesellschaft nur dort gut funktionieren wird, wo freies Handeln von starken Moralvorstellungen geleitet ist, und dass wir daher alle die Vorteile der Freiheit nur dort genießen werden, wo die Freiheit bereits wohl begründet ist".

Durch die Arbeit an den richtigen Rahmenbedingungen für freies Wirtschaften muss dafür gesorgt werden, dass ohne Rückfall in ein deterministisches System „unsere freie Gesellschaft im wesentlichen jenen Maßstäben folgt, die, wenn sie allgemein werden, die Freiheit und mit ihr die Grundlage aller moralischen Werte weiter fördern".

Politisch gesetzte Rahmenbedingungen für die gesellschaftlich erwünschte Entfaltung der spontanen Ordnung des Marktes und der Wettbewerbswirtschaft: das war nicht nur die Gründungsplattform des deutschen Wirtschaftswunders in der Ausprägung der sozialen Marktwirtschaft, sondern das ordnungspolitische Grundverständnis der Europäischen Union von Anfang an. In diesen marktwirtschaftlichen Ordnungsrahmen sind nicht nur die Sozialpolitik, sondern auch die ökologischen Zielsetzungen weitgehend integriert worden, wodurch der Beweis dafür erbracht worden ist, dass sich „die marktwirtschaftliche Dynamik bei Setzen der richtigen Rahmenbedingungen für ökologische Ziele genauso instrumentalisieren lässt, wie für soziale".

Der gefährlichen Simplizität des naiven Universalismus, mit dem von den „Globophilen" unterstellt wird, dass Freihandel automatisch alles andere nach sich zieht, steht heute längst eine „Rebellion der Realität" (Alain Finkielkraut) entgegen, in der uns oft brutal vor Augen geführt wird, dass es so einfach nicht geht. Es gibt nach dem Donnergrollen des „Clash of Civilisations" (Huntington) keinen Grund mehr zur Annahme, dass unser Verständnis von Moderne von selbst zum Weltmodell wird.

In anderen Weltgegenden funktionieren – von der konfuzianischen Variante der neuen chinesischen Wettbewerbswirtschaft bis zur arabischen Variante des modernen Bankwesens – Formen eines sich ankündigenden „techno-spiri-tuellen" 21. Jahrhunderts (Finkielkraut), die – vielleicht nur vorläufig? – ohne jenes säkularisiert-liberale Werte-Set auskommen, wie es den europäischen und anglo-amerikanischen Marktwirtschaften zugrunde liegt.

Josef Schumpeter hat schon in den dreißiger Jahren das wunderbar treffende Bild von der Sozialpolitik als „Bremse" gebraucht, mit der erst einmal ausgerüstet, ein Auto viel schneller fahren kann als ohne sie.

Anknüpfend an einen Buchtitel von Peter Rosei: „Entwurf für eine Welt ohne Menschen, Entwurf für eine Reise ohne Ziel" könnte man sagen, „dass wir – und darum dreht sich die eigentliche Diskussion – dazu bestimmt sind, Entwürfe für eine Welt mit Menschen zu entwickeln und unseren Reisen ein Ziel zu geben."

Der Werterahmen unternehmerischer Tätigkeit und Verantwortung, der dimensionell den vorstehenden Überlegungen durchaus Rechnung trägt, ergibt sich für den österreichischen Rechtsraum paradigmatisch aus der Vorschrift des § 70 Abs. (1) des Aktiengesetzes.

„Der Vorstand hat unter eigener Verantwortung die Gesellschaft so zu leiten, wie das Wohl des Unternehmens unter Berücksichtigung der Interessen der Aktionäre und der Arbeitnehmer sowie des öffentlichen Interesses es erfordert." Die Voranstellung des Unternehmenswohls („Managers Value") unter gleichmäßiger Berücksichtigung der Interessen der Aktionäre, der Mitarbeiter und der Öffentlichkeit ist ein wirtschaftsethisches Programm, das den Weg der ökosozialen Marktwirtschaft definiert und illustriert (wenn man das Erfordernis nachhaltigen Wirtschaftens dem im Gesetz erwähnten öffentlichen Interesse zuzählt). Diese Aufgabenstellung steht in keiner Weise im Gegensatz zum für eine freie Wirtschaft unerlässlichen Gewinnstreben; „Genossenschaften und gemeinnützige Organisationen sind demgegenüber Nischenexistenzen".

Der Gesetzesauftrag entspricht vielmehr der „Corporate Social Responsibility", die ihrerseits im Paternalismus (Mittagstisch der Handwerkerfamilien) und in der Philantrophie (Errichtung von Schulen, Krankenhäusern, Museen etc.) ihre Wurzeln hat. Zählt man zu der zitierten Regel für die Unternehmensführung noch das im Arbeitsverfassungsgesetz vorbildlich geregelte Verhältnis zwischen Unternehmensleitung und Mitarbeitern sowie die Summe der Vorschriften zum Konsumenten- und Umweltschutz, so ergibt sich aus all dem ein verlässlicher Rahmen für ethisch vertretbares, freies Wirtschaften.

Die durchaus nicht neoliberale Vernetzung zwischen privaten und öffentlichen Interessen ergibt sich für den Unternehmensbereich aus dem Begriff der „Corporate Citizenship", der auch für multinationale Unternehmen gilt, die „Corporate Citizens" des Gastlandes sind.

7. Gemäß dem Böckenförde-Dilemma schöpft der demokratische Staat aus Quellen, die er selbst nicht zu erneuern vermag. Gleiches gilt für die Wirtschaftsethik. Der spirituelle Quellgrund des Menschen, der ebenso gefährdet ist wie seine natürliche Umwelt, besteht in der Religion und im Verantwortungsbewusstsein gegenüber einer höheren Instanz, deren Wägen und Messen durch diesseitige Tricks nicht zu beeinflussen ist.

Die „Goldene Regel", der Dekalog und die Botschaft des Jesus von Nazareth, das von Hans Küng beschworene Weltethos und das Wucherverbot des Koran könnten, wenn sie von einer großen Mehrheit der Wirtschaftsteilnehmer akzeptiert und die Konsequenzen von Regelverstößen ernst genommen würden, gesetzliche Rahmenordnungen weit gehend entbehrlich machen.

Nach wie vor und auch in Zeiten der Globalisierung regiert der Mensch die Welt. Wir sind nicht Passagiere eines fremdgesteuerten Zuges, sondern stehen alle am Führerstand – wenn wir nur wollen. Auch in der globalisierten Welt geht am Menschen kein Weg vorbei.

Das durch religiöse Überzeugungen gebildete und gestützte Gewissen ist Voraussetzung und Garant eines Lebens in Freiheit und Menschenwürde, dessen Sicherung das Ziel jeglichen menschlichen Handelns und damit auch aller wirtschaftsethischen Überlegungen sein muss.

Wer sich heute noch – um das eingangs zitierte Karl-Kraus-Wort noch einmal aufzugreifen – zwischen Wirtschaft und Ethik entscheiden wollte, hätte die Zeit missverstanden – in Europa schon heute und eines Tages wohl auch in unserer ganzen, klein gewordenen Welt.

II. Orientierung

8. Die Katholische Kirche als „ältestes Globalinstitut der Welt mit einem Propheten an der Spitze", wie sie vom Präsidenten des „Club of Rome" genannt wurde, ist keine NGO.

Sie nimmt kraft ihres Auftrages an der Entwicklung und Gestaltung der Zivilgesellschaft teil, ist aber selbst kein Teil der Zivilgesellschaft (vgl. Joh. 18/36: „Mein Königtum ist nicht von dieser Welt.")

Orientierung durch die Kirche bezieht sich daher nicht auf wirtschaftliche und gesellschaftspolitische Einzelpositionen, sondern auf die Beantwortung spirituell relevanter Grundsatzfragen, entsprechend dem Satz von der „Eigengesetzlichkeit der irdischen Wirklichkeiten", den das 2. Vatikanische Konzil im Artikel 36 der Pastoralkonstitution „Kirche und Welt" aufgestellt hat: „Wenn wir unter Autonomie der irdischen Wirklichkeiten verstehen, dass die geschaffenen Dinge und auch die Gesellschaften ihre eigenen Gesetze und Werte haben, die der Mensch schrittweise erkennen, gebrauchen und gestalten muss, dann ist es durchaus berechtigt, diese Autonomie zu fordern. Wird aber mit den Worten ,Autonomie der zeitlichen Dinge' gemeint, dass die geschaffenen Dinge nicht von Gott abhängen und der Mensch sie ohne Bezug auf den Schöpfer gebrauchen könne, so spürt jeder, der Gott anerkennt, wie falsch eine solche Auffassung ist, denn das Geschöpf sinkt ohne den Schöpfer ins Nichts."

9. Der Kommunismus als staatstragende Kraft ist – zumindest in Europa – untergegangen, doch statt des Sieges der Freiheit und der stark christlich geprägten Weltanschauung des Antikommunismus ging, so sieht es auf den ersten Blick aus, vor allem der Markt als Sieger aus dem langen Kampf der beiden Blöcke hervor. Er beherrscht inzwischen triumphal weithin das ganze Feld. Die schwer erlittene und im Archipel Gulag unter größten Opfern erkämpfte Freiheit reduziert sich, so scheint es vielen, auf die Freiheit der Kapitalwirtschaft. Der Untergang der Ideologien des vorigen Jahrhunderts hat ein geistiges Vakuum hinterlassen. Ohne Hoffnung kann niemand leben, nicht der Einzelne, aber auch nicht die Gemeinschaft. Ohne Hoffnung wird auf die Dauer auch die Wirtschaft nicht florieren. Sollte die Zwei-Drittel-Gesellschaft Wirklichkeit werden, dann wird sie so viele Hoffnungslose hervorbringen, dass neue Ideologien, neue täuschende und verführende Hoffnungsmacher wie der Kommunismus wieder Chancen bekommen.

Mit dem Zusammenbruch des Kommunismus hat nicht so sehr eine Ideologie über die andere, der Kapitalismus über den Kommunismus gesiegt, sondern vielmehr die wirtschaftliche „Normalität" gegenüber einer zwangswirtschaftlichen Ideologie. Der Marxismus hat es geschafft, die ganz normalen Funktionen der Wirtschaft zu „dämonisieren". Markt, freie Wirtschaft, Unternehmertum, Gewinn und Erfolg – all das wurde mit ideologischem Verdacht belegt, mit dem Schlagwort „Kapitalismus" negativ besetzt. Das war nur propagandistisch ein Erfolg. In Wirklichkeit handelt es sich hier um die ganz normalen Grundvollzüge des wirtschaftlichen Lebens einer menschlichen Gesellschaft. Auch von Seiten der Kirche besteht eine gewisse Gefahr, diese Grundvollzüge mit dem Verdacht des Unsozialen oder Unmoralischen zu bedenken. Ohne Freiheit des Marktes, ohne eine gewisse Gewinnorientierung und ein Erfolgsinteresse kann keine Wirtschaft im Kleinen und Großen gedeihen.

Hier hat auch in der katholischen Soziallehre eine Entwicklung hin zu einer positiveren Bewertung der wirtschaftlichen Grundgegebenheiten stattgefunden.

10. Nicht der Markt ist böse, nicht die freie Wirtschaft mit ihrem Spiel von Angebot und Nachfrage, böse kann nur der Missbrauch sein, der mit der menschlichen Freiheit getrieben wird. Um diese unmenschlichen Fehler wissen wir seit eh und je. Der alttestamentliche Prophet Amos hat sie bereits in aller Deutlichkeit ausgesprochen. „Hört dieses Wort, die ihr die Schwachen verfolgt und die Armen im Land unterdrückt. Ihr sagt: Wann ist das Neumondfest vorbei? Wir wollen Getreide verkaufen! Und wann ist der Sabbat vorbei? Wir wollen den Kornspeicher öffnen, das Maß kleiner und den Preis größer machen und die Gewichte fälschen. Wir wollen mit Geld die Hilflosen kaufen, für ein Paar Sandalen die Armen. Sogar den Abfall des Getreides machen wir zu Geld" (Amos 8, 4–6). Nicht Handel und Markt sind das Übel, sondern menschliche Habgier und Ungerechtigkeit. Da wir Menschen schwach sind, zum Bösen und zur Sünde neigen, ist es unsinnig, zu glauben, die berühmte „unsichtbare Hand" werde von selbst den Markt so steuern, dass für möglichst viele ein möglichst großer Gewinn herauskommt. Zu glauben, eine möglichst umfassende Deregulierung werde ein optimales Wirtschaften ermöglichen, ist schlichtweg eine Illusion. Denn hier wird ähnlich wie im Kommunismus übersehen, dass die Wirtschaft, bei aller Macht der anonymen Kräfte, doch *von* Menschen gemacht und geprägt wird, und dass sie nur funktionieren kann, wenn sie *für* Menschen gemacht wird.

So sehr wir uns bei der Empfehlung von Regeln für wirtschaftliches Verhalten auch Fragen der globalen Entwicklung zu stellen haben, so ist doch nie aus den Augen zu verlieren, dass die Voraussetzung für alles Gelingen und Gedeihen die persönlichen und gemeinschaftlichen sittlichen Maßstäbe der Wirtschaftenden sind. Eine gute Gesellschaft, eine gute Wirtschaft setzt zuerst – man geniert sich fast, etwas so einfaches auszusprechen – anständige Menschen voraus. Im Katechismus der Katholischen Kirche steht unter dem siebten Gebot („Du sollst nicht stehlen.") folgender lapidarer Hinweis: „Versprechen und Verträge müssen gewissenhaft gehalten werden, soweit die eingegangene Verpflichtung sittlich gerecht ist. Das wirtschaftliche und gesellschaftliche Leben hängt zu einem großen Teil davon ab, dass man sich an die Verträge zwischen physischen oder moralischen Personen hält: an Verkauf- und Kaufverträge, Miet- oder Arbeitsverträge. Jeder Vertrag ist guten Glaubens abzuschließen und auszuführen" (KKK 2410).

Auch in der globalisiertesten Wirtschaft wird es letztlich immer darauf ankommen, dass Menschen einander vertrauen können, dass das Wort gilt, die Zusage hält, das Vertrauen sich bewährt. Alle rechtlichen Absicherungen, die notwendig sind, weil wir als schwache und zum Bösen neigende Menschen nicht absolut zuverlässig und vertrauenswürdig sind, dienen nur der Sicherung des Grundvertrauens in die moralische Zuverlässigkeit der handelnden Personen. Umso schlimmer ist es, wenn in der zeitgenössischen wirtschaftlichen und gesellschaftlichen Entwicklung durch ein Übermaß an Konkurrenz und Überlebenskampf die Vertrauensbasis der Gesellschaft und der Wirtschaft ausgehöhlt wird.

Der Marxismus ist als Wirtschaftstheorie untergegangen, weil er falsch war. Die Wahrheitsfrage ist gewiss im Bereich des Wirtschaftlich-Politisch-Praktischen nicht einfach zu beantworten. Sie kann aber auch nicht einfach ausgeklammert werden. Die Wahrheit einer Wirtschaftstheorie erweist sich an der Wirklichkeit, an ihrer Haltbarkeit (über kurzfristige Erfolge hinaus), also an ihrem nachhaltigen Erfolg. Erfolg wiederum kann nicht einseitig nur wirtschaftlicher Erfolg sein. Ebenso zählt der „menschliche Erfolg", das heißt die nachhaltig positive Auswirkung auf die Gesellschaft, auf das Gemeinwohl.

11. Die grundlegendste Überzeugung der Katholischen Soziallehre hat das 2. Vatikanische Konzil wie folgt formuliert: „Grund, Träger und Ziel aller gesellschaftlichen Institutionen ist die menschliche Person und muss es sein" (GS 25,1). Diese Überzeugung vom Vorrang der menschlichen Person ist einerseits theologisch begründet im Glauben an die Geschöpflichkeit des Menschen, seine Gottebenbildlichkeit und Gottunmittelbarkeit. Andererseits ist diese Überzeugung durchaus bestens rational begründet. Wir stehen mitten in einer Entwicklung, in der der Mensch selbst der große Verlierer zu sein droht. Der Mensch wird zum Objekt des Anthropomorphismus. Er wird als entbehrlich aus dem wirtschaftlichen Fortschritt wegrationalisiert. Doch fragen sich immer mehr Menschen, wie eine Gesellschaft funktionieren soll, in der die Abschaffung von Arbeitsplätzen als Erfolgsmeldung für die Börse gilt, in der Hiobsbotschaften am Arbeitsmarkt als Siegesmeldungen an der Wall Street gelten. Die Katholische Soziallehre formuliert daher auch als oberstes Prinzip das „Personalitätsprinzip", eben die Überzeugung, dass die menschliche Person Grund, Träger und Ziel aller gesellschaftlichen Institutionen sein muss.

Deshalb muss die oberste Frage lauten: Wie weit dienen Entwicklungen dem Menschen und seiner Entfaltung, wie weit dienen sie der menschlichen Gemeinschaft, dem Gemeinwohl? Das Ziel der Wirtschaft kann vernünftigerweise nicht in ihr selber liegen. Sie bedarf, um gedeihen zu können, der Ausrichtung auf die Humanisierung des menschlichen Lebens.

So lesen wir im Katechismus der Katholischen Kirche: „Die Entfaltung des Wirtschaftslebens und die Steigerung der Produktion haben den Bedürfnissen der Menschen zu dienen. Das wirtschaftliche Leben ist nicht allein dazu da, die Produktionsgüter zu vervielfachen und den Gewinn oder die Macht zu steigern; es soll in erster Linie im Dienst des Menschen stehen: des ganzen Menschen und der gesamten menschlichen Gemeinschaft. Die wirtschaftliche Tätigkeit ist – gemäß ihren eigenen Methoden – im Rahmen der sittlichen Ordnung und der sozialen Gerechtigkeit so auszuüben, dass sie dem entspricht, was Gott mit dem Menschen vorhat" (KKK 2426). Die Betonung des Personalitätsprinzips als oberster Maxime hat nichts mit Sozialromantik zu tun. Es hat seine Wahrheit und Vernünftigkeit immer wieder erwiesen. Wo der Mensch zum bloßen Objekt wird, wie etwa in totalitären Systemen oder auch in einer Absolutsetzung des Marktes auf Kosten des Menschen und des Gemeinwohls, wird auf die Dauer die Grundlage des Marktes selbst zerstört: die menschliche Gesellschaft, deren Wohlergehen die Voraussetzung dafür ist, dass auch das Wirtschaftsleben gedeiht. Deshalb ist eine gute Wirtschaftspolitik immer mehr als nur Wirtschaftspolitik.

12. Die Katholische Soziallehre betont heute ausdrücklicher als früher die grundsätzlich positive Bewertung des wirtschaftlichen Wettbewerbs der Betriebe als effizienteste Form der Ressourcen-Verteilung, solange der wirtschaftliche Wettbewerb in einem politischen Ordnungsrahmen verankert ist. In der Enzyklika Centesimus Annus sagt der Papst: „Es ist Aufgabe des Staates, für die Verteidigung und den Schutz jener gemeinsamen Güter wie der natürlichen und der menschlichen Umwelt zu sorgen, deren Bewahrung von den Marktmechanismen allein nicht gewährleistet werden kann. Wie der Staat zu Zeiten des alten Kapitalismus die Pflicht hatte, die fundamentalen Rechte der Arbeit zu verteidigen, so haben er und die ganze Gesellschaft angesichts des neuen Kapitalismus nun die Pflicht, die gemeinsamen Güter zu verteidigen, die unter anderem den Rahmen bilden, in dem allein es jedem einzelnen möglich ist, seine persönlichen Ziele auf gerechte Weise zu verwirklichen" (Centesimus Annus 40). Im folgenden weist der Papst auf die neuen Grenzen des Marktes hin: „Es gibt gemeinsame und qualitative Bedürfnisse, die mit Hilfe seiner Mechanismen nicht befriedigt werden können. Es gibt wesentliche menschliche Bedürfnisse, die sich seiner Logik entziehen, Güter, die auf Grund ihrer Natur nicht verkauft und gekauft werden können und dürfen" (Centesimus Annus 40). Und an anderer Stelle: „Der Staat aber hat die Aufgabe, den rechtlichen Rahmen zu erstellen, innerhalb dessen sich das Wirtschaftsleben entfalten kann. Damit schafft er die Grundvoraussetzung für eine freie Wirtschaft, die in einer gewissen Gleichheit unter den Beteiligten besteht, so dass der eine nicht so übermächtig wird, dass er den anderen zur Sklaverei verurteilt" (Centesimus Annus 15).

Für die Katholische Kirche, die ihrem innersten Wesen nach Weltkirche ist, multinational, in einer hervorragend organisierten Vernetzung auf allen Ebenen und bis in die äußersten Winkel, stellt das Phänomen der Globalisierung grundsätzlich nicht etwas Negatives dar. Gerade unter dem derzeitigen Pontifikat ist in der Katholischen Kirche das Bewusstsein ihrer Weltweite, ihrer Globalität stark gewachsen. Nicht wenig hat dazu die Mobilität des Papstes selbst beigetragen. Kooperation zwischen allen Kontinenten, Austausch an Ressourcen, an Know-How, Vernetzung der Information, Ausgleich der Güterverteilung, all das ist der Katholischen Kirche vertraut und macht sie in einer globalisierten Welt heimisch. Umso mehr sieht sie sich verpflichtet, alle Bemühungen zu unterstützen, die die Globalisierung des Weltmarktes durch neue globale soziale und politische Begleit- und Schutzmaßnahmen ergänzt. Schon Pius XII. hat mit großer Entschiedenheit die europäische Integration begrüßt und die Schaffung weltweiter politischer und sozialer Institutionen unterstützt. Konnte es in früherer Zeit genügen, auf das nationale Gemeinwohl hinzuweisen, so gilt es heute, alles zu fördern, was das Bewusstsein des übernationalen und weltweiten Gemeinwohls fördert.

In seinem Briefwechsel mit Umberto Eco, der unter dem Titel „Woran glaubt, wer nicht glaubt?" veröffentlicht wurde, schreibt der Mailänder Kardinal Carlo Maria Martini an seinen Briefpartner: „Ich kann nur schwer sehen, wie ein Leben, das sich an den genannten Werthaltungen (Altruismus, Redlichkeit, Gerechtigkeit, Solidarität, Vergebung) orientiert, über lange Zeiten und unter allen Umständen durchzuhalten sein soll, wenn der absolute Wert der moralischen Norm nicht in metaphysischen Prinzipien oder in einem personalen Gott begründet werden kann." Und Umberto Eco antwortet dem Kardinal: „Die ethische Dimension beginnt, wenn der Andere ins Spiel kommt."

Woran immer wir uns orientieren wollen, an einem personalen Gott oder an einer natürlichen Ethik – der „Andere", der Aktionär, der Kunde, der Mitarbeiter und schlechthin jeder, der der Hilfe bedarf, muss ins Spiel kommen und er darf nie aufhören, in diesem Spiel Vorrangpartner zu sein gegenüber allen Pressionen und Sachzwängen dieser Welt. Wenn eine solche Orientierung zur außerökonomischen Leitlinie für ökonomisches Verhalten erkoren werden kann, dann wird sich auch der ökonomische Erfolg einstellen, nicht als „Windfall-Profit", sondern als beständige Prosperität. An Gottes Segen ist alles gelegen.

Verantwortung braucht Wirtschaft. Über die Chancen der Corporate-Social-Responsibility-Diskussion für Unternehmen und Wirtschaftspolitik

von *Martin Bartenstein*, Bundesminister für Arbeit und Wirtschaft

Es gehört zu den Konstanten der Wirtschaftswelt, dass Kritik an der Wirtschaft immer Konjunktur hat. Die Art der Kritik an der Ökonomie – die sich natürlich wie jeder andere Bereich der gesellschaftlichen Kritik stellen muss – hat sich in den letzten Jahren jedoch verändert. Dominierte etwa in den 80er Jahren noch die berechtigte Sorge um die Erhaltung unserer natürlichen Lebensgrundlagen, so präsentiert sich die gegenwärtige Wirtschaftskritik weitaus aggressiver und fundamentaler. So will die neue, global agierende und zugleich antiglobalistische Kapitalismus- und Marktwirtschaftskritik bei der breiten Bevölkerung den Eindruck erwecken, das Wirtschaften sei reiner Selbstzweck geworden: Die Manager wollten sich die Taschen füllen, während sie in hermetisch abgeschotteten Konferenzen die Globalisierung weiter vorantrieben, damit ihre Unternehmen in möglichst keinem Land der Welt mehr Steuern und Abgaben entrichten müssten. Das ist eine „Story", die sich in unserer Schlagzeilengesellschaft – unterlegt mit dem eingängigen Sermon „Die Reichen werden immer reicher, die Armen werden immer ärmer" – ihren fixen Platz erworben hat. Die Kritik an der globalisierten Ökonomie ist populäres und gleichwohl populistisches Allgemeingut geworden.

Neoliberalismus oder Neoetatismus?

Das Platzen der Dotcom-Blase und die Bilanzskandale in den USA haben unbestritten viel Wasser auf die Mühlen der Wirtschaftsgegner geschüttet – persönliche Verfehlungen von Managern und unzureichende Aufsichts- und Kontrollmechanismen wurden jedoch meist nicht als solche kritisiert, sondern schlichtweg als Konsequenz eines „falschen" Systems interpretiert. Wie das „richtige" System aussieht, daran besteht in den Augen vieler zeitgenössischer Wirtschaftskritiker kein Zweifel: Es gibt wieder den Ruf nach dem *starken Staat*, welcher der „grenzenlosen Gewinngier" der Unternehmen ein Ende setzen soll. Auch manche Politiker sind bereits in den populistischen Chor eingefallen. Statt des viel geschmähten „Neoliberalismus", der ja in keinem Land der Welt als Wirtschaftsmodell auch nur ansatzweise zur Verwirklichung ansteht, wäre wohl eher ein staatsfrömmiger „Neoetatismus" zu kritisieren. Er lässt sich daran festmachen, dass Protektionismus an Popularität gewinnt oder dass längst überfällige Liberalisierungs- und Deregulierungsprojekte in Frage gestellt werden. Das würde allerdings den Weg aus der Sackgasse bedeuten, aus der wir in Österreich gerade kommen.

Dass die fundamentale marktwirtschaftliche Systemkritik in Europa und auch in Österreich auf fruchtbaren Boden gestoßen ist, ist zunächst erstaunlich. Weder unser ordnungspolitischer Rahmen noch die unternehmerische Wirklichkeit geben Anlass zu Fundamentalkritik an einem vermeintlich herrschenden „Neoliberalismus" und an einer von der Gesellschaft angeblich vollkommen losgelöst agierenden Wirtschaft.

Marktwirtschaft *mit* Attributen

Unser ordnungspolitisches Modell, die um das Prinzip der Nachhaltigkeit erweiterte soziale Marktwirtschaft, macht wie kein anderes Wirtschafts- und Sozialmodell deutlich, dass Wirtschaft kein Selbstzweck ist, sondern dass wirtschaftliche Freiheit und Leistung die Voraussetzungen für sozialen Zusammenhalt und für eine zukunftsverträgliche, nachhaltige Entwicklung sind. Über diesen Zusammenhang setzen sich viele Kritiker in der öffentlichen Diskussion leichtfertig hinweg. Natürlich steht es außer Frage, dass wir unser „europäisches Modell" so weiterentwickeln müssen, dass es im internationalen Wettbewerb bestandsfähig ist. Die Wachstumserfolge der Vereinigten Staaten sind kein Zufall, und gerade die für Europa ungünstige demografische Entwicklung erfordert ein Justieren in vielen Bereichen, um mehr Wachstum zu entfesseln und damit soziale Sicherheit auch künftig gewährleisten zu können.

Wir in Österreich haben durch unsere erfolgreichen Liberalisierungs- und Privatisierungsprojekte oder durch Erleichterungen für Unternehmensgründer die Voraussetzungen dafür geschaffen, dass sich mehr ökonomische Freiheit in mehr Wachstum und damit in Wohlstand niederschlagen kann. Am Grundprinzip, dass nämlich eine leistungsfähige Wirtschaft soziale Verantwortung durch einen hochentwickelten und möglichst leistungsfähigen Sozialstaats möglich macht, rüttelt in Europa niemand. Daran ändern auch die Parolen der Neoliberalismus-Kritiker nichts.

Unternehmenskultur mit Bodenhaftung

Aber auch der Blick auf die Realität unserer Wirtschaftskultur zeigt, dass die Kritik an „heimatlosen Konzernen", die Steuern und Verantwortung aus dem Weg gehen, keine reale Grundlage hat. Österreich verfügt – wie die meisten europäischen Staaten – über eine ausgeprägte klein- und mittelständische Unternehmensstruktur. Rund 99,5% aller Unternehmen in Österreich sind KMU, zwei Drittel aller Beschäftigten arbeiten in solch einem Unternehmen. Diese Unternehmen stehen mitten im Leben. Es ist nicht eine irgendeine „globale

Unternehmerklasse", sondern der Mittelstand, der unsere Wirtschaftskultur prägt. Der Mittelstand repräsentiert zugleich die Grundwerte unseres Wirtschafts- und Sozialmodells, nämlich wirtschaftliche Freiheit, persönliche Leistung und gesellschaftliche Verantwortung. Es ist daher legitim, in Österreich von einer lebendigen Verantwortungskultur der Wirtschaft zu sprechen. Dies zeigt auch eine Studie der von meinem Ressort unterstützten Initiative „CSR-Austria" unter Mitgliedern der Industriellenvereinigung. Gesellschaftliche Verantwortung ist Teil des Wirtschaftsalltages. Was etwa die Unternehmens- und Führungsethik betrifft, so haben 75% der Unternehmen ein unternehmensspezifisches Wertesystem. Zwei Drittel der Unternehmen messen dem Umweltschutz eine so große Bedeutung bei, dass sie sich öffentlich und schriftlich dazu bekennen. Ein anderer Indikator für die gelebte Praxis der Verantwortung: 97% der Unternehmen unterstützen gemeinnützige Einrichtungen – dies vor allem in Form von Geldspenden, Sachspenden und Sponsoring. Der wichtigste Grund für derartige Aktivitäten liegt in der ethischen bzw. moralischen Überzeugung der Geschäftsführung. Das sind Daten, welche die starke Wertorientierung unserer Unternehmenskultur deutlich machen. Nicht die Unternehmen, sondern vielmehr die heutige Generation der Wirtschaftskritiker scheint die Bodenhaftung zur Wirklichkeit verloren zu haben.

Warum überhaupt „Corporate Social Responsibility"?

Die Beschäftigung von Unternehmen mit dem Thema der gesellschaftlichen Verantwortung erscheint daher mit Blickrichtung auf unser Wirtschafts- und Sozialmodell und auf die heimische Wirtschaftskultur zunächst wie eine Fleißaufgabe. Während es vor dem Hintergrund des amerikanischen Wirtschafts- und Sozialmodells mit seinen schwach ausgeprägten sozialstaatlichen Leistungen als höchst sinnvoll erscheint, von den Unternehmen mehr als nur materielle Gewinnorientierung zu erwarten, wirkt die Forderung nach mehr gesellschaftlicher Solidarität der Unternehmen angesichts eines hoch entwickelten Sozialstaats, wie wir ihn in Österreich haben, übertrieben.

Trotzdem ist es sinnvoll und wichtig, sich auch in Österreich mit dem Thema Corporate Social Responsibility (CSR) zu beschäftigen – selbstverständlich nicht wegen entsprechender gesetzlicher Auflagen und Bestimmungen, sondern auf freiwilliger Basis und gemäß den spezifischen Anforderungen, die je nach Unternehmensgröße oder Branche entstehen. Die Auseinandersetzung mit dem Thema der sozialen Verantwortung ist weit mehr als eine PR-Strategie für Unternehmen, die in der Öffentlichkeit in Misskredit gekommen sind und gegenüber ihren Zielgruppen wieder mit einer blütenweißen Weste glänzen wollen. Es ist eine unternehmerische Strategie, in jeder Hinsicht mehr Wert zu schöpfen.

Das Thema CSR eröffnet zwei entscheidende Perspektiven:

– Aus der Mikro-Perspektive der Unternehmen ist die Auseinandersetzung mit ihrer sozialen Verantwortung ein Wachstumsthema und eine konkrete Herausforderung an das Management. Hinter der Forderung, die Unternehmen sollten mehr gesellschaftliche Verantwortung unter Beweis stellen, stehen gesellschaftliche Veränderungsprozesse, denen sich auch die Wirtschaft nicht entziehen kann. Die Konsumenten von heute nützen z.B. ihre Wahlfreiheit verstärkt dazu, Werthaltungen mitzukaufen. Sie sind nicht nur gegenüber Produkten, sondern auch gegenüber Produzenten und Anbietern viel kritischer geworden. Auch die von NGOs geprägte Zivilgesellschaft verlangt von den Unternehmen mehr Transparenz und aktiv unter Beweis gestelltes Verantwortungsbewusstsein. Daher gilt: Wer ökonomisch klug handeln will, der muss heute mehr denn je verantwortungsbewusst handeln – und dies seinen Zielgruppen auch deutlich machen. Die Befürchtung, Corporate Social Responsibility bringe noch mehr Auflagen und neue Regulierung, ist aufgrund des für uns sehr wichtigen Freiwilligkeitsprinzips ebenso fehl am Platz wie die Annahme, mit ein paar Charity-Aktionen, Wohltätigkeitsbazaren und Spendenschecks mehr könne man das Thema abhaken. Corporate Social Responsibility ist eine strategische Herausforderung und eine Managementaufgabe. Die Integration gesellschaftlicher und ökologischer Fragen in die Unternehmenspolitik wirkt sich positiv auf den Wachstumsprozess aus. Experten können nachweisen, dass CSR im Idealfall mehr Kundenloyalität, eine bessere Unterscheidbarkeit, eine stärkere Arbeitszufriedenheit, eine höhere Motivation und Bindung der Mitarbeiter, einen besseren sozialen Dialog und somit vor allem eine bessere Risikovorsorge für Zeiten bringt, in denen die Entwicklung des Unternehmens durch interne oder externe Faktoren gefährdet ist. Mit einem Wort: Eine bessere gesellschaftliche Einbettung ist mittel- und langfristig eine ökonomisch sinnvolle Managementstrategie.

– Aus der Makro-Perspektive der Wirtschafts- und Gesellschaftspolitik ist das Thema CSR ebenfalls von großer Relevanz: Es bietet uns die Chance auf die notwendige neue Verortung und Verankerung der Wirtschaft in der Gesellschaft. Es ist gut, dass die Unternehmen ihre kommunikativen Anstrengungen auf Basis des CSR-Ansatzes verstärken, um ihre gesellschaftliche Bodenhaftung deutlich zu machen. Dies ist angesichts einer gewissen Anti-Wirtschafts-Stimmung in vielen Bereichen der Gesellschaft eine wichtige Herausforderung, die auch die Interessenvertretungen der Wirtschaft fordert. Hinsichtlich der Offenheit gegenüber privater Initiative und Marktwirtschaft gibt es in Österreich zudem enormen Nachholbedarf. Denn jahrzehntelang wurde in diesem Land politisch der Eindruck erweckt, es sei der Staat, der für Wachstum und Wohlstand zuständig sei. Das Gewinnemachen von Unternehmern wurde nahezu als etwas Unanständiges diskreditiert. Mit einem entsprechend negativen Image hatte die Wirtschaft lange Jahre zu kämpfen. Österreich hat im Gegenzug die Lehren aus der selbstangemaßten und dramatisch erfolglosen Unternehmerrolle des Staates mit enormen Schulden der verstaatlichten Industrie bezahlen müssen – was mit „sozialer Verantwortung" wohl wenig zu tun hat. Heute hat erfreulicherweise ein wachsender Teil der Bevölkerung erkannt, dass nur eine leistungsfähige Wirtschaft die Grundlagen für Beschäftigung und Wohlstand schafft. Die Unternehmerlaufbahn wird für immer mehr Menschen attraktiv: Österreichs jährliche Gründungszahlen sind in den vergangenen Jahren massiv hochgeschnellt. Vor diesem Hintergrund können die Diskussion um die soziale Verantwortung von Unternehmen und vor allem konkrete Initiativen der Unternehmen einen nachhaltigen Beitrag zu leisten, um die gesellschaftliche Akzeptanz und damit die „Bodenhaftung" der Wirtschaft zu verbessern.

Europäisches Modell weiterentwickeln

Die CSR-Diskussion hat natürlich eine sehr wesentliche europäische und globale Dimension. Sie ist letztlich als Beitrag zur Weiterentwicklung des europäischen Wirtschafts- und Sozialmodells zu sehen, wie sie auch in den Zielsetzungen des Lissabon-Prozesses zum Ausdruck kommt. Wir wollen in Europa erklärtermaßen einen Wirtschaftsraum, der fähig ist, ein dauerhaftes Wirtschaftswachstum mit mehr und besseren Arbeitsplätzen und einen größeren sozialen Zusammenhalt zu erzielen. Es ist daher wenig überraschend, dass sich die EU dem Thema CSR mit Engagement angenommen hat. In ihrem Grünbuch zur Corporate Social Responsibility, welches das Prinzip der Freiwilligkeit für alle CSR-Initiativen klar hervorstreicht, spricht die EU von der kontinuierlichen Verpflichtung von Unternehmen, in ihren Geschäftsentscheidungen neben wirtschaftlichen und gesetzlichen Gesichtspunkten gleichermaßen soziale, ökologische und ethische Aspekte zu berücksichtigen. Diese Verantwortung wird auf alle internen und externen Unternehmensprozesse sowie auf deren Auswirkungen auf Mensch, Natur und Gesellschaft bezogen. CSR zielt im Verständnis der EU auf die freiwillige Verbesserung der Lebensqualität und des Wohlstandes von Mitarbeitern, Gemeinden sowie der gesamten Gesellschaft im Sinn einer nachhaltigen wirtschaftlichen Entwicklung ab. In diesem Sinn ist CSR eine konkrete Handlungsanleitung, um Europa gemäß den Zielen der Lissabon-Strategie langfristig zur wirtschaftlich und sozial erfolgreichsten Region zu entwickeln. Gerade hier zeigt sich, dass die Zukunft des europäischen

Wirtschaftsmodells nicht in einer unreflektierten Kopie des amerikanischen Modells besteht, sondern dass es um einen partnerschaftlichen, aber eigenständigen Weg Europas geht, der auch global offensiv zu vertreten ist. Eine nachhaltige und sozial verantwortungsvolle Entwicklung ist ein Anliegen, das globale Anstrengungen erfordert.

In diesem Sinn war die österreichische Wirtschaftspolitik schon bisher aktiv. So ist daran zu erinnern, dass Österreich bei der WTO-Ministerkonferenz in Singapur das erste Land war, das sich für eine Verankerung von Sozial- und Umweltstandards im Wirtschaftsvölkerrecht einsetzte. Österreich war auch eine treibende Kraft dafür, dass es bei der vierten WTO-Ministerkonferenz Ende 2001 in Doha möglich war, zu einem Beschluss über die Aufnahme von WTO-Verhandlungen über Umweltthemen zu kommen. Österreich war auch maßgeblich daran beteiligt, dass sich die 1999 beschlossenen OECD-Grundsätze für die Unternehmensführung (OECD-Corporate Governance Principles) ausführlich den Interessen der Stakeholder widmen. Wir haben uns zudem aktiv an der Neufassung der OECD-Leitsätze für multinationale Unternehmen (OECD-Guidelines for Multinational Enterprises) im Jahr 2000 beteiligt und uns erfolgreich dafür eingesetzt, dass die überarbeiteten Leitsätze weltweit – und nicht bloß in den OECD-Mitgliedsländern – gelten, auf die besondere Situation von Klein- und Mittelbetrieben Rücksicht nehmen, Kinder- und Zwangsarbeit ausdrücklich verurteilen und sich zum Nachhaltigkeitsprinzip bekennen. Die internationale Wirtschaftspolitik kann wichtige Beiträge im Sinn einer wirtschaftlich und sozial erfolgreichen Entwicklung leisten, und auch Österreich konnte mit der „Hebelwirkung" der EU entsprechende Anliegen vorantreiben. Umso bedauerlicher ist es, dass die Chancen der internationalen Kooperation im Rahmen der WTO zur Zeit nicht ausreichend genutzt werden.

CSR in Österreich

Es ist jedenfalls ein ernsthaftes Anliegen der österreichischen Wirtschaftspolitik, das Thema der gesellschaftlichen Verantwortung von Unternehmen auch in Österreich zu popularisieren, den Dialog zwischen Wirtschaft und Gesellschaft zu fördern und die Unternehmen dabei zu unterstützen, CSR als Teil der Unternehmens- und Managementstrategie zu nutzen. Gemeinsam mit der Industriellenvereinigung und der Wirtschaftskammer Österreich hat das Bundesministerium für Wirtschaft und Arbeit daher die Initiative CSR-Austria ins Leben gerufen. Diese Initiative hat sich zum Ziel gesetzt, einen österreichweiten Diskussionsprozess über unternehmerische Verantwortung in Gang zu setzen, österreichische Unternehmen und vor allem auch KMU zu ermutigen, sich proaktiv im Bereich CSR zu engagieren, „Best practice"-Beispiele vorzustellen und konkrete Handlungsanleitungen für die betriebliche Umsetzung zu geben.

Neben Veranstaltungen und Publikationen, der Einrichtung eines „CSR-Forums Austria" als ständige Dialogplattform, der Ausarbeitung eines „österreichischen CSR-Leitbilds", das die „Marke Österreich" bzw. „österreichische Wirtschaft" eindeutig mit verantwortungsbewusstem Unternehmertum in Verbindung setzt, hat sich die Initiative CSR-Austria in einer bereits angesprochenen Erhebung mit einer Bestandsaufnahme der Unternehmensaktivitäten beschäftigt, die als Ausdruck der gesellschaftlichen Verantwortung von Unternehmen zu verstehen sind. Dabei hat sich gezeigt, dass vielleicht der Terminus CSR, nicht aber seine Praxis Neuland für die Unternehmen ist. Zahlreiche Unternehmen sind im Sinn von CSR aktiv, ohne jedoch ihre Aktivitäten in einen strategischen Kontext zu stellen und entsprechend zu kommunizieren. Die Initiative CSR soll einen Beitrag leisten, die strategische und kommunikative Dimension von CSR bekannt zu machen und ihre Umsetzung zu fördern. Die zentrale Botschaft unserer Aktivitäten lautet daher: Gesellschaftlich verantwortliches unternehmerisches Verhalten ist ein integraler Bestandteil des österreichischen Wirtschafts- und Gesellschaftssystems und stellt einen wesentlichen Wettbewerbsvorteil österreichischer Unternehmen und des Wirtschaftsstandorts Österreich dar.

Corporate Governance Kodex mit Leben füllen

Dass sich Unternehmen zunehmend mit der gesellschaftlichen Verantwortung auseinander setzen, zeigt auch die steigende Zahl von internen Unternehmens-Verhaltenskodizes – selbst, wenn dies mit Kosten verbunden ist. Eine Initiative, die vor allem für börsennotierte Unternehmen von Bedeutung ist, war die Entwicklung des Austrian Code of Corporate Governance von Vertretern aus Wirtschaft und Wissenschaft unter der Koordination des Regierungsbeauftragten für den Kapitalmarkt, Richard Schenz. Dahinter stand das Anliegen, ein internationalen Standards entsprechendes Regelwerk für die verantwortungsvolle Führung und Leitung von Unternehmen in Österreich zu schaffen. Ganz im Sinn der Themenstellung wurde besonderer Wert auf einen möglichst breiten und transparenten Diskussionsprozess unter Einbindung aller involvierten Interessensgruppen gelegt.

Der Austrian Code of Corporate Governance richtet sich in erster Linie an börsennotierte Kapitalgesellschaften, von denen erwartet wird, dass sie sich öffentlich zu seiner Einhaltung verpflichten, sich regelmäßig durch Außenstehende evaluieren lassen und das Ergebnis der Evaluierung veröffentlichen. Durch das erhöhte Vertrauen der Aktionäre durch mehr Transparenz, durch eine Qualitätsverbesserung im Zusammenwirken zwischen Aufsichtsrat, Vorstand und den Aktionären und durch die Ausrichtung auf langfristige Wertschaffung soll auch ein wichtiger Beitrag für die weitere Entwicklung und Belebung des österreichischen Kapitalmarkts geleistet werden. Der Austrian Code of Corporate Governance versteht sich aber auch als Empfehlung an nicht börsennotierte Unternehmen. Dass Governance-Standards sich auch auf nicht börsennotierten Unternehmen anwenden lassen, zeigt übrigens die deutsche Diskussion über die Entwicklung eines auf den Mittelstand zugeschnittenen Corporate Governance Kodex.

Nun geht es darum, den seit 1. Oktober 2002 gültigen Kodex mit Leben zu erfüllen. Nach der bereits angeführten Erhebung unter Mitgliedsunternehmen der Industriellenvereinigung haben 16% der Betriebe den österreichischen Corporate Governance Kodex unterzeichnet. Die Anzahl der Unternehmen, die sich zu seiner Einhaltung verpflichtet haben, soll weiter erhöht werden. Die ständig steigende Zahl an Unternehmen, die den Kodex bereits zu 100 Prozent umgesetzt haben, zeigt jedenfalls, dass der gewählte Ansatz – auf das Engagement der Unternehmen zu setzen – richtig war. Dies stellt gleichzeitig eine Verpflichtung dar, die Aufklärungsarbeit und die Hilfestellung bei der Umsetzung weiter zu intensivieren. Um den Bekanntheitsgrad des Kodex zu erhöhen, hat sich das Wirtschaftsministerium z.B. an der Erstellung eines Internetportals beteiligt.

Ökonomie des Vertrauens

Das grundlegende Motiv, das hinter CSR und entsprechenden Maßnahmen der Unternehmen steht, ist letzlich eines, ohne das menschliche Beziehungen – seien sie nun persönlicher oder ökonomischer Natur – auf Dauer nicht auskommen: Vertrauen. Es geht für Kunden und Partner von Unternehmen darum, dass Unternehmen Probleme lösen, anstatt sie zu schaffen. Und es geht für die Unternehmen darum, dass es ohne nachhaltiges Vertrauen ihrer Kunden kein nachhaltiges Wachstum gibt. Das ist letztlich die Erfolgsbasis unserer Wirtschafts- und Sozialordnung.

CSR-Strategien sind dazu in der Lage, einer breiteren Öffentlichkeit deutlich zu machen, dass unternehmerischer Erfolg und Wirtschaft allgemein kein Selbstzweck ist. Wirtschaftlicher Erfolg und Wachstum sind die unverzichtbaren Voraussetzungen für breitenwirksamen Wohlstand und für soziale Sicherheit. Eine erfolgreiche Wirtschaft ist die Grundlage dafür, dass die Menschen ihre Lebensentwürfe und ihre Vorstellungen von einem guten Leben verwirklichen können. Eine erfolgreiche Wirtschaft ist letztlich die Grundlage für unsere liberale Demokratie und für eine offene Gesellschaft. Wirtschaft produziert daher nicht nur materielle Werte, sondern fördert jene Werte, auf denen unsere Gesellschaft ruht und die unsere Gesellschaft zusammenhalten. In diesem Sinn gilt nicht nur, dass Wirtschaft Verantwortung braucht. Richtig ist auch: Ohne die Leistungen der Wirtschaft wäre gesellschaftliche Verantwortung nicht wahrnehmbar.

CSR: mehr als ein neuer Sozialdialog?

von *Fritz Verzetnitsch*, Präsident des Österreichischen Gewerkschaftsbundes (ÖGB) und Präsident des Europäischen Gewerkschaftsbundes (EGB)

„… they view investing as war, and in war, all is fair …"[1]

Der Dow Jones Index an der New Yorker Börse erreichte am 14. Jänner des Jahres 2000 mit 11.723 Punkten sein Maximum. Nach einem endlosen Absturz hat er sich vorerst bei rund 8.500 Punkten stabilisiert. Entwarnung, dass nun das Schlimmste vorüber sei und es (bald) wieder aufwärts ginge, gibt es jedoch nicht, sondern vielmehr bestehen tiefe Verunsicherung und Sorge, dass der gegenwärtige Zustand lediglich eine Art „Zwischenhoch" sein könnte.

Der Neue Markt in Frankfurt (Nemax-50), sollte und wollte weniger als London im Vergleich zur Wall Street „härter", dafür aber schlicht „besser" sein. Der Absturz kam auch dort – jedoch total: Der Abstand vom Maximum am Nemax zum Minimum beträgt sagenhafte 96 Prozent.

Der DAX stürzte im Jahr 2002 um 44 Prozent ab. Pech für jene, die mit ihrem nunmehr beinahe halbierten Vermögen tatsächlich geglaubt hatten, damit ihre Zukunft sichern oder sogar verbessern zu können.

Glaubt man jedoch dem „Handelsblatt", so ist diese kolossale Vermögensvernichtung – offensichtlich so, wie vieles andere im Leben auch – lediglich eine Frage der jeweiligen Sichtweise:

> „Von 77 Aktienfonds mit Schwerpunkt Deutschland konnten immerhin 19 den Verlust auf maximal 40 Prozent minimieren und 49 hatten höchsten einen Verlust von lächerlichen 43 Prozent und haben somit den Index geschlagen."[2]

Gemäß den theoretischen Annahmen jenes ökonomischen Theoriegebäudes, das Märkte und ihre Wirkungsweisen sowie die jeweiligen Absichten der dominanten dabei involvierten Wirtschaftsakteure als „das (einzig) Richtige" rechtfertigt, dürfte es diese Vorfälle gar nicht geben. Denn es besagt, dass alle Marktteilnehmer „rationale Wesen" sind und sich über die Konsequenzen ihrer Handlungen und jener der übrigen Marktteilnehmer im Klaren sind – immer

---

[1] Doug Henwood: Wall Street, London-New York, 1997.
[2] Handelsblatt, 24. Jänner 2003

und überall. Und in ganz besonderem Maße gelte dies für die Finanzmärkte: „Herdenverhalten" oder dieses für den eigenen wirtschaftlichen Fortschritt zu nützen, gibt es in dieser theoretischen Welt nicht. Sondern es gibt Wettbewerb. Und deshalb sind die Märkte perfekt.

In der realen Welt aber traten – fast wie zum Trotz – Wirtschaftskrisen beispielsweise in der Form von Finanzmarktkrisen in den letzten Jahren in gehäuftem Maße und dabei beinahe schon mit einer gewissen Regelmäßigkeit auf.

Aber Finanzmarktkrisen in einem Ausmaß, welches alles Vorstellbare bei Weitem übersteigt, weil das gesamte Wirtschaftssystem selbst zu kollabieren droht, treten seltener auf.

Wenn Derartiges in der Vergangenheit der Fall war, dann war damit oft ein vollständiger Paradigmenwechsel in der Wirtschafts- und Finanzpolitik verbunden:

> „… Among the elite there was a great loss of faith in the self-regulating powers of the free market …"[3]

In solchen Zeiten, tritt das Bewusstsein stärker in den Vordergrund, dass Märkte – heute gebraucht als Umschreibung des freien Kapitalismus, der in den letzten Jahrzehnten in immer stärkerem Ausmaß von seinen vermeintlichen „Fesseln" befreit wurde – in sich selbst und in ihrer Funktionsweise instabil sind. Wenn diese Instabilität nicht behoben werden kann oder soll, führt sie zu schwer wiegenden Wirtschaftskrisen, die angesichts weltweit offener Märkte und immer stärkerer Unternehmensverflechtungen nicht mehr auf ein Land alleine beschränkt bleiben.

Die Überwälzung der dabei entstehenden Kosten und Verluste auf die verschiedenen Bevölkerungsgruppen wird in höchst unterschiedlicher Art und Weise vorgenommen und sie wird dabei – nicht nur von den Arbeitnehmern, sondern auch von den Mittelschichten – als sozial höchst ungerecht empfunden.

Weltweite Deregulierungsabkommen

Bei der Argentinienkrise wurde zwar daran erinnert, dass in diesem einstmals zu den weltweit fünf reichsten gehörenden Ländern heute jeder zweite Mensch arbeitslos ist, den Lebensunterhalt für sich und seine Familie nicht bestreiten kann und dass deshalb dort jetzt viele Menschen hungern.

---

[3] Henwood, o.a.

Aber Argentinien ist weit weg. Der Fernsehbericht in den Hauptnachrichten ist nach zwei Minuten vorüber und die Artikel in den Printmedien können ausgelassen oder allenfalls überflogen werden.

Die schwere Wirtschaftskrise ist jetzt auch bei uns: in New York, Paris, Tokio, Berlin, Rom, Wien, Traiskirchen – das trifft auch uns direkt und unvorbereitet.

Im neoliberalen Auswuchs des neoklassischen Theoriengebäudes ist die Frage der Schuld schon vorweg – quasi den Neoliberalismus immunisierend vor möglichen Angriffen gegen ihn selbst – beantwortet:

- Ursache einer Wirtschaftskrise ist nicht der freie Markt, sondern die Korruption im Land.
- Zaghafte und unfähige Politiker hätten das Rezept – Rückzug des Staates, freier Markt – nur unzulänglich umgesetzt.
- Nachdem dieses Rezept bislang nur verdünnt angewendet wurde, benötige man nur einen neuen Arzt, der die neoliberale Medizin so dosiert, damit sie tatsächlich wirkt.
- Rigide Arbeitsmärkte und damit die Gewerkschaften seien schuld, weil sie den Marktmechanismus beeinträchtigen oder überhaupt außer Kraft zu setzen versuchen etc.

Der internationale Rahmen: Was soll den Bevölkerungen zugestanden werden?

Man muss den gesamten Rahmen sehen und welche Gruppen ihn zu wessen Gunsten verändern wollen. Die Zusammenhänge dazu, das heißt wer letztlich über Wirtschaft und Gesellschaft entscheiden soll, müssen heutzutage global betrachtet werden:

- Neue Technologien ermöglichen es transnational bzw. global agierenden Unternehmen, schneller und tendenziell kostengünstiger zu agieren.
- Nationalstaaten kommen mit ihren Normen als Rahmen für die Unternehmen sowohl unter wirtschaftlichen als auch im Rahmen multinationaler Abkommen und globaler Institutionen – beides von den Nationalstaaten selbst geschaffen – unter regulatorischen Druck.
- Sowohl die multinationalen Abkommen als auch die globalen Institutionen sind auf die Deregulierung mehr oder weniger sämtlicher Normen ihrer Mitgliedsländer ausgerichtet.

Durchgesetzt hat sich dazu der Begriff „Neoliberalismus": Staatliche Regulierung auf der einzelstaatlichen Ebene soll mit Hilfe dieser Abkommen zurückgedrängt werden und an dessen Stelle soll der Markt treten. Juristisch ist der gesamte dargestellte Zusammenhang im völkerrechtlichen Status verankert, was bedeutet, dass er sowohl infolge außenpolitischer als auch wegen allfälliger wirtschaftlicher Kompensationsleistungen[4] kaum mehr reversibel ist. Die parallel auftretenden verfassungsrechtlichen Probleme engen die Spielräume der Nationalstaaten – oder auch supranationaler Einheiten, wie der EU – noch zusätzlich ein. Entscheidend ist aber, dass auf den übergeordneten Ebenen – den internationalen Abkommen – ausdrücklich keine Regulierung der Märkte mehr vorgesehen ist.

Die wichtigsten dieser Abkommen sind das WTO-Abkommen (insbesondere das Dienstleistungsabkommen) und die internationalen Abkommen über die Finanzmärkte. Die dazu korrespondierenden Institutionen sind einerseits die Finanzmarktinstitutionen – der Internationale Währungsfonds (IMF), die Weltbank, die Bank für Internationalen Zahlungsausgleich (BIZ) und andererseits, quasi in der Mitte dieser Institutionen, steht die OECD, deren heutige Aufgaben sich deutlich von jenen ihrer Gründungsjahre unterscheiden, weil auch diese Institution die koordinierte Deregulierung zunehmend als eine ihrer Kernaufgaben annahm.

Diesem Prozess der Deregulierung von Wirtschaft und Gesellschaft sowohl im Wege der multilateralen Abkommen und Institutionen als auch durch die Nationalstaaten wurde als Begründung aufgepfropft:

- Weltweite Deregulierung fördert den weltweiten Handel;
- dieser fördert weltweit die Investitionen;
- diese führen weltweit zu einer steigenden Wirtschaftsleistung und damit zu steigendem Wohlstand.

Diese Argumentation kann zutreffend sein.

Unter den Tisch fällt lediglich, was am wichtigsten für die Arbeitnehmer ist:

- Dabei gibt es Verlierer und Gewinner.
- Daher ist ein Systemwechsel nur dann vorteilhaft, wenn die Gewinner bereit und in der Lage sind, den Verlierern die Verluste zu kompensieren.

Die Grenzen der Deregulierung

Deregulierung – sowohl auf der einzelstaatlichen als auch im Wege der multilateralen Ebene – bedeutet für die Arbeitnehmer, dass der Staat ihnen in Zukunft nicht mehr helfen wird. In einer historischen Betrachtung ist aber die Forderung, dass der Staat ihnen bei ihren wichtigsten täglichen Angelegenheiten – Arbeit, fairer Lohn, soziale Sicherheit, Bildung etc. – hilft, Ausdruck ihres Interesses am Staat an sich.

---

[4] Wenn z.B. ein Land aus Deregulierungsprogrammen wieder „aussteigen" will.

Der heute erreichte bescheidene Wohlstand der Arbeitnehmer beruht darauf, dass sie in einem über einhundert Jahre andauernden Kampf staatliche Gesetze zur Absicherung ihrer vitalsten Lebensinteressen erzwangen. In einer Welt freier Märkte leben die Arbeitnehmer als wirtschaftlich Schwächere wie auf einer schiefen Ebene, weil sie zum physischen Überleben gezwungen sind, ihre Arbeit am „Markt" anzubieten.

Die Freiheit der Neoliberalen meint ganz einfach, dass dem Recht des Stärkeren zum Durchbruch zu verhelfen sei. Das neoliberale Versprechen lautet gegenüber den Arbeitnehmern jetzt:

„Wenn ihr Arbeitnehmer eure staatlichen Gesetze weltweit, quasi verfassungsrechtlich über Bord werft, dann würde es euch noch besser gehen!"

Die Frage der Arbeitnehmer, wie dann künftig der steigende Wohlstand zu ihnen kommen solle, wurde in den Auseinandersetzungen der zurückliegenden Jahre so abgetan, dass diese Abkommen keine Sozialabkommen seien.

Man wird wohl kaum behaupten können, dass eine derartige Argumentation angesichts der von der Menschheit erworbenen Fähigkeiten und der Vielfalt ungelöster Probleme am Beginn des 21. Jahrhunderts angemessen ist.

Wichtig an dieser Stelle ist aber auch der Hinweis, dass eine Vielzahl von staatlichen Maßnahmen zuungunsten der Arbeitnehmer in den letzten Jahren bereits damit argumentiert wurde, dass dies unter dem Standortdiktat, Notwendigkeiten zur Steigerung der Wettbewerbsfähigkeit etc. geschehen müsste: z.B. die Arbeitszeit- und Arbeitsmarktgesetzgebung, die Verschlechterungen bei den sozialen Netzen – gegenwärtig der Kampf um die Pensionen – oder die Studiengebühren im Bildungswesen.

Zulässig erscheint an dieser Stelle auch die Frage, ob kleine und mittlere Unternehmen und kleine und mittlere landwirtschaftliche Betriebe in einer solchen skizzierten Welt bestehen können oder nicht.

Es liegt ganz offensichtlich auf der Hand, dass große und sehr große Unternehmen sich wesentlich leichter in einer mehr oder weniger vollständig deregulierten Welt zurechtfinden als kleinere Unternehmen oder als Arbeitnehmer. Man könnte auch sagen, als wirtschaftlich Stärkere haben sie den größten Vorteil aus der Deregulierung.

Corporate Social Responsibility – wo beginnt sie?

Die Frage, ob die internationalen Abkommen bzw. Institutionen oder die CEOs oder beide zusammen die Schuld an der wirtschaftlichen und sozialen Misere trifft, drängt sich auf!

Dazu gehört wohl auch, wie und mit welchen Zielsetzungen die CEOs der großen, weltweit tätigen Unternehmen Einfluss auf den weltweiten oder jeweiligen nationalen Deregulierungsprozess nehmen. Weil CEOs das nicht selbst tun müssen, sondern sich dazu ihrer Interessensverbände bedienen, stellt sich diese Frage auch an deren Verbände.

An einer Mitschuld an den jüngsten wirtschaftlichen Katastrophen können CEOs nicht vorbei – weder als verantwortliches Individuum noch in einem systematischen Zusammenhang in dem Sinn, dass sie sich nicht hätten anders verhalten können als sie es letztlich taten.

Den ehemaligen Beschäftigten von Enron, deren gesamte Altersvorsorge zur verlorenen „Spielmasse" der verantwortlichen Manager gehörte, hilft das jedoch nichts: die ehemaligen Manager sind zwar schuldig, aber sie selbst haben nichts mehr!

Den privaten Pensionsversicherungskunden der zusammengebrochenen japanischen Kyoei Life mit einem Schaden von rund fünfzig Milliarden Euro nützt die Verurteilung der schuldigen Manager nichts.

Von der anderen Seite her betrachtet:

Ist die Privatisierung des Sozialversicherungssystems im Hinblick auf die enormen, vom Management und der Finanzmarktaufsicht kaum beherrschbaren Risiken ein geeigneter Ersatz für unser Sozialversicherungssystem? Sind die Methoden der verantwortlichen CEOs in Richtung Privatisierung der bestehenden öffentlichen Sozialversicherungssysteme von der Gesellschaft akzeptabel?

Dabei muss man sich vergegenwärtigen, dass ein Ja bedeuten kann, dass Menschen ein Leben lang einzahlen, dass mit ihren Geldern mit mehr oder weniger hohem Risiko an den Börsen spekuliert werden würde, jedoch kein Mensch sicher sein könnte, bei seinem Pensionsantritt auch eine Pension – und das zu den heute versprochenen Konditionen – ausbezahlt zu bekommen.

Es ist dann nur mehr ein beliebiger CEO in dreißig Jahren verantwortlich, wenn beispielsweise eine private Pensionsversicherung pleite ist – und es keine öffentliche Pensionsversicherung mehr geben sollte.

More of the same?

Nichts dokumentiert den Angriff auf den Wohlfahrtsstaat besser als die Diskussion über die Privatisierung des Sozialversicherungssystems. Es ist schon sehr surreal: Die Finanzmärkte, durch nichts als Sprunghaftigkeit und Skandale gekennzeichnet, werden als solide Felsen in der Brandung dargestellt. Regierungen, die ohne Unterbrechung seit über 60 Jahren für die Auszahlung der öffentlichen Pension sorgten, werden als in dieser Frage unverlässlich dargestellt.

Wenn weltweite Deregulierungsabkommen zu derartig riesigen Vermögensvernichtungen führen, wie es seit Anfang 2000 der Fall ist, dann wäre es doch nahe liegend, dass der Ruf nach Regulierung laut wird.

Als Instrumente dazu würden sich z.B. Kapitalverkehrskontrollen durch den Staat, die Einführung der Tobin-Steuer, der Ausbau des Wohlfahrtsstaates mit einer entsprechenden Besteuerung der Wohlhabenden sowie politische Kontrollen in den Unternehmen über den Ausbau der Mitbestimmung der Arbeitnehmer anbieten. Dieses Maßnahmenbündel wäre auch im Interesse des Fortbestandes bzw. Ausbaues der demokratischen Gesellschaft notwendig und wünschenswert.

Die Bemühungen um die Stabilisierung des internationalen Finanzsystems – „Basel II-Abkommen" im Rahmen der Bank für internationale Zusammenarbeit – gehen jedoch in die völlig gegenteilige Richtung.

Denn der beabsichtigte staatliche Verzicht auf die ihm selbst zur Verfügung stehenden gesetzlichen Instrumente zur Kontrolle der Finanzwelt sind der Kern des Basel II-Abkommens. Darüber hinaus werden aber jene privaten Institutionen, die wesentlich die Auswüchse der Finanzwelt verursacht – und wie wir heute wissen, auch vertuscht – haben, als Ratingagenturen und damit als jene entscheidende zukünftige Kontrollinstanz im (internationalen) Finanzsystem bestätigt bzw. mit quasi hoheitlichen Funktionen betraut.

Corporate Social Responsibility: Bisherige Ansätze

Nachdem in einer solchen Art und Weise der Re-Regulierung der Finanzmärkte gewissermaßen der Bock zum Gärtner gemacht werden soll, stellt sich auch die Frage, welche Anknüpfungspunkte in den internationalen Institutionen bzw. multilateralen Vertragswerken es derzeit gibt, die Unternehmen bzw. deren Verantwortliche, aber auch Staaten zu bestimmten Verhaltensnormen auffordern.

1. ILO Core Labour Standards für die WTO

Im Rahmen der WTO blieb die Forderung der internationalen Gewerkschaften nach Verankerung der ILO-Kernarbeitsnormen in dieser Institution selbst ungehört.[5] Die Vorstellung der Gewerkschaften dabei ist, dass der Ver-

---

[5] US-Präsident Bill Clinton hat im Rahmen der WTO-Verhandlungen in Seattle die Aufnahme der ILO-Arbeitsnormen verlangt, aber die Verhandlungen scheiterten insgesamt. Demgegenüber war der neuseeländische Wirtschaftsminister vor den Verhandlungen der Auffassung, dass Gewerkschaften in zwanzig bis dreißig Jahren der Vergangenheit angehören werden.

teilungsmechanismus bei weltweit ungezügelten freien Produkt-, Kapital-, Dienstleistungs- und Arbeitsmärkten nicht funktionieren kann, wenn nicht zumindest vertraglich zwischen den WTO-Mitgliedsstaaten garantiert ist,

- dass Gewerkschaften zuzulassen sind, um Löhne und Arbeitsbedingungen zu verhandeln,
- dass Kinderarbeit vertraglich in der WTO zu unterbinden ist,
- dass Gefangenenarbeit vertraglich in der WTO zu unterbinden ist,
- dass das Gleichbehandlungsgebot (Geschlecht, Alter, Rasse, Religion etc.) vertraglich in der WTO zu verankern ist etc.

2. OECD-Leitlinien für Multinationale Unternehmen

Im Rahmen der OECD gibt es die „Leitlinien für Multinationale Unternehmen", eine weiche Verpflichtung der OECD-Mitgliedsländer, in ihrem Gebiet tätigen multinationalen Unternehmen Wohlverhaltensregeln aufzuerlegen, bzw. die Möglichkeit für die Gewerkschaften, grobe Verstöße gegen die Arbeitnehmerrechte bei der OECD selbst vorzubringen. Dazu wurden in den einzelnen OECD-Mitgliedsländern so genannte „Nationale Kontaktpunkte" eingerichtet, die sowohl die Informationen dazu an die betroffenen Unternehmen weitergeben als auch Meldungen über Verstöße aufnehmen, beraten und allenfalls an die OECD weitergeben.

Es kommt auf die gemeinsame Umsetzung der Leitlinien durch die Regierungen mit den Arbeitnehmerorganisationen und den Arbeitgeberverbänden an.

Die Erfahrungen in den OECD-Ländern mit diesen Nationalen Kontaktpunkten sind sehr unterschiedlich. Der Österreichische Nationale Kontaktpunkt ist faktisch ein Beamter des Wirtschaftsministeriums, in dessen Ermessen sämtliche Aktionen über die Substanz der „Leitlinien für Multinationale Unternehmen" liegen. Das ist aus der Sicht der Arbeitnehmer unakzeptabel.

3. OECD-Grundsätze der Corporate Governance

Nachdem in der OECD die Verhandlungen zum „Multinationalen Investitionsschutzabkommen" (MAI) im Jahr 1998 endgültig gescheitert sind[6], wurden dort Verhandlungen über Verbesserungen der „OECD-Grundsätze der Corporate Governance" aufgenommen, deren Ergebnisse schließlich im Mai 1999 von den OECD-Ländern gebilligt wurden.

Es war vor allem die österreichische Delegation, die sich dabei um Verbesserungen bemühte. An dieser Stelle darf ich ganz bewusst – auch als noch-

---

[6] Auch wenn es in Richtung WTO-Runde in Cancun im Herbst 2003 einen neuerlichen Anlauf zu einem Investitionsschutzabkommen gibt.

maligen Dank an die damalige österreichische Delegation – anführen, dass sich der auch fallweise hartnäckige Einsatz, auch eine Delegation aus einem kleinen Land, im Interesse aller letztlich auszahlen kann. Und mein Dank gilt auch der Vorsitzenden der damaligen Arbeitsgruppe, Joanna Shelton, die mit großer Umsicht und viel Geduld – und vor allem erfolgreich! – die damaligen Verhandlungen leitete.

Das Ergebnis war tatsächlich ein Meilenstein: Gemäß dem Kapitel III – „Rolle der verschiedenen Unternehmensbeteiligten (Stakeholder) bei der Corporate Governance" – sollen die geschützten Rechte der Unternehmensbeteiligten (Stakeholder) gewahrt werden.[7]

Gegenwärtig werden die OECD-Grundsätze angesichts der dramatischen Erfahrungen im Unternehmensbereich in den letzten Jahren einer grundlegenden Überprüfung in der OECD unterzogen.

In Österreich ist die Verantwortung im § 70 Aktiengesetz geregelt.

Was darunter im österreichischen Recht zu verstehen ist, findet sich im Aktiengesetz unter den Pflichten des Vorstandes. Der § 70 Absatz 1 Aktiengesetz 1965 fixiert gesetzlich, unter welchen Prämissen der Vorstand eine Aktiengesellschaft zu leiten hat:

„Der Vorstand hat unter eigener Verantwortung die Gesellschaft so zu leiten, wie das Wohl des Unternehmens unter Berücksichtigung der Aktionäre und der Arbeitnehmer sowie des öffentlichen Interesses es erfordert".

Im Kommentar „Österreichisches Recht, 1.1.1988" heißt es in der Fußnote 2 dazu näher:

„Der im Abs 1 ausgesprochene Leitsatz für die Unternehmenspolitik berücksichtigt auch die Auffassung, daß die AG als Glied der Gesamtwirtschaft nicht bloß einseitig die Interessen der Aktionäre zu vertreten hat. Unter dem angestrebten Wohl des Unternehmens ist zu verstehen, daß der Zweck des Unternehmens bzw. bei mehreren Betrieben des Gesamtunternehmens in rechtmäßiger und wirtschaftlicher Geschäftsführung zu verwirklichen ist."

Eingeräumt wird weiters, dass dem Unternehmenszweck der Anspruch der Aktionäre auf Gewinnbeteiligung übergeordnet ist.

Interessanterweise ist aus dem Kommentar völlig ausgeblendet, dass in § 70 die gesetzliche Verpflichtung des Vorstandes bei der Lenkung der Aktienge-

---

[7]   OECD Grundsätze der Corporate Governance, OECD 1999, Seite 22, Kapitel III, Punkt A.

sellschaft sich nicht nur auf das Wohl des Unternehmens unter Berücksichtigung der Aktionäre erstreckt. Der § 70 Absatz 1 geht aber wesentlich weiter, denn er legt gesetzlich fest, dass der Vorstand dabei

1.) die Interessen der Arbeitnehmer zu berücksichtigen hat,

2.) dabei die Gewichtung der Interessen der Arbeitnehmer mit jener der Aktionäre gleichrangig ist und

3.) darüber hinaus die öffentlichen Interessen zu berücksichtigen sind.

Genau diesen Kern des Artikel 70 Aktiengesetz hat also die österreichische Verhandlungsdelegation in die OECD Grundsätze der Corporate Governance nach wahrlich zähen Verhandlungen durchsetzen können. Und die darin festgeschriebenen Interessen der Stakeholder sind gleichgewichtig – Arbeitnehmer, Aktionäre und öffentliches Interesse –, und das wiederum ist Gegenstand eines multilateralen Regelwerkes – das selbst eine Art „Begleitfunktion" im Regelwerk der Finanzmärkte bekommen soll.

Der § 84 Absatz 1 definiert die Sorgfaltspflicht und Verantwortlichkeit der Vorstandsmitglieder bei ihrer Geschäftsführung:

„Die Vorstandsmitglieder haben bei ihrer Geschäftsführung die Sorgfalt eines ordentlichen und gewissenhaften Geschäftsleiters anzuwenden. Über vertrauliche Angaben haben sie Stillschweigen zu bewahren."

Dabei geht es um die Haftung von Vorstandsmitgliedern gegenüber der Aktiengesellschaft für die Entschädigung durch Obliegenheitsverletzungen. Dazu heißt es im Kommentar zum Österreichischen Recht:

„Die Leitung des Unternehmens durch den Vorstand muß so angelegt sein, daß sie der rechtmäßigen Verwirklichung des Unternehmenszwecks dient. Für die Schädigung der Gesellschaft durch unterbliebene, verfehlte oder unzureichende Organisationsmaßnahmen haftet die Unternehmensleitung.

Den Sorgfaltsgrad der Unternehmensleitung bestimmt die Verkehrsauffassung, zumal in der Regel ein bedeutendes Fremdvermögen verwaltet werden muß, und nicht das Verhalten in eigenen Vermögensangelegenheiten."

4. Austrian Code of Corporate Governance

Der im Jahr 2002 erstellte österreichische Corporate Governance Kodex soll über den OECD-Ansatz insoweit hinausgehen, als er „ein wichtiger Baustein für die weitere Entwicklung und Belebung des heimischen Kapitalmarktes" sein soll.

Diese Zielsetzung wurde vom Österreichischen Gewerkschaftsbund grundsätzlich begrüßt.

Gleichzeitig bedauerte der Österreichische Gewerkschaftsbund jedoch, dass wesentliche Überlegungen und Elemente hinsichtlich der Zielsetzung der Entwicklung und Belebung des heimischen Kapitalmarktes im Grunde genommen aus dem Kodex ausgeklammert sind.

Dazu gehört an vorderster Stelle die Aufnahme von Regeln in den Kodex, die fundamentale Interessenskonflikte zwischen den (börsennotierten) Unternehmen und den Beratungseinrichtungen sowie in weiterer Folge von Institutionen und Einrichtungen auf den Kapitalmärkten selbst unterbinden sollen.

Beispielhaft angeführt seien dazu die vielfältigen Interessenkonflikte, beginnend bei Emissionen, Prospekthaftungsproblemen, Empfehlungen, Ratings, gleichzeitig wahrgenommenen Mehrfachfunktionen von Buchprüfern bis hin zum Insiderverhalten. Ebenfalls ausgeklammert ist die Frage der Finanzmarktaufsicht.

Die Zielsetzung der Entwicklung und Belebung des österreichischen Kapitalmarktes ist an sich schon eine schwierige Aufgabe. Vor dem Hintergrund der derzeitigen Vorkommnisse und Entwicklungen ist aber zu befürchten, dass der Kodex nicht nur keine Hilfestellung zur Erreichung der gesteckten Ziele betreffend den österreichischen Kapitalmarkt leistet, sondern, gerade weil substanzielle Ebenen ausgeklammert sind, möglicherweise sogar kontraproduktiv sein kann.

Der österreichische Kodex orientiert sich außerordentlich stark am angelsächsischen Modell. Dieses ist in seiner Dynamik extrem kurzfristig am Shareholder Value ausgerichtet. Demgegenüber steht die kontinentaleuropäische bzw. österreichische Orientierung, mit einer starken Gewichtung des Gedankens der Nachhaltigkeit sowie der Mitbestimmung.

Deshalb bestanden in Österreich (und Kontinentaleuropa) immer Regeln zur Unternehmensführung auf gesetzlicher Basis, wobei die Überlegung der Nachhaltigkeit und der Mitbestimmung ein prägendes Element ist. Denn die Entwicklung der letzten zwei Jahre hat gezeigt, dass das Shareholder-Value-Modell im Grunde gescheitert ist. Es ist sowohl angesichts der derzeitigen Erschütterungen im Wirtschaftsleben als auch im Hinblick auf eine allfällige Weiterentwicklung des österreichischen Kodex eine grundsätzliche Frage, ob ein freiwilliger Kodex dabei ein ausreichendes Instrument bieten kann.

5. EU-Grünbuch über die soziale Verantwortung von Unternehmen

Demgegenüber steht das Grünbuch der Generaldirektion Beschäftigung und Soziales der Europäischen Kommission über die soziale Verantwortung von Unternehmen.[8]

---

[8] Europäische Rahmenbedingungen für die soziale Verantwortung von Unternehmen. Grünbuch der Europäischen Kommission, Generaldirektion Beschäftigung und Soziales, Brüssel 2001.

Vor dem Hintergrund der oben angeführten Ausführungen über die Rahmen[9] und wie sie verändert werden geht die Generaldirektion davon aus, dass Unternehmen „mit dem Bekenntnis zu ihrer sozialen Verantwortung und der freiwilligen Übernahme von Verpflichtungen, die über die ohnehin einzuhaltenden gesetzlichen und vertraglichen Verpflichtungen hinausgehen", danach streben, „die Sozial- und Umweltschutzstandards anzuheben und zu erreichen, dass die Grundrechte konsequenter respektiert werden".[10]

An anderer Stelle wird die Generaldirektion noch deutlicher, indem sie darauf hinweist: „Die soziale Verantwortung der Unternehmen ist im Wesentlichen eine freiwillige Verpflichtung der Unternehmen, auf eine bessere Gesellschaft und eine sauberere Umwelt hinzuwirken."[11]

In dieser Konzeption der Generaldirektion sind unterschiedliche Potenziale verborgen:

a) Die „freiwillige Verpflichtung" der Unternehmen ist gedacht im Rechtsrahmen des EU-Binnenmarktkonzeptes, der direkt mit jenem der WTO und der internationalen Finanzmärkte in Verbindung ist. Soweit nicht ohnehin bereits vollständig dereguliert, sind alle drei dieser Rahmen einem permanenten Deregulierungsprozess unterworfen. Damit untrennbar verbunden ist mehr Freiheit für die Unternehmen, zu tun bzw. zu unterlassen, was ihnen zweckmäßig erscheint, und das unter tendenziell verschärften Wettbewerbsbedingungen.

   Wieso dann nicht gleich rechtlich binden?

b) Was ist mit den freiwilligen Verpflichtungen, wenn sich die „wirtschaftliche Lage" so ändert, dass diese nach Auffassungen des Managements nicht mehr einhaltbar sind?

c) Die Unternehmen selbst definieren über unterschiedlichste Wege die Zielbestimmungen damit, was sie unter sozialer Verantwortung verstehen, wann sie glauben, dass die Zielsetzungen erreicht sind, bzw. weshalb sie allenfalls glauben, dass diese Zielsetzungen bereits erfüllt sind.

d) Wer sind die Partner, mit denen die Unternehmen freiwillig ihre Sozialstandards anheben wollen? Es ist schon bemerkenswert, dass im Manuskript zum Grünbuch die Gewerkschaften als Partner dazu sage und schreibe ein einziges Mal auf Seite 17 vorkommen.

---

[9] Die Existenz der „OECD Grundsätze der Corporate Governance" wird von der EU-Kommission – obwohl sie bei den Verhandlungen 1998 und 1999 dabei war – augenscheinlich negiert.

[10] Grünbuch, o.a.

[11] Grünbuch, o.a.

Die Kritik von der Wirtschaftsseite zu derartigen Verpflichtungen folgt prompt:

„[…] ich glaube, dass die Versuche, mit ethischen Grundsätzen Unternehmen zu führen, fehlgeschlagen sind. Es gibt keine katholischen Stahlpreise, nur vom Markt diktierte. Jeder in der Wirtschaft Arbeitende muss sachorientiert, menschengerecht und gesellschaftsgerecht handeln […] das Gemeinwohl drückt sich in der westlichen Welt in den demokratischen Entscheidungen aus, die zur Gesetzgebung führen. Sie stellen die Rahmenbedingungen für das Management dar. Darüber braucht es nichts."[12]

Shareholder-Value-Konzept – steigende Börsenkurse bei Entlassungen

Für einen potentiellen Aktionär ist eine Frage entscheidend: Gibt es ein Kurspotential bei einer Aktie nach oben? Das Kurspotential einer Aktie ist von Erwartungen über eine Reihe von Faktoren wie z.B. der Substanz des Unternehmens, den Gewinnaussichten, der Effizienz, mit der es geführt wird, oder dem Zinssatz abhängig.

Das Management dieses Unternehmens ist den Aktionären verpflichtet und verfolgt dabei expansive (z.B. Ausdehnung des Geschäftsumfanges) ebenso wie restriktive Tätigkeiten (z.B. Rationalisierungen beim Personal) – beides mit dem Ziel, möglichst hohe Gewinne zu erwirtschaften.

Für das Management bedeutet die Börse auch eine gewisse Kontrolle von außen: Z.B. drücken erwartete Verluste auf den Aktienkurs, Gewinnerwartungen werden den Aktienkurs emporschnellen lassen.

Rationalisierungen sind in diesem Zusammenhang ein betriebswirtschaftlicher Vorgang, um die Effizienz eines Betriebes zu gewährleisten oder zu steigern. Völlig anders sieht dies aus dem gesamtwirtschaftlichen Blickwinkel aus, wenn ein Großbetrieb Massenentlassungen durchführt, um die Rentabilität zu steigern: der einzelbetriebliche Effizienzgewinn auf der einen Seite bedeutet unter Umständen den wirtschaftlichen Niedergang einer ganzen Region.

Dabei erhebt sich außerdem die Frage nach der Verteilung der Effizienzgewinne und der Zulässigkeit der Stillegung von positiv bilanzierenden, aber als nicht rentabel genug geführten Betrieben im Unternehmensverband.

„Den Leuten auf die Wadln zu klopfen, anstatt ihnen die Beine zu brechen, ist als Schwächezeichen aufzufassen."[13]

---

[12] Raidl, Claus: „Shareholder-Value und Ethik in der Wirtschaft". Siehe: http.//www.my-controlling.de.
[13] Michael Hammer; in: The New York Review of Books, 26.2.1996.

Vigeo: Die Angelegenheit selbst in die Hand nehmen

Erst die Zukunft wird zeigen, ob das bislang dominante Shareholder-Value-Modell auch in Zukunft Bestand haben wird. Eine wesentliche Frage dabei wird sein, wie die Bevölkerungen auf die riesigen erlittenen Vermögensverluste reagieren werden.

Kommt es wie in den dreißiger Jahren im Gefolge der Weltwirtschaftskrise zu einer allgemeinen Verachtung der Wirtschaft und ihrer Führungskräfte, aus der dann eine neue Managementkultur entsteht?[14]

Aber selbst wenn das nicht der Fall sein sollte, werden alle Industriestaaten das Problem der Alterung ihrer Bevölkerungen zu bewältigen haben. Ältere Bevölkerungen sind jedoch weniger risikofreudig – wird das zu Verhaltensänderungen bei Investitionen bzw. bei Veranlagungen führen? Peter Drucker ist der Meinung, dass dies der Fall sein wird und es folgenden Abtausch geben werde: weniger Risiko, dafür nachhaltige Erträge!

Die frühere Generalsekretärin des französischen Gewerkschaftsbundes CFDT, Nicole Notat, wurde in diese Richtung bereits aktiv und gründete Anfang 2003 die Agentur „Vigeo".

Ihr Ziel ist es, einen europäischen Bezugspunkt im Bereich der Bewertung sozialer und gesellschaftlicher Aspekte auf internationalem Niveau zu entwickeln.

Dazu muss diese Agentur die notwendigen Garantien für die Glaubwürdigkeit der Untersuchungen, der miteinbezogenen Akteure, Unternehmen, Gewerkschaften und Märkte vorlegen.

Kunden sollen jene Unternehmen sein, die eine Bewertung anstreben und die Agentur dafür bezahlen, um ihre Anlagepolitik zugunsten einer nachhaltigen Entwicklung strategisch sinnvoll aufzubauen.

Nachdem die Agentur auch gesamtwirtschaftliche Aufgaben erfüllen soll, wurde von Beginn an eine ausgewogene Zusammensetzung bei den Aktionären angestrebt und es wurden Interessenvertretungen, Unternehmen, Gewerkschaften, Banken und „Stakeholder" eingeladen, mit einer finanziellen Einlage Aktionär zu werden.

Die Kriterien, anhand deren Bewertungen durch die Agentur Vigeo vorgenommen werden, unterscheiden sich vom Rest der Bewertungsagenturen auf den Finanzmärkten. Soziale Faktoren, die allgemeine Ethik des Umganges mit den Menschen sowie die Umwelt und das gesellschaftliche und lokale Umfeld spielen dabei eine größere Rolle. Dabei müssen die Investoren auch sicher sein können, dass die von den Unternehmen versprochenen Engagements in den genannten Bereichen auch tatsächlich eingehalten werden.

---

[14] Peter F. Drucker: Management im 21. Jahrhundert, München 1999.

Mit Verantwortung wachsen

von *Peter Mitterbauer*, Präsident der Vereinigung Österreichischer Industrieller und Vizepräsident der UNICE (Union of Industrial and Employers' Confederations of Europe)

Die Industriellenvereinigung (IV) sieht sich – schon traditionell – nicht bloß als herkömmliche Interessenvertretung, sondern als Zukunftslobby für Österreich. Das Thema „Verantwortung" hat daher für die IV eine besondere Bedeutung. Verantwortung für die Zukunft des Landes ist etwa hinter den langjährigen und erfolgreichen Bemühungen der Industriellenvereinigung gestanden, einen Beitritt Österreichs zu den Europäischen Gemeinschaften zu erreichen. Verantwortung für die Zukunft dokumentiert auch unser aktuelles Programm „Österreich.Nachhaltig.Gestalten" für einen wirtschaftlich und sozial erfolgreichen Standort Österreich. Selbstverständlich hat die IV sich daher als erste Interessenvertretung der Wirtschaft in Österreich gezielt mit dem Thema der „Corporate Social Responsibility" beschäftigt – mit der fokussierten Diskussion darüber, wie Unternehmen ihrer Verantwortungsrolle gegenüber der Gesellschaft heute gerecht werden können und sollen.

Notwendiger Dialog

Die Notwendigkeit einer solchen Diskussion ist unbestritten: Nicht bloß die Finanz- und Bilanzskandale amerikanischer und auch europäischer Unternehmen haben in der breiten Öffentlichkeit die Frage nach der praktischen Verantwortungsethik von Unternehmen aufkommen lassen. Auch das in unserer Gesellschaft seit einiger Zeit tief sitzende „Unbehagen im Kapitalismus" (Uwe Jean Heuser) macht es notwendig, sich eingehend mit dem Verhältnis von Wirtschaft und Gesellschaft auseinander zu setzen. Seit dem finalen Zusammenbruch der kommunistischen Planwirtschaft mit dem *annus mirabilis* 1989 muss sich unsere Marktwirtschaft mit all ihren Akteuren aus sich heraus legitimieren. Die damit verbundene gesellschaftspolitische Diskussion wurde bisher nicht in der Quantität und Qualität geführt, die wünschenswert ist. Stattdessen wurden Fehlverhalten und Fehlentwicklungen von Managern und Unternehmen der ganzen Wirtschaft schlecht geschrieben. Es steht für uns außer Frage, dass die Zukunftsfähigkeit eines Standortes auch davon abhängt, wie Wirtschaft und Gesellschaft zusammenwirken, wie vital und konstruktiv der Dialog zwischen Wirtschaft und Gesellschaft ist und welche Konsequenzen aus diesem Dialog gezogen werden.

„CSR Austria": Die Initiative

Vor diesem Hintergrund hat die Industriellenvereinigung die europäischen Impulse zur konstruktiven Auseinandersetzung mit der gesellschaftlichen Verantwortung von Unternehmen aufgegriffen und auf österreichische Verhältnisse adaptiert. Mit der vom Bundesministerium für Wirtschaft und Arbeit und von der Wirtschaftskammer Österreich unterstützten Initiative „CSR Austria" haben wir eine proaktive CSR-Politik eingeleitet. „CSR Austria" soll den konstruktiven Dialog zwischen Wirtschaft, Politik und Gesellschaft forcieren, und nicht zuletzt das Vertrauen von Shareholdern, Stakeholdern und Bevölkerung in Unternehmen und Wirtschaft fördern. Mit der Initiative „CSR Austria" wollen wir zwei konkrete Ziele erreichen: Wir wollen der Bevölkerung zeigen, was österreichische Unternehmen bereits jetzt für die Gesellschaft leisten. Und wir möchten die Unternehmen dazu motivieren, ihr diesbezügliches Engagement zu verstärken und es auch verstärkt zu kommunizieren. Die IV ist davon überzeugt, dass wirtschaftlicher Erfolg *und* gesellschaftlich verantwortungsvolles Handeln kein Widerspruch, sondern ein Wettbewerbsvorteil für Österreichs Unternehmen sind.

„CSR Austria" umfasst daher

– die Analyse bestehender Modelle von „Corporate Social Responsibility" (CSR) in Bezug auf ihre Praktikabilität und ihre Anwendbarkeit für österreichischen Unternehmen;

– die Erstellung eines CSR-Leitbildes, das einen Wettbewerbsvorteil für Österreichs Unternehmen darstellt und die Wettbewerbsstärke der Unternehmen verbessern soll;

– die breitenwirksame Beschäftigung mit dem Thema CSR und den entsprechenden Leistungen österreichischer Unternehmen.

Eine wichtige Grundlage der Aktivitäten bildet die Bestandsaufnahme jener Aktivitäten österreichischer Unternehmen, die im Sinn der zentralen CSR-Handlungsfelder sind. Die Ergebnisse einer von der Initiative „CSR Austria" beauftragten wissenschaftlichen Untersuchung unter Mitgliedsunternehmen der Industriellenvereinigung sind in mehrfacher Hinsicht von Interesse. Die wichtigsten Befunde auf einen Blick:

Unternehmens- & Führungsethik: Starke interne Wertorientierung

Drei Viertel der befragten Unternehmen verfügen über ein unternehmensspezifisches Wertesystem, das in den meisten Fällen in Leitbildern, Unternehmensvisionen oder *Mission Statements* dokumentiert ist. 93% der Unternehmen beabsichtigen, mit ihrem Wertesystem die Unternehmenskultur zu verbessern und zu stärken. Die wichtigste Rolle spielen dabei in den Augen der Befragten die Unterstützung korrekten Verhaltens der Mitarbeiter (68%), die Verbesserung des Managements (61%) und die Voraussetzungen für die Entwicklung eines verantwortlichen Unternehmens (51%).

Ein klares Bild ergibt sich im Bereich der Repräsentation der Unternehmenswerte: Die Vorbildfunktion für Mitarbeiter (61%), die Gleichbehandlung der Mitarbeiter (53%) sowie klare, ehrliche Verträge (44%) sind dabei am wichtigsten. Die größte Bedeutung schreiben die Unternehmen den Werten Ehrlichkeit (80%), Zuverlässigkeit (79%) und Verantwortung (71%) zu. Ebenfalls ein Indikator für eine ausgeprägte Unternehmensethik, die sich in diesem Fall „nach außen" richtet: Zwei Drittel der befragten Unternehmen messen dem Umweltschutz eine so große Bedeutung zu, dass sie sich öffentlich und schriftlich dazu bekennen.

Corporate Governance: Stärkere KMU-Orientierung notwendig

Die klein- und mittelständische Struktur der österreichischen Industrie schlägt sich in der Kenntnis der Diskussion um das Thema „Corporate Governance Kodex" nieder: Rund 60% der Unternehmen kennen diese Diskussion, wobei jene Unternehmen, die keine Familienbetriebe sind und einen internationalen Absatzmarkt haben, die Diskussion erwartungsgemäß stärker mitverfolgen.

Den österreichischen Corporate Governance Kodex, der am 1.10.2002 der Öffentlichkeit vorgelegt wurde, haben zum Zeitpunkt der Erhebung bereits 16% der befragten Unternehmen unterzeichnet, 5% der Befragten planten zu diesem Zeitpunkt eine Unterzeichnung. Als Gründe, die gegen die Unterzeichnung sprechen, nannten die Unternehmen den aus ihrer Sicht zu geringen Nutzen (50%), zuviel Bürokratie (43%), keine Nachfrage bei Kunden, Banken und Investoren (36%) und den Umstand, dass der Kodex nicht an den Bedürfnissen von KMU orientiert ist (36%). Für den Kodex sprechen nach Ansicht der Unternehmen die Motive, sich dadurch gut auf die Zukunft vorzubereiten (69%), Transparenz und Kontrolle als Charakteristika eines erfolgreichen Unternehmens (62%) sowie die Auffassung, dass Corporate Governance ein wichtiger Faktor bei internationalen Finanzierungen ist (54%).

Bei der Vergütung der Mitarbeiter ist der Leistungsgedanke stark verbreitet: 87% der Unternehmen haben eine leistungsbezogene Vergütung für bestimmte Mitarbeitergruppen implementiert, wobei 70% das oberste Management, 50% das mittlere Management und 45% den Großteil der Mitarbeiter abhängig von der Zielerreichung honorieren. 13% der Unternehmen veröffentlichen regelmäßig die Gehälter der Geschäftsführung. Mehr kommunikative Anstrengungen und Anpassungen des Kodex mit Blickrichtung auf KMU sind nach den Erkenntnissen der Studie jedenfalls wünschenswert.

Corporate Citizenship: Flächendeckende Unterstützung

Ein bemerkenswert hoher Anteil von 93% der Unternehmen unterstützt gemeinnützige Einrichtungen, wobei Geldspenden, Sachspenden und Sponsoring dominieren. Corporate Volunteering – die Freistellung von Mitarbeitern zur Freiwilligenarbeit – spielt hingegen eine geringe Rolle. Die Corporate-Citizenship-Aktivitäten werden nur in 14% der Fälle in die strategische Unternehmensplanung integriert. Bei 54% der Unternehmen werden entsprechende Aktivitäten von Fall zu Fall mit Bezug zur Unternehmenspolitik gesetzt, während ein Drittel der Unternehmen spontan und ohne Unternehmensstrategie als verantwortlicher Mitbürger auftritt. Mehr als die Hälfte der Unternehmen (52%) ist mit dem Erfolg ihres Engagements zufrieden – nur 6% sind wenig zufrieden bzw. unzufrieden.

Die mit Abstand wichtigste Unterstützung für intensiveres Engagement als Corporate Citizen wäre für Unternehmen die generelle steuerliche Absetzbarkeit von Spenden, für die mehr als drei Viertel plädieren, gefolgt von der besseren finanziellen Situation ihres Unternehmens (58%) und höherer gesellschaftlicher Anerkennung ihres Engagements (37%).

Die zentralen Erkenntnisse dieser Studie machen deutlich, dass die österreichischen Unternehmen mit ihrem starken Bewusstsein für Unternehmenswerte und mit ihren weit verbreiteten Spendenaktivitäten ihre gesellschaftliche Verantwortung sehr ernst nehmen, diese Verantwortungsrolle aber kaum bzw. nur unzureichend nach außen kommunizieren. Es ist offenbar für viele Unternehmer eine Selbstverständlichkeit des Wirtschaftsalltages in Österreich, nicht nur den unternehmerischen, sondern auch den sozialen Gewinn zu fördern. Die Untersuchung stellt klar, dass Österreich in der CSR-Praxis seiner Unternehmenslandschaft den internationalen Vergleich nicht zu scheuen braucht. Großer Handlungsbedarf besteht jedoch bei der Implementierung bestehender CSR-Aktivitäten in die Unternehmensstrategie: Dass es eine Win-Win-Situation für Gesellschaft *und* Unternehmen gibt, wenn Unternehmen gesellschaftliche Verantwortung wahrnehmen, das muss – im Rahmen der Initiative „CSR Austria" – noch intensiv kommuniziert werden.

Der Markt verlangt Verantwortung

Die beste Zukunftsversicherung für unsere Unternehmen und unseren Standort liegt anerkanntermaßen in einer nachhaltigen Wachstumsstrategie, die auch die Wachstums- und Lebensgrundlagen für morgen sichert. Die IV hat in ihrem Programm „Österreich.Nachhaltig.Gestalten" konkretisiert, wie eine nachhaltige Wachstumsstrategie für Österreich aussehen muss. Das Komplement zur nationalen Wachstumsstrategie ist auf Unternehmensebene eine adäquate CSR-Strategie. CSR ist ja ein Konzept zur Implementierung der Vision der „nachhaltigen Entwicklung" in die Unternehmensstrategie, weshalb sich international das „Triple Bottom Line Reporting" etabliert, das ökonomische und ökologische Kennzahlen sowie Daten zum Unternehmen als „Corporate Citizen" berücksichtigt. Wirtschaftlicher Erfolg gewinnt durch ökologischen und sozialen Erfolg an Bestand. Dies gilt nicht nur in der Theorie, sondern zunehmend auch in der Praxis.

Der Nachhaltigkeitsgedanke bestimmt – in seinen unterschiedlichen Ausprägungen – immer mehr den wirtschaftlichen Erfolg. Eine internationale Studie des britischen Meinungsforschungsinstituts MORI zeigt etwa, dass bereits rund 70 Prozent der Konsumenten bei ihren Kaufentscheidungen die wahrgenommene gesellschaftliche Verantwortung der Unternehmen berücksichtigen.

Ähnliches gilt für den Markt der Arbeitskräfte: Unternehmen mit überzeugenden Aktivitäten im CSR-Bereich gelten als attraktivere Arbeitgeber und können sich im „Kampf um die besten Köpfe" besser behaupten. Das ist ein Aspekt, der angesichts des drohenden Arbeitskräftemangels aufgrund der demografischen Entwicklung für die Unternehmer immer wichtiger wird. Wer sich heute die besten Mitarbeiter für morgen sichern will, der muss mehr bieten als nur ein attraktives Gehalt.

Schließlich wird auch bei den Anlageentscheidungen der Investoren – nicht zuletzt der großen Pensionsfonds – immer häufiger die Frage nach der „CSR-Performance" der Unternehmen gestellt. Sozialverantwortliches Verhalten ist nach Einschätzung vieler Investoren ein wichtiger Indikator, um zu entscheiden, ob ein Unternehmen Risiken birgt, die außerhalb des engeren Geschäftszwecks liegen. Das Verständnis für CSR ist bei Fachleuten für die Beziehungen zu Investoren erheblich stärker entwickelt, als viele denken. Spezialisten prognostizieren, dass in wenigen Jahren Investoren kaum mehr eine Entscheidung treffen werden, ohne auch soziale und Umweltaspekte bei ihrer Wahl zu berücksichtigen.

Mit anderen Worten: Der Markt fordert in immer mehr Segmenten gesellschaftliche Verantwortung der Unternehmen ein. Die Wirtschaft ist daher gut beraten, dieser wachsenden Nachfrage nach einer verantwortungsvollen Haltung ein entsprechendes Angebot gegenüberzustellen. Der wachsende Wettbewerb auch um Verantwortung bietet für Unternehmen somit ein neues Handlungsfeld, sich vom Mitbewerb positiv zu unterscheiden.

CSR-Prinzipien

Ein für die Industrie wichtiges Prinzip bei der Realisierung gesellschaftlicher Verantwortung durch Unternehmen ist das Freiwilligkeitsprinzip, wie es auch das Grünbuch der Europäischen Kommission bei der Definition von CSR als „Konzept, das den Unternehmen als Grundlage dient, auf *freiwilliger* Basis soziale Belange und Umweltbelange in ihre Unternehmenstätigkeit und in die Wechselbeziehungen mit den Stakeholdern zu integrieren", hervorstreicht. CSR ist schließlich kein gesetzgeberisch fixiertes Human- oder Sozialprogramm, sondern ein Managementansatz, der ökonomische, soziale und ökologische Verantwortung zu einem integralen Bestandteil der Unternehmensstrategie macht.

Für die Industriellenvereinigung ist daher bei der Diskussion und Umsetzung von CSR-Aktivitäten die Realisierung folgender drei Grundsätze wichtig:

- CSR ist auf Freiwilligkeit aufgebaut und geht von der Wirtschaft aus.
- Um erfolgreich wirken zu können, muss ein CSR-Konzept vom Unternehmen selbst entwickelt und den spezifischen Eigenschaften und Umständen angepasst werden. Es gibt keine „one-size-fits-all"-Lösung.
- CSR ist eine Strategie zur Stärkung der Wettbewerbsfähigkeit, die letztlich einen Vertrauensgewinn zwischen Unternehmen, Mitarbeiter und Kunden bringen soll.

Allen Versuchen, das Thema CSR zum Gegenstand gesetzlicher Regulierung zu machen, ist daher eine klare Absage zu erteilen. Dies wäre ähnlich absurd wie die Pragmatisierung ehrenamtlich engagierter Personen. CSR ist auch keine Strategie, um die sozialstaatlich verbürgte Solidarität aus Kostengründen auf die Unternehmen umzulenken. CSR repräsentiert vielmehr ein partnerschaftliches Verhältnis zwischen Wirtschaft, Politik und Gesellschaft, das die Bedeutung von Unternehmen auch in gesellschaftlichen Fragen zum Ausdruck bringt. Die politische Verantwortung etwa im Bereich der sozialen Sicherheit ist nicht an die Wirtschaft delegierbar: Regierungen und internationale Organisationen müssen nach wie vor ihre Verantwortung wahrnehmen und ihre Aufgaben zur Sicherung von Demokratie, Menschenrechten oder Solidarsystemen einer Region erfüllen.

Europäische und österreichische Chancen

Mit der breitenwirksamen Diskussion der gesellschaftlichen Verantwortung von Unternehmen und der Kommunikation ihrer Aktivitäten ist aus Perspektive der Industriellenvereinigung auch die Hoffnung verbunden, das europäische Wirtschaftsmodell stärker zu profilieren. Die Europäische Union hat im Jahr

2000 mit der am Sondergipfel von Lissabon präsentierten Strategie einen Prozess gestartet, der Europa bis 2010 zum dynamischsten wissensbasierten Wirtschaftsraum der Welt machen soll – einem Wirtschaftsraum, der fähig ist, ein dauerhaftes Wirtschaftswachstum mit mehr und besseren Arbeitsplätzen und einem größeren sozialen Zusammenhalt zu erzielen. Die Umsetzung des – zwischenzeitlich leider ins Stocken geratenen – Prozesses erfordert große Reformanstrengungen.

Die Herausforderungen des Lissabon-Prozesses gelten für Österreich in besonderem Maß: Wir verfügen zwar über ein hohes Pro-Kopf-Einkommen und sind Spitzenreiter in der sozialen Absicherung der Menschen, weisen aber in anderen Bereichen erhebliche Defizite auf: eine zu hohe Steuer- und Abgaben- sowie Staatsausgabenquote, eine zu geringe Erwerbsbeteiligung älterer und weiblicher Arbeitnehmer(innen), eine niedrige Innovationsbereitschaft und hohe Energie- und Telekompreise. Ergebnis dieser Schwächen sind ein gemessen am EU-Durchschnitt geringes Wirtschaftswachstum und eine zu geringe Zunahme der gesamtwirtschaftlichen Produktivität.

Während wir auf der einen Seite durch Reformen zur Dynamisierung und Flexibilisierung der Wirtschaft, durch den Abbau bürokratischer Hemmnisse oder durch die Rückführung der Steuer- und Abgabenlast unsere Wachstumschancen entfesseln müssen, ist es wichtig, auf der anderen Seite die gesellschaftliche Verantwortung von Unternehmen sichtbar zu machen. CSR steht für die Balance zwischen ökonomischen, ökologischen und sozialen Anforderungen – und genau diesen Anforderungen hat sich auch Österreich zu stellen. Vorbilder für die Bewältigung des notwendigen Veränderungsprozesses sind etwa die skandinavischen Staaten, welche die Herausforderungen des Strukturwandels und der Nachhaltigkeit im wirtschaftlichen, sozialen und ökologischen Bereich gut gemeistert und überdurchschnittliche Erfolge bei der Wachstumspolitik und der Schaffung hochwertiger Arbeitsplätze erzielt haben.

CSR soll angesichts der Bewältigung der vor uns liegenden Reformprojekte deutlich machen, dass sich die europäische Wirtschaft nicht nur zu ökonomischem, sondern auch zu sozialem Erfolg bekennt. Eine gesellschaftlich verantwortungsvolle Wirtschaft und eine reform- und veränderungsbereite Gesellschaft ist eine Kombination, welche die Erfolgsstory des europäischen Wirtschafts- und Gesellschaftsmodells nachhaltig fortsetzbar macht. Die CSR-Diskussion fungiert in diesem Sinn als wichtiger Katalysator für die Weiterentwicklung des europäischen Wirtschafts- und Gesellschaftsmodells. Gerade das erweiterte Europa ist Ausdruck der Tatsache, dass Wachstum und Werte keine Widersprüche sind.

Verantwortung zahlt sich aus

Für die österreichische Industrie ist das Wahrnehmen unserer Verantwortungsrolle nichts Neues. Wir können in Österreich auf eine Unzahl von Initiativen und ein besonderes Selbstverständnis heimischer Unternehmen aufbauen, wie sie die international einzigartige Kultur des sozialpartnerschaftlichen Dialoges zwischen Arbeitgebern und Arbeitnehmern oder die intensive Aus- und Weiterbildung der Mitarbeiter repräsentieren.

Wir wissen nicht zuletzt aufgrund unserer umweltpolitischen Vorreiterrolle sehr gut, dass jedes Unternehmen „Nachbarn" im weitesten Sinn hat, auf die Rücksicht zu nehmen ist und mit denen gemeinsam Lösungen entwickelt werden sollen. Wir sehen daher in der CSR-Diskussion weder die Notwendigkeit, wirtschaftliches Handeln moralisch „aufzuladen", noch den Bedarf, neue Regulative für ohnehin schon überregulierte Unternehmen zu entwickeln. Gesellschaftlich verantwortungsvolles Handeln ist für viele Unternehmen eine Selbstverständlichkeit, die zur Verankerung in der Region dazugehört. Angesichts der steigenden Nachfrage am Markt nach dem öffentlich sichtbaren Wahrnehmen von Verantwortung tun die Unternehmen gut daran, verantwortungsvolles Handeln als integralen Teil der Unternehmensstrategie und ihrer Umsetzung durch das Management zu begreifen und dies gegenüber den einzelnen „Stakeholdern" auch entsprechend zu kommunizieren. Wenngleich der Begriff der Corporate Social Responsibility in der heimischen Wirtschaftskultur noch lange nicht daheim sein mag, so ist die Verbreitung der dahinter stehenden Überlegungen nicht aufzuhalten. Gesellschaftliche Verantwortung wahrzunehmen, rechnet sich in jeder Hinsicht.

Aber noch eine andere Chance steckt im Thema der gesellschaftlichen Verantwortung von Unternehmen: Während der Wirtschaft immer wieder vorgeworfen wird, sich nur auf die materiellen Werte zu reduzieren, bietet CSR ihr die Möglichkeit, ihr in Wirklichkeit wesentlich breiteres Werteportfolio darzustellen, das hinter der rein ökonomischen Wertschöpfung steckt. Es gibt viele Bereiche, in denen auch die Gesellschaft von den Werten der Wirtschaft lernen kann, wie etwa die Offenheit für das Neue und Andere, den Mut zu Risiko und Engagement oder das Vertrauen in die Zukunft. In diesem Sinn ist CSR vielleicht auch ein Beitrag zu einer notwendigen gesellschaftlichen Wertedebatte, die oft angesprochen, aber selten konsequent geführt wird.

Gesellschaftliche Verantwortung von Unternehmen: eine Selbstverständlichkeit nachhaltigen Unternehmertums

von *Christoph Leitl*, Präsident der Wirtschaftskammer Österreich und Präsident der Europäischen Wirtschaftskammern (Eurochambres)

Der Ausdruck „Corporate Social Responsibility", zu Deutsch „die gesellschaftliche unternehmerische Verantwortung", erfreut sich heute umfassender Verwendung. Die gesellschaftliche Verantwortung der Unternehmen rückt immer stärker in den Mittelpunkt der politischen Diskussion, sowohl auf nationaler als auch auf internationaler Ebene.

Das World Bank Institute hält CRS für „a crucial element of international efforts to foster sustainable and equitable development worldwide"[1], also für ein unerlässliches Element, um nachhaltige und gerechte Entwicklung weltweit zu garantieren.

Die EU vermerkt, es gebe heute unter den Unternehmen ein zunehmendes Bewusstsein für die Tatsache, dass nachhaltiger Geschäftserfolg und „Shareholder Value" nicht nur durch die Maximierung kurzfristiger Profite erzielt werden könnten, sondern vielmehr durch marktorientiertes, aber verantwortungsbewusstes Verhalten.[2]

Sind das alles neue Einsichten?

In gewissem Sinne ja, denn vor den Problemen der internationalen Börsen, die im Frühjahr des Jahres 2000 akut wurden, hatte es für viele so ausgesehen, als sei ein ungehemmter freier Wettbewerb an der Tagesordnung, der nur mehr die Verantwortung für Shareholder und nicht für Stakeholder kennt. Führungskräfte der New Economy spotteten damals über das unter anderem von Robert Reich, dem zeitweiligen Arbeitsminister Präsident Clintons, entschieden vertretene Konzept der Corporate Social Responsibility, es werde als neues Evangelium verbreitet, und sie verwiesen auf die oft zitierte Hauptaufgabe, die Milton Friedman den Unternehmern gestellt habe, nämlich, die Ge-

---

[1] http://www.wbi.org – Ausdruck am 28.5.2003.
[2] http://europa.eu.int/comm/enterprise/csr, Ausdruck am 28.5.2003.

winne zu erhöhen.[3] In diesem Zusammenhang wurde auch gerne auf die Tatsache verwiesen, dass „sozial verantwortliche Unternehmen" permanent unter der Entwicklung des Standard&Poor-Index von 500 Aktiengesellschaften lägen.

In der Zwischenzeit sind viele der großen Börsenstars des Endes der 90er Jahre vom Markt verschwunden, und es greift in einer unsicherer gewordenen Welt langsam die Denkweise Raum, dass spektakuläres Umsatz- und Profitwachstum zwar gelegentlich auf technologisch-kommerziellen Durchbrüchen beruht, zuweilen aber auch auf unsicheren, ja zweifelhaften Grundlagen und auf „kreativer Buchhaltung". Wie stets in der Nachdenkphase nach dem Absturz eines derart übersteigerten Booms setzt sich die Erkenntnis durch, dass solides, nachhaltiges Wirtschaften zwar manchmal weniger spektakulär sein mag als eine kurzfristige Superperformance – aber dass es dem Unternehmen und der Gesellschaft zuträglicher ist.

Wir sind also heute eigentlich wieder, was CSR betrifft, bei alten Weisheiten gelandet, die nur kurzfristig, während einer Euphoriephase, in der alles möglich zu sein schien, in Vergessenheit geraten waren.

Worin bestehen diese alten Weisheiten?

Nun, die wesentlichste ist wohl: Unternehmerische Verantwortung, und zwar gegenüber Kunden, Lieferanten, Kreditgebern ebenso wie Mitarbeitern und den natürlichen Ressourcen, gehört zu den Basisnotwendigkeiten nachhaltigen, das heißt auf Dauer gedeihlich angelegten Wirtschaftens.

Nur ein im Grunde unvernünftiger Unternehmer wird riskieren, dass er die Loyalität seiner qualifizierten Mitarbeiter verliert und vielleicht die Besten von ihnen zur Konkurrenz abwandern. Nur ein verantwortungsloser Kaufmann wird sich gegenüber Kunden und Lieferanten so verhalten, dass er in ihn gesetzte Erwartungen enttäuscht und damit an seiner Seriosität als Geschäftspartner und an seiner Bonität Zweifel entstehen lässt. Und nur ein verantwortungsloser Unternehmer wird die natürlichen Ressourcen so einsetzen, dass er wirtschaftliche Grundlagen gefährdet.

Gesellschaftlich verantwortungsvolles Verhalten von Unternehmen schafft einen Bonus, der sich über das gesellschaftliche Ansehen des Unternehmens auch in positive Ertragsaussichten umsetzen lässt – das haben schon viele Un-

---

[3] „The one and only social responsibility of business (is) to increase profits so long as it stays within the rules of the game, which is to say, engages in open and free competition without deception or fraud" zitiert nach: „Policy spotlight", Sondernummer Corporate Social Responsibility Nr 7, August/September 1997.

ternehmer des 19. Jahrhunderts bewiesen, die in einer Epoche vor der Existenz breiterer sozialer Sicherungsmaßnahmen ihren Mitarbeitern erschwingliche Wohnungen (oft in Eigenheimen) und Versicherungsschutz für die Wechselfälle des Lebens boten. Dieses Grundverständnis geht unmittelbar aus den historischen Erfahrungen des Kleinunternehmertums hervor, also aus dem bis weit ins 19. Jahrhundert nahezu ausschließlich dominierenden KMU-Bereich, in dem die Einbindung des Unternehmers in sein soziales Umfeld, die täglich wahrgenommene und von der Umwelt auch erwartete soziale Verantwortung Selbstverständlichkeit waren – und in dem Unternehmer und Arbeitnehmer in einer Art quasi-familiärem Zusammenhang tätig waren.

Grundvoraussetzung einer solchen verantwortlichen Haltung bleibt natürlich, dass sie auf der Ertragskraft eines gesunden, am Markt erfolgreich tätigen Unternehmens basiert. Gesellschaftliche Verantwortung wahrzunehmen und dabei aber länger dauernde Verluste zu machen ist letztlich unverantwortlich und führt zum Gegenteil dessen, was nach außen proklamiert wird. Die Erfahrungen einiger einst als „gemeinwirtschaftlich" deklarierter großer Unternehmen in Österreich können hier durchaus als warnendes Beispiel genommen werden. Mit entscheidend für ihren Niedergang war dabei sicher auch, dass sie Leistungen, die man heute dem Komplex CSR zuordnen kann, nicht in freiwilliger unternehmerischer Verantwortung erbracht haben, sondern dass diese Leistungen ihnen politisch aufgedrängt und scheinbar auf Dauer fixiert wurden, sodass sie auch in Zeiten schlechten Geschäftsganges und notwendiger Umstrukturierungen als Klotz am Bein erhalten blieben. Ich möchte daher, auch und gerade angesichts dieser Erfahrungen, mit großer Deutlichkeit mein Bekenntnis zum Konzept der Corporate Social Responsibility mit der Voraussetzung verknüpfen, dass diese in voller Freiwilligkeit ausgeübt werden muss – und nicht etwa eine Tür zu einer weiteren Überregulierung in Österreich sein darf.

Wird die Strategie sozial verantwortlichen Unternehmertums aber nicht durch Wettbewerbsgefährdung ad absurdum geführt, ist sie durchaus eine Strategie mit Zukunft. Die Vereinigung „CSR Europe" verweist etwa darauf, dass die Mehrheit der zwischen 1972 und 2000 durchgeführten empirischen Studien eine positive Beziehung zwischen der „social performance" und der „financial performance" von Unternehmen feststellten[4]. Professor Craig Smith, Professor für Marketing und Business Ethics an der London Business School, bestätigt dies und unterstreicht, dass von 80 Studien über CSR 42 einen positiven Effekt auf die finanzielle Gebarung festgestellt hätten und nur 4 einen eindeutig negativen[5]. Dass sich CSR auszahlt, haben auch Studien nachgewiesen, die

---

[4]   Siehe dazu J. Margolis- W. Walsh: People and Profits? The Search for a Link Between a Company's Social and Financial Performance, Mahwah, NJ 2001.
[5]   CSR – Facts and Figures, auf der Website http://www.csreurope.org, Ausdruck vom 28.5.2003.

etwa belegen, dass es derzeit in Europa etwas Ähnliches wie SRI[6]-Fonds gibt und dass in den USA nach einem Bericht des Social Investment Forum in den letzten Jahren ein starkes Wachstum bei Investment Fonds festzustellen ist, die ethische Maßstäbe mit einbeziehen. Nach einer Umfrage von CSR Europe aus dem Jahr 2000 erachten auch 70 Prozent der europäischen Konsumenten ethisches Firmen-Engagement als wichtig, und einer von fünf Konsumenten ist bereit, für sozial und umweltmäßig verantwortlich produzierte Erzeugnisse auch höhere Preise zu bezahlen. In diesem Sinn betont auch die Mitteilung der Kommission der Europäischen Gemeinschaften vom 2.7.2002 betreffend die soziale Verantwortung der Unternehmen zu Recht, dass CSR einen Beitrag zur Realisierung des auf dem Lissabonner Gipfel vom März 2000 vorgegebenen strategischen Ziels leisten könne, „die EU bis zum Jahr 2010 zum wettbewerbs-fähigsten und dynamischsten wissensbasierten Wirtschaftsraum der Welt zu machen". Auch die Mitteilung der Kommission legt dabei, schon in ihrer De-finition von CSR, großes Gewicht auf die von uns vertretene Grundvoraus-setzung der Freiwilligkeit, indem sie formuliert: „CSR ist ein Konzept, das den Unternehmen als Grundlage dient, auf freiwilliger Basis soziale Belange und Umweltbelange in ihre Tätigkeit und in die Wechselbeziehung mit den Stake-holdern zu integrieren."[7] Die Kommission vermerkt auch, dass Unternehmen sich freiwillig im Sinne von CSR engagieren, „weil sie der Auffassung, sind, dass es ihrem langfristigen Interesse dient."[8] Image und Ruf spielten dabei eine zunehmend bedeutsame Rolle im Wettbewerb. Die Kommission schlägt in erwähnter Stellungnahme vor, zur Gestaltung der Strategie der CSR-För-derung eine Reihe von Grundregeln vorzugeben, und unter diesen fungiert als erste: „Der freiwillige Charakter der CSR muss anerkannt werden!" Glaub-würdigkeit und Transparenz der CSR-Praktiken, Rücksichtnahme auf die be-sonderen Bedürfnisse der KMU, Austausch von Erfahrungen und von Good Practice – alles das sind ebenfalls wesentliche Kriterien. Aber nicht umsonst steht hier an erster Stelle der Charakter der Freiwilligkeit!

Das Engagement der Kommission hat auch zu einem „Grünbuch Europäische Rahmenbedingungen für die soziale Verantwortung der Unternehmen" ge-führt, das am 18.7.2001 vorgelegt wurde. Auch dieser Text betont bereits in der Einführung das Prinzip der Freiwilligkeit (S 4), wenn auch in etwas abge-schwächter Formulierung. Mit großer Deutlichkeit betont das Grünbuch übrig-ens auch, „soziale Verantwortung von Unternehmen dürfe nicht als Ersatz für bestehende Rechtsvorschriften und Regelungen im Bereich sozialer Rechte und Umweltstandards gesehen werden und auch nicht als Ersatz für die Ent-wicklung neuer einschlägiger Rechtsvorschriften" (S 7). Das ist eine Position,

---

[6] SRI: Socially Responsible Investment.
[7] A.a.O. S 5.
[8] Ebenda S 6.

der wir uns voll anschließen. Das Grünbuch der Europäische Kommission skizziert im Übrigen unter dem Titel „Soziale Verantwortung der Unternehmen: die interne Dimension" viele relevante Bereiche für eine sinnvolle Entfaltung von CSR – von Aspekten wie lebenslanges Lernen, Empowerment und nicht diskriminierende Einstellungspolitik über den Bereich Ergonomie (etwa im Sinne des freiwilligen schwedischen Gütesiegels TCO) und über die Begleitmaßnahmen bei Umstrukturierungen (wie in der Stahlindustrie) bis hin zum Umweltbereich (Stichwort Öko-Audit). Im Hinblick auf die externe Dimension geht es u.a. um die Funktion umweltbewusster Unternehmen in der lokalen Gemeinschaft und um andere gemeinwohlorientierte Investitionen. Letztlich ginge es um eine ganzheitliche Sicht der sozialen Verantwortung der Unternehmen.

Vorreiter in der Entwicklung der sozialen Verantwortung der Unternehmen seien hauptsächlich größere Unternehmen, behauptet das Grünbuch in seiner Zusammenfassung. Gerade das kleinere Unternehmen ist in der Regel so stark in seine örtliche Gemeinschaft eingefügt, dass es größere Verletzungen umwelt- oder sozialpolitischer Standards, die machtvolle Großunternehmen gelegentlich unterlaufen mögen, rein umfangmäßig nicht zu produzieren in der Lage wäre, aber sich in kleinerem Rahmen auch nicht leisten könnte. Die positive Vorreiterrolle ist hier also auch als Reflex einer zuweilen feststellbaren negativen Vorreiterrolle zu sehen.

Das Engagement der Europäischen Union in der Frage CSR macht jedenfalls deutlich: Dieses Konzept ist nicht nur als kurzfristiges Modephänomen im Gefolge von ENRON, Anderson, Worldcom etc zu sehen. Es geht nicht nur um einen Abbau einer kurzfristigen Vertrauenskrise gegenüber Teilen der Wirtschaft, wie er vor allem in den USA heute als notwendig erscheinen mag. Man sollte andererseits allerdings das Konzept CSR auch nicht mit überschießenden Hoffnungen überfrachten: individuelles „Gutmenschen- und Gutfirmentum" kann in bestimmten Bereichen generelle Regeln nicht ersetzen, darüber müssen wir uns im Klaren sein. Aber in Österreich haben wir diese Regeln, wir haben in manchen Bereichen sogar zu viele und zu komplexe Regeln, die dynamisches und zukunftsorientiertes unternehmerisches Verhalten zuweilen behindern können. Unternehmer, die entweder über ihre Eigentümerstruktur langfristigen Stakeholderinteressen verpflichtet sein müssen oder als traditionelle Familienbetriebe die Folgewirkungen ihres Handelns in einer Fristigkeit über die Generationen der aktiven Unternehmensführung planen, haben schon immer in einer Gesamtverantwortung gegenüber Kunden, Mitarbeitern und der gesamten Umwelt gehandelt. Leider geraten dabei bestehende Begriffe wie die soziale Marktwirtschaft und deren Inhalte allzu leicht in Vergessenheit, wiewohl sie nicht viel anderes zum Ausdruck bringen als CSR. In mancher Hinsicht stellt sich CSR auch nur als Rückkehr zu höheren ethischen Standards sozialer Verantwortlichkeit dar, die schon unsere Väter und zum

Teil Vorväter angewandt haben, die aber zwischenzeitig vielleicht ein wenig in Vergessenheit geraten sein mögen.

CSR-Austria[9], eine Initiative der Industriellenvereinigung, der Wirtschaftskammer Österreich und des BMWA, hat sich zur Aufgabe gemacht, diesen oben formulierten Gedanken stärker bewusst zu machen. Für die Wirtschaft ist die Initiative CSR-Austria mit großen Chancen verbunden. Bereits jetzt stellen große und kleine Unternehmen ihre gesellschaftliche Verantwortung in ihrem Umfeld Tag für Tag dar. Das Bekenntnis zu ökonomischer, sozialer und ökologischer Verantwortung wird in vielen Unternehmen bereits unbewusst gelebt. Das im Rahmen dieser Initiative vorgestellte Leitbild zur gesellschaftlichen Verantwortung von Unternehmen ist der Startschuss für eine Motivations- und Überzeugungskampagne in den Betrieben, sich mit diesem Themenkomplex aktiv auseinander zu setzen. Unternehmen wird mit dem Leitbild die Chance geboten, im Dialog mit dem eigenen Umfeld ihr Image zu verbessern und gemeinsam ihre gesellschaftliche Verantwortung in einen wirtschaftlichen Erfolg zu verwandeln. Die Voraussetzung hierfür schafft aber auch die politische Ebene, in dem sie wettbewerbsgerechte und Standort sichernde Rahmenbedingungen schafft, die ein solches Verhalten wirtschaftlich ermöglichen.

---

[9] http://www.csr-austria.at.

Corporate Social Responsibility aus Sicht des Kapitalmarktes

von *Friedrich Mostböck*, Leiter Research und Chefanalyst der Erste Bank-Gruppe und Präsident der ÖVFA (Österreichische Vereinigung für Finanzanalyse und Asset Management)

Allgemeine Begriffsdefinition

Die Einbeziehung des Themas Corporate Social Responsibility (CSR) in eine Unternehmensstrategie zielt auf eine klare Differenzierung zu anderen Unternehmen ab. CSR ist ein sehr umfassender Begriff, der Themen wie Ethik, Umwelt, Menschenrechte, Corporate Governance, Arbeitsbedingungen, tatsächliche Beiträge zum Allgemeinwohl etc. umfasst. Einerseits soll durch bewusstes verantwortungsvolles Handeln der Unternehmungsführung ganz generell zu einer besser funktionierenden Gesellschaft – im globalen gemeinwirtschaftlichen Sinn – beigetragen werden, zum anderen aber auch langfristig infolge dieser höheren ethischen Ausrichtung für den Stakeholder ein nachhaltiger Mehrwert (eine Kursprämie) auf dem Kapitalmarkt erzielt werden.

Welche Rolle spielt der Kapitalmarkt?

Einfach formuliert: Er trennt die Spreu vom Weizen. Am Kapitalmarkt treffen laufend eine Vielzahl von Informationen börsenotierter Unternehmen auf Investoren. Den Rest besorgen simpel ausgedrückt Angebot und Nachfrage. Der Markt sorgt für die notwendige Beurteilung: im Positiven wie im Negativen, Sanktionen stehen an der Tagesordnung. Vor allem in jüngster Zeit gab es zahlreiche Beispiele für eine schonungslose Aufdeckung von Missständen, seien es Insidergeschäfte, Bilanzmanipulationen oder Ähnliches mehr. Das Muster ist einfach: „Der Erfolgreiche (oder Gute) wird belohnt, der Erfolglose (oder Böse) bestraft." Gutes und erfolgreiches Management zeigt sich nicht nur in kurzfristigen und wirtschaftlich boomenden Phasen, nein im Gegenteil, erfolgreiches unternehmerisches Handeln ist nachhaltig und in jeder auch noch so schwierigen konjunkturellen oder branchenspezifischen Situation gefragt. Ein Manager, der an der Börse erfolgreich sein will, muss nicht nur kurzfristig denken und agieren können. Natürlich muss er flexibel sein, aber er braucht auch die Entschlossenheit, Dinge mit dem notwendigen langfristigen strategischen Weitblick in die richtigen Bahnen zu lenken.

Auch der Markt mit seinen Teilnehmern ist nicht fehlerfrei. Auf den Boden der Realität wurden wir spätestens nach dem Ende des weltweiten Technologie-Hypes der letzten Jahre im abgelaufenen Jahrtausend zurückgeholt. Viele oft gepriesene, vorher so kurzfristig erfolgsverwöhnte Manager sind seither gegangen. Von vielversprechenden und in Farbe wirksam zur Schau gestellten Präsentationsvisionen ist wenig geblieben. Gerade unter diesem Gesichtspunkt kommt CSR (inkl. angewandter Corporate Governance) eine große Bedeutung zu.

Das Handeln am Kapitalmarkt ist zweifelsohne kontroversiell. Zum einen regiert oft die Gier nach schnellem Geld. Dies regt oft auch institutionelle Investoren zu Spekulationsüberlegungen an. Die wahre Idee eines langfristig tragfähigen Kapitalmarktkonzepts ist aber nicht die kurzfristige Spekulation in Form des vielzitierten Turbokapitalismus, es ist die Aufrechterhaltung der Existenz möglichst vieler grundsolider Unternehmen, die das, was ihr Management verspricht, auch halten. Die Eigenkapitalfinanzierung über den Kapitalmarkt ist die einzige richtige Alternative, die eine westliche Kapitalwirtschaft zu bieten hat.

Wichtig ist eine offene und transparente Kapitalmarktkommunikation in Form von klaren und unmissverständlichen Botschaften. Sollte es auf der Basis dann und wann zu notwendigen Adaptierungen im Ausblick der näheren Zukunft kommen, so wird das jeder Investor einsehen. Ein oftmaliges Wechseln von Strategien, der Darstellung von Geschäftssparten etc. kann zu guter Letzt so verwirren, dass entsprechende Investoren restlos frustriert das Weite suchen. Institutionelle Investoren verzeihen in der Regel nur schwer oder gar nicht Kommunikationsschwächen und daraus resultierende Managementfehler. Nach einmal begangenen „Sünden" des Managements bedarf es oft Jahre, bis es wieder zu persönlichen Gesprächen mit den relevanten Fondsmanagern kommt.

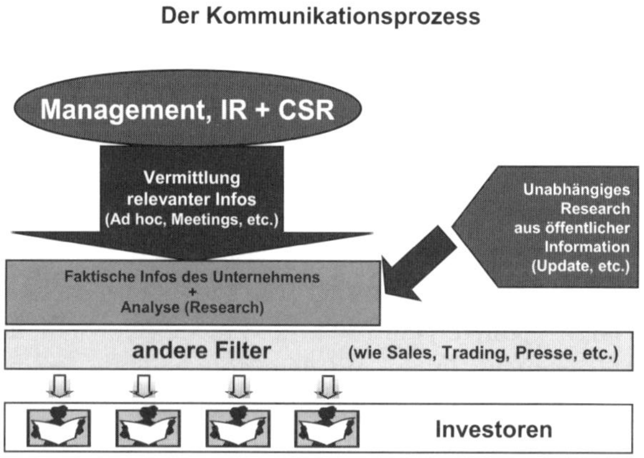

Der Kommunikationsprozess

Abbildung 1: Der Kommunikationsprozess

Das Agieren am Kapitalmarkt ist von echten Anstrengungen geprägt, bedarf aber in jedem Fall einer Integrität. Jedenfalls ist das Leben am Kapitalmarkt hart, nur zähe und ausdauernde Managertypen, welche nachweislich und glaubwürdig eine Investmentstory nicht nur präsentieren, sondern auch in die Realität umsetzen können, sind letztendlich erfolgreich. Am Kapitalmarkt können ganz konkret – und je nach Investoreninteresse – Unternehmen gezielt finanziell bestraft werden, die gegen Menschenrechte, ethische Grundsätze, Umweltauflagen, Arbeitsbedingungen oder ganz allgemein gegen Ziele des Allgemeinwohls verstoßen. In diesem Sinne wird dem Kapitalmarkt eine immer wichtigere Rolle zukommen. Es ist sicher nicht mehr so leicht wie früher, Eigenkapital über die Kapitalmärkte aufzunehmen. Die Qualität des Managements und der daraus resultierende Geschäftserfolg wird gleichsam durch so etwas wie einen „finanziellen Gerichtsstand" beurteilt. Und da sich um monetäre Mittel, sprich „Cash" – gepaart mit entsprechender Reputation des Unternehmens – so vieles auf der Welt dreht, wird dieses Thema in Zukunft sicher wesentlich ernster zu nehmen sein.

Was bewegt und was fordern Investoren?

Investoren sind gefordert und fordern von anderen. Vor allem institutionelle Investoren – die rund um den Globus tätig sind – fordern infolge ihrer großvolumigen und sehr selektiven Investments „sorgfältiges Handeln im Sinne eines ordentlichen Kaufmanns" vom Management börsenotierter Gesellschaften ein. Diese Forderung ist legitim. Als Benchmark fungieren generell lokale Marktindizes oder globale/regionale Sektor Indizes, aber vor allem auch die Performances vergleichbarer Fonds konkurrenzierender Investmentfondsgesellschaften.

Investoren stehen unter Druck. Das Bekenntnis gegenüber Kunden, bessere Performances zu den relevanten Benchmarks zu erzielen, steht bei Fondmanagern im Vordergrund. An diesem Maß der Mehrertrags-Qualität werden Fonds- und Portfoliomanager gemessen und auch bezahlt. Exzellent gemanagte Fonds – welche nur die bestgemanagten Unternehmen enthalten können – und die persönliche Qualifikation des Fondsmanagers ziehen wiederum Kundengelder an.

Investitionsentscheidungen sind sehr selektiv. Fondsmanager geben aufgrund ihres stetigen Performancedrucks ihr Kapital nicht einfach so leichtfertig aus der Hand. Diese ganz gezielt ausgerichtete Verwendung liquider Mittel bescheinigt die Effizienz des Kapitalmarktes im Sinne einer optimalen finanziellen Ressourcenallokation. Im Übrigen kann das nur zum Schutz des Investmentzertifikat-Inhabers (wie Aktionärs) sein, der sich in der Regel nicht so mit den finanziellen und immateriellen Details der jeweils zur investierenden

Gesellschaft auseinander setzen kann und darüber hinaus auch nicht über die erforderlichen regionalen Marktkenntnisse und Usancen verfügt.

Größe ist Trumpf und mächtig. Einen weiteren nicht zu unterschätzenden Faktor stellt die volumens- und liquiditätsmäßige „Investitionskraft" der jeweiligen Kapitalanlagegesellschaft dar. Zum einen sind große und bekannte Adressen in der Asset-Management-Industrie von institutionellen wie Retailkunden begehrt. Jedes Management börsenotierter Unternehmungen ist auf gute Beziehungen mit „Global Playern" bedacht, da diese in Summe über den Erfolg oder Misserfolg eines Kursverlaufes und respektive über den dadurch repräsentierten Unternehmenswert entscheiden.

Der Einfluss institutioneller Investoren ist beträchtlich. Einen anderen Faktor stellt das Mitbestimmungsrecht an der Gesellschaft nach dem Prinzip „One share – one vote" dar. Maßgebliche Anteile in der Aktionärsstruktur sind auf Hauptversammlungen oder in Aufsichtsratsgremien für den Einfluss auf die Mitgestaltung der Gesellschaft entscheidend. Je prominenter die Adresse und je größer die potentielle Investitionsmöglichkeit einer Fondsgesellschaft, desto höher wird konsequenterweise die Aufmerksamkeit des Managements der in Betracht kommenden börsegelisteten Gesellschaft sein. Institutionelle Investoren stehen laufend in Gesprächen mit dem Management verschiedener definierter Branchen oder Regionen. In diesen wiederkehrenden Gesprächen – so genannter „One-on-ones" – kommt es offen zu einem Meinungsaustausch hinsichtlich bestehender Stärken und Schwächen in einzelnen Geschäftsbereichen oder der eingeschlagenen Strategie selbst. Ein Austausch in der vielleicht eingeschränkten Unternehmenssicht und der Sichtweise des Marktes kann ein durchaus befruchtender sein. Auch hier schlägt die Effizienz des Marktes zu.

Nur kritikfähiges Management profitiert von der Sichtweise des Marktes. Manager brauchen auch die Begabung, Meinungen richtig zu filtern und zu interpretieren. Häufig werden kritische Sichtweisen der Investoren zu einem bestimmten Thema seitens des Managements aktiv aufgegriffen und einer Lösung zugeführt, um so namhafte Adressen nicht zu vergrämen, gleichzeitig aber auch Managementfähigkeiten unter Beweis zu stellen und für den „Trackrecord" zu dokumentieren. In Summe ist jedenfalls der Einfluss institutioneller Investoren ein weit größerer als man annimmt. Managern, die der Effizienz des Kapitalmarktes verbunden sind, ist das voll bewusst. Der Kapitalmarkt wird zur Eigenkapitalgenerierung für weitere Expansion und Wachstum wie ein Stück Brot benötigt, eine Enttäuschung von Investoren wäre eindeutig von Nachteil. Eigentlich steht alles auf dem Spiel und kann über die Höhe des Aktienkurses jederzeit evaluiert werden: Reputation, Leistungsfähigkeit, Eigenmittelbedarf, bis hin zu variablen Gehaltsbestandteilen. Dort wo es finanzielle Mittel in jeglicher Hinsicht kosten kann, schmerzt es besonders.

Was hat das nun alles mit CSR und dem Kapitalmarkt zu tun? Flexibles und zunehmend verantwortungsvolles Handeln ist tendenziell mehr und mehr gefragt. Ein verantwortungsvolles Handeln wird vom Fondsmanager erwartet, dieser erwartet es von der Geschäftsführung kapitalmarktnotierter Unternehmen. Zusätzlich wird der Druck zweifelsohne auch über die breite Bevölkerung kommen, die mit oder ohne Aktionärsschaft zunehmende Sensibilität in Sachen sozialer und volkswirtschaftlicher Verantwortung entwickelt. Eine Beschäftigung mit dem Thema seitens der Unternehmen wird in weiterer Folge unausweichlich, Transparenz, Kommunikation und Strategie werden darauf ausgerichtet werden müssen.

Voraussetzungen für nachhaltiges Wachstum

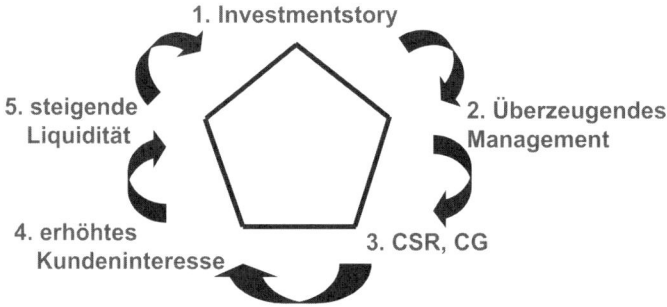

Abbildung 2: Voraussetzungen für nachhaltiges Wachstum

Auf CSR spezialisierte Fonds und Investmentgesellschaften sind bereits Realität

CSR repräsentiert am Kapitalmarkt zur Zeit eine Marktnische. In dieser Investmentnische, in der nach Gesichtspunkten sozialer Verantwortung, Corporate Governance, Ethik etc. vorgegangen wird, gibt es bereits eine Reihe von Anbietern, die entweder über eigene Spezial-Fonds verfügen oder deren gesamte Geschäftätigkeit darauf ausgerichtet ist. Natürlich beschäftigen sich auch großvolumige – vor allem anglo-amerikanische – Fondsgesellschaften und Pensionskassen mit den Themen.

Die Bedeutung von CSR wird zweifelsfrei steigen. In Summe ist davon auszugehen, dass infolge der längerfristig zu erwartenden weiteren Belastungen rein aus der Umweltproblematik heraus, das Interesse – durch weiteres Umweltengagement, grundsätzliche Wahrnehmung und Akzeptanz in Bevölkerungen – an CSR-getriebenen Investmentprodukten insgesamt zunimmt.

Ebenso sollten infolge einer zunehmend globaler ausgerichteten, jederzeit transparenten Informations- und Dienstleistungsgesellschaft Themen durch ethisch getriebene Überzeugungen an Bedeutung gewinnen. Diese Tendenz wird nicht nur auf Umweltbelange beschränkt bleiben, sondern insbesondere infolge bestehender regionaler Ungleichgewichte im Bereich der Menschenrechte, in der richtigen Führung von Gesellschaften ganz allgemein (Corporate Governance in Unternehmen, aber auch als Form in der Politik), an der Zufriedenheit von Arbeitsbedingungen sowie der Ausrichtung zukünftiger Arbeitsmarktpolitik festgemacht werden können. Die weitere Einführung und Emission sozial und ethisch ausgerichteter Investmentfonds und anderer Produkte (Aktien-Baskets, Investmentzertifikate, Optionen etc.) ist daher zu erwarten und wirkt unterstützend.

Was bringt CSR für Unternehmen?

CSR nutzt den Unternehmen und dem Allgemeinwohl. Die aktive Anwendung von CSR bringt eine Reihe von Vorteilen und bewirkt im Endeffekt einen Zusatznutzen für praktizierende Unternehmen und dient zu guter Letzt bei einer breiten globalen Ausrichtung dem Allgemeinwohl der Bevölkerung. Zweifelsohne ergeben sich auch nebenläufig Marketingeffekte. Diese sind vielleicht eine ganz angenehme Nebenerscheinung.

Differenzierung erwirkt Wettbewerbsvorteil. Vom Kern her nutzen Unternehmen zunehmend CSR-Aktivitäten dafür, um sich von ihren Mitbewerbern klar zu differenzieren und infolge ihrer Positionierung als verantwortungsvoll agierendes Unternehmen einen Wettbewerbsvorteil zu erzielen. Dieser Wettbewerbsvorteil manifestiert sich nicht nur in erhöhter Reputation, er spiegelt sich schlussendlich unter Stakeholder-Gesichtspunkten in steigendem Konsumentenvertrauen für die Produkte des Unternehmens wider, gleichzeitig bewirkt er aber auch eine höhere Loyalität und Unternehmensbindung der eigenen Arbeitskräfte. Motivierte, besonders leistungsbereite Mitarbeiter sind eine unabdingbare Voraussetzung insbesondere für börsenotierte Gesellschaften. Unternehmen erkennen in Summe, dass verantwortungsvolles Handeln zu nachhaltigem Unternehmenserfolg führen kann und damit den Unternehmenswert steigert.

Angewandte CSR steigert den Unternehmenswert. Mit Hinsicht auf den Kapitalmarkt stellt sich höheres Vertrauen gegenüber Stake- und Shareholdern auf jeden Fall langfristig positiv hinsichtlich der Aktienkursentwicklung heraus. Damit ist CSR ein Tool, das den Shareholder Value nachhaltig erhöht. Eine möglichst offene, transparente Kommunikationspolitik gegenüber Investoren wird immer honoriert. Demgegenüber kommt der nachweisliche Einsatz und deren definitive Umsetzung ethisch-moralischer und sozialer Aktionen und

Entscheidungen besonderer Stellung zu. Spezialisierte Fonds und Investment-gesellschaften fragen das Engagement in regelmäßigen Abständen nach.

Der Mehrwert ist keine definierte Größe. Eine klare Größe einer mög-lichen Kursprämie für CSR-praktizierende Unternehmen lässt sich nur schwer quantifizieren. Mit Hinsicht auf Corporate-Governance wurde von Mc Kinsey[1] auf Basis von Umfragen eine Studie erstellt, die auf dem Gebiet sehr wohl eine Kursprämie quantifiziert. Demnach sind über 80% der Investoren bereit, Kursprämien für Corporate-Governance-gemanagte Unternehmen zu bezahlen. CEOs (Chief Executive Officer, einem Vorstandsvorsitzenden gleichkom-mende Position) internationaler Konzerne, welche global in Sachen Investor Relations für ihr Unternehmen tätig sind, erwarten sich am Aktienmarkt eine Kursprämie von mehr als 20%, die von Investoren für Corporate-Governance-ausgerichtete Unternehmen bezahlt wird. Mit CSR wird wohl ein höheres Aus-maß einer Prämie zu erwarten sein, umfasst doch CSR auch Corporate Gover-nance in der Begriffsdefinition.

CSR – Vision oder Wirklichkeit?

CSR ist vielfach noch imaginär. Die einfache und definitive Wahrnehmung von CSR ist noch nicht wirklich vollständig gesichert. Vielmehr handelt es sich bei CSR noch teilweise um ein imaginäres Gut, das bisher nur eingeschränkt den Begriff und dessen Inhalte im Detail greifen kann.

Quantifizierbare Größen sind für Beurteilung am Kapitalmarkt ent-scheidend. Im Wesentlichen hat das mit Messbarkeit und zu entwickelnden Evaluierungsschemen zu tun. An einem Kapitalmarkt, an dem Aktien, fest ver-zinsliche Wertpapiere, Corporate Bonds etc. gehandelt werden, wird ständig an-hand einer Flut von Daten kalkuliert und analysiert. Es wird mit verschiedenen standardisierten Kennzahlen gerechnet, verglichen und in die Zukunft pro-jektiert und zu guter Letzt fallen auch auf Basis eines klar nachvollziehbaren Zahlenwerks definitive Investitionsentscheidungen.

Traum oder Wirklichkeit? Die Frage ob CSR noch Vision oder schon Wirklichkeit ist, lässt sich daher nicht exakt beantworten. Positiv ist jedenfalls, dass sich ein zunehmend größerer Personenkreis mit der Thematik auseinander setzt. CSR ist einerseits noch eine Vision, die zielgerichtet umgesetzt werden muss. Das Betätigungsfeld zur vollen Ausschöpfung und Verbesserung ist zweifelsohne weltweit ein riesiges. CSR ist auch deshalb noch teils Vision, da viele offene Fragen im Bereich der Quantifizierung des Ist-Zustandes und entsprechende Ansatzpunkte in quantitativer Hinsicht in der Definition eines Soll-Zustandes innerhalb von Unternehmen und Staaten bestehen.

---

[1] McKinsey, Investor Opinion Survey, 6/2000.

CSR ist Realität, aber noch schwer zu greifen. Andererseits ist die Realität von CSR eindeutig in der Hinsicht existent, dass sie als Begriff erfasst ist und damit als Gegenstand zur Weiterentwicklung existiert. Es fehlen da und dort noch entsprechende Evaluierungsschemen bzw. quantitative und qualitative Standards und Zielgrößen, um CSR in entsprechenden Einheiten zu implementieren und zielgerecht anhand von Kennzahlen weiterzuentwickeln und in die richtige Richtung zu steuern.

Eine Kategorisierung ist im Laufen. Investmentfondsmanager und Analysten differenzieren bereits allgemein oder innerhalb von Branchen sehr wohl Unternehmen aufgrund ihrer aktuellen CSR-Aktivitäten. So finden Gesellschaften beispielsweise bei Erfüllung eindeutig definierter Kriterien Aufnahme in Nachhaltigkeitsindizes oder auch nicht. Eine eventuelle Nichtaufnahme in solche Indizes provoziert z.B. für einen international tätigen Ölkonzern Erklärungsbedarf gegenüber Aktionären, vor allem dann, wenn Konkurrenzunternehmen mit vergleichbaren Geschäftsfeldern in den relevanten Benchmarks enthalten sind.

Nur freie Marktkräfte haben die Macht zu effizienter Bewertung. Der Investor ist hier neuerlich die treibende Kraft etwas in der Unternehmung weiterzuentwickeln. Der Druck kommt in Summe von institutioneller Seite, die in oben erwähnten One-on-ones Problemkreise offen anschneiden und im direkten Gespräch mit dem Management erörtern können. Eines ist zweifelsfrei wichtig: Je mehr Investoren sich intensiv mit der Materie auseinander setzen, desto höher ist der Druck des Marktes und der Erklärungsbedarf von Managern bei Nichterfüllung bestimmter Sachverhalte. Nur der Kapitalmarkt hat in der Hinsicht reinigende Wirkung, indem er säumiges Management sanktioniert und sozial richtig agierende Geschäftsführungen mit Prämien versieht.

Ganz nüchtern betrachtet regelt sich CSR durch effiziente finanzielle Allokation. Am Ende des Tages zählen Performance und Erfolg, Geld regiert einmal mehr die Welt. In diesem Fall hat es allerdings ordnungspolitische, korrigierende Kraft und bewirkt etwas positives. Einmal mehr ein Beweis dafür, dass der Kapitalmarkt sehr wohl eine effiziente Allokation der Ressourcen sicherstellt. Es macht einfach Sinn, Probleme und offene Fragestellungen den freien Marktkräften zu überlassen. Der Kapitalmarkt ist die einzig richtige Alternative als Ordnungskraft im Sinne mikro- und makroökonomischer, aber auch ökologischer, sozialer und ethischer Grundsätze zur Verteilung finanzieller Ressourcen. Ich bin der festen Überzeugung, dass CSR zunehmend mehr in unserer transparenter werdenden Gesellschaftsordnung Einzug halten wird und bin im Übrigen der Meinung, dass wahrscheinlich erst über ein nächstes Jahrzehnt wirklich geeignete, ganz konkrete Methoden zur klaren Evaluierung und Umsetzung von Standards kommen werden.

CSR in Österreich

Aktivitäten der Bundesregierung. Die Nachhaltigkeitsstrategie der österreichischen Bundesregierung stützt sich im Wesentlichen auf vier zentrale Pfeiler. Diese vier Handlungsfelder konzentrieren sich auf die Themen Lebensqualität, Dynamik des Wirtschaftsstandorts, Lebensräume und Verantwortung allgemein. Innerhalb dieser vier Bereiche wurden wiederum zwanzig Leitziele definiert (fünf je Bereich), die eine Umsetzung dieser Vorhaben näher beschreiben. Dabei deckt der Bereich „Lebensqualität" im Wesentlichen soziale Werte ab, der Schwerpunkt „Dynamik des Wirtschaftsstandorts" beschäftigt sich mit ökoeffizienten Sachverhalten, der Bereich „Lebensräume" konzentriert sich auf den Schutz der Umwelt und optimale Infrastruktur und der Teil „Österreichs Verantwortung" steht für Ziele wie Menschenrechte, Sicherheit und Frieden. Im Rahmen der Realisierung wurden zu den zwanzig Leitzielen 200 Maßnahmen festgesetzt, die in einem Arbeitsprogramm im Juli 2003 vom Ministerrat zur Umsetzung beschlossen wurden. 57% der Maßnahmen sind bereits in Umsetzung, 41% sind in Planung.

Österreich liegt im Vergleich ausgezeichnet. Die internationale Studie „Umwelt-Nachhaltigkeitsindex" stellt Österreich ein im Vergleich gutes Zeugnis aus. Unter 142 untersuchten Ländern liegt Österreich in Sachen Nachhaltigkeit auf dem siebenten Platz. Die Nachhaltigkeitsstrategie der österreichischen Bundesregierung setzt nun den nächsten Schritt, um diese Position abzusichern bzw. weiterzuentwickeln. Die Initiative der Bundesregierung wird die Rahmenbedingungen hinsichtlich CSR allgemein verbessern und alle potentiellen Adressaten weiter sensibilisieren. Damit ist in Österreich eine begleitende Kampagne zur Weiterentwicklung von CSR gesichert.

CSR am österreichischen Kapitalmarkt. In Österreich wird zur Zeit an einem Nachhaltigkeitsindex – dem so genannten EASEY – gearbeitet. Ziel dieses Projekts ist die Erstellung eines Modells von Indikatoren, die eine sozialökologische Bewertung der im ATX Prime 40 an der Wiener Börse enthaltenen Blue Chips auf ihrem Weg zur Nachhaltigkeit ermöglichen. Der EASEY-Index basiert auf einem Indikatorenmodell, das nachhaltiges wirtschaftliches, soziales und ökologisches Handeln anhand von maßgeblichen Einflussgrößen feststellt. So soll ein Nachhaltigkeitsindex an der Wiener Börse als Benchmark gerechnet werden, um auf CSR-orientierte Unternehmen in Österreich aufmerksam zu machen und damit entsprechendes Kapital in diesem zukunftsträchtigen Segment anzuziehen.

Die privatwirtschaftliche Initiative ABCSD. ABCSD steht für „Austrian Business Council for Sustainable Development". Der ABCSD ist ein Business Club. Seine aus der Privatwirtschaft kommenden Mitglieder, welche teilweise aus dem Management börsenotierter Unternehmen stammen, sehen marktwirtschaftliches Handeln als mit ökologischen und sozialen Aspekten vereinbar. Ziel dieser Einrichtung – die auf eine Initiative des Wirtschaftsministeriums und der Österreichischen Industriellenvereinigung zurückzuführen ist – ist es, Geschäftsführungen österreichischer Unternehmen bei der Integration einer nachhaltigen Strategie Unterstützung zu leisten und einem auf Nachhaltigkeit ausgerichteten Wirtschaftsstil zum Durchbruch zu verhelfen.

Der wahre Kern an Anwendungsgebieten von CSR – Der ethische und moralische Aspekt

Ethik und Moral ist die Basis. Ethisches Grundverständnis ist die Basis für jegliches sorgfältige, verantwortungsvolle Handeln im Sinne eines ordentlichen Kaufmanns. Dies gilt nicht nur für unternehmerisches Handeln, dass muss selbstverständlich auch für das Agieren sämtlicher Teilnehmer am Kapitalmarkt stehen. Gerade dem Gebiet Ethik wurde zuletzt eine Reihe selbstregulierender Maßnahmen für unterschiedliche am Kapitalmarkt tätige Teilnehmerklassen gewidmet (Wohlverhaltensregeln, Best-practice-Guidelines etc.). Ethik im Verständnis des Agierens am Kapitalmarkt kann nur auf alle Beteiligten – sowohl auf der Angebots- als auch auf der Nachfrageseite – im Sinne eines „Geben und Nehmens" bezogen sein. Ethisches Bewusstsein kann allerdings nicht allgemein verschrieben werden. Begriffe wie Ehrlichkeit, Integrität, Anständig- und Glaubwürdigkeit, Angemessenheit des wirtschaftlichen Agierens können in der Regel subjektiv unterschiedlich aufgefasst werden. Auch hier sorgt der Kapitalmarkt mit seiner Transparenz und jetzt vor allem mit den erwähnten wichtigen und überfälligen selbstregulierenden Maßnahmen für Abhilfe.

Ethik muss quasi „verkörpert" werden. Integres, ehrliches Handeln müssen die Geschäftsleitungen börsenotierter Unternehmen in ihren oft täglichen persönlichen Gesprächen gegenüber institutionellen Kunden einfach „rüberbringen". Wahrscheinlich schaffen erst oftmalige Meetings (Face-to-face) eine wirkliche Vertrauensbasis. Jedenfalls kann auch hier eine langfristige Kundenbasis (mit dem Aktionär) geschaffen werden. Vertrauen ist wahrscheinlich mitunter eines der wichtigsten Elemente im Finanzgeschäft. Das börsenotierte Management sollte einfach immer bestrebt sein, in jeder noch so schwierigen Situation für das Unternehmen offen über das laufende Geschäft und die nähere Zukunft zu berichten. Wird dieses Vertrauen nur einmal gebrochen, kann es Jahre dauern, bis es wieder halbwegs hergestellt ist. Investoren erwarten sich höchste Ansprüche für ihr investiertes Kapital und setzen ebenso jene sorgfältigen und ethisch-moralischen Maßstäbe voraus, die sie selbst bei ihren Investitionsentscheidungen anwenden.

CSR und das Stakeholder-Prinzip. Unternehmen besitzen in einer globalisierten Welt zunehmend mehr Verantwortungen, die über das Unternehmen selbst hinausgehen. Global agierende Konzerne gelangen infolge unterschiedlicher lokaler rechtlicher, wirtschaftlicher und ökologischer Rahmenbedingungen für Produktionsstandorte als auch Abnehmermärkte leichter zu dieser Erkenntnis. Wahrscheinlich kommt es auf eine gewisse „breite, übergeordnete Sichtweise" an. Verstärkt wird diese Wahrnehmung ebenfalls durch eine global existierende Stakeholder-Struktur (Aktionäre, Kunden, Mitarbeiter, Lieferanten) des Unternehmens. Der Kapitalmarkt fördert langfristig durch seine selbstregenerierende Kraft das Verständnis für eine verbesserte Geschäftsauffassung und -führung. Das Streben nach ökonomischem Erfolg kann und darf in keinster Weise in Abrede gestellt werden und muss natürlich weiterhin die Basis gesunden Wettbewerbs sein. Ökonomisch steht hier zu viel am Spiel, wachstumsgenerierende konjunkturelle Entwicklungen können nur durch den Bestand freien Wettbewerbs nachhaltig abgesichert werden. Auf den Kapitalmarkt bezogen bedeutet dies wiederum, dass das – teils in den USA und Europa praktizierte – oft nur auf schnelle Gewinnmaximierung um jeden Preis ausgerichtete reine Shareholder-Value-Denken seine Grenzen hat. Das umfassendere Stakeholder-Prinzip ist wohl die exakte Basis für Corporate Governance und CSR.

Der ökologische Aspekt

Erhöhtes Umweltengagement liegt angesichts der Notwendigkeit auf der Hand. Viele Unternehmen stellen Überlegungen an, wie sie aufgrund der ökologischen Notwendigkeit Maßnahmen ergreifen, über den Kapitalmarkt kommunizieren und letztendlich umsetzen können. Der Umsetzung kommt dabei die essentielle Rolle zu, wird die Realisierung doch über den Markt evaluiert. Ankündigungen alleine sind nett, aber in Summe zu wenig, um glaubwürdig zu reüssieren. Ein Unternehmen muss sich ganz gezielt Themen zur Verbesserung in ökologischer Hinsicht vornehmen, diese dann aber auch abarbeiten. Handlungen werden in erster Linie von Industrieunternehmen erwartet, diese verursachen infolge ihrer Produktionslinien und aufgrund des Rohstoffverbrauchs definitiv feststellbare Emissionen. Zunehmend mehr widmen sich aber auch Dienstleistungsunternehmen diesem Thema. Der unaufhaltsame Fortschritt der Menschheit und die Notwendigkeit, diesen Fortschritt durch organisierte Unternehmen zu realisieren, besitzen unbestritten den höchsten Einfluss auf entstehende Umweltschäden. Einerseits soll dieser Fortschritt so ökonomisch wie möglich vonstatten gehen. Dies induziert andererseits, dass zukünftig so effizient wie möglich ökonomische Entscheidungen gesetzt werden müssen.

Dem Kapitalmarkt kommt auch hier wahrscheinlich die bedeutendste Rolle zu. Einen großen Teil der Umweltsünder machen unbestritten Unternehmen – vor allem produzierende – aus. Viele, vorwiegend westliche, Unternehmen sind sich dieser Problematik vollkommen bewusst. Es ist gut, dass diese Diskussion wirklich ernsthaft durch Investoren genährt wurde. Unternehmen müssen sich gedrungenermaßen die Frage stellen, wie sie am schonendsten mit der Umwelt umgehen. Die Entscheidungen, die sie heute treffen, haben möglicherweise folgenschwere Auswirkungen für die Zukunft. Nur das Ziel zu verfolgen, bereits bestehende Umweltschäden zu beseitigen, ist zu wenig. Gefragt sind aktive Strategien, wie kommende potentielle Umweltbelastungen zu vermeiden sind. Wie schon erwähnt, können Strategien und zukünftige Erwartungen über die Kapitalmärkte erfasst und evaluiert werden. Am Ende bleiben Unternehmen in ihrer Kursentwicklung erfolgreich, wenn sie in Aussicht gestellte Ziele erreichen. Umweltsünder werden bestraft und können sogar in ihrer Existenz ökonomisch gefährdet werden, sollte ihr Management nicht durch entsprechend nachvollziehbare Maßnahmen gegensteuern. Am Ende ist meiner Meinung nach Wachstum durch umweltverträgliches ökonomisches Handeln durchaus miteinander kompatibel. In Summe ist einmal mehr durch den Druck einer Evaluierung am Kapitalmarkt nachhaltiges Wachstum durch aktives Umwelt-Management möglich, um die Zukunft der Nachfolgegenerationen zu sichern. Die zukünftige Bewältigung von Umweltproblemen muss daher am Kapitalmarkt eine Top-Priorität besitzen.

Große Unternehmen wirken vielleicht behäbig, deren Entscheidungen sind aber richtungsweisend und haben Vorbildwirkung. Globale Konzerne verfügen über globale Kompetenz, globale Information und Kommunikation, andererseits steht infolge dieser „Rampenlicht-Rolle" ihre Reputation jederzeit weltweit am Spiel. Als logische Konsequenz müssen diese Unternehmungen auch globale Verantwortung übernehmen. Im „Business Environmental Leadership Council", in dem Unternehmen wie BP, Royal Dutch/Shell und Dupont vertreten sind, geht es um die Erfassung und Bewältigung von Umweltproblemen.

Provoziert durch unsere leistungsfähige, schnelle Informations- und Dienstleistungsgesellschaft, müssen diese Unternehmen und deren Management aufgrund ihrer weltweit ausgerichteten Geschäftstätigkeit über ein umfassendes Gesamtbild an ökologischen Notwendigkeiten verfügen. Weltweit agierende Unternehmen wissen genau, dass umweltfördernde Maßnahmen gut für ihr Geschäft sind. Aktive Beiträge für den Umweltschutz zu leisten, sind absolut dazu geeignet, neue Investorenschichten und Kunden anzusprechen und erhöhen andererseits das Selbstbewusstsein, die Motivation und die Corporate Identity der Mitarbeiter und sichern damit die Attraktivität wichtiger zukünftiger Arbeitsplätze.

Alternativen für die Zukunft. Alternative, erneuerbare Energien werden zukünftig eine wichtige Rolle spielen, um die umweltbelastende Abhängigkeit von fossilen Rohstoffen zu verdrängen. Solar- und Wind-Energie, hydroelektrische oder geothermische Energiequellen, Energiegewinnung aus Brennstoffzellen sind die Themen der Zukunft. Grosse traditionelle Versorgungsunternehmen haben die Zeichen der Zeit erkannt und investieren teilweise erhebliche Mittel in diese Bereiche. Die massive Forschungs- und Entwicklungstätigkeit zu diesem Thema garantiert einen weiteren Fortschritt, um effizienter und kostengünstiger an die Nutzung dieser Energiequellen zu gelangen. Shell Renewables befasst sich zum Beispiel umfassend mit dem Thema der Energiegewinnung aus Solarkraft und Biomasse. Weitere Beispiele sind BP Solar oder die Automobilindustrie, die sich intensiv mit der Entwicklung von Hybridmotoren (Gas/elektrisch) beschäftigt. Nachhaltiges Wachstum kann nur wirklich entstehen und abgesichert werden, wenn man die Zukunft in Entscheidungen mitberücksichtigt. Das muss die Basis für heutige Managementverantwortung sein. Wir brauchen Visionen, der Kapitalmarkt lebt von Visionen. Ziel muss ohne Zweifel weiteres reales wirtschaftliches Wachstum sein, wobei die Umwelt auf langfristige Sicht durch alternative Angebote gleichzeitig entlastet werden muss, um den Wohlstand und die Lebensqualität für zukünftige Generationen zu sichern. Die Politik und die Wirtschaft sind aufgefordert, pro-aktive Handlungen zu setzen. Nur durch offene Information können einzelne Länder/Regionen Direktinvestitionen generieren und Unternehmen am Kapitalmarkt Investoren gezielt anlocken.

Die Verpflichtung zur Einhaltung von Menschenrechten

Menschenrechte sind nicht in Frage zu stellen. Nach den Geschehnissen des Zweiten Weltkrieg begann sich die Weltgemeinschaft verstärkt mit Menschenrechten auseinander zu setzen. Speziell internationale Organisationen wie die Vereinten Nationen, Amnesty International oder Religionsgemeinschaften, aber auch fortschrittliche global ausgerichtete Unternehmen forderten eine weltweite Harmonisierung ein. Es sollten beispielsweise Grundrechte wie Recht auf Leben und Freiheit, freie Wahl der Religion, Freiheit von Völkerdiskriminierung und Unterdrückung, Gleichberechtigung von Mann und Frau nicht länger nur den begüterten Menschen und vor allem der westlichen Welt vorbehalten sein. Es wurden in Folge eine Reihe von Papieren verfasst (z.B. Magna Carta), die diese Grundregeln festlegten und die im Anschluss von unterschiedlichen sich dazu bekennenden Staaten und Unternehmen unterschrieben wurden.

Menschenrechte sind ebenfalls in der Verantwortung von Unternehmen. 1999 wurden von den Vereinten Nationen spezielle Richtlinien zur Einhaltung von Menschenrechten entwickelt, die sich ganz allgemein an die Geschäftswelt und Unternehmen richten. Auf dem World Economic Forum 1999 in Davos unterzeichneten wiederum globale Unternehmen wie BP, Royal Dutch/Shell oder Novartis diese Bestimmungen, um ihre weltweite Unterstützung zu dokumentieren und gleichzeitig diese Art von Auffassung einer ordnungsgemäßen Geschäftsführung in die Welt hinauszutragen.

Das Bekenntnis zu Menschenrechten ist mehr als ein symbolischer Akt. „Information drives the market" – diese Erkenntnis trifft einmal mehr zu. Die Aufnahme von Menschenrechten in eine „Unternehmensverfassung" bzw. das aktive Leben und Weitertragen dieser Verpflichtung bewirkt positive Zusatzeffekte. Diese Effekte schaffen beispielsweise positive Impulse für Arbeitsbedingungen und Arbeitsumfeld in einem Unternehmen. Die Medien griffen dieses Thema der Menschenrechte auf, um es bearbeiten und zu sensibilisieren. Unternehmen, die Menschenrechte teilweise in Ländern, in denen sie tätig sind, missachten, kommen in der internationalen Presse schlecht weg, was wiederum für das Image einer Gesellschaft nachhaltigen Schaden bringen kann. Dieser ökonomische Schaden ergibt sich einerseits von der Kundenseite, da die Produkte gemieden werden, andererseits kann auch Schaden entstehen, der sich infolge reduzierter Reputation langfristig durch qualitativ weniger kompetenter Arbeitskräfte ergeben kann. Wer will schon bei einer Gesellschaft arbeiten, die einen zweifelhaften Ruf besitzt? Unternehmen mit schlechten Arbeitsbedingungen besitzen im Schnitt eine durchschnittlich höhere Fluktuationsrate, jene mit guten verfügen in der Regel über Mitarbeiter, die eine fundierte Ausbildung besitzen und dazu noch engagiert sind. Dies bewirkt geringere Kosten für Aus- und Weiterbildung. International haben sich Unternehmen wie Disney, Heineken, Royal Dutch/Shell oder Nike dem Thema Menschenrechte verschrieben. Den Unternehmen ist klar geworden, dass gute Produkte nur von motivierten, gut ausgebildeten Mitarbeitern erzeugt werden können, ansonsten hätte die Missachtung von Menschenrechten langfristig dramatische Auswirkungen auf die Rentabilität. Gesellschaften, die Menschenrechte achten, generieren nicht nur Werte für Aktionäre, sondern schaffen nachhaltiges Wachstum für das Geschäft und die Mitarbeiter selbst.

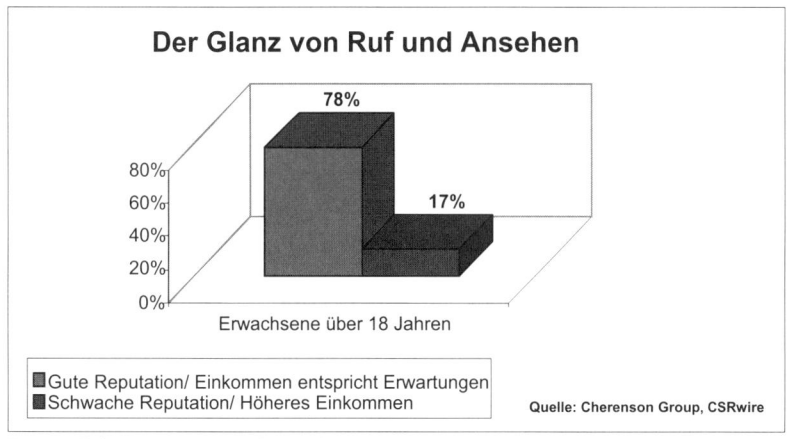

Der Glanz von Ruf und Ansehen

Nach einer Befragung von Cherenson Group befanden 78% von erwachsenen Arbeitnehmern eher als besser, bei einem Unternehmen mit guter Reputation zu arbeiten als bei einem Unternehmen mit schwacher Reputation, auch wenn dieses höhere Gehälter bezahlt.

Abbildung 3: Der Glanz von Ruf und Ansehen

Der Aspekt der richtigen Unternehmensführung

Corporate Governance erhöht den Shareholder Value vorwiegend durch Selbstregulierung. Durch Corporate Governance (CG) wird ein Ordnungsrahmen für gute Unternehmensführung und den korrekten Umgang mit wirtschaftlicher Verantwortung zur Verfügung gestellt. CG ist primär ein Thema, das durch die Kapitalmärkte und den Investor vorwärts kommt. CG steht wörtlich für „Beherrschung/Kontrolle" eines Unternehmens. Kontrolle ist uns unter dem herkömmlichen Begriff des Aufsichtsrates bekannt, CG geht jedoch weit über die reine Kontrolle eines Unternehmens hinaus. CG ist faktisch ein qualitativer Bewertungsansatz, der eine messbare Vertrauens- bzw. Sicherheitsausprägung mit Hinsicht auf die Kommunikation zu Share-/Stakeholdern, die Gesellschaftsorgane (Vorstand und Aufsichtsrat) sowie das Reporting die Transparenz feststellt. Damit unterscheidet sich CG deutlich von der reinen Finanz- und Bilanzanalyse, die spätestens nach dem oben erwähnten Hype der so genannten „New Economy" ihre Grenzen bewies. Qualität in der „Reglementierung von Sicherheit" wird vom Kapitalmarkt honoriert und erhöht den Shareholder Value.

USA/UK vs. Kontinentaleuropa? Hinsichtlich der allgemeinen Organisation und Führungsstruktur eines Unternehmens nach Aktienrecht kann man unterschiedlicher Auffassung sein. Der angloamerikanische Raum unterscheidet sich von Kontinentaleuropa im Wesentlichen durch ein einheitliches „Board" (Aufsichtsrat und Vorstand, One-tier-System), während vor allem im deutschen und österreichischen Gesetz der Vorstand als Geschäftsführungs- und der Aufsichtsrat im Wesentlichen als Kontrollorgan voneinander separiert sind (Two-tier-System). Es soll keine Diskussion über die bessere Funktionalität der zwei unterschiedlichen Systeme vom Zaun gebrochen werden. Das deutsche und österreichische Aktienrecht stellt mit Sicherheit eine äußerst solide Basis für eine ordentliche Geschäftsführung und deren Kontrolle sicher. Der wesentliche Unterschied zur angloamerikanischen Definition liegt darin, dass dem Non-Executive-Board, der unserem Aufsichtsrat gleichkommt, eine erheblich nähere Rolle eines Beraters/Partners/Coachs gegenüber dem Executive Board (ähnlich Vorstand) zukommt, welcher die Geschäfte operativ führt. Die Frage nach dem besseren System stellt sich daher nicht wirklich. Wenn dem hiesigen Aufsichtsrat eine erweiterte Einbindung in die begleitende, ja unterstützende Coach-Rolle nach unterschiedlichen Problemstellungen und Themen (Rechnungswesen, Strategie, Personal etc.) zuteil wird, sollte eine funktionierende und effektive Kontrolle und Beratung des Vorstandes möglich sein.

Corporate Governance ist Teil von CSR. Die Akzeptanz und die bisherigen Anstrengungen auf dem Gebiet von Corporate Governance auf den verschiedenen lokalen Kapitalmärkten sind seitens der Investoren, aber auch der Unternehmen, bereits sehr fortgeschritten. Es wurde im Euro-Raum erkannt, dass zur Vertrauensbildung am Kapitalmarkt notwendige internationale Standards erfüllt werden müssen, um Investoren umfassend zu erreichen. Corporate Governance wird zusätzlich zur „normalen Kommunikation" von Investor Relations (IR) börsenotierter Gesellschaften nach außen kommuniziert. Es gilt der Grundsatz „Corporate Governance moves Investors closer to the corporate heart". Das kann nur unter möglichst nachvollziehbarer und hoher Transparenz zum Wohle eines Aktionärs sein und trifft sich ganz mit den Zielen einer Informations- und Dienstleistungsgesellschaft. Nur eine ordentliche, korrekte und umfassend informierende Geschäftsleitung kann sich ernsthaft um das Erreichen übergeordneter Ziele wie auf dem Gebiet von CSR kümmern. Wer das nicht erkennt und die Kommunikation aus Teilgebieten von CSR nur aus Marketingzwecken betreibt, wird am Kapitalmarkt auch nicht nachhaltig erfolgreich sein. CSR kann nur als Gesamtpaket verstanden werden, wobei ein Teilgebiet ins andere greifen muss.

Der Aspekt eines geeigneten Arbeitsumfelds

Das richtige Arbeitsumfeld ist für motivierte Mitarbeiter essentiell. Eine gesunde Verfassung eines Unternehmens ist mindestens genauso wichtig wie der physische, geistige Zustand von motivierten Mitarbeitern, die für den Unternehmenserfolg letztendlich verantwortlich sind. Verantwortliche in börsenotierten Gesellschaften haben längst erkannt, dass engagierten Mitarbeitern ein wesentlicher Anteil zur effektiven Umsetzung von Strategien zukommt.

Mitarbeiter sind das „Asset" eines Unternehmens. Gesellschaften, die sich um das Arbeitsumfeld wie auch um die Aus- und Weiterbildung ihrer Mitarbeiter aktiv kümmern, wissen, dass sie langfristig und nachhaltig in ihrer Rentabilität profitieren. Die Schaffung einer „mitreißenden" Unternehmenskultur und einer „Corporate Identity" sind zur Führung und Motivation von Mitarbeitern enorm wichtig und unter personalpolitischen Gesichtspunkten ein bedeutendes Element. Wahrscheinlich kann hier zur inneren Schlagkraft eines Unternehmens genauso viel beigetragen werden, wie sich das Unternehmen selbst und seine Produkte mit gezielten Marketingmaßnahmen nach außen im Image verkauft. Damit etwas verkauft werden kann, muss eben auch die Verpackung stimmen.

Der innere Zustand eines Unternehmens ist ebenfalls von Bedeutung. Investoren interessiert es und sie wissen es zu beurteilen, wie Mitarbeiter in einem Konzern behandelt werden und ob diese zu ihrem Unternehmen stehen. Dies wird als Zusatzinformation in mögliche Investmententscheidungen miteinbezogen und honoriert bzw. geschätzt. Die soziale Kompetenz eines Managements muss als Teilelement einer Führungsqualifikation ebenso vorhanden sein. Wird ein Unternehmen zu techno-/bürokratisch und starr geführt, wird das am Kapitalmarkt sehr wohl als Soft Fact wahrgenommen und evaluiert. Unternehmen gelten dann mitunter als nicht besonders flexibel bzw. träge und in weiterer Folge möglicherweise als wenig veränderungs- und innovationsbereit.

Die Anforderungen an Arbeitsplätze verändern sich rasch. Mit neuen Technologien und sich verändernden Bedürfnissen von Konsumenten wächst die Bereitschaft, flexible Arbeitszeitmodelle zu akzeptieren. Durch Anwendungen im Internet, aktive Verwendung von E-Mail-Kommunikation und der Möglichkeit von Videokonferenzen hat sich nicht nur die Erreichbarkeit, sondern auch die Basis um Geschäfte zu machen verändert. „Gewöhnliche Arbeitszeiten", wie sie noch in den siebziger und achtziger Jahren im normalen Tagesgeschäft bestanden hatten, sind ausgeweitet worden bzw. haben sich deutlich verschoben. Tätigkeiten auf Teilzeit, Verträge zur Vollendung eines bestimmten Projekts oder die Möglichkeit von Heimarbeit sind im Zunehmen, Schlagworte wie flexible Arbeitszeit sind uns schon vertraut. Durch flexible Arbeitszeitgestaltung kann der Arbeitgeber natürlich je nach branchenspezifischer Notwendigkeit seine Arbeitnehmer dazu führen, dass sie ihre Arbeitsstunden in die jeweils individuell produktivste Zeit verlagern. Dies fördert einerseits die Zufriedenheit am Arbeitsplatz, bringt aber der Unternehmung in Summe höhere Produktivität. Flexible Arbeitszeit erhöht zum Beispiel auch die durchschnittliche Erreichbarkeit eines Unternehmens – im Schnitt sind dann zumindest andere Mitarbeiter aus verschiedenen Zeitzonen erreichbar. Diese Flexibilität wird vom Kunden und vom Investor honoriert.

Fazit

Gelebte CSR am Kapitalmarkt wird zum Nutzen des Allgemeinwohls sein. Die Wirtschaft von heute ist von einfachem Zugang zu Information, schnellerer Kommunikation, höherem Bedarf an Transparenz und Globalisierung geprägt. Dieser Trend bestätigt, dass dem Element CSR eine bedeutende Rolle zur Erreichung höherer volks- und betriebswirtschaftlicher Stabilität zukommt. All die Werkzeuge der neueren Generation beinhalten ein gewisses „Marketingelement" zur generellen Steigerung des Bekanntheitsgrades und des Investoreninteresses an Kapitalmärkten. Der Nutzen wird aber freilich eventuelle Marketingeffekte übersteigen. Die gezielte Anwendung von CSR in einer möglichst hohen Anzahl von Unternehmungen wird über kurz oder lang eine effiziente Verwendung von Ressourcen, einen sorgfältigeren Umgang mit der Umwelt und auch höheren Wohlstand unter ethisch-moralischen und sozialen Gesichtspunkten (Corporate Governance, Menschenrechte, Arbeitsbedingungen etc.) provozieren.

Literaturquellenangabe:

www.csrwire.com; Resources/CSR Solutions by Anne Moore Odell.

Corporate Social Responsibility – eine Herausforderung für die Normung

von *Karl Grün*, Österreichisches Normungsinstitut (ON)

Sicherheit schaffen

„Wirtschaften mit Verantwortung" ist das zentrale Thema von Corporate Social Responsibility. Diese Verantwortung trägt ein Unternehmen gegenüber seinen Shareholdern, den Arbeitnehmern, den Kunden und der Zivilgesellschaft. In einem ausgeglichenen Maße muss ein Unternehmen ökologische, ökonomische und soziale Aspekte berücksichtigt, um das Ziel einer gesellschaftlichen Verantwortung zu erreichen und um nachhaltig wettbewerbsfähig zu sein.

Corporate Social Responsibility ist eine Managementaufgabe, und „Wirtschaften mit Verantwortung" kann als ein Managementsystem formuliert werden. Dazu liefern Normen wichtige Beiträge. Vor allem schaffen Normen Sicherheit für das Unternehmen und Vertrauen bei den Shareholdern und der Zivilgesellschaft! Denn im Grunde geht es um Sicherheit und Vertrauen! Konsumenten wollen ein sicheres Gewissen haben, dass sie Produkte kaufen, an deren Produktion etwa keine Kinderarbeit beteiligt war. Arbeitnehmer wollen bei Unternehmen beschäftigt sein, wo Mitarbeiter nicht diskriminiert werden, und die ihnen längerfristig eine sichere Anstellung bieten. Aktionäre und Investoren wollen an Unternehmen beteiligt sein, die nachhaltig erfolgreich sind. Und schließlich wollen Unternehmen sicher und ungestört wirtschaften können, ohne Gefahr zu laufen, durch Bürgerinitiativen, NGOs oder die Presse an den Pranger gestellt zu werden.

Normen schaffen Sicherheit. Es ist das Verfahren, das eine Norm zu einer Norm macht. Richtet ein Unternehmen sein Managementsystem nach einer Norm aus, so weiß es, dass es sich dabei auf allgemein anerkannte und bewährte Verfahren stützt. Allgemein anerkannt und bewährt deshalb, weil die Regeln (Norm) unter Beteiligung aller interessierten Kreise in einem transparenten Verfahren mit höchstmöglichem Konsens erstellt wurden und weil für die Herausgabe eine neutrale, unabhängige Stelle (Normungsinstitut) verantwortlich ist.

Anders ausgedrückt: Normen werden nicht von oben erlassen, sondern von jenen initiiert und dann auch erarbeitet und ausverhandelt, die sie benötigen und damit wissen, worum es geht. In neutraler Gemeinschaftsarbeit sitzen einander Vertreter aus Wirtschaft, Verwaltung, Wissenschaft und von Verbrauchern gegenüber. Sie bringen ihre Zeit und ihr Know-how ein – zum eigenen Nutzen, aber auch zum Nutzen der Allgemeinheit.

Wenn es um die Festlegung von Regeln im Sinne einer Selbstverwaltung geht, so sind zwei Stoßrichtungen zu beobachten: eine in Richtung nationaler Normen und eine zweite – wegen der Überregionalität des Themas – auf internationale Ebene.

„Plan – Do – Check – Act", zu Deutsch „Planen – Durchführen – Prüfen – Handeln". Das sind die Kernpositionen prominenter Normen für das Qualitätsmanagement (ISO 9001) und für das Umweltmanagement (ISO 14001). Dieses „PDCA-Modell" ist ein ständiger, iterativer Prozess, der es einem Unternehmen auf Grundlage der Führung der obersten Leitung und der Verpflichtung zum jeweiligen Managementsystem ermöglicht, seine Unternehmenspolitik zu entwickeln und umzusetzen. Bereits bei der Erstellung der internationalen Umweltmanagement-Norm ISO14001 dachte man daran, die darin enthaltenen ökologischen Aspekte um soziale Faktoren zu ergänzen. Dieser Ansatz ist allerdings gescheitert, und man konzentrierte sich in weiterer Folge ausschließlich auf die Umweltfaktoren.

Fast zehn Jahre später gab es einen neuen Anlauf, die „Unternehmensethik" durch internationale Normen zu unterstützen.

Im Oktober 2001 unterbreitete die US-amerikanische Ethics Officer Association dem American National Standards Institute (ANSI) einen Antrag auf Erstellung einer Internationalen Norm über ein „Business Conduct Management System". Die Ethics Officer Association sah den primären Nutzen einer solchen Managementsystem-Norm für ein Unternehmen darin, dass sie eine praktische und weltweit einheitliche Anleitung für die Umsetzung der Geschäftsethik in das operative Geschehen darstellt. Ein Unternehmen sollte ein wirksames Managementsystem implementieren, um seine Reputation zu schützen und auszubauen, seine Haftungsrisiken zu minimieren und seine langfristige Lebensfähigkeit zu sichern. Mit Hilfe eines solchen Managementsystems kann das Unternehmen den daran interessierten Kreisen zweierlei nachweisen: einerseits dass eine Verpflichtung des Managements besteht, die in der Unternehmenspolitik und in den Unternehmenszielen festgelegten Bestimmungen einschließlich gesetzlicher sowie behördlicher einzuhalten; anderseits dass der Schwerpunkt auf die Vermeidung statt auf die Behebung von Fehlern gesetzt wird.

Das Vorhaben der Ethics Officer Association hat große Ähnlichkeit mit den anerkannten Managementsystem-Normen ISO 9001 und ISO 14001. Diese Ähnlichkeit war sicher auch beabsichtigt. Hat ein Unternehmen bereits eines oder auch beide Systeme implementiert, sollte es nicht mit der Einführung eines neuen Systems konfrontiert werden.

Im November 2001 war der Antrag der Ethics Officer Association auch Thema beim Treffen von Vertretern von ANSI mit Vertretern des Europäischen Komitees für Normung CEN und der Normungsinstitute von Großbritannien

(BSI), Frankreich (AFNOR) und Deutschland (DIN). In diese Zeit fällt die Vorlage des Grünbuchs der Europäischen Kommission über Europäische Rahmenbedingungen für die Gesellschaftsorientierte Verantwortung der Unternehmen.

Europäische Normung

Das Europäische Komitee für Normung CEN ist eine internationale gemeinnützige Vereinigung mit wissenschaftlich-technischem Charakter nach belgischem Recht. Seine Mitglieder sind mit August 2003 die nationalen Normungsinstitute der Mitgliedsstaaten der Europäischen Union (15), der Europäischen Freihandelszone EFTA (3), der Tschechischen Republik, Maltas, der Slowakei und Ungarns. Diese Organisationen sind im Übrigen auch Mitglieder der Internationalen Normungsorganisation ISO.

Diese 22 Mitglieder des CEN haben volles Stimmrecht bei der europäischen Normschaffung – im Unterschied zu den assoziierten Mitgliedern und den Affiliates, die an Sitzungen der beschlussfassenden Gremien, z.B. technische Komitees (CEN/TCs), teilnehmen können, jedoch kein Stimmrecht haben. Affiliates sind die nationalen Normungsorganisationen von Staaten, die eine Mitgliedschaft in der Europäischen Union anstreben bzw. kurz davor stehen: Albanien, Bulgarien, Kroatien, Zypern, Estland, Lettland, Litauen, Polen, Rumänien, Slowenien und Türkei.

Assoziierte Mitglieder sind soziale und wirtschaftliche Interessenverbände auf europäischer Ebene, deren Status dem europäischen Recht eines der Länder der CEN-Mitglieder unterliegt. Zurzeit gibt es sieben assoziierte Mitglieder: ANEC (European Association for the Co-operation of Consumer Representation in Standardization), CECIMO (European Committee for Co-operation of the Machine Tool Industries), CEFIC (European Chemical Industry Council), EUCOMED (European Medical Technology Industry Association), FIEC (European Construction Industry Federation), TUTB (European Trade Union Technical Bureau for Health and Safety) und NORMAPME (European Office of Craft/Trades and Small and Medium-sized Enterprises for Standardisation).

Neben diesen Mitgliedern kennt CEN noch den Status von „korrespondierenden Organisationen". Das sind nationale Normungsorganisationen von Staaten außerhalb Europas oder solchen, wo ein Beitritt zur Europäischen Union oder zur Europäischen Freihandelszone derzeit nicht absehbar ist. Eine solche korrespondierende Organisation ist etwa das südafrikanische Normungsinstitut.

Eines der Ziele der Europäischen Union ist die Schaffung und Sicherstellung eines gemeinsamen Markts. Kernpunkt dabei ist der Abbau von nichttarifarischen (technischen) Handelshemmnissen. National unterschiedliche Normen können solche technische Handelshemmnisse sein. Die europäische Normung ist nun schon seit einigen Jahrzehnten ein bewährtes Instrument, um die unterschiedlichen nationalen Normenwerke zu harmonisieren. Es fordert die unveränderte Übernahme Europäischer Normen in die nationalen Normenwerk der nationalen CEN-Mitglieder (z.B. in Österreich als ÖNORMEN) und die gleichzeitige Zurückziehung widersprechender nationaler Normen, und fördert somit den Abbau nichttarifarischer Handelshemmnisse.

Ein Schritt für einen Staat auf seinem Weg zur Aufnahme in die Europäische Union ist der Beitritt seines nationalen Normungsinstituts zu CEN bzw. zu den anderen europäischen Normungsorganisationen CENELEC (Bereich Elektrotechnik) und ETSI (Bereich Telekommunikation) und die Übernahme der europäischen Normen.

Um stimmberechtigtes (Voll-)Mitglied bei CEN zu werden, muss der Bewerber mehrere Bedingungen erfüllen, die hier ausschnittsweise wiedergegeben werden. Normung bedeutet Selbstverwaltung durch die an der Normung interessierten Kreise statt „Bestimmung von oben". Um diese Kernaussage in die Praxis umzusetzen, muss das nationale Normungsinstitut die hierfür notwendigen Voraussetzungen nachweisen können. Eine Voraussetzung ist zum Beispiel die Sicherstellung der Unabhängigkeit und Neutralität als Organisation. In den Reformstaaten waren die Normungsorganisationen im Wesentlichen eine weisungsgebundende Organisationseinheit eines Ministeriums. Um die Meinungen der an der Normung interessierten Kreise als eine nationale Meinung formen und weitergeben zu können, müssen Spiegelgremien zu den jeweiligen europäischen technischen Komitees gegründet werden, wo die Vertreter der interessierten Kreise teilnehmen können.

Mindestens achtzig Prozent des bestehenden europäischen Normenwerkes müssen unverändert in das nationale Normenwerk übernommen worden sein. Bestehen widersprechende nationale Normen, müssen diese zugunsten der europäischen Normen zurückgezogen werden. Mit der Annahme der Richtlinie 98/34/EU über ein Informationsverfahren auf dem Gebiet der Normen und technischen Vorschriften und der Vorschriften für die Dienste der Informationsgesellschaft verpflichtet sich das nationale Normungsinstitut, sein Arbeitsprogramm den anderen CEN-Mitgliedern offen zu legen. Damit wird sichergestellt, dass keine Normungsaktivitäten in Bereichen begonnen werden, in denen bereits europäische Normen in Arbeit sind (so genannte „Stillhalteverpflichtung").

Um den Einstieg der Beitrittskandidaten in die europäische Normung als Vollmitglied zu erleichtern, vergibt die Europäische Kommission Projekte.

Auch das Österreichische Normungsinstitut hat mehrmals erfolgreich an solchen Ausschreibungen teilgenommen. Im Rahmen dieser so genannten EU-Projekte referieren erfahrene Experten der Vollmitglieder des CEN die Grundprinzipien der europäischen Normung und geben Tipps aus ihrer Erfahrung. In Workshops werden die Herausforderungen und Problemlösungen beim Normungsmanagement diskutiert und Implementierungshilfen erarbeitet. Dabei darf nicht vergessen werden, dass manche dieser Beitrittskandidaten seit Jahrzehnten erfahrene Mitglieder der Internationalen Normungsorganisation ISO sind. Es ist daher bei diesen Instituten das vorrangige Ziel, die Unterschiede zwischen ISO und CEN klarzustellen. Ein zentraler Unterschied ist, dass die Übernahme internationaler Normen in das nationale Normenwerk freiwillig ist, während die Implementierung europäischer Normen verpflichtend ist. Andererseits kennen die Normungsinstitute der Reformstaaten ein dem CEN ähnliches System, nämlich jenes des Comecon, der die Förderung der Schaffung eines gemeinsamen Markts der osteuropäischen Staaten zum Ziel hatte.

Die Organe der Europäischen Union und hier vor allem die Europäische Kommission erkennen den großen Beitrag europäischer Normen für die Verwirklichung des europäischen Binnenmarktes an. Diese Bedeutung wurde durch den Beschluss der Europäischen Kommission unterstrichen, dass europäische Normen zur Unterstützung europäischer Richtlinien dienen können. Diese Unterstützung findet vorwiegend im Produktbereich statt, zum Beispiel für Maschinen, Medizinprodukte und Bauprodukte, und zwar in der Form, dass sich die europäischen Richtlinien auf die wesentlichen Anforderungen beschränken und ihre Konkretisierung mit Hilfe europäischer Normen erfolgt. Neben diesen Produkt- und Prüfnormen bedient sich die Europäische Kommission auch der Managementsystem-Normen ISO 9001 und ISO 14001, die unverändert in das europäische Normenwerk übernommen wurden. Die Qualitätsmanagementsystem-Norm ist im Zusammenhang mit dem Konformitätsbewertungsverfahren und der Regelungen für die Festlegung und Verwendung der CE-Konformitätskennzeichnung zu sehen, die in den Richtlinien zur technischen Harmonisierung verwendet werden sollen. Die internationale Norm ISO 14001 zum Umweltmanagement wurde ein wesentlicher Bestandteil der EMAS II Verordnung.

Im Grünbuch der Europäischen Kommission über Europäische Rahmenbedingungen für die gesellschaftsorientierte Verantwortung der Unternehmen wird oftmals auf die Nutzung von Normen hingewiesen. Bei einem Workshop Ende 2001 wurde eine erste Antwort auf diese Forderungen formuliert. Das Europäische Komitee für Normung schlug Normen zu den Aspekten „Sozialaudit", „Sozialgütesiegel" und schließlich für ein Managementsystem vor.

Aufgrund der überregionalen Aspekte des Themas und um Doppelarbeit zu vermeiden wollte man jedoch internationale Lösungen abwarten.

Internationale Aktivitäten

Ähnlich wie die europäische Norm durch den Beschluss der Europäischen Kommission zur Unterstützung von Europäischen Richtlinien an Bedeutung gewonnen hat („New Appraoch" oder „Neue Konzeption"), wurde der Stellenwert der internationalen Norm durch die Welthandelsorganisation WTO gehoben. Zweck der internationalen Normung, so sinngemäß der Kodex der WTO über den Abbau nichttarifarischer Handelshemmnisse, ist die Schaffung des globalen Markts.

Obgleich das Verfahren zur Schaffung einer internationalen Norm dem einer europäischen Norm gleicht, gibt es einen fundamentalen Unterschied: Europäische Normen müssen verpflichtend in die nationalen Normenwerke der CEN-Mitglieder übernommen werden – die Übernahme internationaler Normen wird lediglich empfohlen!

Um einerseits Doppelarbeit zu vermeiden und andererseits keine ungerechtfertigten Widersprüche zwischen europäischen und internationalen Normen, die das gleiche Thema behandeln, zu schaffen, wurde zwischen ISO und CEN das Wiener Abkommen ("Vienna Agreement") abgeschlossen. Dieses Abkommen sieht für konkrete Normungsprojekte die Übernahme internationaler Normen in das europäische Normenwerk vor – und damit deren verpflichtende Implementierung in die nationalen Normenwerke der CEN-Mitglieder! Die internationalen Normen für Qualitäts- und Umweltmanagementsysteme sind zwei Beispiele für die Umsetzung des Wiener Abkommens.

Im Juni 2002 fand in Port-of-Spain auf Trinidad der Workshop „Corporate social responsibility – Concepts and solutions" unter Leitung des Komitees der Internationalen Normungsorganisation für Verbraucherangelegenheiten (ISO/COPOLCO) statt. Mehr als 170 Vertreter aus Unternehmen, Wirtschafts- und Umweltschutzverbänden sowie Verbraucherorganisationen aus nahezu allen Teilen der Erde nahmen daran teil. „Das ist der Anfang vom Anfang", meinte Caroline Warne, Vorsitzende von ISO/COPOLCO: „Es ist ermutigend zu sehen, dass Unternehmen, Verbraucher und die Normungsgemeinschaft in dieser wichtigen Angelegenheit nach Konsens suchen. Wir haben einen sehr guten Start bei der Suche nach einem gemeinsamen Nenner, und wir hoffen, dass wir einen Schritt näher sind, Normen für Corporate Social Responsibility als Realität anzuerkennen."

Für eine wirksame Umsetzung von Corporate Social Responsibility nannte der Workshop die folgenden Elemente:

Das Unternehmen muss bestimmen, in welchem gesellschaftlichen Umfeld es sich bewegt und folglich welche Normen und Prinzipien einzuhalten sind. Um eine spätere Akzeptanz sicherzustellen, sollte das Unternehmen möglichst früh alle von seiner Tätigkeit betroffenen interessierten Kreise (Stakeholder) in die Entwicklung und Umsetzung von Corporate Social Responsibility im Unternehmen einbinden und sie zur Kommunikation (Dialog) einladen und ermutigen.

Die besten Absichtsäußerungen und Ziele nützen nichts, wenn nicht feststellbar ist, ob sie erfüllt wurden oder woran die Erfüllung gescheitert ist. Somit wird das Unternehmen gut beraten sein, Prozesse und Systeme zu schaffen, um die Selbstverpflichtung zu CSR und seine Ziele wirksam zu operationalisieren, sie in ihrem Fortschritt zu verfolgen und auf eine messbare und damit objektiv nachprüfbare Basis zu setzen.

Der Workshop auf Trinidad war in mehrfacher Hinsicht ein Erfolg. Es war einerseits ein weithin sichtbarer Startschuss, dass sich eine internationale Gemeinschaft unter Einbindung aller interessierten Kreise auf Basis der freiwilligen Teilnahme des Themas „Wirtschaften mit Verantwortung" annimmt. Weiters wurden die Rahmenbedingungen skizziert, innerhalb deren sich ein zukünftiger Standard für Corporate Social Responsibility bewegen wird.

Zur Konkretisierung und Aufbereitung einer möglichen internationalen Norm wurde von ISO ein Expertengremium, bestehend aus Vertretern von Wirtschaft, Behörden, Wirtschaftsverbänden und Verbraucherorganisationen einberufen, wobei bei der Zusammensetzung auf eine Nord-Süd- und Ost-West-Balance geachtet wurde. Die Fragestellung lautete: Soll ISO Normungsaktivitäten zu CSR starten und, wenn ja, welche Art von ISO-Dokument wäre am besten geeignet?

Je nach Anforderung des Markts bietet ISO verschiedene Arten von Dokumenten. Diese reichen von den traditionellen internationalen Normen bis zu Leitfäden, technischen Berichten und anderen Arten freiwilliger Übereinkommen.

Ein erstes Ergebnis des ISO-Beratergremiums war die Definition von Social Responsibility. Unter diesem Begriff ist ein ausgeglichener Ansatz einer Organisation zu verstehen, sich ökonomischen, sozialen und ökologischen Fragen in der Weise zu stellen, dass Personen, Gemeinschaften und die Gesellschaft einen Nutzen ziehen können.

Ganz bewusst wurde die Einschränkung auf Unternehmen durch das Wort „Corporate" vermieden. Schließlich sollte jede Organisation, unabhängig von ihrer Art – ob gewinnorientiert oder nicht – gesellschaftlich verantwortlich agieren können. Beispielsweise wird bereits in der Jakarta-Deklaration der

Weltgesundheitsorganisation WHO über die Förderung der Gesundheit im 21. Jahrhundert auf die gesellschaftliche Verantwortung von Entscheidungsträgern im Gesundheitswesen eingegangen.

Im September 2003 wurde beschlossen, dass die Beratergruppe einen Arbeitsbericht über den Stand und Umfang der verschiedenen bestehenden Initiativen zu Social Responsibility erstellen soll. Weiters soll eine Zusammenstellung und eine Analyse jener Punkte erfolgen, die für eine Normung im Bereich Social Responsibility notwendigerweise zu berücksichtigen sind. Beabsichtigt wird, die spätere Erstellung eines Leitfadens für ein Managementsystem, in dem zwar die Prozesse für eine Selbstdeklaration enthalten sind, die Möglichkeit einer Zertifizierung des Systems durch Dritte aber ausgeschlossen wird. Damit würde sich dieser Leitfaden in die Familie der ISO 9004 und ISO 14004 einreihen, die neben den zertifizierbaren „Anforderungsnormen" für Qualitäts- und Umweltmanagementsystemen Allgemeines über Grundsätze, Systeme und Hilfsinstrumente behandeln.

Eine interessante Nebenentwicklung zeichnet sich in der Form ab, dass jenes technische Komitee der ISO, das für die Entwicklung der Umweltmanagementnormen zuständig ist, seinen Aufgabenbereich erweitert hat. Dieses Komitee ist nunmehr nicht nur für die Normung im Bereich von Umweltmanagementsystemen zuständig, sondern auch von Instrumenten zur Unterstützung einer nachhaltigen Entwicklung. Dieser Schritt kam nicht unvorbereitet, da der Vorsitzende des Komitees auch der Leiter der ISO-Beratergruppe zu CSR ist.

Eine große Herausforderung der internationalen Normung wird die Einbindung von Nichtregierungsorganisationen (NGOs) und Vertretern aus Entwicklungsländern sein. Auch wenn die Hauptarbeit zwischen den Sitzungen mit elektronischen Kommunikationsmitteln erfolgt, so ist es für ein Durchsetzen der eigenen Standpunkte wirksamer, bei Sitzungen persönlich anwesend zu sein. Diese Treffen finden rund um den Globus statt. Damit sind Reisekosten verbunden, die eine Belastung vor allem für NGOs und Vertreter aus Entwicklungsländern sind. Das sind jedoch keine neuen Herausforderungen, wie man aus der Erstellung der Umweltmanagement-Normen bereits weiß. Hier wurden zum Beispiel Twinning-Partnerships gegründet, bei denen ein Entwicklungsland unter Beibehaltung seiner Souveränität eine Partnerschaft mit einem Industrieland eingeht.

Auch für Nichtregierungsorganisationen sollte kein Hindernis vorliegen, wenn der Nutzen aus der Teilnahme feststellbar ist und an die richtigen Stellen kommuniziert wird – hier können und sollen die nationalen Normungsinstitute, die ihre Landesvertreter zu ISO nominieren, eine wichtige Partnerrolle innehaben. Die nationalen Normungsinstitute müssen sich ihrer Verpflichtung als ISO-Mitglied insbesondere in einer globalen CSR-Diskussion bewusst sein und ein Kommunikationsnetzwerk mit den betroffenen interessierten Kreisen schaffen und wirksam betreiben.

Weitere wesentliche Barrieren sind die Unterschiede zwischen den ISO-Mitgliedern bezüglich Kultur, Religion und politischem System. In der internationalen Diskussion zum Umweltmanagement konnte man relativ objektiv über Umweltaspekte diskutieren. Jedoch lassen sich CO_2-Emissionen, Nutzung von Rohstoffen, Wiederverwertbarkeit und Energieverbrauch nur bedingt mit sozialen Aspekten, wie Gleichberechtigung zwischen Mann und Frau, Vermeidung von Kinderarbeit, Freiheit der Bildung von Arbeitnehmervertreter usw., vergleichen. Bei „Wirtschaften mit Verantwortung" wird das Konsensmanagement zur Überbrückung der Klüfte zwischen Nord und Süd, Ost und West weitaus stärker gefordert sein. Hier werden kulturelle, religiöse und politisch-ideologische Werte diskutiert, die eben nicht so einfach objektivierbar sind wie die Auswirkungen bestimmter Aspekte auf die Umwelt.

Ein Negativbeispiel ist sicherlich die Umfrage nach Schaffung einer internationalen Norm über ein Managementsystem zum Arbeitnehmerschutz vor wenigen Jahren. Dieses ambitionierte Normungsprojekt wurde von vielen Entwicklungsländern unterstützt, kam jedoch wegen der Negativstimmen aus den Industrieländern bisher nicht zustande. Ein Grund für die Ablehnung waren die bestehenden Rechtsvorschriften zum Beispiel in der Europäischen Union über den Schutz von Arbeitnehmern am Arbeitsplatz – hier sah man keinen Platz für eine entsprechende Managementsystem-Norm. Interessant ist, dass das Thema zwar von der internationalen Ebene vorübergehend verschwunden ist, aber auf nationaler Ebene – und hier wieder besonders in den Staaten der Europäischen Union – in den Normungsinstituten weiter behandelt und in Form von Leitfäden publiziert wurde. Diese Einzelaktionen werden vom Europäischen Komitee für Normung aktiv beobachtet und es bedarf sicher keiner prophetischen Fähigkeiten, um vorherzusagen, dass dieses Thema wieder auf übernationaler Ebene in Angriff genommen wird.

Nationale Modelle – ein Überblick

Die Mitglieder der internationalen und europäischen Normungsorganisationen sind die nationalen Normungsinstitute. Ihre Aufgaben sind die Bildung des nationalen Standpunkts und seine Einbringung in die internationale und europäische Normung. Oft wird im Vorfeld einer „übernationalen" Aktivität eine nationale Lösung angestrebt, die dann in der Praxis getestet und nach Evaluierung entweder als substantieller Impuls für ein neues Normungsvorhaben oder als Verhandlungsgrundlage in eine übernationale Debatte eingebracht wird.

In Frankreich beobachtet eine strategische Arbeitsgruppe des Normungsinstituts AFNOR sowohl die nationalen als auch die internationalen Trends zum Thema „nachhaltige Entwicklung". Einerseits sollen dabei Positionen und Stakeholder zu künftigen Aktivitäten vorbereitet als auch ein Expertenpool geschaffen werden, um die kommenden Arbeiten aktiv mitgestalten zu können. Dieser Ansatz erwies sich bereits bei der Stellungnahme zum Grünbuch der Europäischen Kommission zu CSR als erfolgreich. Ein weiteres Ergebnis ist die Vorlage eines Leitfadens über ein Managementsystem für die nachhaltige Entwicklung in Unternehmen, der als SD 21000 publiziert wurde.

Ein weitaus komplexeres Programm wird vom britischen Normungsinstitut BSI, dem Institut für „Social and Ethical Accountability" und dem „Forum for the Future" betreut. Das Projekt SIGMA wurde durch das britische Wirtschaftsministeriums initiiert. Regierungsinstitutionen, wie das Department for Environment, Transport and Regions (DETR), Department for Education and Employment (DfEE) und das Department for International Development (DfID), unterstützen das ehrgeizige Projekt. Ziel ist die Verbesserung der sozialen, ökologischen und ökonomischen Leistungen einer Organisation durch Entwicklung eines Managementsystems für eine nachhaltige Entwicklung. Das britische Normungsinstitut hat eine lange Erfahrung bei der Erarbeitung von Managementsystemen, beispielsweise lassen sich ISO 9001 und ISO 14001 sowie eine internationale Managementsystem-Norm für IT-Sicherheit auf britische Normen zurückführen. Diese Erfahrung, gepaart mit dem hohen Standing in der internationalen und europäischen Normung, macht das britische Normungsinstitut zu einem wertvollen strategischen Partner für die britische Wirtschaft, Verwaltung und Gesellschaft.

In einer zweijährigen Pilotphase wurden im Rahmen des Projekts SIGMA Praxisleitfäden und geeignete Instrumente entwickelt und dabei auf eine höchstmögliche Kompatibilität mit ISO 9001 und ISO 14001 geachtet.

Kern des SIGMA-Projekts ist die Entwicklung von Leitfäden, die auf einer Reihe von miteinander zusammenhängenden und unterstützenden Elementen aufbauen. Beispielsweise soll es ein Satz von Prinzipen einer Organisation ermöglichen, Kenngrößen der Nachhaltigkeit zu verstehen und zu lenken. Für das Lenken ist ein Management-Rahmenwerk notwendig, das das Thema der Nachhaltigkeit in die Kernprozesse und in die Entscheidungspfade einbindet. Dazu werden Instrumente vorgestellt, die eine Organisation nutzen kann, um wirksame Strategien umzusetzen, einen Kulturaustausch zu initiieren, Bewusstsein zu schaffen und Ziele nicht nur zu setzen, sondern auch zu erreichen.

Das SIGMA-Projekt richtet sich an Organisationen im Allgemeinen und soll ihnen bei der Berücksichtung der Themen der Nachhaltigkeit helfen. Dieser Unterstützung liegt ein integrierter Ansatz zugrunde, so dass eine Leistungsverbesserung der Organisation in Bezug auf soziale, ökonomische und ökologische Themen möglich ist.

Die globale Bedeutung der Nachhaltigkeit machte es notwendig, dass die Arbeiten am SIGMA-Projekt gemeinsam mit anderen bestehenden Nachhaltigkeitsinitiativen in anderen Teilen der Welt durchgeführt wurden und man die dabei gewonnenen Erfahrungen nutzte. Die Global Reporting Initiative (GRI) und der World Business Council for Sustainable Development (WBCSD) sind zwei Beispiele für Partner des SIGMA-Projekts.

Eine umfangreiche Normenreihe publizierte das australische Normungsinstitut SAI zum Thema Corporate Governance. Dieser Reihe ging eine australische Norm über Programme zur Bestimmung der Konformität mit Rechtsvorschriften voran. Ein interessanter Ansatz war auch der Versuch, Corporate Social Responsibility als Teil eines Risikomanagements in einem Unternehmen zu formulieren.

Die Grundlage für die israelische Norm SI 10000 über Social Responsibility und Verpflichtung gegenüber der Gemeinschaft waren die Global Reporting Initiative (GRI), der Social Accountability Standard SA 8000 und der Assurance Standard 1000 – ein britisches Dokument ähnlich der GRI, das gleichermaßen in das Projekt SIGMA Eingang gefunden hat. Behandelt werden vor allem die Aspekte, die sich aus der Verpflichtung der Organisation gegenüber der Gemeinschaft sowie der Finanzen ergeben. Die Strukturierung entspricht anderen Normen über Managementsysteme.

Der Social Accountability Standard SA 8000 wurde von der US-amerikanischen SAI (Social Accountability International) – der früheren CEPAA – herausgegeben. Die Spezifikation basiert auf den Empfehlungen der Internationalen Arbeitsorganisation IAO, der Deklaration der Menschenrechte und der UN-Konvention über die Rechte der Kinder und umfasst neben konkreten Anforderungen auch die Elemente einer Managementsystem-Norm ähnlich ISO 9001 und ISO 14001. Die Spezifikation beinhaltet Anforderungen an soziale Bewertungsregeln – ökologische oder ökonomische Angelegenheiten werden nicht behandelt. Die sozialen Bewertungsregeln sollen einem Unternehmen ermöglich, politische Linien und Verfahren zu entwickeln, zu verfolgen und umzusetzen. Gegenüber betroffenen interessierten Kreisen soll es möglich sein, darzulegen, dass die politischen Linien, Verfahren und Praktiken des Unternehmens die Anforderungen des Dokumentes erfüllen. Grundsätzlich ist SA 8000 allgemein genug gehalten, um jedem Unternehmen, unabgängig von Standort, Branche und Größe, einen Anwendung zu ermöglichen. Ungefähr 60 Unternehmen sind bereits nach SA 8000 zertifiziert.

In Japan wurde der Ethics Compliance Management System Standard ECS 2000 vom Business Ethics and Compliance Research Center der Reitaku

University herausgegeben. Diese Spezifikation orientiert sich stark an ISO 14001. ECS 2000 wird von seinen Herausgebern als internationale Norm bezeichnet, was formal betrachtet jedoch nicht richtig ist. Die Spezifikation umfasst Anforderungen an ein Managementsystem zur Einhaltung ethischer Grundsätze. Diese Grundsätze beinhalten anwendbare Rechtsvorschriften und Empfehlungen von Wirtschaftsverbänden sowie andere ethische Normen und Ideale, zu deren Einhaltung eine Organisation sich selbst verpflichtet.

Die Autoren von ECS 2000 empfehlen die Anwendung jenen Organisationen, die versuchen, ihre Geschäfte fair durchzuführen und ihre Unternehmensethik, einen Plan zur operativen Umsetzung, die internen Richtlinien und andere Verfahren entwickeln, aufrechterhalten und verbessern wollen. Weiters können Organisationen mit Hilfe von ECS 2000 ihre Unternehmensethik gegenüber Dritten deklarieren. Die japanische Spezifikation ermöglicht einer Organisation, ihre gesellschaftliche Leistung zu verbessern. Grundsätzlich kann ECS 2000 in jeder Organisationsform angewendet werden, unabhängig von Größe, Standort, ob gewinnorientiert oder nicht. Getrennt von ECS 2000 wurde ein äußerst umfangreicher Leitfaden zur Umsetzung herausgegeben.

Der österreichische Weg

In Österreich wurde am Österreichischen Normungsinstitut ON, dem österreichischen Dienstleistungszentrum für Normung im Dienste von Wirtschaft, Gesellschaft und Staat, ein Arbeitskreis zu Corporate Social Responsibility eingerichtet. Er soll einen Leitfaden für die Umsetzung eines Managementsystems für die gesellschaftliche Verantwortung in Unternehmen schaffen. Dabei galt es, andere Initiativen in Österreich zu berücksichtigen. Eine dieser Initiativen ist die vom Bundesministerium für Wirtschaft und Arbeit, der Wirtschaftskammer Österreich und der Industriellenvereinigung getragenen CSR Austria. Ziele sind, das Bewusstsein zu diesem Thema zu bilden und ein Leitbild für die österreichische Wirtschaft in einem mehrstufigen Stakeholder-Dialog zu erstellen, in dem die drei Säulen Ökologie, Soziales und Ökonomie konkretisiert werden. Dieses Leitbild wird in dem Leitfaden als Kriterien für „Wirtschaften mit Verantwortung" übernommen. Ebenso dienen die Leistungen des Österreichischen Instituts für nachhaltige Entwicklung, das einen Leitfaden für Nachhaltigkeitsberichte ausarbeitet, als Arbeitsgrundlage.

Der ON-Arbeitskreis wurde auf Initiative der Österreichischen Kontrollbank als ein Service für ihre Projektkunden gegründet. Geleitet wird der Arbeitskreis von Martin Neureiter von Kovar & Köppl Public Affairs Consulting GmBH. Im ON-Arbeitskreis sind neben CSR Austria und dem Österreichischen Institut für nachhaltige Entwicklung unter anderem die Bundesministerien für Land- und Forstwirtschaft, Umwelt und Wasserwirtschaft, für Wirtschaft und

Arbeit sowie für auswärtige Angelegenheiten, führende Unternehmen, die Bundesarbeitskammer, die Wirtschaftskammer Österreich, die Industriellenvereinigung, der Austrian Business Council for Sustainable Development, die Koordinierungsstelle der Bischofskonferenz und die Gewerkschaft der Privatangestellten vertreten. Besonders bei den Unternehmen ist anzumerken, dass diese sich im Prozess als „pro-aktiv" definiert haben, indem sie nicht nur die gesetzlichen Mindestbestimmungen und eine darüber hinausgehende Selbstverpflichtung einhalten, sondern auch Motor und Benchmark für andere Unternehmen sein wollen.

Ein wesentlicher Prozess, der die Erstellung des Leitfadens begleitete, war das gegenseitige Kennenlernen der im Arbeitskreis vertretenen Akteure.

Am Beginn der Arbeiten stand naturgemäß die Frage nach dem Status des zu schaffenden Dokuments. Die Anwendung von Normen ist zwar grundsätzlich freiwillig, sie empfiehlt sich aber aufgrund des darin enthaltenen Fachwissens, das sich aus dem Know-how und der Erfahrung der beteiligten Experten ergibt. Aufgrund des Verfahrens bei der Normenschaffung (Einbindung der Vertreter aller interessierter Kreise, Konsens, Publizität und Widerspruchsfreiheit) kann von einer allgemeinen Akzeptanz ausgegangen werden. Verbindlichen Charakter haben Normen erst durch datierte Bezugnahme in einem Vertrag, oder indem sie der Gesetzgeber (Bund und/oder Länder) in einem Gesetz, in einer Verordnung oder in einem Bescheid für verbindlich erklärt.

Nach anfänglichen Widerständen bzw. Zweifeln, ob das Österreichische Normungsinstitut überhaupt die richtige Plattform für eine Diskussion zu Corporate Social Responsibility sei, stellte sich bald eine konstruktive Arbeitsatmosphäre ein. Standpunkte wurden vorgetragen, angehört, diskutiert und in einem iterativen Prozess eine gemeinsame Lösung gefunden. Wesentliche Kritik richtete sich auf den Zeitpunkt der Initiative zur Erstellung eines österreichischen Leitfadens. Die Hauptargumente waren, dass in Österreich noch kein ausreichendes Bewusstsein zum Thema „Wirtschaften mit Verantwortung" existiere und dass österreichische Konzerne ohnehin den internationalen Empfehlungen, wie zum Beispiel den OECD-Leitlinien für Multinationale Unternehmen und der Global Reporting Initiative folgen. Weiters wurde der Initiative im ON entgegengehalten, dass in Österreich die gesellschaftliche Verantwortung der heimischen Wirtschaft, die zudem von Klein- und Mittelunternehmen stark dominiert wird, ohnehin gut ausgeprägt sei und man daher keine normativen Dokumente benötige.

Die Aktivitäten im Rahmen des Österreichischen Normungsinstituts wurden mit jenen der Initiative von CSR Austria synchronisiert. Konzentrierte sich CSR Austria auf das Schaffen von Bewusstsein für das Thema bei den heimischen Unternehmen und auf die Erstellung eines Leitbilds zu „Wirtschaften mit Verantwortung" in einem Stakeholder-Dialog, befasste sich der Arbeitskreis im ON mit der operativen Komponente, um die Vision des „Wirtschaftens mit Verantwortung" in ein gelebtes und lebensfähiges System in Unternehmen überführen zu können.

Natürlich war man sich bewusst, dass nicht eine neue Norm für ein Managementsystem der gesellschaftlichen Verantwortung erstellt werden sollte, ohne die bestehenden Internationalen Leitlinien und die Struktur der heimischen Wirtschaft mit ihren KMUs zu berücksichtigen. Andererseits galt es für Österreich, Position zu den sowohl in Europa (siehe Grünbuch der Europäischen Kommission) als auch weltweit (siehe ISO) anlaufenden Aktivitäten zu beziehen. Man stand vor der Entscheidung, passiv zu sein und damit im Sinne einer Fremdbestimmung jegliche europäische/internationale Lösung zu übernehmen, oder sich „pro-aktiv" an der Erstellung einer Lösungs zu beteiligen, um die Wettbewerbsfähigkeit der heimischen Wirtschaft nachhaltig sicherzustellen. Die Mitarbeiter im ON-Arbeitskreis entschieden sich für den pro-aktiven Ansatz.

Somit besitzt der Leitfaden zwei Funktionen: Einerseits beschreibt er für die heimische Wirtschaft ein Modell, um das Prinzip des „Wirtschaftens mit Verantwortung" wirksam in die Praxis umzusetzen. Andererseits wurde für die internationale Diskussion eine österreichische Position formuliert. Ganz besonders dafür erwies sich das integrative und von Konsens getragene Verfahren der Normung für Corporate Social Responsibility als vorteilhaft: Nicht nur das Ergebnis zählt, sondern auch der Weg, der dorthin führt. Und dieser Weg ist in Österreich ein „sozialpartnerschaftlicher" – ein Umstand, der gleichermaßen als heimisches „Exportgut" in die Diskussion um Corporate Social Responsibility eingebracht werden kann.

Eine wesentliche Forderung der im Arbeitskreis vertretenen Kreise war, dass das Dokument im Gegensatz zu ISO 9001 und ISO 14001 keine Basis für eine Zertifizierung sein solle. Das Merkmal „zertifizierbar" bedeutet, dass an ein Produkt oder Verfahren objektiv überprüfbare Anforderungen gestellt werden – und somit auch im Schadensfall durch Sachverständige über die „Stand der Technik"-Klausel bei Gerichtsverfahren als Bewertungsgrundlage herangezogen werden kann. Man entschied sich daher bewusst für die Schaffung eines Leitfadens. Zwingende Anforderungen an das Managementsystem wurden vermieden und stattdessen als Empfehlungen formuliert. Konkrete Anforderungen finden sich lediglich bei den drei Säulen Ökologie, Soziales und Ökonomie und vor allem dort, wo Rechtsvorschriften einzuhalten sind.

Die Erstellung des Leitfadens fällt zusammen mit dem Vorliegen der zweiten Generation von ISO 14001. Doch nicht diese neu überarbeitete internationale Norm sollte sich für den Leitfaden als brauchbar erweisen, sondern die – ebenfalls neu überarbeitete – ISO 14004.

Ein Leitfaden für Österreich

ISO 14004 ist ein allgemeiner Leitfaden über Grundsätze, Systeme und Hilfsinstrumente für Umweltmanagementsysteme. Sie gibt eine Hilfestellung bei der Entwicklung, Dokumentation, Umsetzung, Aufrechterhaltung und Verbesserung eines Umweltmanagementsystems und zeigt Möglichkeiten des Zusammenwirkens mit anderen Managementsystemen auf.

Die Struktur und die Kernelemente der ISO 14004 haben einen hohen Grad an Anwendbarkeit für einen Leitfaden für Managementsysteme der gesellschaftlichen Verantwortung von Unternehmen. Diese Chance wurde genutzt! Natürlich hätte man ebenso einen anderen Ansatz wählen können. Beispielsweise hätte ein Risikomanagementsystem geschaffen werden können, und die ökologisch-sozial-ökonomische Ausgeglichenheit hätte als Risikolandschaft formuliert werden müssen. Selbstverständlich kann ein Risikomanagement für „Wirtschaften mit Verantwortung" hilfreich sein – gerade in den Phasen der Erstbewertung und Evaluierung nach einer Organisationsänderung oder bei neuen Produkten, Dienstleistungen oder Tätigkeiten eines Unternehmens. Doch ein Managementsystem der gesellschaftlichen Verantwortung von Unternehmen ist mehr als ein Management von ökologisch-sozial-ökonomischen Risiken.

Der Leitfaden für Managementsysteme der gesellschaftlichen Verantwortung von Unternehmen strukturiert sich in folgende Abschnitte: Anforderungen, Organisation des Managementsystems und Kommunikation.

Die Grundlage für die inhaltlichen Anforderungen bildet das Leitbild, das im Rahmen der Initiative CSR Austria geschaffen wurde. Die allgemein gehaltenen Handlungsfelder gesellschaftlicher Verantwortung des Leitbilds wurden im Leitfaden konkretisiert. Zum Beispiel findet sich bei den sozialen Dimensionen die Forderung nach Einhaltung der Übereinkommen der Internationalen Arbeitsorganisation IAO. Ergänzt werden die Mindestforderungen durch Vorschläge für Ziele, die das Unternehmen als Selbstverpflichtung setzen kann, zum Beispiel die Vereinbarkeit von Familie und Beruf.

Nach dem Vorbild der internationalen Normen für Qualitäts- und Umweltmanagement wurde das Modell des „Planen – Durchführen – Prüfen – Handeln" in den Leitfaden übernommen. Dieses Modell stellt einen ständigen, iterativen Prozess dar, der es einem Unternehmen auf Grundlage der Führung der obersten Leitung und der Verpflichtung zum Managementsystem der gesellschaftlichen Verantwortung ermöglicht, seine Unternehmenspolitik zu entwickeln und umzusetzen.

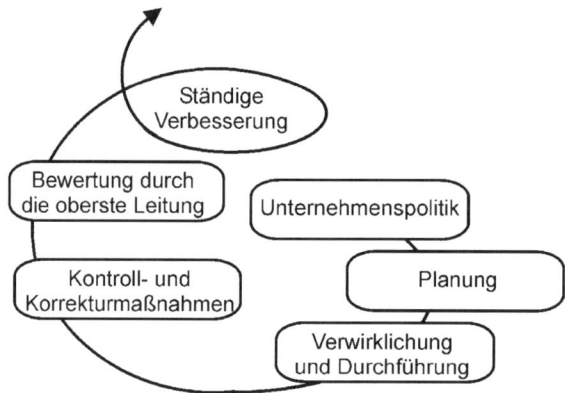

Managementsystem der gesellschaftlichen Verantwortung eines Unternehmens

Nachdem ein Unternehmen seine Stellung in Bezug auf die Gesellschaft überprüft hat, setzt es die nächsten Schritte. Das Planen umfasst das Schaffen eines Planungsprozesses, der es dem Unternehmen ermöglicht, Aspekte der gesellschaftlichen Verantwortung und deren Einflüsse auf die Gesellschaft zu bestimmen, gesetzliche oder behördliche Forderungen oder jene Bestimmungen, zu deren Erfüllung sich das Unternehmen verpflichtet, zu bestimmen, zu überwachen und gegebenenfalls interne Leistungskriterien zu setzen. Schließlich sollten auch Ziele in Bezug auf die gesellschaftliche Verantwortung gesetzt und Programme für die Erreichung dieser Ziele formuliert werden.

Nach der Phase des Planens geht es an die Durchführung: Das Managementsystem der gesellschaftlichen Verantwortung muss umgesetzt und betrieben werden. Dazu sind entsprechend wirksame Managementstrukturen zu schaffen, Rollen und Verantwortlichkeiten mit ausreichender Befugnis zu vergeben und angemessene Ressourcen zur Verfügung zu stellen. Ein wesentlicher Faktor in jedem Managementsystem ist der Mensch – dies gilt insbesondere bei „Wirtschaften mit Verantwortung". Daher sollten Mitarbeiter des Unternehmens geschult werden, um ihr Bewusstsein für das Thema und ihre Kompetenz zu gewährleisten. Im Sinne einer Nachvollziehbarkeit und Sicherstellung einer gemeinsamen Vorgangsweise ist eine für das System relevante Dokumentation zu schaffen und laufend zu aktualisieren. Das beinhaltet auch die Lenkung der Dokumente.

Das Managementsystem sollte regelmäßig überprüft werden. Dazu zählen die Bewertung der Prozesse, ständiges Überwachen und Messen, Bewertung der Erfüllung, Aufdecken von Fehlern und Setzen von Korrektur- und Vorbeugemaßnahmen, das Führen von Aufzeichnungen und regelmäßig interne

Audits. Bei der Bestimmung von Fehlern wird natürlich der Schwerpunkt auf Vermeidung gesetzt.

Ist die Prüfung abgeschlossen, so gilt es, entsprechend zu handeln. Das ist der Zeitpunkt, um Maßnahmen zur Verbesserung des Managementsystems einzuleiten und jene Bereiche zu bestimmen, in denen Verbesserungen erzielbar sind. Womit man wieder beim ersten Schritt – der Planung – angekommen ist!

Dieser ständige Prozess ermöglicht es einem Unternehmen, sowohl sein Managementsystem der gesellschaftlichen Verantwortung als auch seine Gesamtleistung zu verbessern.

Bei allen Schritten kommt der Kommunikation ein wesentlicher Stellenwert zu. Kommunizieren sollte das Unternehmen mit betroffenen Anrainern, mit relevanten Non-Governmental Organizations (NGOs), mit Verbrauchern, seinen Lieferanten, Investoren, Einsatzkräften und Behörden. Nicht zu vergessen sind natürlich die eigenen Arbeitnehmer.

Was dabei zu kommunizieren ist, liegt auf der Hand: Sowohl die Verpflichtung als auch die Bereitschaft des Unternehmens, die Leistung und die Ergebnisse, die für seine gesellschaftliche Verantwortung relevant sind, zu verbessern. Kommunikation dient aber auch der Schaffung von Bewusstsein. Das Unternehmen soll seine Offenheit zeigen und zum Dialog über Unternehmenspolitik und Leistung im Rahmen der gesellschaftlichen Verantwortung ermutigen. Damit werden die Ansichten der Interessierten Kreise konkretisiert und können strukturiert aufbereitet werden, um sie für eine ständige Verbesserung der für die gesellschaftliche Verantwortung des Unternehmens relevanten Leistungen zu nutzen.

„Wirtschaften mit Verantwortung" ist eine Herausforderung für die Normung! Die Herausforderung besteht aber nicht darin, Neues zu schaffen, sondern das Bestehende und Bewährte konsequent zu kommunizieren und durchzuführen. Das bedeutet, dass bei einer Normung im Bereich Corporate Social Responsibility alle betroffenen und interessierten Kreise informiert und zur aktiven Mitgestaltung eingeladen werden – das gilt sowohl national als auch vor allem bei allen europäischen und internationalen Aktivitäten.

Das Österreichische Normungsinstitut – als Gründungsmitglied des Europäischen Komitees für Normung CEN und der Internationalen Normungsorganisation ISO – ist sich dieser Verpflichtung bewusst und wird dafür Sorge tragen, dass der „Stakeholder-Dialog" von Corporate Social Responsibility auch in der Normung gelebt wird!

Der Stand des Corporate Citizenship in den Vereinigten Staaten von Amerika

von *Stephen Jordan*, Vice-President und Executive-Director des Center for Corporate Citizenship (CCC) in Washington, D.C., The U.S. Chamber of Commerce

Das Thema Corporate Citizenship entwickelt sich in den Vereinigten Staaten rapide und wegen der Globalisierung ist die Wirkung überall auf der Welt spürbar. Innere Triebkräfte und äußere Ereignisse führen zu einer tief greifenden Änderung in der Art und Weise, wie die Geschäftswelt an Unternehmensverhalten herangeht und das Verhältnis Geschäftswelt/Gesellschaft bewertet.

Ein neuer Wortschatz, eine neue Art Unternehmensaktivitäten zu organisieren und ein besseres Verständnis für die geschäftlichen Vorteile von Corporative Citizenship treten immer mehr zu Tage. Die Annäherungen an Corporate Citizenship variieren jedoch stark. Es gibt kein „eine Größe passt allen" auf diesem Gebiet, teilweise, weil die Herausforderungen, denen Firmen gegenüberstehen, komplex, verschieden und mehrdimensional sind. Für Wirtschaftsführer, die sich für künftige Trends interessieren, führt die allgemeine Richtung zu größerem Verständnis des gesamten sozialen und wirtschaftlichen Wertes, den Firmen produzieren können, und zum Aufbau besserer Beziehungen zu außen stehenden Stakeholder-Gruppen, um ein Maximum an Unternehmensproduktivität zu erreichen.

Nach einer kürzlich von der „US Chamber of Commerce" und dem „Center for Corporate Citizenship (CCC)" am Boston-College durchgeführten Umfrage wird gesellschaftliches Verhalten nicht von der Größe, der örtlichen Lage oder dem Geschäftsgegenstand bestimmt. Der größte Unterschied zwischen großen, kleinen und mittelgroßen Unternehmen ist der, dass große Unternehmen mehr formelle Strukturen haben. Für diesen Artikel werden wir uns vorwiegend auf große Unternehmen konzentrieren, doch laut dem Umfrageergebnis ist die Schwankung im Verhalten zwischen kleinen, mittleren und großen Firmen unbedeutend.

Die Kräfte, die das verstärkte Interesse für Corporate Citizenship vorantreiben

Firmenvertreter berichten, dass die überwältigenden Gründe für ihr Engagement interner Natur sind. 82 Prozent berichten, dass ihrer Meinung nach bestimmtes Corporate-Citizenship-Verhalten zur Grundvoraussetzung gehört.

75 Prozent der befragten US-Firmen sagen, dass ihre Gründungstraditionen und ihre inneren Organisationswerte sie zu Corporate Citizenship verpflichten.

59 Prozent sind der Meinung, dass es ihr Image und ihren Ruf verbessert und 52 Prozent sagen, dass gutes Corporate Citizenship Teil ihrer Geschäftsstrategie ist. Zum Vergleich berichten nur 24 Prozent, dass Gesetze und politischer Druck Corporate Citizenship antreiben. Der größte äußere Anreiz von allen, den Unternehmen berichten, ist der, dass 53 Prozent der Meinung sind, dass Corporate Citizenship wichtig für ihre Kunden ist.

Aus einer analytischen Perspektive betrachtet gibt es mehrere Makrotrends, die zu diesem Gebiet beizutragen scheinen:

Der Wandel in der Art der Beziehungen zwischen Regierungen, dem privaten Sektor und der Zivilgesellschaft. Die jüngsten Firmenskandale und die Notwendigkeit, das Vertrauen des Marktes und gesellschaftliches Kapital wieder aufzubauen. Wachsender Druck des Marktes, um Handelsmarken voneinander abzugrenzen und Stakeholderbeziehungen aufzubauen, und die Erkenntnis, dass das Aufgreifen von sozialen Fragen zu positiven wirtschaftlichen Ergebnissen führen kann.

Die erste und vielleicht tiefgreifendste Verschiebung in unserer Zeit war der Wechsel in der Art der Beziehungen zwischen Regierung, privatem Sektor und Zivilgesellschaft. Wie Kommentatoren dokumentiert haben, bestand ein großer Teil der Geschichte des 20. Jahrhundert in einem Kampf zwischen Befürwortern von Regierungsintervention und Marktliberalisierung. Rückblickend waren die Jahre 1940–1970 die hohe Zeit der von der Regierung gelenkten wirtschaftlichen Intervention. Als Margaret Thatcher und Ronald Reagan im Vereinigten Königreich bzw. in den Vereinigten Staaten an die Macht kamen, begannen die Märkte intellektuell Oberhand zu gewinnen.

Zur selben Zeit, als sich die Regierungen in den achtziger Jahren zurückzuziehen begannen, war eine der unvorhergesehenen Konsequenzen eine Explosion von Macht und Einfluss des Non-Profit- und des ehrenamtlichen Servicesektors. Während eines Großteils des Jahrzehnts der neunziger Jahre registrierte das IRS (Anmerkung: Internal Revenue Service, amerikanische Steuerbehörde) jährlich mehr als 30.000 neue Non-Profit-Organisationen, meist aus Gründen der Steuerbefreiung. Fachleute schätzen, dass es zum Zeitpunkt diese Aufsatzes mehr als zwei Millionen Non-Profit-Organisationen in den Vereinigten Staaten gibt, mit einem geschätzten jährlichen Umsatz von fast einer Milliarde Dollar.

Als Bill Clinton sagte, die Zeit des „big governement" sei vorüber, bedeutete seine Feststellung nicht nur große Änderungen für die Regierung, es markierte auch eine neue Ära für die Unternehmen und den zivilen Sektor. Die

US-Regierung begann eine neue Richtung einzunehmen. Anstatt die Märkte und die Regierung in einer Pattstellung gegeneinander zu sehen, begannen einige Spitzenleute aus Regierung und Unternehmen zu erforschen, wie Firmen und Regierungsstellen zwecks Hebung von Aktiva, Expertise und Verbindungen zu Partnern werden könnten, um gemeinsame Ziele zu erreichen. Die Frage war nicht mehr: Entweder Regierungen oder Märkte? Sie wurde zu: Welche ist die richtige Rolle und Verantwortlichkeit für jeden Sektor in der Gesellschaft?

Eine der Manifestationen dieser Philosophie war die „Partnership for Critical Infrastructure Security", die anfänglich 80 Firmen und 11 Regierungsstellen unter Führung des damaligen Handelsministers Richard Daley und des National Security Advisor for Counter-Terrorism Richard Clark im Dezember 1999 versammelte. Die Regierung übernahm eine Führungsrolle bei den öffentlichen Interessen, anerkannte jedoch, dass über 85 Prozent der entscheidenden Infrastruktur des Landes vom privaten Sektor besessen und betrieben wird. Lieber als die sich rapide entwickelnde Sicherheitstechnologie sinnlos zu regulieren oder neue und umfassende Sicherheitsfunktionen zu übernehmen, entwickelten die Regierungschefs das Partnerschaftsmodell als ein Mittel, die Geschäftswelt zu stärken bei gleichzeitiger Verbesserung der öffentlichen Sicherheit.

Geschäftsverbände, Non-Profit-Organisationen und akademische Einrichtungen wie die „Business School for Social Responsibility" und das „Center for Corporate Citizenship" am Boston-College begannen ebenfalls, dieses Klima reifen zu lassen. Während seit den sechziger Jahren Firmenüberwachungsgruppen und -Organisationen florierten, kam zum ersten Mal eine Gruppe von Organisationen der Zivilgesellschaft zum Vorschein, deren Aufgabe es war, den Firmen beim Engagement für soziale Fragen zu helfen.

Im Frühjahr 2001 wurde diesem Prozess ein Knüppel zwischen die Beine geworfen. Der Enron-Skandal und in der Folge Schwierigkeiten bezüglich Worldcom, Martha Stewart, Tyco-International, Adelphia und einer Handvoll anderer Firmen erschütterte das Vertrauen der Investoren und brachte die öffentliche Wahrnehmung von Big Business auf einen noch nie da gewesenen Tiefstand. Wirthlin Worldwide meldete, dass im Mai 2003 nur 11 Prozent der amerikanischen Öffentlichkeit eine positive Sicht zu Big Business hatten, im Vergleich zu einem Hoch von 60 Prozent im Jahre 1950.

Als Reaktion drückten Gesetzesgeber ein Gesetz durch, als „Sarbanes-Oxley-Act" bekannt, das bedeutend strengere Richtlinien für die Firmen-Kontrolle schuf. Staatsanwälte wie Eliot Spitzer in New York begannen Firmenfehlverhalten aggressiv zu verfolgen, und der Aktienmarkt verlor fast vier Milliarden Dollar an Marktwert von seinem Höhepunkt im Jahre 1999. Während auch andere Faktoren einen bedeutenden Beitrag zum Niedergang des Aktienmarktes leisteten, wurde doch die Enttäuschung der Investoren als der Schlüssel-Faktor für die Verluste anerkannt.

Die Doppelidee von Vertrauen in den Markt und gesellschaftlichem Kapital gewann in diesem Klima an Wert. Vertrauen in den Markt steht in Beziehung zur Fähigkeit einzelner Firmen oder der gesamten Geschäftswelt, Goodwill und Verbraucherbeziehungen aufrechtzuerhalten. Gesellschaftliches Kapital ist ein hiermit verbundener Begriff – populär gemacht von Robert Putman und Francis Fukuyama – , der die Produktivität von Beziehungen innerhalb von Organisationen und zwischen Organisationen misst. In Märkten niedrigen Vertrauens sind die Beziehungen brüchig, schwer aufzubauen und schwierig aufrechtzuerhalten. Entwickelte Länder verlassen sich auf ein relativ hohes Vertrauen in die Märkte und das gesellschaftliche Kapital, um wirksam funktionieren zu können.

Es war klar, dass die Firmen-Skandale das Vertrauen beschädigt hatten, und die Geschäftswelt musste neue Strategien entwickeln, um die Öffentlichkeit und die Haupt-Stakeholders zu gewinnen, um den Glauben an die Märkte wieder zu beleben.

Zur Zeit, als sich diese Prozesse entwickelten, schuf der Prozess der Globalisierung neuen Konkurrenzdruck für Unternehmen, sich mit Corporative-Citizenship-Aktivitäten zu beschäftigen. Während der 90er Jahre meldeten Unternehmen einen wachsenden Wettbewerb um qualifizierte, erfahrene Mitarbeiter, Druck auf den heimischen Märkten von neuen oder expandierenden Konkurrenten und Wettbewerb um Investoren-Kapital. Der „Millenium Poll", in Auftrag gegeben von PricewaterhouseCoopers und dem „Conference Board", berichtete, dass die Verbraucher immer sensibler auf die Reputation von Firmen- und Handelsmarken achten, wenn sie ihre Kaufentscheidungen treffen. Das professionelle Serviceunternehmen KPMG nannte sein Mitarbeiter-Freiwilligen-Programm als einen Weg, sich von seinen Konkurrenten zu unterscheiden und das Rekrutieren und Festhalten von Mitarbeitern zu verbessern.

Ein weiterer zu nennender Faktor ist die Zunahme von Information und Wissen über das Verhältnis zwischen gesellschaftlichen Fragen und der wirtschaftlichen Entwicklung. So machten sich z.B. General Mills, Honeywell und andere Unternehmen Sorgen über die Mordrate in Minneapolis-St.Paul, besonders nachdem die New York Times einen Artikel lanciert hatte, in dem sie die Stadt als „Murderopolis" bezeichnete und ein Angestellter auf dem Parkplatz von Honeywell erschossen wurde. Es war ihnen klar, dass das Verbrechen eine hemmende Wirkung auf die wirtschaftliche Entwicklung der Kommune hatte und so schlossen sie eine Partnerschaft mit einer Non-Profit-Organisation namens Police Executive Research Forum, die Gewaltverbrechen nach nur einem Jahr nach Beginn ihrer Tätigkeit um 40 Prozent reduzieren konnte. Dieses Programm war so erfolgreich, dass es von der amerikanischen Handelskammer nach Jamaica importiert und in Kingston eingesetzt wurde.

Unternehmen werden sich der Bedeutung von Arbeitsplatztraining für die Entwicklung des menschlichen Kapitals immer bewusster. Sie verstehen die Verbindung zwischen Gesundheit, Wohnsituation und Transportinfrastruktur sowie Personalabwesenheit und Produktivität. Sie verstehen die Bedeutung von Transparenz und Verantwortlichkeit für die Beziehungen zu Investoren und die Macht von Markenmarketing sowie vom Aufbau von Verbraucher-vertrauen und Beziehungsaufbau.

Was ist Corporate Citizenship?

In Anbetracht der Trends und der Verschiedenartigkeit von Firmenwerten und -zielen ist es nicht überraschend, dass es momentan keine allein gültige Definition von Corporate Citizenship gibt. Geschäftsethik, soziale Verantwor-tung der Firmen, Philanthropie, Beziehungen zu den Kommunen, sanfte Ent-wicklung und auf Werten basierendes Management sind alles Komponenten dessen, um was es bei Corporate Citizenship geht.

Im Sinne eines breiten philanthropischen Schnappschusses haben derzeit ungefähr 2000 Unternehmen entweder eine Firmenstiftung oder eine Abteilung für Beziehungen zur Kommune.

Obwohl karitative Spenden bei über der Hälfte der Firmenstiftungen, die kürzlich von dem „Chronicle of Philanthropy" überprüft wurden, sanken, wird in den USA doch eine leichte Zunahme bei den Gesamtspenden gemeldet. Grob gesagt leisten die US-Unternehmen ungefähr 10 Milliarden Dollar an karitativen Bargeld-Beiträgen und weitere acht bis zehn Milliarden in Natu-ralien. Unternehmen sponsern auch Events im Ausmaß von ungefähr neun Milliarden Dollar, viele unterstützen auch Non-Profit-Organisationen, wobei Unternehmen vorwiegend in ihren Heimatgemeinden spenden. Nur ungefähr 10 Prozent von Firmenphilanthropie geht ins Ausland. Die großen internatio-nalen Spender sind Pfizer, Merck, Microsoft, Cargill, Citigroup, DuPont, GM, Boeing, Altria und Hewlett Packard. Das durchschnittliche Fortune-1000-Un-ternehmen legt ungefähr 1,4 Prozent der Gewinne vor Steuer für karitative Spenden zu Seite. Diese Rate ist verhältnismäßig stabil seit der Mitte der 90er Jahre.

Bezüglich des freiwilligen Engagements bei Unternehmen schätzt das Büro für Arbeitsstatistik, dass über 30 Prozent der voll- und teilzeitbeschäftigten Angestellten durchschnittlich 52 Stunden im Jahr freiwillig zur Verfügung stellen. Präsident Bush lud 18 Vorstandsvorsitzende ein, eine Firmenkoalition für öffentliche Dienstleistungen zu organisieren namens „Business Strengthening America". Seit ihrem Start im Dezember 2002 haben sich über 700 Unternehmen Business Strengthening America angeschlossen. Die „Points of Light Foundation", die den „National Volunteer Council" ebenfalls koordiniert, meldet über 30 Freiwilligen-Räte von Unternehmen im ganzen Land.

Eine weitere greifbare Manifestation von Corporate Citizenship schließt die interne oder externe Veröffentlichung einer Erklärung von Werten und das Festhalten an einem Verhaltenskodex ein. US-Unternehmen verpflichten sich ungern wegen Haftungsbedenken und anderen Gründen – wie Anwendbarkeit oder Nützlichkeit – gegenüber externen Verhaltens-Kodizes, aber der UN Global Compact meldet eine bedeutende Steigerung des Interesses von US-Unternehmen in seinem Bericht für 2002. Firmen investieren häufig in die Ausbildung ihrer Mitarbeiter auf Gebieten wie Toleranz, sexuelle Belästigung, Benehmen der Mitarbeiter, Sicherheit, Gesundheit und Umwelt bezogenes Wohlverhalten und andere soziale Fragen. Corporate Citizenship drückt sich auch in sozialem Marketing, verbesserten Führungspraktiken, Kennzeichnung und nicht greifbaren geschäftlichen Entscheidungen, wie die Auswahl von Grundbesitz und das Management der Versorgungskette, aus.

Unternehmen beteiligen sich an der Gesellschaft auf fünf verschiedenen Ebenen

Auf der begrifflichen Ebene glauben viele außen stehende Kommentatoren, dass Unternehmen einer „Milton-Friedman"-Sicht anhängen, wonach ihr Zweck die Maximierung des Profits ist und andere soziale Ziele durch eine Vielzahl von anderen Mitteln erreicht werden sollten. Wieder andere Analysten meinen, dass Unternehmen eine Stakeholdersicht haben und dass sie sich auf die Maximierung der manchmal übereinstimmenden, manchmal gegensätzlichen Ziele ihrer Kunden, Mitarbeiter, Investoren, örtlichen Kommunen und anderen Schlüsselgruppen, die aufeinander wirken, konzentrieren müssen. Eine dritte Gruppe argumentiert, dass Unternehmen Verpflichtungen und Verantwortung gegenüber der Gesellschaft haben und dass sie dementsprechend handeln sollten. Diese begrifflichen Auffassungen führen zu sehr verschiedenen Arbeitsmethoden und Managementstilen.

Laut CCC-Forschung hängen nur ungefähr 20 Prozent der US-Unternehmen der „Milton-Friedman"-Auffassung an. Am anderen Ende des Spektrums sagen ungefähr 25 Prozent der US Wirtschaftsführer, dass Profit nicht ihr einziges oder vorrangiges Ziel ist und dass das Unternehmertum universelle soziale Verpflichtungen hat, die es erfüllen muss. Die Mehrzahl der US-Unternehmen liegen zwischen diesen beiden Polen bezüglich wirtschaftlicher und sozialer

Wertebildung. Forschungen des „Conference Board" und des „World Economic Board" bestätigen dieses Ergebnis. Diese Organisationen berichten, dass zwei Drittel der Unternehmen andere Organisationen unterstützen oder mit ihnen zusammenarbeiten möchten, um sich sozialen Problemen zu widmen, aber keine führende Rolle übernehmen wollen. Aufgrund dieser Ergebnisse und ähnlicher Feedbacks scheint die Stakeholderphilosophie die führende Konzeption von US-Unternehmen zur gegenwärtigen Zeit zu sein.

Beim System oder der institutionellen Ebene arbeiten Unternehmen mit Regierungsstellen in verschiedenen Kapazitäten zusammen. Diese beinhaltet: die Verbindung mit Regierungsstellen bei ihren regulierenden (gesetzgeberischen), partnerschaftlichen und Vollstreckungskapazitäten. Traditionell haben die meisten Untenehmen mit Regierungsstellen auf sehr ranghohem Niveau zusammengearbeitet oder schufen Abteilungen für Regierungsangelegenheiten oder Ethik- und Erfüllungsgruppen innerhalb ihres General Counsel Büros. Seit die Regierung begonnen hat, „Partnerschaften" als ein strategisches Konzept anzunehmen, haben einige Unternehmen, besonders in der pharmazeutischen und technischen Industrie, begonnen, sich auf Betriebsebene zu engagieren.

Beispiele für diese aufkommende Praxis sind unter anderem die vom Handelsministerium in Partnerschaft mit einigen technologischen Firmen einschließlich Hewlett-Packard gestartete „Digital Freedom Initiative" sowie USAID's Partnerschaft für Gemeinde-Entwicklung mit ChevronTexaco in Angola.

Unternehmen arbeiten mit Non-Profit-Organisationen und Gruppen der Zivilgesellschaft im Sinne der Entwicklung der öffentlichen Meinung, Normen, Sitten, Gewohnheiten, Haltungen, Wahrnehmungen und Beziehungen zusammen. Das berühmteste Beispiel für diese Form des Engagements ist der schon lange betriebene Zweig für Öffentlichkeitsarbeit der Werbeindustrie, des AD Council, und seine Öffentlichkeitsarbeit bezüglich sozialen Verhaltens gegenüber Waldbränden, Abfall, Analphabetentum und anderen sozialen Fragen.

Auf der Problemebene stehen Unternehmen vielen sozialen Fragen gegenüber, die einen direkten Einfluss auf die wirtschaftliche Leistung und umgekehrt haben. Beispiele sind unter anderem die Wirkung von Verbrechen auf die wirtschaftliche Entwicklung einer Kommune, von HIV/AIDS auf die Mitarbeiter, von Wohnung- und Transportinfrastruktur auf die Mitarbeiter, Abwesenheit von der Arbeit und die Bedeutung von Vertrauen in die Fließbandproduktion.

Andererseits sind sich die Unternehmen auch bewusst, wie auch ihre wirtschaftliche Handlungsweise eine soziale Dimension haben kann. Ob nun GM oder McDonalds mit Umweltgruppen, oder Home Depot und Starbucks mit Gruppen, die ihnen bei der Arbeit mit ihren Lieferanten bei Umwelt- und Arbeitspraktiken helfen sollen, zusammenarbeiten, Unternehmen sind jedenfalls feinfühlig bezüglich der sozialen Verästelung ihrer Aktivitäten.

Auf der Gemeindeebene werden Unternehmen oft gebeten, eine führende Rolle bei der Beseitigung lokaler Probleme zu übernehmen. Sie treten für örtliche Little League Teams ein, sponsern karitative Aktivitäten und sind aktive Teilnehmer am örtlichen Gemeindeleben. Die überwältigende Mehrheit aller karitativen Spenden werden auf Gemeindeniveau vorgenommen. Einige Unternehmen, besonders im Kleinhandel, betrachten ihr Verhältnis zur Kommune als eine Erweiterung von Verkäufen und Marketing.

Auf der Unternehmensebene widmen viele Unternehmen große Aufmerksamkeit der Frage, wie ihre Organisation Werte ausdrückt, die Mitarbeiter behandelt und ihr Betrieb, ihre Politik und Abläufe strukturiert sind. Angefangen von Führungspraktiken bis zu Freiwilligenprogrammen der Angestellten, von Kommunikationsformen zu Anwerbungs-, Aufnahme- und Festhaltestrategien und ursachenbezogenem Marketing, verwenden Firmen eine Vielzahl von Strategien, die alle Elemente von Corporate Citizenship enthalten. Sie verstehen, dass die Beachtung von Ethik und Werten in sich selbst wichtig ist und sie verstehen ebenfalls, dass diese zu erhöhtem gesellschaftlichen Kapital und erhöhter organisatorischer Produktivität und anderen wirtschaftlichen Vorteilen führen können.

Hindernisse

Unternehmen melden, dass das Haupthindernis für mehr Engagement für soziale Fragen der Mangel an Ressourcen ist. 48 Prozent der Unternehmen nennen diesen Grund als Haupthindernis. Das nächst größte Hindernis, Mangel an Managementeinsatz, wird nur von 18 Prozent der Befragten genannt.

Von außen gesehen gibt es noch mehrere andere Hindernisse, die beseitigt werden müssen. Erstens haben Unternehmen oft sehr eingeschränkte Grundkompetenzen und Sachkenntnis. Ihnen fehlen oft die Expertise, einfaches Know-How oder die Ressourcen, um sich sozialen Fragen mit Bezug auf ihr Unternehmen zu widmen.

Zweitens ist das öffentliche Vertrauen in alle Institutionen untergraben. Big Business ist nicht der einzige Sektor der Gesellschaft, der kürzlich von Skandalen besudelt wurde. Die New York Times, eine der größten Zeitungen des Landes, war Opfer eines schrecklichen Plagiat-Skandals.

Riesige Non-Profit-Organisationen wie „United Way", das amerikanische Rote Kreuz und die „Nature Conservancy" wurden alle der finanziellen Misswirtschaft beschuldigt. Die Einstellung der Öffentlichkeit zu den Medien, karitativen Organisationen, der katholischen Kirche, dem Berufsstand der Buchprüfer, den Investmentfonds hat auf jeden Fall gelitten.

Drittens erleidet die öffentliche Moral immer größeren Abbruch. Die Vereinigten Staaten sind mehr und mehr eine diversifizierte Gesellschaft. In vielen Teilen des Landes gibt es keine allein vorherrschende moralische Tradition, die die kulturellen Sitten und die Geschäftsethik formt. Geschäftsmanager müssen immer öfter in einem Umfeld zurechtkommen, in dem Mitarbeiter möglicherweise von verschiedener kultureller Herkunft und ethischem Erbe abstammen. Einerseits kann dies manche Unternehmen dazu führen, zu vermeiden, sich ethisch festzulegen. Auf der anderen Seite kann es manche Unternehmen dazu führen, ihre Bemühungen zu verstärken, eine einheitliche Unternehmenskultur herauszubilden.

Viertens sind US-Unternehmen empfindlich, wenn es darum geht, Haftungsansprüchen und der Befolgung von Regulierungen ausgesetzt zu sein. Bei einigen Unternehmen hat das Bewusstsein, Haftungsansprüchen ausgesetzt zu sein, ihr Engagement für Aktivitäten bezüglich Beziehungen zum Gemeinwesen von vornherein ausgeschlossen. Ein Unternehmen entscheidet vielleicht, nicht an einem formellen Freiwilligen-Programm teilzunehmen, weil es zum Beispiel keine Verantwortung übernehmen will, wenn ein Mitarbeiter bei einer vom Unternehmen gesponserten Freiwilligenfunktion verletzt wird. In anderen Fällen haben die Kosten der Befolgung (von Regulierungen) bewirkt, das Engagement für spezielle Aktivitäten zu verringern oder zum Beispiel die angepassten Subventionsprogramme für Angestellte zu begrenzen. Eine der Einwendungen, die gegen den „US Patriot Act" vorgebracht wurden, war, dass, wenn der Geldgeber für die Verwendung des Geldes durch den Endempfänger verantwortlich gehalten werden soll, dies eine abschreckende Wirkung auf angepasste Subventionsprogramme für Unternehmensmitarbeiter hätte, weil der bloße Aufwand an notwendiger Sorgfalt höher wäre als der Umfang der Auszahlungen.

Entstehende Fragen

Unter Berücksichtigung dieser Umstände ergeben sich fünf Hauptprobleme, die die Entwicklung auf dem Gebiet des Corporate Citizenship vorantreiben:

- Wie beurteilt und kommuniziert man gesellschaftliche Werte?
- Wie versteht man die Zivilgesellschaft und wie baut man bessere Beziehungen auf?
- Wie baut man gesellschaftliches Kapital auf?

- Wie verhält man sich gegenüber der Globalisierung?
- Wie organisiert man das Unternehmen?

Wie beurteilt und kommuniziert man gesellschaftliche Werte? Wie oben ausgeführt, investieren Unternehmen bedeutende Summen in ihre Kommunen, Mitarbeiter und Kunden und doch zeigen mehrere Indikatoren, dass sie nicht so wirksam sind, wie sie sein sollten. Positive Ratings sind niedrig. Die Zahl der Mitarbeiter pro Umsatz ist hoch. Die durchschnittliche Anstellungsdauer beläuft sich derzeit auf drei Jahre. Kunden wissen oft nicht, was ein Unternehmen macht und für was es eintritt. Das Ergebnis ist laut Bericht des „Chronicle of Philanthropy", dass mehr als die Hälfte der untersuchten Firmen ihre Leistungen für philanthropische Aktivitäten verringern.

Unternehmen wollen immer öfter wissen, wie ihre verschiedenen Aktivitäten den Wert vermehren. Sie haben knappe Ressourcen und sie wollen Mittel und Wege entwickeln, um zum Beispiel zu entscheiden, ob sie bei ihrer Tätigkeit mehr in interne Abfallvermeidung investieren oder außen stehende Umweltgruppen finanzieren sollen. Sie wollen Mittel und Wege entwickeln, um zu entscheiden, ob sie mehr in kundenorientierte Aktivitäten oder mitarbeiterorientierte Aktivitäten investieren sollen. Und sie wollen Mittel und Wege entwickeln, die ihnen helfen sollen, ihre sozialen Investitionen über die Jahre zu bewerten. In anderen Worten, sie wollen den Mehrwert verstehen und sie wollen in der Lage sein, diese sozialen Leistungen „umzumünzen" oder diese sozialen Leistungen in greifbare Produkte, die sie quantitativ bestimmen können, zu konvertieren.

Wie versteht man die Zivilgesellschaft und wie baut man bessere Beziehungen auf? Die Unternehmenssoziologie steckt noch in den Kinderschuhen. Unternehmen versuchen, ein besseres Verständnis zu gewinnen, wie die Verhaltensweisen der Öffentlichkeit ihre Fähigkeit, Geschäfte zu machen, beeinflussen. Sie interessieren sich auch immer mehr für öffentlich-private Partnerschaften und wie man Ressourcen, Fähigkeiten, Expertise und Erfahrung steigert.

Wie baut man gesellschaftliches Kapital auf? Eine der aufregendsten Neuerungen der IT-Revolution ist die Entwicklung von Forschung in die Macht von Netzwerken. Unternehmen interessieren sich mehr und mehr zu erfahren, wie sie die Wirksamkeit ihrer internen Netzwerke verbessern können und wie sie die Produktivität und Anwendbarkeit ihrer externen Netzwerke verbessern können. Während Regierungsstellen, Non-Profit-Organisationen und Verbrauchergruppen als nicht miteinander verbundene Einheiten gesehen wurden, die von verschiedenen Abteilungen eines Unternehmens behandelt werden, betrachten Unternehmen sie mehr und mehr als Teil des Ökosystems des Unternehmens und als mögliche Partner, die dem Unternehmen beim Erreichen seiner Langzeit-Ziele helfen.

Wie verhält man sich der Globalisierung gegenüber? Die Globalisierung und damit verbundene Fragen, wie wachsende gegenseitige Abhängigkeit und die Ausdehnung von Lieferketten, fordern die Manager allein wegen ihrer Komplexität, die zum Tragen kommt, mehr und mehr heraus. Unternehmen müssen nicht nur ihre heimischen Märkte managen, sie müssen sie mit Blick, wie ihre Aktionen auf anderen Märkten wahrgenommen werden, managen – auf Märkten, die sich nicht notwendigerweise um örtliche kulturelle Normen kümmern.

Wie organisiert man ein Unternehmen? In Anbetracht der komplexen Herausforderungen außerhalb eines Unternehmens und des komplexen Systems innerhalb eines Unternehmens sind Manager mehr und mehr verwirrt, wie sie sich organisieren sollen, um ihren gesamten gesellschaftlichen und wirtschaftlichen Wert zu maximieren. Einige Unternehmen wie Nike und General Electric haben Vize-Präsidenten für Corporate-Citizenship-Positionen zum Management quer durch die verschiedenen Unternehmensebenen geschaffen, doch diese sind Ausnahmen.

Unternehmen beobachten auch den Aufschwung von gesellschaftlich verantwortlichen Investment Fonds, schaffen Triple-Bottom-Line-Mess-Systeme, melden Mechanismen zur Beurteilung von Haftungsfolgen bei der Annahme von Verhaltens-Kodices und schlagen sich mit anderen tief greifenden politischen, sozialen und wirtschaftlichen Veränderungen herum.

Das Gebiet entwickelt sich, doch allein die Vielfalt der Antworten ist ermutigend, denn es bedeutet, dass sich Unternehmen auf vielen verschiedenen Ebenen und auf viele verschiedene Arten engagieren. Obwohl es immer gefährlich ist, Voraussagen zu machen, ist davon auszugehen, dass Corporate Citizenship in den USA – falls der gegenwärtige Trend anhält – immer professioneller, systematischer und strategischer wird. Corporate Citizenship wird weiter von den internen Werten und Traditionen von Unternehmen, die den privaten Sektor der USA ausmachen, vorangetrieben werden, und diese Entwicklung wird tief greifende Auswirkungen überall dort haben, wo amerikanische Unternehmen Geschäfte machen.

CSR: Selbstverantwortung für Mensch und Natur

von *Günther Lutschinger*, Geschäftsführer des WWF Österreich

Corporate Social Responsibility birgt ungeahnte Möglichkeiten für die Wirtschaft, löst aber bei Umweltorganisationen oft große Skepsis aus: Zu oft wurde das Wort Selbstverantwortung missbraucht, um die Umweltfreundlichkeit eines Unternehmens vorzutäuschen oder um die Entwicklung von bindenden Regeln zu Standards zu unterminieren. Doch CSR ist dringend notwendig, und wird das Konzept richtig eingesetzt, kann es zu einem Ökologisierungsschub der Wirtschaft führen.

Lafarge ist eines der größten Bau- und Zementunternehmen der Welt, tätig in über hundert Ländern. Der WWF ist eine der größten Naturschutzorganisationen der Welt und ebenfalls in rund hundert Ländern aktiv. Doch damit hören die Gemeinsamkeiten eigentlich auf. Als der WWF im Jahr 2000 eine Kooperation mit dem internationalen Baukonzern Lafarge einging, war die Skepsis auf beiden Seiten zunächst groß: Schließlich zählt Lafarge als größter Zementhersteller der Welt zu denjenigen Unternehmen, die bis dahin nicht als Musterschüler der Nachhaltigkeit galten. Doch mehrere einfache Argumente sprachen für die Kooperation. Eines davon: Der CO_2-Ausstoß von Lafarge ist höher als der der gesamten Schweiz. Reduziert also Lafarge seine CO2-Emissionen um 15%, ist damit mehr erreicht als durch eine engagierte Klimapolitik in einem kleinen Industriestaat.

Die Kooperation wurde abgeschlossen, und sie trägt Früchte: Lafarge hat sich verpflichtet, seine CO_2-Ausstöße um 15% zu reduzieren und in allen Abbaugebieten der Welt Biodiversitätsschutz zu betreiben – ernsthaft, mit Monitoring und Renaturierungsprogrammen, mit Hilfe des WWF. Der Nutzen dieser Kooperation – die auf einem Corporate-Social-Responsibility-Prozess bei Lafarge aufbaut – ist groß, und vor allem: Die Auswirkungen dieses Richtungswechsels des weltweiten Branchenleaders sind global.

Lafarge ist als „Global Conservation Partner" nur eines von mehreren großen Unternehmen, mit denen der WWF Kooperationen eingegangen ist, um Natur zu bewahren. Auf Seite der Unternehmen sind solche Kooperation immer in einen Corporate-Social-Responsibility-Prozess eingebunden. Ausgehend von diesen Erfahrungen soll dieser Artikel aus Sicht einer Umwelt- und Naturschutzorganisationen beleuchten, was eine Verpflichtung zur Corporate Social Responsibility leisten kann und was nicht, welche Bedingungen erfüllt sein müssen, damit dieser Prozess glaubwürdig und wirksam wird, und am Beispiel von Unternehmenskooperationen des WWF zeigen, wie Unternehmen und NGOs zum Nutzen der Natur *und* der Wirtschaft zusammenarbeiten können.

1. Warum CSR notwendig ist

Das Beispiel Lafarge zeigt, warum es heute wichtiger denn je ist, dass Unternehmen gesellschaftliche Verantwortung zeigen: Sie sind Teil des Problems der Naturzerstörung und Umweltverschmutzung weltweit. Aber sie sind eben deshalb – und aufgrund ihrer Größe und ihres Einflusses – auch Teil der Lösung, und müssen es sein. Denn der Grad dieser Zerstörung weltweit ist besorgniserregend. Seit 1970 hat sich der Zustand der Natur global um 30% verschlechtert, und für unsere heutige Lebensweise verbrauchen wir so viele Ressourcen, dass 1,2 Erden notwendig wären[1]. Da wir nur eine Erde zur Verfügung haben, verbrauchen wir unser „Natur-Kapital", anstatt nachhaltig so zu wirtschaften, dass sich die natürlichen Ressourcen nachbilden können. Besonders dramatisch ist die Situation in den Wäldern, Süßwasserökosystemen und Meeren, aber auch die Vergiftung der Erde durch toxische Stoffe und das Artensterben schreiten massiv voran. Die Klimaveränderung schließlich wurde zum globalen Umweltproblem, das schon jetzt dazu führt, dass immer mehr Menschen von Naturkatastrophen betroffen sind, ihre Lebensgrundlage einbüßen und somit verarmen oder in Überschwemmungen und Unwettern ihr Leben verlieren.

Angesichts dieser dramatischen Lage sind auf verschiedenen politischen Ebenen Strategien für eine nachhaltige Entwicklung beschlossen worden, um den Trend zur Zerstörung zu stoppen: Auf globaler Ebene am Nachhaltigkeitsgipfel in Johannesburg 2002, auf EU-Ebene bei den Beschlüssen des Europäischen Rates in Göteborg 2001, und auf nationaler Ebene etwa in Form der österreichischen Nachhaltigkeitsstrategie. Alle diese Strategien geben Rahmen vor, die großteils erst in konkrete Regeln und Abkommen umgesetzt werden müssen.

Parallel dazu entwickelten auch Unternehmensverbände ihre Vision von einer nachhaltigen Wirtschaft und gossen sie in zahlreiche Corporate-Social-Responsibility-Prozesse, in denen unternehmens- oder branchenspezifische freiwillige Verpflichtungen gegenüber der Gesellschaft eingegangen werden.

Die große Herausforderung der nächsten Jahre wird sein, dass diese zwei Prozesse – das Entwickeln von bindenden, globalen Regeln im Sinne der Nachhaltigkeit und die freiwilligen Verpflichtungserklärungen der Wirtschaft – sich gegenseitig unterstützen, ergänzen und befruchten anstatt einander zu behindern. Die Wirtschaft trägt hier eine große Mitverantwortung.

Corporate Social Responsibility ist an sich nichts Neues: Unternehmen sind Teil der Gesellschaft und die meisten haben daher schon traditionell Verant-

---

[1]   WWF International: Living Planet Report 2002.

wortung für die Gesellschaft und ihre Umwelt übernommen. Doch zwei Entwicklungen machen CSR heute zu einer unbedingten Notwendigkeit:

Einerseits die Globalisierung und die damit einhergehende Anonymisierung der Besitzverhältnisse. Während ein Familienunternehmen, das in eine Region eingebettet arbeitet, schon allein deshalb eher Verantwortung für Menschen und Natur im Umfeld übernimmt, weil die Besitzer täglich mit den Folgen ihres Handelns konfrontiert sind, achten etwa Aktienfonds oder Pensionsfonds als moderne Eigentümer von Unternehmen nur auf eines: Den Shareholder Value, den Gewinn, den Unternehmen abwerfen – ohne Kosten für Menschen und Umwelt an den Produktionsstätten einzubeziehen.

Andererseits sind Konzerne in den letzten Jahren zu den bestimmenden Kräften auf der internationalen Bühne aufgestiegen, die in vielen Fällen größer und mächtiger sind als Staaten: Das zeigt schon die Liste, nach der von den 100 größten Wirtschaftseinheiten der Welt mehr als die Hälfte nicht Staaten, sondern Unternehmen sind. Die global tätigen multinationalen Unternehmen haben enorme Auswirkungen auf die Menschen und die Umwelt in den Ländern, in denen sie operieren – und sie beeinflussen durch vielfältige Mechanismen auch die Regeln mit, die für sie gelten. Wie ein bekannter Austrokanadier so schön formulierte: „Meine goldene Regel heißt: Wer das Gold hat, macht die Regel."

2. Ein Beitrag für eine ökologischere Welt: Sechs Argumente für CSR aus Sicht einer Umweltorganisation

CSR-Prozesse bergen große Chancen für eine Ökologisierung der Wirtschaft – wenn sie richtig verstanden und angewandt werden. Sechs Gründe dafür:

CSR gilt global. International tätige Unternehmen sind in verschiedenen Ländern mit unterschiedlich entwickelten Umweltgesetzen und -standards konfrontiert. Dies führt oft dazu, dass ein und dasselbe Unternehmen in einem hochentwickelten Industrieland höchste Standards einhält, während es zugleich in einem Entwicklungsland zu massiver Naturzerstörung und Ausbeutung von Ressourcen beiträgt – weil es die dortigen Gesetze erlauben. Das globale Umweltrecht ist noch nicht weit genug entwickelt, um zu verhindern, dass Unternehmen daraus Profit schlagen und je nach Land unterschiedliches Maß anlegen. CSR-Leitbilder sind ein wichtiges Instrument, um diesem Manko entgegenzuwirken: Sie vermeiden Ökodumping und legen globale Standards für das ganze Unternehmen fest, die einzuhalten sind.

CSR geht über bestehende Regeln und Gesetze hinaus. Das Einhalten der Gesetze und der branchenüblichen Standards ist noch nicht CSR – sondern sollte selbstverständlich sein. Auch ein Naturschutzprojekt zu sponsern sollte nicht mit sozialer Verantwortung gleichgesetzt werden: In einem CSR-Prozess sollte ein Unternehmen alle seine negativen Auswirkungen auf Umwelt und Gesellschaft überprüfen und abbauen, und sich dabei nicht am Nötigsten, gesetzlich Vorgegebenem orientieren, sondern an der Erfüllung der im CSR-Leitbild festgeschriebenen Werte. So können Vorreiterunternehmen mit konsistenten CSR-Leitbildern – insbesondere wenn sie Branchenleader sind – auch zu Vorkämpfern für ökologisch und sozial ausgewogenes Wirtschaften werden.

CSR schafft Transparenz. Wer Verantwortung übernimmt, sollte auch darüber berichten – und besonders im angloamerikanischen Raum machen große Unternehmen vor, dass ein Nachhaltigkeitsbericht keine Werbebroschüre ist, sondern ehrliche Information über den Stand der Entwicklungen, die Erfolge, aber auch die Schwierigkeiten beim Umsetzen von eigenen Zielen und Werten. Insbesondere Projekte in Ländern mit niedrigen Umwelt- und Sozialstandards müssen so transparent gemacht werden, dass die Möglichkeit der Kontrolle durch öffentliche Meinung und Zivilgesellschaft besteht.

An CSR können Unternehmen gemessen werden. Mit einem klaren Leitbild wird es für die Zivilgesellschaft, die Bevölkerung einfacher, die gesellschaftliche Verantwortung von Unternehmen einzufordern. Zwar wurden Unternehmen schon bisher von ihrem Umfeld kritisiert, wenn sie sich unökologisch oder unsozial verhielten. Doch wenn ein Unternehmen dabei seine eigenen Regeln verletzt, ist es wesentlich leichter zur Verantwortung zu ziehen – und die Chancen, gemeinsam eine Lösung zu finden, steigen beträchtlich.

CSR gibt der Zivilgesellschaft eine definierte Rolle: Kontrolle. CSR braucht ein Referenzsystem für ethisches, ökologisches und soziales Handeln. Dieses muss die jeweilige Zivilgesellschaft sein: Als Partner bieten sich Verbraucherverbände, Anrainergruppen und Bürgerinitiativen ebenso an wie internationale NGOs. Ein CSR-Leitbild, das gemeinsam mit den Stakeholdern und der Zivilgesellschaft entwickelt wurde, ist glaubwürdig und effektiv und sorgt für die Einbettung des Unternehmens in die jeweilige Gesellschaft. NGOs können auch als unabhängige Kontrolleure seiner Einhaltung dienen: Denn erst durch externe Kontrolle werden freiwillige Standards glaubwürdig. Für international tätige Unternehmen bieten sich insbesondere global agierende Umweltorganisationen an – der WWF etwa ist in über 100 Ländern der Erde aktiv. Werden NGOs eingebunden, ändert sich auch deren Rolle: Anstatt bei Konflikten vor den Toren des Unternehmens zu protestieren oder auf Schornsteine zu klettern, werden die Konflikte nun eher am Verhandlungstisch mit dem Vorstand gelöst. Die Gefahr, dass sich in so einer Struktur „gekaufte" NGOs entwickeln, ist gering: So wie ein Unternehmen von seinem Profit lebt, ist die Basis einer NGO ihre Glaubwürdigkeit. Denn nur glaubwürdige Organisationen können die Rolle als unnabhängige Instanz in der Überprüfung der CSR-Performance übernehmen.

CSR schließt Ökologie ein. Mit Corporate Social Responsibility schließlich verpflichten sich Unternehmen, über bestehende Gesetze und Regeln hinaus einen Beitrag für eine gerechtere und sauberere Welt zu leisten und die selbstproduzierten negativen Einflüsse einzuschränken. Das kann ein gewaltiger Beitrag für mehr Ökologie sein – wenn CSR richtig verstanden wird. Die deutsche Übersetzung des Wortes „social" in CSR führt manchmal zum Missverständnis, dass es sich nur um „soziale" und nicht um ökologische Verpflichtungen handle. Doch „social" bezieht sich auf die Gesellschaft – und Umwelt und Natur sind dabei zentrale Pfeiler. Schon allein, weil Umwelt- und Naturzerstörung und die Lebensbedingungen von Menschen so eng zusammenhängen, dass „ökologisch" und „sozial" gar nicht zu trennen sind.

3. Die Grenzen von CSR

CSR ist also ein wichtiger Beitrag – allerdings kein Allheilmittel: CSR hat klare Grenzen.

CSR kann kein unökologisches Verhalten legitimieren. Baut ein Unternehmen ein Atomkraftwerk, einen zerstörerischen Staudamm, für den Menschen zwangsumgesiedelt werden müssen, oder eine Papierfabrik, die Regenwald zerstört, kann es auch nicht vom ambitioniertesten CSR-Leitbild reingewaschen werden.

CSR kann keine bindenden Regeln und Standards ersetzen. Es ist ein wichtiger Beitrag der Wirtschaft, die eigenen Auswirkungen zu überprüfen und Möglichkeiten der Ökologisierung auszuschöpfen – aber damit sind bindende Regeln keinesfalls hinfällig. Manche Unternehmensverbände scheinen CSR dazu benützen zu wollen, bindende globale Umweltregeln für die Wirtschaft – und insbesondere für multinationale Unternehmen – zu verhindern oder zu unterminieren. Zusätzlich wirft die Freiwilligkeit des Konzeptes gerade in schwierigen Situationen Zweifel an der Wirksamkeit auf. Als Beispiel, wie es gehen kann, möge Corporate Governance dienen: Obwohl massiv promotet und von allen Interessensvertretungen als wichtig erachtet, werden erfahrungsgemäß gerade diese freiwilligen Verpflichtungen missachtet, wenn sich Rahmenbedingungen ändern (neue Eigentümer, neuer Vorstand, oder einfach nur die wirtschaftliche Situation).

CSR kann nicht für ökologische Kostenwahrheit sorgen. Die ökologischen Kosten von Produkten – wie Verschmutzung, Zerstörung von Lebensraum oder Klima-Auswirkungen – spiegeln sich im Marktpreis von Produkten nicht wider. Und auch durch CSR wird ein Produkt, das auf Kosten der Umwelt produziert und transportiert wird, nicht teurer. Marktmechanismen reichen nicht aus, um ökologische Kosten zu reduzieren. Ökologische Kostenwahrheit ist eines der wichtigsten Nachhaltigkeitsthemen, wenn die Kosten für billig und schmutzig produzierte Güter nicht weiterhin von der Allgemeinheit – meist in den produzierenden Ländern – getragen werden sollen. CSR kann dieses Manko nicht auffangen: In diesem Bereich ist die Politik gefordert, dafür zu sorgen, dass sich umweltschädigende Wirtschaftsweisen nicht mehr lohnen.

CSR kann keine globale Lösung für alle sein. Die Freiwilligkeit des Konzeptes schließt schon mit ein, dass es Unternehmen geben wird, die sich ihrer Verantwortung für die Gesellschaft entziehen werden – oder zumindest nichts aktiv dazu beitragen wollen. Zudem hat jede Branche und jedes Unternehmen so spezifische Wirkungsfelder, dass gemeinsame, global gültige Regeln unmöglich zu entwickeln sind. CSR ist also ein wichtiger Schritt – aber keineswegs die Lösung aller Umweltprobleme, die von Unternehmen verursacht werden.

4. Beispiele für Zusammenarbeit: Die WWF-Unternehmens-kooperationen

Bereits seit seiner Gründung arbeitet der WWF – die weltweit größte Umwelt- und Naturschutzorganisation – mit Unternehmern zusammen. Aber besonders in den letzten Jahren wurde klar, dass Unternehmen nicht nur große Umweltprobleme verursachen, sondern auch immer zentralere Akteure bei der Bewältigung dieser Probleme sind – insbesondere, wenn die Politik versagt. Da Unternehmen in CSR-Prozessen oft nach Kooperationen mit NGOs suchen, werden die Erfahrungen aus diesen Kooperationen hier kurz zusammengefasst.

Schutz der Wälder: ohne Politik, mit der Industrie

1992 konnte auf dem UN-Weltgipfel zu Umwelt und Entwicklung in Rio kein weltweites Waldschutzabkommen erreicht werden. Die Holzindustrie – deren progressiveren Vertretern die rapide Abholzung der Wälder (und somit ihrer Unternehmensgrundlage) Unbehangen bereitete – setzte sich daraufhin mit Umweltorganisationen, darunter dem WWF, an einen Tisch, um ein internationales Zertifizierungssystem für nachhaltig erwirtschaftetes Holz zu entwickeln. Der Grund für den WWF, mit der Holzindustrie, Gewerkschaften und Vertretern indigener Gemeinschaften zusammenzuarbeiten: Boykotte gegen Tropenholz haben zwar den europäischen Holzmarkt stark verändert, aber nicht dazu beigetragen, dass die Holzbewirtschaftung in den Tropen selbst nachhaltiger wurde – aus einer entwicklungspolitischen Persepektive war der Boykott also eher kontraproduktiv. Man suchte daher nach einer Methode, ökologisches

Holz zu einem Markt zu verhelfen. Das Ergebnis dieser Zusammenarbeit heißt Forest Stewardship Council (FSC)[2], eine NGO die heute das einzige international anerkannte Öko-Siegel für Holz aus nachhaltiger Waldbewirtschaftung vergibt. Bereits 40 Millionen Hektar Wald werden nach FSC-Kriterien bewirtschaftet, 20.000 FSC-Produkte sind am Markt erhältlich – und vermitteln glaubhaft, dass für sie kein Wald mehr zerstört wurde.

Nachhaltige Fischstäbchen

Ebenso bedroht wie die Wälder der Erde sind die Meere, und auch hier hat die Politik im Kampf gegen die Überfischung bisher versagt. Neben der Errichtung von Schutzzonen sah der WWF Bedarf für einen Mechanismus, der über den Markt und den Konsum eine nachhaltigere Fischerei fördert – und schloss eine Kooperation mit einem der größten Nahrungsmittelmultis der Welt und zugleich weltweit größten Händler von Fischprodukten: Unilever (in Österreich bei Fisch bekannt als Iglo). 1997 wurde aus dieser Zusammenarbeit das Marine Stewardship Council (MSC) geboren[3], das analog zu FSC Standards und Kriterien für die Zertifizierung von nachhaltig gefangenem Fisch entwickelte. Inzwischen sind bereits über 180 zertifizierte, ökologisch unbedenkliche Fischprodukte im Handel (u.a. Hoki aus Neuseeland – in Österreich tiefgekühlt im Supermarkt erhältlich –, Wildlachs aus Alaska und Themse-Hering).

„Conservation Partners"

Ausgehend von dieser Erfahrung mit Unilever und der Holzindustrie begann der WWF, gezielt Kooperationen mit Branchenleadern einzugehen, die sich den Grundsätzen der Nachhaltigkeit glaubhaft verschrieben haben und bereit sind, Herausforderungen anzunehmen. Das ist für eine Umweltorganisation eine heikle Angelegenheit – sind große Unternehmen doch selten frei von negativen Umweltauswirkungen. Ausschlaggebend für eine Zusammenarbeit sind die erwarteten Auswirkungen auf die Hauptarbeitsgebiete des WWF (Wasser, Wald, Artenschutz, Klima, Meere, toxische Stoffe) – und eine eingehende Analyse. Die meisten Partner sind Vorzeigeunternehmen, was CSR und Umweltperformance betrifft. Doch manchmal arbeitet der WWF auch mit Unternehmen zusammen, die bisher eher als Umweltsünder aufgefallen waren – und zwar, wenn dies eine Gelegenheit zu einem echten positiven Wandel für die Natur und die Menschen ist. Aber es gibt auch Ausschlusskri-

---

[2] www.fsc.org.
[3] www.msc.org

terien: Unternehmen etwa, die mit Atomenergie, Waffen, Tabak, Tierversuchen oder dem Handel mit bedrohten Tierarten zu tun haben, kommen für eine Zusammenarbeit nicht in Frage.

Die Grundprinzipien der Zusammenarbeit mit Unternehmen sind gegenseitiger Respekt, Transparenz und das Recht des WWF, zu kritisieren. Diese Möglichkeit zur Kritik – immer in einem transparenten Kontext – ist ein Schlüsselfaktor für Kooperationen zwischen so unterschiedlichen Partnern wie dem WWF und etwa dem globalen Bauunternehmen Lafarge. Was aber nicht bedeutet, dass sich der WWF auf die Aufdeckung vergangener Umweltsünden konzentriert: Er hilft Unternehmen dabei, ihre Wirtschaftsweise zu ändern. Das Interesse der Unternehmen daran ist, Visionen schneller und glaubwürdiger umsetzen zu können: Vergleichbar mit einem Consulting-Unternehmen, das für einen Umstrukturierungsprozess engagiert wird, steht der global agierende WWF dem Vorstand zur Seite, um in oft ebenso globalen Unternehmen eine nachhaltige Unternehmensstrategie durchzusetzen.

Partnerschaften werden sowohl auf nationaler als auch auf globaler Ebene eingegangen. Die prestigeträchtigste Form der Kooperation ist eine globale „Conservation Partnership", die nur mit jeweils einem Branchenleader eingegangen wird. Diese Partnerschaften beruhen auf drei Säulen: Erstens muss der Partner durch die eigene Handlungsweise echte Fortschritte für den Naturschutz bewirken und Standards für die Branche setzen, denen andere Unternehmen folgen können. Zweitens soll der Partner über die Zusammenarbeit und die Ökologisierung seiner Arbeit die Öffentichkeit und die Branche informieren. Und drittens sollte das Unternehmen substantiell in die Naturschutzprogramme des WWF investieren. Derzeitige Conservation Partner sind CANON, die Werbeagentur Ogilvy & Mather und das schon erwähnte Bauunternehmen Lafarge. Andere Partner sind etwa IKEA und OBI, das auf ökologisches Holz in seinen Produkten achtet und Geld in den Waldschutz investiert, NOKIA für Umweltbildung oder IBM und Nike für den Klimaschutz.

Die „Global Conservation Partners" des WWF sind Beispiele für Unternehmen, die einen Schritt über das hinausgehen, was sie für die Gesellschaft tun müssen. Sie geben der Nachhaltigkeit global einen bedeutenden Schub. Aber trotz dieser positiven Beispiele hat der WWF die Erfahrung gemacht, dass freiwillige Absichtserklärungen in vielen Fällen nicht ausreichen, um die drängenden ökologischen Probleme in den Griff zu bekommen. Neben der Notwendigkeit bindender Regeln ist es auch notwendig, dass pro-aktive Unternehmen gefördert werden.

5. Prinzipien für Unternehmen, die aktiv zu Nachhaltigkeit beitragen wollen

Unternehmen, die ihre Produktionsweise nachhaltiger gestalten wollen und ihre negativen Auswirkungen einschränken wollen, sind dabei mit vielfältigen Problemen konfrontiert, die in der Diskussion um CSR nicht außer Acht gelassen werden: Von Konsumenten, die über Umweltauswirkungen von Produkten zu wenig informiert sind und ihr Kaufverhalten nicht danach richten, bis hin zu Kosten, die einen Wettbewerbsnachteil bedeuten können. Trotzdem sind es oft gerade die Branchenführer, die langfristig denken und – schon aus Gründen der langfristigen Sicherung der notwendigen Ressourcen – Nachhaltigkeit zum Unternehmenskonzept erheben wollen, und sie sind dabei wirtschaftlich sehr erfolgreich. Obwohl es schwierig ist, für unterschiedliche Branchen Empfehlungen zu CSR auszuarbeiten, hat der WWF sechs Arbeitsprinzipien identifiziert, nach denen sich solche pro-aktiven Unternehmen richten sollten:[4]

1. Von passiv-reaktiv zu proaktiv. Unternehmen verhalten sich gegenüber Herausforderungen des Umweltschutzes heute meist passiv. Unternehmen mit echten CSR-Ansprüchen sollten Probleme identifizieren und aktiv Lösungen und nachhaltige Geschäftsmodelle für die Branche ausarbeiten. Darüber hinaus sollten solche Unternehmen untersuchen, welchen Einfluss sie beim Thema Nachhaltigkeit auf die Politik ausüben – also welche Positionen die verschiedenen Teile des Unternehmens und die Lobbyinggruppen und Unternehmensverbände, in denen man Mitglied ist, gegenüber Nachhaltigkeitsstrategien einnehmen – und diesen Einfluss in die richtige Richtung lenken.

2. Von Risikomanagement und Branding zu einem Wandel des Geschäftsmodells. CSR bleibt oft in der Reaktion auf Angriffe stecken und reagiert mit geringfügigen Verbesserungen, symbolischen Investitionen und PR-Maßnahmen. Das können zwar erste Schritte in die richtige Richtung sein, aber im schlimmsten Fall in reines „green-washing" münden. Proaktive Unternehmen haben hingegen eine große Aufgabe: Alle Unternehmensbereiche in Bezug auf Nachhaltigkeit zu untersuchen und anzupassen, die Mitarbeiter einzubinden und zu überzeugen – was auch zur Anpassung des Geschäftsmodells führen kann.

3. Von Gütern zu Dienstleistungen. Manche Unternehmen sehen keine Möglichkeit, ihren Einfluss auf die Natur signifikant einzuschränken, weil ihr Geschäftsmodell auf der Ausbeutung von Ressourcen basiert. Ein Perspektivenwandel von der Bereitstellung von Gütern hin zur Dienstleistungen, die

---

[4] Nach Dennis Pamlin: Corporate Social Responsibility - an Overview. WWF Discussion Paper, WWF International 2003.

auf das Ergebnis konzentriert sind, ist hier hilfreich: So hat sich etwa ein globales Öl-Unternehmen sein Geschäftsfeld erweitert und sich als „Energie-
konzern" neu definiert. Es liefert nicht nur Öl, sondern stellt ausreichend Ener-
giedienstleistung für die Bedürfnisse ihrer Kunden zur Verfügung und berät
dabei, die beste und ökologischste Lösung zu wählen. So können sich erbitterte
Gegner erneuerbarer Energien in deren größte Förderer wandeln. Und wenn
große Unternehmen statt Reiseagenturen Meeting-Agenturen beschäftigen
würden, könnten Millionen von sinnlosen Flugkilometern eingespart werden.

4. Von Win-win-win zu strategischen Investitionen. Viele CSR-Ansätze
konzentrieren sich auf das relativ neue Konzept von Win-win-win-Situatio-
nen – also Zielen, bei denen drei Bereiche gewinnen: die Wirtschaft, die Umwelt und die Entwicklung bzw. Soziales. Obwohl reizvoll, kann dieser Ansatz
zu kurzfristigem Denken und Sackgassen führen und neigt dazu, Verlierer – die
es fast immer gibt – zu ignorieren. So kann etwa der Umstieg von Kohle auf Erd-
gas kurzfristig eine Win-win-win-Strategie sein, langfristig aber unsere Probleme mit fossilen Energien fortschreiben. Es ist daher notwendig, sich nicht
von der Suche nach Win-win-win beschränken zu lassen und langfristige Perspektiven für die Nachhaltigkeit eines Unternehmens oder von Branchen zu
entwickeln – und in diese auch strategisch zu investieren.

5. Von Produktwerbung zu verantwortungsvollem Marketing. Mit Marketing reagieren Unternehmen nicht nur auf Bedürfnisse des Marktes, sondern
formen den Markt. Damit haben sie Instrumente in der Hand, einen Markt für
nachhaltigere Produkte zu formen und zu schaffen. Alle Marketingformen
sollten daher den CSR-Zielen langfristig dienen.

6. Von Öko-Effizienz zu absoluten Auswirkungen. In den letzten Jahren
sind zahlreiche Technologien entwickelt und eingesetzt worden, die die Öko-
Effizienz von Produkten steigern – also den Ausstoß von Schadstoffen und
den Verbrauch von Ressourcen minimieren. Trotz dieser relativen Reduktionen
von Umweltauswirkungen ist der Energieverbrauch und der Schadstoffaustoß
insgesamt signifikant gestiegen: In den OECD-Staaten etwa wurde die Ener-
gie-Intensität der Industrien zwischen 1976 und 1999 um 30% gesenkt. Trotzdem ist der Energieverbrauch in dieser Zeit nicht gesunken – sondern um 23%
angestiegen. Treibhausgase geben ein ähnliches Bild. An diesem Makro-Pro-
blem haben auch einzelne Branchen und Unternehmen ihren Anteil: So nützen
etwa Benzin sparende Autos nichts, wenn sie immer mehr PS haben und der
Benzinverbrauch so in Summe trotz effizienterer Motoren steigt. Unternehmen
sollten im Rahmen eines CSR-Prozesses daher nicht nur auf Energieffizienz bei
der Produktion einzelner Produkte achten, sondern vom gesamten Verbrauch
der Branche ausgehen – und Strategien entwerfen, wie dieser Energieverbrauch, Schadstoffausstoß und Ressourcenverbrauch der gesamten Branche
gesenkt werden kann.

6. Bedingungen für ein Gelingen des CSR-Konzeptes

CSR ist also ein zukunftsweisendes Konzept, das für eine nachhaltigere Gestaltung der Wirtschaft einen wesentlichen Beitrag leisten kann. Zugleich birgt CSR die Gefahr, zur reinen PR-Maßnahme zu verkommen und globale Lösungen für nachhaltige Wirtschaft eher zu unterminieren als zu unterstützen. Damit Nachhaltigkeitsziele erreicht werden, muss eine Reihe von Bedingungen erfüllt werden, die hier noch einmal zusammengefasst werden:

→ **CSR darf nicht die Entwicklung von globalen, gesetzlich verbindlichen Regelungen und von Umwelt- und Sozialstandards behindern,** sondern muss zu deren Verwirklichung beitragen. Derzeit wird CSR von vielen Unternehmen oft als Argument gegen solche verbindlichen Regelungen eingebracht („Das regeln wir uns selbst."), was CSR jeglicher Glaubwürdigkeit beraubt. Unternehmensverbände haben über Lobbying großen Einfluss auf die Entwicklung von neuen Gesetzen. Unternehmen mit CSR-Leitbildern sollten diesen Einfluss nützen, um bessere und fairere Regelungen zu schaffen – und sich somit auch als Vorreiter nachhaltigen Wirtschaftens einen Wettbewerbsvorteil zu sichern.

→ **CSR muss globale Standards berücksichtigen** – auch wenn diese nicht bindend sind. Dies betrifft besonders die relevanten UN-Erklärungen und -Abkommen, die Menschenrechtsdeklaration, die OECD-Leitsätze für Multinationale Unternehmen etc. CSR sollte immer einen Schritt über bestehende Regeln hinaus sein!

→ **CSR muss integriert sein.** Viele Unternehmen sehen CSR als philanthropischen Zusatz zu ihrer Arbeit – etwa in Form von Spenden. Ehrlich gemeintes CSR muss aber alle Unternehmensbereiche umfassen und verändern und zu einer „Core Business Strategy" werden.

→ **CSR muss die gesamte Wertschöpfungskette einschließen.** Der katastrophale Untergang des Öltankers „Prestige" im Jahr 2002 ist ein dramatisches Beispiel dafür, dass sich Unternehmen zunehmend ihrer Verantwortung entledigen und sie an Subunternehmer abschieben: Während beim Untergang der Exxon Valdez noch das Ölunternehmen Exxon verantwortlich gemacht werden konnte, kann im Fall der Prestige niemand für ein altes Schiff zur Verantwortung gezogen werden Die haftbaren Eigentümer sind unklar, die Besitzer der Fracht und Auftraggeber bleiben anonym. So zahlen die Umwelt, die Menschen vor Ort und die Öffentlichkeit für die Folgen eines zu billigen Öltransportes auf einem zu alten Schiff, während die Auftraggeber und Eigentümer der Fracht sich entziehen.[5] Ähnlich verhält es sich mit großen Unternehmen, die

---

[5] WWF UK: The Prestige - one year after, a continuing Desaster (Nov. 2003).

Rohstoffe oder Produkte von anderen, unökologisch wirtschaftenden Unternehmen beziehen: Sie entziehen sich häufig ihrer Verantwortung für die Naturzerstörung, die sie mittelbar anrichten. Diese Beispiele zeigen, wie sehr CSR-Leitbilder, die nicht die gesamte Wertschöpfungskette einschließen, zu kurz greifen. Schließt ein CSR-Leitbild jedoch die Geschäftspartner, Subunternehmer, Transportunternehmen etc. ein und stellt Verantwortung des Unternehmens auch für deren Wirtschaftsweise fest – etwa indem Bedingungen für die Zusammenarbeit gestellt werden – kann CSR global zu einem Ökologie-Schub führen und die negativen Folgen der dezentralisierten Produktion und der langen Transportwege in einer globalisierten Wirtschaft eindämmen.

→ **CSR muss Kontrolle durch unabhängige Instanzen ermöglichen.** Selbstkontrollierten freiwilligen Standards fehlt in der Regel die notwendige Glaubwürdigkeit. Ähnlich wie Bilanzen von einem Wirtschaftsprüfer geprüft werden, müssen auch die CSR- und Nachhaltigkeitsperformance von einer unabhängigen Institution überprüft werden.

→ **CSR muss der Öffentlichkeit nachvollziehbare und vergleichbare Informationen zur Verfügung stellen.** Dazu müssen sich Branchen auf einheitliche Parameter für Nachhaltigkeitsberichte einigen. Besonders in den sensiblen Bereichen eines Unternehmens darf das „Geschäftsgeheimnis" nicht als Argument dienen, keine Informationen über Umweltauswirkungen von Projekten, sozialer Lage etc. weiterzugeben. Dies muss auch für Projekte im Ausland gelten, sowohl für solche des Unternehmens selbst als auch für die seiner Zulieferer und Subunternehmen.

Werden diese Bedingungen erfüllt, kann CSR zu einem Konzept werden, das neue Allianzen schafft. Der WWF wird sich jedenfalls weiterhin dafür einsetzen.

> *„We see opportunities and a way forward that would not allow the laggards to jeopardise the prospects of the entire world community.*
>
> *We envisage new constellations of enlightened governments, intergovernmental institutions, environmental and development NGOs, forward-looking companies and creative thinkers, who would address among themselves issues left unresolved here in Johannesburg.*
>
> *We foresee that such constellations and alliances would, among other things, forge new policy alliances which can mitigate the current flaws in the multilateral system."*

Claude Martin, Director General, WWF International Address to heads of States, WSSD, Johannesburg, 2002

Verantwortung und Vertrauen: Corporate Social Responsibility einer europäischen Bankengruppe

von *Ivo Stanek*, Assoziiertes Mitglied des Club of Rome und Berater
des Vorstandes der Bank Austria-Creditanstalt AG
(Mitarbeit: Sultana Gruber, Gerda Schiesser, Petra Schön, Bernhard
Schwarz)

1. Soziale Verantwortung – ein Gebot der Vernunft

Kreditinstitute – und vor allem Universalbanken – sind besonders eng mit
Wirtschaft und Gesellschaft verflochten. Sie wickeln nicht nur beinahe sämtliche Transaktionen des wirtschaftlichen Alltags ab, sondern fungieren als Financier und Berater bei wichtigen Entscheidungen, die sie unter dem Risiko-
Aspekt beurteilen und bewerten.

Diese Sonderstellung hat auch Konsequenzen für die Corporate Social Responsibility. Zum einen sind Banken – in eigener Sache – zwar Unternehmen
wie alle anderen, wobei sie als Dienstleister naturgemäß weniger im Focus
ökologischer Kriterien stehen als Produktionsunternehmen. Zum andern sind
sie als finanzielle Infrastruktur besonders an einer stetigen und nachhaltigen
Entwicklung ihrer Kunden und Geschäftspartner interessiert. Das Thema der
„sozialen Verantwortung von Unternehmen" (Corporate Social Responsibility)
ist daher bei Banken und Finanzinstituten extensiv auszulegen. Der nachfolgende Überblick geht daher von einem erweiterten CSR-Begriff aus und bezieht einen erweiterten Themenkreis ein.

Gerade die beiden zurückliegenden Jahre waren von einer Vertrauenskrise
auf dem globalen Finanzmarkt gekennzeichnet. Sie hat die Banken gelehrt,
dass sie nur dann eine dauerhafte Wertsteigerung erzielen können, wenn sie
über den kurzfristigen Zeithorizont von Quartal zu Quartal hinaus langfristig
denken und handeln und vor allem, wenn in Mitarbeiter, Gesellschaft, Kundenbetreuung und Umwelt investiert wird. Ob nun aus geschäftspolitischer Vernunft oder aus ethischer Überzeugung: wirtschaftliche, soziale und ökologische
Ziele sind keine notwendigen Widersprüche mehr. Banken haben hier eine
wichtige Aufklärungsfunktion, die auch unter CSR fällt, beispielsweise im vorliegenden Fall die Kooperation mit dem Club of Rome, welche die Bereiche
Bildung, Umwelt und Wirtschaft vereint.

Darüber hinaus war das Börsengeschehen in dieser Zeit ein Lehrstück
dafür, dass Erfolg nur nachhaltig erzielbar ist, wenn ethische Standards eingehalten werden. Der Vertrauensgrundsatz des Geschäftslebens bedingt – genauso wie im Alltag – die freiwillige Beachtung von Regeln und Usancen

über die gesetzlichen Vorschriften hinaus. So ist beispielsweise die Übernahme und genaue Anwendung des Corporate-Governance-Kodex für eine Bank ein Akt der Corporate Social Responsibility, obwohl dies über die häufig verwendete Bedeutung des Begriffes hinausgeht.

Und schließlich wurde uns vor Augen geführt, dass wir in einer engstens vernetzten Welt leben, in der es keinen Sonderweg mehr gibt. In der überaus komplexen, laufend sich verändernden globalen Gesellschaft, haben Unternehmen – Bankkunden – immer größere Visibilität mit immer größerem Einfluss. Sie werden zunehmend nicht nur aufgrund der von ihnen erzielten Resultate, sondern auch nach ihrem Verhalten, ihrem Verständnis für gesellschaftliche Belange und ihrem Wirken in der Gesellschaft beurteilt. Der Beitrag von Unternehmen zu einer besseren Gesellschaft ist nicht mehr ein nur rein wirtschaftlicher – er war es eigentlich nie –, sondern er reicht in weite Bereiche des öffentlichen Lebens und der zivilen Gesellschaft hinein. Neben dem Beitrag zur volkswirtschaftlichen Wertschöpfung wird in immer größerem Umfang aber auch der Beitrag zu Bildung, Kunst, sozialen und humanitären Bereichen sowie gesellschaftspolitischen Belangen und der Beitrag zum Thema Umwelt in das Rampenlicht gerückt und damit einer öffentlichen Beurteilung unterworfen.

1.1 Vertrauensbildung als Weg und Ziel

Eine Bank ist auf Vertrauen und Loyalität aufgebaut. Das betrifft mehrere Bereiche der Gesellschaft, nämlich die Kunden, die Aktionäre, die Mitarbeiter, die Partner und die Öffentlichkeit. Dass die Aktionäre auch im Rahmen des Konzepts der Nachhaltigkeit weiterhin eine wichtige Rolle spielen, ändert nichts an der Tatsache, dass wir einen Prozess der erweiterten Rücksichtnahme auf Interessen beobachten. Daher ist die Wahrnehmung der sozialen Verantwortung (CSR) notwendiger Weise ein Teil dieses Prozesses, der die beiden übergeordneten Zielbegriffe – Vertrauen und Loyalität – kommuniziert und weiterentwickelt und damit zur Imagebildung und schließlich zum Erfolg beiträgt.

1.2 Nachhaltigkeit – wichtiger Bestandteil des unternehmerischen Handelns

Nachhaltigkeit ist die **Sicherstellung der wirtschaftlichen, sozialen und ökologischen Bedürfnisse** der Menschen im Gleichgewicht mit den natürlichen Ressourcen und im Hinblick auf die Sicherung der Lebensgrundlage zukünftiger Generationen.

In der Praxis bedeutet Nachhaltigkeit eine über die klassische Umweltpolitik hinaus wirkende Handlungsweise auf politischer, wirtschaftlicher und gesellschaftlicher Ebene. Ziel ist eine sozial gerechte und ökologisch verträgliche Lebensgrundlage für alle Menschen.

Nachhaltige Entwicklung ist eine dauerhafte Entwicklung, die den Bedürfnissen der heutigen Generation entspricht, ohne die Möglichkeiten künftiger Generationen zu gefährden, ihre eigenen Bedürfnisse zu befriedigen und ihren Lebensstil zu wählen (Definition von der so genannten Brundtland-Kommission, benannt nach der norwegischen Vorsitzenden der UN-Kommission für Umwelt und Entwicklung, Gro Harlem Brundtland, 1987).

Im Rahmen des Nachhaltigkeitskonzepts der Bank Austria Creditanstalt, welches ein integrierender Bestandteil des Nachhaltigkeitskonzeptes der Hypo-Vereinsbank Gruppe ist, wurde vor einigen Jahren ein Prozess begonnen, der die Ausgewogenheit zwischen wirtschaftlichem Wachstum und Profitabilität der Berücksichtigung sozialer Belange und der Sicherung einer intakten Umwelt zum Ziel hat. Damit deckt sich dieses Konzept sowohl mit den Zielen der Europäischen Union (Göteborg 1999) als auch mit jenen der österreichischen Nachhaltigkeitsdeklaration (Wien April 2002). Im Rahmen dieses Nachhaltigkeitskonzeptes werden die Themen des Arbeitsplatzes, der Menschenrechte, der Gesellschaft, des Marktes und der Umwelt in die Unternehmensstrategien integriert.

Corporate Social Responsibility nach innen und nach außen kann und soll ein fundiertes Netzwerk von Vertrauen und Loyalität schaffen, welches Voraussetzung für eine langfristige Entwicklung ist.

In unserem komplexen System wird besonders aufgrund der Vorfälle in den USA (Enron, Conway), aber auch in Europa (Vivendi, Alstom), viel Vertrauen verspielt, welches, einmal verloren, nur schwer und mit großem Zeitaufwand wiedergewonnen werden kann.

Daher sind die verschiedenen Deklarationen, wie die UNEP (United Nations Environment Programme)-Erklärung (siehe Anhang), der Corporate-Governance-Kodex und der Code of Conduct des Unternehmens, eine schriftlich festgelegte und überprüfbare Basis für einen Teil des Corporate-Social-Responsibility-Prozesses nach innen und nach außen.

Nur wenn diese Grundvereinbarungen und Regeln von der Leitung eines Unternehmens und den Mitarbeitern akzeptiert und auch gelebt und getragen werden, kann der Prozess auch eine Außenwirkung, im Sinne von Vertrauen und Loyalität, festigen oder begründen. Erst wenn das Verhalten im Unternehmen den Zielen entspricht, kann auch eine Veränderung der Einstellungen zum Unternehmen in der Öffentlichkeit bewirkt werden. Die Publikation der Regeln als Willensbekundung ist wichtig und der erste Schritt in diese Richtung.

Die glaubwürdige Umsetzung geschieht durch die Menschen und zeigt sich in deren Verhalten. Wenn dies geschieht, wird auch ein wichtiger Beitrag für die Gesellschaft geleistet und das Unternehmen wird dafür durch Vertrauen und Ansehen belohnt.

1.3 Integres Verhalten als Notwendigkeit für wirtschaftlichen Erfolg

Die Bank Austria Creditanstalt im Rahmen der HVB Group versteht sich in ihrem Engagement in nationalen und internationalen Märkten als integrer Wettbewerber. Entsprechendes Verhalten der Bank und aller Mitarbeiter sowie transparente und nachvollziehbare Geschäftspraktiken sind für den langfristigen Unternehmenserfolg unabdingbar. Gründe für die Beachtung von Leitlinien liegen nicht nur in der gesellschaftlichen Verpflichtung: Kapitalmärkte und zunehmend Rating-Agenturen verlangen den Nachweis funktionsfähiger Verhaltenskontrollen (etwa Code of Conduct, Compliance Organisation oder Fraud Prevention). Vereinbarte Verhaltensregeln bilden eine wichtige Grundlage für Integrationsprozesse bei Fusionen von Unternehmen. An öffentlichen Aufträgen werden nur Firmen mit einwandfreiem Geschäftsverhalten beteiligt. Firmen- und Privatkunden, Aktionäre und die Öffentlichkeit achten verstärkt auf integres Verhalten. So schließen zum Beispiel viele amerikanische Unternehmen keine Geschäfte mit Unternehmen ohne Code of Conduct ab. Integres Verhalten als Notwendigkeit für wirtschaftlichen Erfolg.

1.4 Der Code of Conduct fasst bestehende Regelungen neu

Ende 2002 hat der Vorstand der HVB Group einen konzernweiten Code of Conduct beschlossen, der einen für alle Mitarbeiter der HVB Group verbindlichen Standard für integres Verhalten festlegt. Dabei wurden die Hauptgrundsätze aus seit langem bestehenden Regelungen zusammengefasst: Wertekodex, Leitsätze für Mitarbeitergeschäfte in Wertpapieren und Derivaten, Compliance-Richtlinien über die Handhabung vertraulicher und kursrelevanter Informationen, Leitsätze für Mitarbeiterverhalten bei Immobiliengeschäften (eine in der Bankenbranche einmalige Richtlinie) und Umweltleitbild. Der Code of Conduct umfasst in zehn Punkten die Bekämpfung von Bestechung und Korruption, Geldwäsche, Insiderhandel sowie die Unterstützung des Umweltschutzes. Er thematisiert die grundsätzlichen Interessenkonflikte der Mitarbeiter und erläutert die Art der internen und externen Zusammenarbeit. Dabei spricht er Sanktionen explizit an. Einleitung und Rahmen des Code of Conduct bilden grundsätzliche ethische Richtlinien.

1.5 Impulse des Code of Conduct

Im Laufe des Jahres 2002 wurde der neue Code of Conduct allen Unternehmensbereichen und Tochtergesellschaften der HVB Group vorgestellt, um eine effektive Umsetzung als Führungsinstrument gemeinsam zu erarbeiten. Durch intensive Kommunikationsmaßnahmen werden die Mitarbeiter über die Inhalte informiert und lernen die Anwendung für ihren Tätigkeitsbereich kennen. Die guten Erfahrungen bei der vorausgegangenen Umsetzung der Richtlinien im Bereich Compliance/Geldwäsche/Commercial-Crime wurden genutzt. Auch die Bank Austria Creditanstalt hat zur Steuerung möglicher Konflikte und zur Überwachung der Geschäftstätigkeit vor längerer Zeit eine Compliance-Stelle und natürlich auch eine, die für Geldwäsche und andere kriminelle Themen zuständig ist, eingerichtet und die einzelnen Regelungen arbeitsrechtlich verbindlich gemacht. Diese Stelle unterstützt alle Mitarbeiter durch Beratung, Information, Aufklärung und Sensibilisierung.

Aufbau des Code of Conduct

A. Ethische Grundsätze

B. Allgemeine Orientierung
- Verhalten in Interessenkonflikten
- Persönliche Verhaltensregeln gegenüber Kunden, Wettbewerbern und Mitarbeitern
- Einhalten der Insiderregeln

C. Konkrete Richtlinien
- Kampf gegen Bestechung und Korruption
- Kampf gegen Geldwäsche
- Engagement für den Umweltschutz

D. Steuerung und Sanktionen
- Individuelles Vorgehen in Konfliktfällen
- Interne Richtlinien und Kontrollen
- Sanktionsmöglichkeiten der HVB Group

1.6 Corporate Governance

Man sollte meinen, dass Unternehmensführungen verstehen müssten, welche Auswirkungen es nach sich zieht, die Corporate-Governance-Regeln zu übernehmen bzw. nicht zu beachten. Es war daher klar, dass die Bank Austria Creditanstalt Gruppe zu den ersten Unternehmen in Österreich zählte, welche diese

Basisregeln, die Transparenz und Klarheit öffentlich gewährleisten, nach dem 1. Oktober 2002 unterzeichnet und übernommen haben.

Während in Deutschland 100% der börsenotierten Unternehmen den CG-Kodex akzeptieren, sind es in Österreich bisher bedauerlicherweise nur 46%. Für die Glaubwürdigkeit des Finanzmarktes ist es jedoch notwendig, dass alle Teilnehmer die CG-Regeln übernehmen und auch leben. Sonst besteht die Gefahr, dass das Vertrauen der Marktteilnehmer leidet.

1.7 Der österreichische Corporate-Governance-Kodex

Im September 2002 hat der Österreichische Arbeitskreis für Corporate Governance den österreichischen Corporate-Governance-Kodex (der „Kodex") geschaffen. Im Arbeitskreis waren Wirtschaftsprüfer, Finanzanalysten, Asset Manager, börsenorientierte Gesellschaften, Investoren, die Wiener Börse und Wissenschafter vertreten.

Der Kodex richtet sich vorrangig an österreichische börsennotierte Aktiengesellschaften. Geltung erlangt der Kodex durch freiwillige Selbstverpflichtung der Unternehmen zu den Corporate-Governance-Grundsätzen. Alle börsennotierten Gesellschaften sind daher aufgerufen, sich durch eine öffentliche Erklärung zur Beachtung des Kodex zu verpflichten und die Einhaltung der einzelnen Regelungen regelmäßig und freiwillig durch eine externe Institution evaluieren zu lassen und darüber öffentlich zu berichten.

Die kürzlich erfolgte Notierung ihrer Aktie an der Wiener Börse verpflichtet die Bank Austria Creditanstalt zur Beachtung des Kodex.

Der Kodex schafft ein Regelwerk für die verantwortungsvolle Führung von Unternehmen in Österreich. Es verfolgt das Ziel der Schaffung nachhaltigen und langfristigen Wertes und der Erhöhung der Transparenz für sämtliche Aktionäre. Grundlage des Kodex sind gesetzliche Vorschriften, insbesondere des österreichischen Aktien-, Börse- und Kapitalmarktrechts, sowie in ihren Grundsätzen die OECD-Richtlinien für Corporate Governance. Gesellschaften, die sich dem Kodex unterworfen haben, müssen die Nichteinhaltung der international üblichen Regeln, wie sie im Kodex festgelegt sind, erklären und begründen.

1.8 Corporate Citizenship

Im Rahmen des Nachhaltigkeitsprozesses und als Aufgabe im Rahmen der Corporate Social Responsibility ist die Zusammenarbeit mit externen Partnern, mit Bildungs-, Sozial- und Kultureinrichtungen, aber auch mit NGOs und politischen Institutionen – also Corporate Citizenship – ein wichtiger Bestandteil der gesellschaftlichen Aufgaben, welche freiwillig geleistet werden.

Um als Projekt im Rahmen der Corporate Citizenship erfolgreich zu sein, müssen einige wichtige Faktoren berücksichtigt werden:

- Es muss eine Einbettung in ein **übergeordnetes, strategisches Konzept** statt einer zufälligen Form des Engagements geben.
- Projekte werden in **Partnerschaften** durchgeführt und haben im Unternehmen eine
- breite **Verankerung** statt eines Einzelverantwortlichen.
- Das Unternehmen engagiert sich **nachhaltig** und nicht nur einmalig oder kurzfristig.

1.9 Corporate Community Involvement

Eine besondere Form des Corporate Citizenship (CC) ist das Corporate Community Involvement (CCI), bei welchen auf kommunaler Ebene Beziehungsnetzwerke in vielfältigen „Gelegenheitsstrukturen" entstehen und in welchen durch entsprechende Kommunikation Unternehmen auf ihre Mitverantwortung ansprechbar sind.

Aus reinen Sponsoringprojekten werden bereichsübergreifende Partnerschaftsprojekte, wenn nicht nur der kurzfristige PR-Effekt gesucht wird, sondern CSR und nachhaltiges Engagement zu partnerschaftlichen Problemlösungen gedeihen und wachsen sollen. Solche bereichsüberschreitenden Kooperationsstrukturen werden in der internationalen sozialwissenschaftlichen Forschung als „Sozialkapital" bezeichnet.

Ein Beispiel hierfür wie auch für die Vernetzungsstrategie ist das Projekt „Lebende Liesing", welches im Kapitel über die konkreten Projekte genauere Erwähnung findet.

2. Der Beitrag zur europäischen Erweiterung

2.1 Das Engagement in den zentral- und osteuropäischen Ländern (CEE)

Die grenzüberschreitend europäische Dimension des Bank Austria Creditanstalt Netzwerkes in den CEE-Ländern wird erst erkennbar, wenn man die Bedeutung des Banken- und Finanzsystems für eine Volkswirtschaft in Betracht zieht. Voraussetzung für das überproportionale Wachstum in diesen Ländern war sicherlich die rasche Entwicklung eines konkurrenzfähigen Bankenapparats, welcher moderne „state of the art"-Dienstleistungen anbietet.

2.2 CEE – Perspektiven und Strategien

Die Wirtschaftspolitik der CEE-Länder hat von Anfang an auf ein gesundes und stabiles Finanzsystem als notwendige Bedingung für einen erfolgreichen Aufholprozess gesetzt. Nach Bereinigung der Bad Loans (notleidende Kredite), die rund 30% der Kredite Mitte der 90er Jahre ausmachten, erfolgte die Rekapitalisierung und Privatisierung des Bankensystems. Derzeit sind nur mehr ca. 10% der Banken im staatlichen Mehrheitseigentum. Heute kann man das Bankensystem in Zentral- und Osteuropa als saniert bezeichnen. Trotz dieser Erfolge bei der Installierung und Sanierung des Bankensystems bleibt die Region CEE weiterhin mit Bankdienstleistungen unterversorgt.

Der Anteil ausländischer Banken in den CEE-Ländern liegt heute bei 70% und unter den größten 25 Banken dieser Region sind nur vier nicht mehrheitlich in ausländischem Besitz. Angesichts der offenen Volkswirtschaften und der Bedeutung der finanziellen Infrastruktur für den raschen Aufholprozess war das Engagement der internationalen Banken auch wirtschaftspolitisch erwünscht.

2.3 Das Banknetzwerk für das Europa der Regionen

Die Kernregion der Bank Austria Creditanstalt ist das zusammenwachsende Zentral- und Osteuropa. Die Bank versteht sich als regionaler Anbieter im internationalen Verbund und richtet ihre Strategien, Strukturen und Technologien auf das Entstehen eines wirtschaftlich eng verflochtenen Europa aus. Kern des Konzepts der Bank der Regionen ist das Eingehen auf die **lokale kulturelle und wirtschaftliche Vielfalt**. Die Regionalbanken werden in die Lage versetzt, ihren Markt mit ihrer unternehmerischen Initiative zu erschließen und ihre Kunden den regionalen Usancen entsprechend zu betreuen. Ihr besonders wertvolles Know-how ist die Kenntnis der Kunden, ihrer Gewohnheiten und Denkweisen. Dieses Know-how bringt die BA-CA in Form von Prozessen, überregionalen Standards und modernem Risikomanagement in diesen Markt ein. Um den Wissens- und Erfahrungsaustausch zwischen den einzelnen Banken zu fördern, werden regelmäßige Meetings in einem jeweils anderen Land abgehalten. Diese dienen der Vertiefung der Zusammenarbeit der Tochterbanken untereinander und natürlich auch dem **wechselseitigen Know-how-Transfer**.

2.4 Partizipation am Wachstumsmarkt

Nur eine Bank, die rechtzeitig die Zeichen der Zeit erkannt hat und ausreichend lange vor Ort tätig ist („Early Mover Advantage") sowie über eine lokale Kundenbasis verfügt, kann das Potenzial des grossen europäischen

Wachstumsmarktes ausnützen. Durch die Präsenz der Gruppe in 15 Ländern (mit Mazedonien 16) wird diesem Potenzial voll Rechnung getragen. Die Vernetzung zwischen den CEE-Regionen und den Ballungszentren (Bildung von Produktivitätsclustern) nimmt genauso zu wie die Verflechtung und die Arbeitsteilung mit den Ländern der EU. Es werden Kunden in allen 16 Ländern betreut und bei ihren Investitionen in der Region begleitet. Die Bank ist **multinational** orientiert und organisiert und handelt im Geiste der europäischen Einheit. Mit diesem Ansatz ist es möglich, der **Vielfalt (Diversity) und dem kreativen Potenzial** in diesen Ländern entsprechenden Raum zu geben, um unsere Ergebnisse weiter zu steigern.

3. Nachhaltigkeitsnetzwerk der Bank Austria Creditanstalt Gruppe

Das Umweltbewusstsein gewinnt in der modernen Wirtschaft zunehmend an Bedeutung. Die Bank Austria Creditanstalt hat dies erkannt und schenkt sowohl im Kundengeschäft als auch im bankinternen Betrieb ökologischen Faktoren besondere Bedeutung. Bereits seit der Unterzeichnung des United Nations Environmental Programme (UNEP, 1992) bekennt sich die Bank Austria Creditanstalt zu einem umfassenden und vorbeugenden Umweltschutz. Natürlich wird auch im Personalbereich die Nachhaltigkeit groß geschrieben.

Im Rahmen des Nachhaltigkeitsnetzwerkes werden seit vielen Jahren konkrete Projekte und Maßnahmen auf verschiedenen Ebenen (im Bildungsbereich, im Umweltbereich, im gesellschaftlichen und humanitären Bereich sowie im kulturellen Bereich) entweder allein oder in Partnerschaft mit Civil-Society-Institutionen durchgeführt.

Heutzutage werden Wirtschaftswachstum, Umweltschutz und soziale Kohärenz nicht mehr als konkurrierende Ziele aufgefasst, sondern als Faktoren, deren Zusammenwirken den Weg zu dauerhafter und qualitativer Wohlstandssteigerung für alle und über Generationen hinweg erlaubt. Seit Jahren beschäftigt sich die Wirtschaft weltweit mit dem Themenkreis der nachhaltigen Entwicklung. Im Vordergrund standen dabei der Ressourcenschutz, die Verringerung der Emission von Umweltgiften und ein fairer Umgang mit Mitarbeitern im In- und Ausland. Was die Bank Austria Creditanstalt unternimmt, um den Gedanken einer nachhaltigen Entwicklung zu fördern:

- Die Bank Austria Creditanstalt macht die Früherkennung ökologischer Risiken zum festen Bestandteil der Kreditwürdigkeitsprüfung – in beiderseitigem Interesse von Bank und Kreditnehmer. Schäden werden früher oder später auch Schäden für die Bank, sei es in Form von Kreditausfällen, Haftungen oder Imageproblemen. Diese Risiken gilt es, aus eigenem und übergeordnetem Interesse, schon im Ansatz zu vermeiden und es gilt selbstverständlich auch, die Kunden davor zu bewahren.

- Die BA-CA pflegt dauerhafte Kundenbeziehungen, das heißt, sie weist ihre Kunden bei kritischen Fällen durch Beratung auf ihre Handlungsmöglichkeiten hin, um ihnen drohende Verluste zu ersparen – ganz nach dem Motto der Bank Austria Creditanstalt „Der Erfolg unserer Kunden ist unser Erfolg".

- Die Bank setzt ihr spezielles Know-how (z.B. in der Projektfinanzierung) für innovative Finanzierungsmodelle im Infrastrukturbereich ein, bzw. für Projekte, die ökologische Effizienz zum Gegenstand haben.

- „Ethisch-ökologische Geldanlagen" gewinnen unter dem Einfluss der NGOs und der Anlagevorschriften stetig an Bedeutung. Je größer die Bedeutung der Eigenvorsorge und der Pensionskassen in der Altersvorsorge wird, umso stärker achtet auch die BA-CA in ihrer Anlagepolitik darauf, dass die Mittel dauerhaft rentabel und zugleich sinnvoll investiert sind (Socially Responsible Investments). Auch die VBV, die Mitarbeitervorsorgekasse der BA-CA, investiert nach ethisch ökologischen Grundsätzen und hat eigens einen Ethikbeirat eingerichtet (www. vbv.co.at).

- Intern und extern wird der Dialog über Nachhaltigkeit vorangetrieben, Ausbildung und Aufklärung durch Veranstaltungen, Mitgliedschaften und gezieltes Sponsoring dienen dazu, der verantwortungsvollen Rolle der Bank in der Gesellschaft gerecht zu werden (Corporate Citizenship).

- Die Bank Austria Creditanstalt strebt aber auch als Unternehmen selbst eine nachhaltige Entwicklung an – in Bezug auf die wirtschaftliche Performance, die Ökologie und den sozialen Bereich. Die BA-CA verfolgt das Ziel, nachhaltig, das heißt dauerhaft und über kurzfristige Rückschläge hinweg, Werte zu schaffen, indem sie ihre Marktstellung und Leistungsfähigkeit ausbaut, um das ihr überlassene Kapital marktmäßig rentabel – aber wiederum langfristig – zu verzinsen.

- Die Bank strebt im Bankbetrieb eine ständige Steigerung der ökologischen Effizienz an, und zwar durch ein zentrales Management, das zugleich aufklärend wirkt und die Begeisterungsfähigkeit der Mitarbeiter mobilisiert – (das ökologische Ziel).

- Die Bank Austria Creditanstalt und ihre Vorgängerbanken haben stets eine auf Dauer angelegte Personalpolitik verfolgt und bereits im Laufe der Zusammenführungen der letzten zehn Jahre eine besondere Integrationsfähigkeit bewiesen. Es zählt zum sozialen Ziel der Bank, einen in jeder Hinsicht ausgewogen zusammengesetzten Stamm von Mitarbeitern aufzubauen und durch nachhaltige Personalarbeit zu entwickeln, um es dem/der Einzelnen zu ermöglichen, Beruf und Privatleben in Einklang zu bringen. Die Kreativität der Vielfalt zu heben (Diversity) ist auch einer der Ansprüche, die das Zusammenwirken des internationalen Netzes, namentlich der CEE-Töchter, prägen.

3.1 Produktökologie

Die Prüfung der Auswirkung von Produkten und Handlungen der Bank auf das ökologische Umfeld ist standardisierte Vorgangsweise der Bank Austria Creditanstalt.

Wirtschaftsfaktor Umweltrisiko

Das Ziel des Umweltrisikomanagements ist es, die Kredit-, Haftungs- und Reputationsrisiken zu minimieren. Die Bank hat auch die Verpflichtung, ihre Kunden auf potenzielle Umweltrisiken hinzuweisen und Problemlösungen anzubieten. Zur Erfassung der Risiken wird neben der Kreditwürdigkeitsprüfung auch die obligatorische Umweltrisikoprüfung durchgeführt. Die Prüfung besteht aus einem dreistufigen Verfahren: Einschätzung des Umweltrisikos, Einbindung des Umweltreferates und – sofern notwendig – Beauftragung externer Gutachter. Die Ergebnisse dieser Prüfung fließen auch in das Bonitätsrating des Unternehmens ein. Diese Analyse ist auch für die Bewertung von soft facts bei Basel II eine entscheidende Grundlage.

3.1.1 Umweltrisiken

Bonitätsrisiko

Defensives Wirtschaftsverhalten und Ignorieren von Umweltaspekten können dazu führen, dass die Marktleistungen von Unternehmen nicht mehr den veränderten Wettbewerbsanforderungen genügen. Solches Fehlverhalten kann zu nachstehenden Folgen führen:

- Deutlich höhere persönliche Haftungsrisiken
- Stark rückläufige Umsatzzahlen
- Vermehrter öffentlicher und politischer Druck

Besicherungsrisiken

Veraltete Produktionsmethoden und unsachgemäße Lagerung von Abfällen und Chemikalien können zu massiven Verunreinigungen von Grundstücken sowie des Grundwassers führen. Bodenkontamination ist – neben einer Vielzahl anderer Probleme – vor allem mit drei wirtschaftlichen Risikofaktoren verbunden:

- Existenzbedrohung bei konkreter Umweltgefährdung:
  - Anordnung von Sanierungsmaßnahmen von Seiten einer Vollzugsbehörde
  - Privatrechtliche Ansprüche betroffener Anrainer zur Schadensbeseitigung gegen den Verursacher

- Investitionsverteuerung

  Soll auf einer kontaminierten Liegenschaft gebaut werden, verteuert sich das Bauvorhaben durch:
  - die notwendigen Abklärungen
  - die umweltgerechte Behandlung bzw. Entsorgung des Aushubs bzw. noch vorhandener, alter Gebäudeteile sowie
  - eventuelle Sicherungsmaßnahmen

- Wertminderung

  Jegliche Kontamination einer Liegenschaft bewirkt einen Sachmangel (Ansprüche Dritter, Nutzungsbeschränkungen, Mehrkosten) und damit eine Wertminderung, die bei einem Kauf bzw. Verkauf entsprechend zu berücksichtigen ist. Schon bei Verdacht auf Kontaminierung einer Liegenschaft ist zumindest mit zusätzlichen Kosten für die Abklärung der Situation zu rechnen.

Das Umweltreferat der Bank Austria Creditanstalt bietet sowohl den Kundenbetreuern also auch den Kunden Dienstleistungen bei der Erkennung und Bewältigung von Umweltrisiken, aber auch zur Erkennung von Chancen im Umweltbereich an.

Die Mitarbeiter des Umweltreferates können Firmenkunden in folgenden Bereichen und bei folgenden Aspekten behilflich sein:

3.1.2 Wachstumsmarkt Ressourcenmanagement

Ein wichtiges Modell zur Förderung von Energiesparmaßnahmen ist das **Contracting**. Dabei werden der nachhaltigen Ressourcenbewirtschaftung dienende Projekte so gestaltet, dass das Budget des Eigentümers oder der Gebietskörperschaft möglichst wenig belastet wird.

Energy-Contracting (auch Performance- oder Einspar-Contracting): Um die Energieeffizienz zu verbessern, übernimmt der Contractor (Auftragnehmer) die Beratung, Planung, Finanzierung und Durchführung. Die Vorfinanzierung der Maßnahmen erfolgt durch die Bank Austria Creditanstalt. Der Contractor erhält nach Durchführung einen prozentuellen Anteil der Einsparung. Für den

Kunden sinken durch die gesetzten Maßnahmen die Ausgaben für die einzelnen Energieträger.

Facility-Contracting (auch Anlagen-Contracting): Bei diesem Modell wird die Erhaltung, Verbesserung oder Erneuerung von Anlagen oder Gebäuden sichergestellt. Durchschnittlich können bis zu 18% der Energiekosten eingespart werden. Contracting findet derzeit vor allem bei Schulgebäuden und Gemeindeeinrichtungen Einsatz, so z.B. in der Volks- und Hauptschule Weißkirchen oder im Amtshaus für den 13. und 14. Bezirk in Wien.

3.2 Ethisches Investment

Ethisches Investment ist eine Geldanlageform, die sich auch an Wertmaßstäben orientiert, die außerhalb ökonomischer Überlegung liegen. Kapitalanleger berücksichtigen dabei neben einer marktgerechten Rendite, Sicherheit und Liquidität auch ethische Kriterien, wie beispielsweise ökologische, politische oder religiöse Grundlagen.

Durch verschiedene Verfahren können ethische, ökologische und soziale Kriterien bei der Geldanlage berücksichtigt werden:

- Ausschlusskriterien: Gewisse Branchen scheiden für nachhaltige Veranlagungen aus. Dazu gehören z.B. Atomenergie, Rüstungsindustrie, Gentechnik, Flugzeug- und Autoindustrie, Kinderarbeit, Prostitution, Tierversuche, Chlorchemie, Produktion von Alkohol. Viele andere ökologische und soziale Probleme bleiben unberücksichtigt.
- Positivkriterien: Es werden nur Unternehmen aus bestimmten Branchen, wie z.B. Umwelttechnologie oder Hersteller und Händler ökologischer Produkte, aufgenommen.
- Best-in-Class-Ansatz: Hier wird gezielt nach Unternehmen gesucht, die im Vergleich zu anderen Firmen derselben Branche bessere Leistungen im ökologischen und sozialen Bereich und in der Unternehmensführung aufweisen.
- Ökofonds: Zumeist Branchenfonds mit speziellem Fokus auf Umweltthemen (z.B. erneuerbare Energien, Wasseraufbereitung).

3.2.1 Capital Invest Ethik Fonds

Ethische Investments fanden in den letzten Jahren verstärktes Interesse der Anleger. Die Capital Invest bietet deshalb einen Fonds an, der nach moralischen, ökologischen, nachhaltigen und ethischen Gesichtspunkten veranlagt. Der Ethik Fonds setzt sich aus rund 30% Aktien und 70% Anleihen zusammen.

Ethikfonds schließen Unternehmen aus, die in der Atom- oder Rüstungsindustrie tätig sind und ihren Umsatz mit Tabak, Alkohol oder Glücksspiel machen. Es sind auch keine Unternehmen vertreten, die Kinderarbeit zulassen, die Umwelt schädigen oder Menschenrechte missachten. Bei der Auswahl von Ländern als Anleiheschuldner gibt es ebenfalls Ausschließungskriterien wie Nichteinhaltung von Klimaschutz und sozialen Standards, Todesstrafe und ein autoritäres Regime.

Beim Capital Invest Ethik Fonds arbeitet das Fondsmanagement der Capital Invest mit E. Capital Partners zusammen. Dieses Unternehmen ist derzeitig das einzige, das einen gemischten (Anleihen und Aktien), ethisch selektierten Index anbietet. Dabei wird nach einem Negativ- und Positiv-Screening der Best-of-Class-Ansatz herangezogen.

Übrigens: Mit dem Vorurteil, dass mit Moral keine Rendite zu erzielen sei, wurde gründlich aufgeräumt. Zwar konnten sich Ethikfonds auch nicht der Baisse entziehen, sie entwickelten sich im Durchschnitt aber um etwa 2% besser als der Weltaktienindex MSCI World.

3.3 Kommunikation – Verantwortung für morgen

Das gesellschaftliche Engagement der Bank Austria Creditanstalt umfasst die Bereiche Umwelt, Wirtschaft, Wissenschaft und Forschung, Kunst und Kultur sowie Soziales. Es ist der Bank ein besonderes Anliegen, mit heutigem Handeln an den Rahmenbedingungen für ein gesichertes Morgen mitzuarbeiten. Die Bank bemüht sich, in ihre Aktivitäten ökologische und soziale Aspekte einzubeziehen und sie nicht als Nebenbedingung, sondern Schritt für Schritt als Teile eines ausgewogenen Ganzen zu betrachten.

3.4 Nachhaltigkeitsmanagement

Eine der Säulen des Nachhaltigkeitsmanagements ist die Kommunikation im Dienste der Bewusstseinsbildung und Sensibilisierung von Kunden und Mitarbeitern gleichermaßen. Zu den Kernaufgaben der Nachhaltigkeitskommunikation gehören insbesondere:

1. Beratung: Informationsaufbereitung für Kunden und Mitarbeiter (Anfragebeantwortung, Vortragsvorbereitung für Geschäftsführung).
2. Veranstaltungen: Darstellung umweltrelevanter Themen für Kunden und Mitarbeiter (Motto: Hilfe zur Selbsthilfe).
3. Publikationen: Mitarbeiter- und Kundenzeitschriften, Geschäfts- und Nachhaltigkeitsberichte, Präsentationen.
4. Informationsaustausch: Laufende Beobachtung neuer Entwicklungen und Weitergabe der Informationen, Erfahrungsaustausch auf nationaler

und internationaler Ebene mit Banken und Institutionen zum Thema Nachhaltigkeit.

5. Entwicklung und Gestaltung: Mitgliedschaft bei nachhaltigen Organisationen, Teilnahme an Veranstaltungen, Mitarbeit in Gremien und Arbeitsgruppen, ökologisches Benchmarking, ethische Veranlagungen, Vertretung der Bank nach außen.

6. Ökosponsoring: Unterstützung nachhaltiger Projekte.

Mit dieser Vorbildwirkung ist es der Bank Austria Creditanstalt möglich, ihre Umweltberatungskompetenz auszubauen und konsequent neue Marktchancen zu eröffnen.

Das Ökomanagement der Bank Austria Creditanstalt ist bemüht, betriebsökologische Aktivitäten zu verbessern, darüber hinaus werden im Ökosponsoring zahlreiche zukunftsorientierte, umweltschonende Projekte unterstützt. Den Kunden steht ein umfangreiches Know-how im Bereich Vermeidung von ökologischen Problemen und Risken zur Verfügung.

3.5 Human Resources – nachhaltige Personalpolitik

Hier sollen nur einige Highlights aufgezeigt werden, da eine umfassende Darstellung den Rahmen sprengen würde.

Mobility

Die laufenden Strukturanpassungen in den Geschäftsfeldern der Bank Austria Creditanstalt sowie auch die Expansion in Zentral- und Osteuropa bringen für zahlreiche Mitarbeiter den Wechsel in ein neues Aufgabengebiet mit sich. Häufig entsteht der Wunsch nach einer neuen Tätigkeit oder Stelle aber auch auf Seiten der Mitarbeiter, etwa wenn nach jahrelanger erfolgreicher Tätigkeit neue Herausforderungen gesucht werden. Mit den „MobilServices" hat das Ressort Human Resources die erforderlichen Rahmenbedingungen geschaffen, um Führungskräfte und Mitarbeiter in diesem Prozess der Veränderungen professionell zu begleiten und somit den internen Wechsel des Arbeitsplatzes zu erleichtern.

Diversity – Chancengleichheit – Work Life Balance

Als internationaler Konzern beschäftigt die Bank Austria Creditanstalt eine Vielzahl von Mitarbeitern, die sich in Kultur, Sprache, Religion, Geschlecht, Lebensalter, Gesundheit, Herkunft etc. unterscheiden. Diese Vielfalt wird als wertvolles Gut betrachtet. Die Kombination unterschiedlicher Sichtweisen und Fähigkeiten lässt Kreativität und Innovation entstehen. Gerade in Zeiten großer Veränderungen ist „Diversity" eine gute Basis für dauerhaften Unternehmenserfolg. Ein wichtiger Teilaspekt von Diversity ist „Gender working"– speziell zur Förderung von Chancengleicheit für Frauen und Männer werden in unserer Gruppe gezielt Maßnahmen gesetzt.

Die Bank Austria Creditanstalt versteht unter Diversity Management nicht nur den Nutzen der Vielfalt für das Unternehmen, sondern auch das Eingehen auf individuelle und unterschiedliche Bedürfnisse, was die berufliche Weiterentwicklung der Mitarbeiter, aber auch eine Balance zwischen deren Privat- und Berufsleben ermöglicht.

So bietet beispielsweise die Bank Austria Creditanstalt ihren Mitarbeitern entsprechende Rahmenbedingungen, um Familie und Beruf besser aufeinander abstimmen zu können. Neben flexiblen Arbeits(zeit)modellen werden auch Kinderbetreuungsmöglichkeiten angeboten. In den beiden betriebseigenen Kindertagesheimen in Wien werden rund 200 Kinder bestens betreut. In den Ferien gibt es für die Kinder der Mitarbeiter spezielle Angebote, wie z.B. Sportmöglichkeiten (Tenniskurse, Schwimmkurse) auf bankeigenen Sportplätzen oder Computerkurse in bankeigenen Ferienhotels.

Gesundheit

Hohen Stellenwert hat die Erhaltung der Gesundheit der Mitarbeiter. An den drei großen zentralen Standorten – an einem davon wurde das Health Center im Jahr 2002 erweitert und an den Angebotsstandard angepasst – werden die Mitarbeiter von einem Mediziner- und Therapeutenteam vielfältiger Fachrichtungen nach modernen arbeitsmedizinischen Gesichtspunkten behandelt und beraten. Bewegungs- und Ausgleichsprogramme werden zu attraktiven Preisen organisiert. Die Einrichtungen und Leistungen werden auch den Mitarbeitern der verbundenen Unternehmen zur Verfügung gestellt, was die Wirtschaftlichkeit des Health Center maßgeblich verbessert.

3.6 CSR und nachhaltiger Bankbetrieb

Mit der Unterzeichnung der UNEP-Erklärung (1992) verpflichtet sich die Bank Austria Creditanstalt zu einem umfassenden Umweltschutz und zu einem verantwortungsvollen sparsamen Umgang mit knappen Ressourcen.

Eine Voraussetzung, dieses Ziel erfolgreich zu erreichen, ist ein nachhaltiger Bankbetrieb. Was versteht man unter nachhaltigem Bankbetrieb? Es ist die Bereitstellung aller für das Bankgeschäft notwendigen Rahmenbedingungen vom Bürogebäude über die Büroausstattung bis hin zu deren Entsorgung. Kosteneffizienz, umwelt- und sozialverträglicher Ressourceneinsatz sowie hohe Mitarbeiterzufriedenheit sind die relevanten Parameter bei der Umsetzung.

Je näher ein Unternehmen diesem Ziel kommt, umso mehr profitieren die Aktionäre von den Kosteneinsparungen, die Mitarbeiter von einem gesunden und motivierenden Arbeitsumfeld und die Gesellschaft von der Schonung der Ressourcen. Dazu müssen neben der wirtschaftlichen und ökologischen Optimierung der Stoff- und Energieströme eines Unternehmens, also der klassischen „Betriebsökologie", auch die Mitarbeiter und Lieferanten in den Verbesserungsprozess mit einbezogen werden. Vor diesem Hintergrund sprechen wir heute nicht mehr von der Betriebsökologie, sondern vom „nachhaltigen Bankbetrieb".

Nachhaltiger Bankbetrieb besteht in einer lebenszyklischen Betrachtung der Sachaufwände und steuert die Verwendung der Betriebsmittel und den Verbrauch von Energie auf Basis wirtschaftlicher und ökologischer Regelkreise. Diese Regelkreise sehen folgendermaßen aus:

Gesamtverbrauch dokumentieren – Kennzahlen bilden – Ergebnis analysieren – mit anderen Instituten vergleichen – Ziele formulieren – Maßnahmen setzen – Kosten/Ressourcen sparen – Erfolg kontrollieren (Gesamtverbrauch dokumentieren). Die Bank Austria Creditanstalt strebt eine ständige Steigerung der ökologischen Effizienz an und zwar durch ein zentrales Management, das zugleich aufklärend wirkt und die Begeisterungsfähigkeit der Mitarbeiter mobilisiert.

3.6.1 Nachhaltiger Bankbetrieb – Taten statt Worte

Der betriebsökologische Aspekt bezieht sich auf die direkten Umweltauswirkungen, die vom Betrieb einer Bank ausgehen. Das sind zum einen der Verbrauch von Ressourcen, vor allem Papier, Wasser und Energie. Zum anderen entstehen entsprechende Mengen an Abfall und Emissionen.

Energie und Heizung: Obwohl in den vergangenen zwei Jahren verschiedene Energieoptimierungsprojekte durchgeführt wurden, die eine Kosteneinsparung von rund 100.000 € gebracht haben, ist der Energieverbrauch pro Mitarbeiter gestiegen. Dies ist teilweise durch die Umbau- und Sanierungsmaßnahmen im Zuge der Umstrukturierung erklärbar. Erste Schritte zur Senkung des Energieverbrauchs wurden bereits gesetzt und zeigen Erfolge: In den zentralen Häusern wurden 2002 die Einschaltzeiten reduziert.

Der Wasserverbrauch konnte kontinuierlich gesenkt werden, die BA-CA liegt damit – verglichen mit anderen Instituten – im unteren Durchschnitt. Erwähnenswert ist der vor einigen Jahren erfolgte Einbau von berührungslosen Sensorenarmaturen im Objekt Schottengasse, womit eine 60%ige Reduktion des Verbrauches erreicht wurde.

Papier: Das papierlose Büro bleibt eine Vision – obwohl punktuell große Anstrengungen unternommen wurden, den Papierverbrauch zu senken. Das Nachhaltigkeitsmanagement wird die Sensibilisierung der Mitarbeiter durch umfassende Informationen fördern, mit dieser Ressource bewusst umzugehen. Darüber hinaus muss der Recycling-Anteil, der zur Zeit bei 13% liegt, erhöht werden.

Abfall: Alle zwei Jahre wird gemäß dem Abfallwirtschaftsgesetz ein umfassendes Abfallwirtschaftskonzept erstellt. Getrennt gesammelt werden in größeren Objekten Papier, Restmüll, Kunst- und Verbundstoffe, Metall, Weiß- und Buntglas sowie Biomüll. Darüber hinaus stehen in den einzelnen Abteilungen die so genannten Batterienboxen für Altbatterien zur Verfügung und es gibt die Möglichkeit, alte Medikamente beim Betriebsarzt abzugeben.

Emissionen: Eine der wesentlichsten Umweltauswirkungen eines Bankbetriebes sind die Emissionen, die durch die Energieversorgung der Gebäude und durch Dienstreisen entstehen. Im Jahr 2001 führte die Energieversorgung der Gebäude zu einem Kohlendioxidausstoß von 37.218 t; bei Dienstreisen waren es 4.007 t.

Verkehr: Mobil zu sein ist für die Geschäftätigkeit der Bank Austria Creditanstalt unabdingbar. Umso wichtiger ist ein nachhaltig orientiertes Mobilitätsmanagement, das die negativen Auswirkungen des Geschäftsverkehrs auf den Menschen so weit wie möglich reduziert. Hauptziele sind die Verringerung der notwendigen Reisetätigkeit und die zunehmende Verlagerung auf umweltverträglichere Verkehrsmittel. Im Jahr 2001 legten die Mitarbeiter der BA-CA auf ihren Geschäftsreisen 16 Mio. km zurück, wobei unter den Beförderungsmitteln das Flugzeug mit 64% an erster Stelle stand. Für die Mitarbeiter wurden in einigen Objekten bereits gesicherte Fahrradabstellplätze (einige mit Duschgelegenheit) installiert, die von vielen genutzt werden.

Nach der Filiale Hirschstetten ist seit 2002 auch die Filiale Lerchenfelderstraße im Kreis der Klimabündnisbetriebe vertreten. Sie erhielt diese Auszeichnung aufgrund der vorbildlichen Umsetzung zahlreicher Umweltschutzmaßnahmen mit dem Schwerpunkt der Verringerung der Emissionen. Das Klimabündnis ist eine Partnerschaft zum Schutz des Weltklimas, der die Stadt Wien 1991 beigetreten ist. In diesem Vertrag wurde vereinbart, bis zum Jahr 2010 die Kohlendioxid-Emissionen (bezogen auf 1987) zu halbieren sowie den Verbrauch von FCKW zu stoppen.

3.6.2 Ökocontrolling – Vorteile durch konzernweite Zusammenarbeit

Im März 2002 haben sich die Group-Mitglieder HypoVereinsbank, Bank Austria Creditanstalt, Vereins- und Westbank und die Vereinsbank Victoria Bausparkasse erstmals zu einem Arbeitskreis „Nachhaltiger Bankbetrieb" zusammengefunden. Dieser Arbeitskreis hat sich folgende Ziele gesetzt:

- Vereinheitlichung des Ökocontrollings als zentrales Steuerungselement in der Betriebsökologie,
- Ermittlung von Verbesserungspotenzialen durch die Festlegung von Benchmarks und durch regelmäßigen Erfahrungsaustausch,
- Durchführung gemeinsamer Projekte,
- Einbeziehung weiterer Group-Mitglieder.

Darüber hinaus ist die Bank Austria Creditanstalt Initiator und Mitautor des in Zusammenarbeit mit der Arbeitsgruppe „Geldwirtschaft und Versicherungen" der ÖGUT (Österreichische Gesellschaft für Umwelt und Technik) veröffentlichten Leitfadens „Betriebsökologisches Benchmarking für österreichische „Finanzdienstleister". Ziel dieses Projekts ist, aus Erfahrungen zu lernen und damit nicht nur Umweltengagement zu zeigen, sondern auch Kosten einzusparen.

3.6.3 Kommunikation ist die Basis für ein gemeinsames Handeln

Eine der wichtigen Säulen des Nachhaltigkeitsmanagement ist die Kommunikation im Dienste der Bewusstseinsbildung und der Sensibilisierung von Mitarbeitern, Kunden und Öffentlichkeit. Durch umfassende und regelmäßige Information in den internen Medien wie Mitarbeiterzeitung, Intranet und Extranet erreicht man Verständnis. Durch die Möglichkeit zur Mitbestimmung (Ideenmanagement) erhöht die Bank Austria Creditanstalt die Motivation und das notwendige Commitment ihrer Mitarbeiter.

Über die Kundenzeitung, die achtmal im Jahr erscheint, werden die Kunden – mit regelmäßigen Beiträgen von Fachexperten aus NGOs, Wirtschaft, Politik oder Ministerien über umweltrelevante Themen informiert. Über einige Nachhaltigkeitsaktivitäten berichtet die Bank auch auf ihrer Homepage.

3.6.4 Ökosponsoring, Mitgliedschaften und Veranstaltungen

Im Rahmen des Nachhaltigkeitssponsorings unterstützt die Bank Austria Creditanstalt Aktivitäten von Institutionen, Unternehmen, von Jugendlichen und Studenten, die sich mit Projekten auf den Gebieten Energie, Boden, Wasser, Umwelttechnologie, Nachhaltigkeitsbildung, Europa und Umwelt beschäftigen. Eine Verbindung der Sponsoraktivitäten mit dem eigentlichen Bankgeschäft (finanzielle Unterstützung oder Bereitstellung von Veranstaltungsräumen, aber auch aktive Teilnahme von Mitarbeitern als Vortragende etc.) wird dabei angestrebt.

„Das Zukunftssymposium 2002 – ZUSY" der Universität Wien, einem Nachfolgeprojekt der bekannten Ökowoche, dient als Informationsplattform, aber auch zur Präsentation von Nachhaltigkeitsprojekten und der Darstellung von Betrieben, die sich für eine nachhaltige Entwicklung einsetzen. Die Abschlussdokumentation erschien im September 2002.

Die DepoTech Leoben, die größte Abfallwirtschaftstagung Österreichs, fand im November 2002 an der Montanuniversität Leoben statt. Die Schwerpunkte waren die Sanierung von Altlasten, die thermische Verwendung von Abfällen, Managementsysteme, Ökobilanzierung und Prozessoptimierung.

Anlässlich des Internationalen Umwelttages 2002 legte die Umweltberatung einen „immerwährenden" Kalender auf. Dieser enthält Ideen zum praktischen Umweltschutz im Alltag sowie nachhaltige Tipps. Die Herstellung dieses Kalenders „Umweltspuren im Alltag" wurde im Rahmen des Ökosponsoring von der Bank unterstützt.

Die Bank Austria Creditanstalt arbeitet mit verschiedenen NGOs zusammen. Sie ist zum Beispiel Gründungsmitglied der ÖGUT (Österreichische Gesellschaft für Umwelt und Technik) sowie des Club of Rome Austrian Chapter, Mitglied bei B.A.U.M. (Bundesweiter Arbeitskreis für umweltbewusstes Management) sowie beim EU-Projekt CABERNET (http:www.cabernet.org.uk). Deren Ziel ist es, im Sinne einer nachhaltigen Entwicklung neben der ökonomischen Sichtweise die ökologischen sowie sozialen Aspekte und Zusammenhänge zu betonen. Die Bank stellt dabei ihr Know-how in verschiedenen Arbeitsgruppen zur Verfügung (AG Energie-Contracting, AG Mittel- und Osteuropa, AG Geldwirtschaft und Versicherungen) sowie bei der Plattform ethisch-ökologische Veranlagung.

Überdies finden regelmäßig Veranstaltungen zum Thema Nachhaltigkeit, CSR und Civil Society für Mitarbeiter, Kunden und für die Öffentlichkeit im eigenen Haus statt.

3.7 Corporate Citizenship

Das gesellschaftliche Engagement der Bank Austria Creditanstalt umfasst die Bereiche Kunst und Kultur, Soziales, Wissenschaft und Gesellschaft, Umwelt und Nachhaltigkeit sowie Sport. Es ist der Bank dabei ein besonderes Anliegen, mit dem heutigen Handeln die Rahmenbedingungen für das Morgen zu schaffen.

Die Bank bemüht sich, in ihr Handeln ökologische und soziale Aspekte einzubeziehen und nicht als Nebenbedingung, sondern Schritt für Schritt als Teile eines ausgewogenen Ganzen zu betrachten. Der Weg ist das Ziel: Die Bank sieht den nachhaltigen Schutz von Umwelt und Gesellschaft im Unternehmen als einen Prozess, der kontinuierlich weiterentwickelt wird.

3.7.1 Sponsoring-Projekte

Concordia Publizistikpreis für das „Gesamtkunstwerk Augustin"

Die Obdachlosenzeitung „Augustin", wurde am 25. April mit dem Concordia-Publizistikpreis in der Kategorie Menschenrechte ausgezeichnet. Dieser Preis, der von der Bank Austria Creditanstalt zur Verfügung gestellt wird, ist mit EUR 3.650 dotiert. Damit werden alljährlich verantwortungsvolle, vorurteilsfreie publizistische Leistungen im Dienste der Menschenrechte gewürdigt, die Diskriminierungen jeglicher Art, sei es in religiöser, ethnischer oder geschlechtsspezifischer Hinsicht entgegenwirken.

Es wurde das soziale Engagement des Projektes Augustin, das Obdachlosen, Arbeitslosen und sozial Ausgegrenzten neue Würde und neues Selbstwertgefühl gegeben hat, gewürdigt. Mit rund 30.000 verkauften Exemplaren im 14-Tages-Rhythmus weist der Augustin, der heuer sein achtjähriges Bestehen feiert und zur Gänze auf Subventionen verzichtet, eine beachtliche Breitenwirkung auf. Er bereichert als professionell gestaltete „Special Interest" Zeitung die Wiener Medienlandschaft. Mit sozial engagierten Inhalten wird Licht auf die Schattenzonen der Leistungsgesellschaft geworfen. Der Augustin ist Sprachrohr der Randgruppen.

Kulturraum Mitteleuropa

Bildende Kunst, Musik und Literatur stehen im Mittelpunkt. Das kulturelle Engagement der Bank Austria Creditanstalt hat eine lange Tradition. Das Sponsorprogramm „Kulturraum Mitteleuropa" umfasst in den Regionen Österreich und CEE (Mittel- und Osteuropa) eine klar definierte Strategie:

Bildende Kunst:

Zeitgenössische Kunst und die finanzielle Unterstützung junger Kunstschaffender sind die Schwerpunkte der Förderung. Die wichtigsten Projekte:

- Kunstraum Bank Austria – Rauminstallationen in der Kassenhalle (1030 Wien, Vordere Zollamtsstraße).
- Georg-Eisler-Förderpreis – Kunstpreis für Malerei und verwandte Techniken, der mit EUR 10.900 dotiert ist.
- KunstRaumMitteleuropa – Ausstellungsreihe zur Förderung von mittel- und osteuropäischen Künstlern.

Musik:

- Klassik & Jazz – Förderung von Nachwuchsmusikern und diese Musikformen einem größeren Publikum näher zu bringen sind die Ziele des Sponsorprogrammes.

- Musikforum Trenta – Kooperationsprojekt mit den Wiener Philharmonikern für Musiker aus Österreich und CEE.
- Vienna Art Orchestra – Unterstützung der Tourneen.
- Jeunesse – „Bank & Noten" – Konzerte mit der „Musikalischen Jugend Österreichs".

Literatur:

- Etablierte Künstler genauso wie Nachwuchsautoren sollen einem großen Publikum näher gebracht werden.
- EditionZwei – Kooperation mit Kulturkontakt, zweisprachige Literaturreihe (deutsch und Muttersprache).
- Buchwoche im Wiener Rathaus – Bücherschecks und Buchpreise.

Wissenschaft – Partner der Universitäten

Die Bank Austria Creditanstalt betreut seit vielen Jahren Professoren, Assistenten und Studenten. Dies reicht von der Kooperation bei Konferenzen und Symposien bis zum Druck von Skripten und Broschüren und der Veranstaltung von Weiterbildungsseminaren und Workshops als Vorbereitung auf den Beruf. Zudem unterstützt sie universitäre Austauschprogramme. Ein relativ neues, aber sehr wichtiges Gebiet sind Gründungsforschungen und Entrepreneurship. Hier bietet die Bank Austria Creditanstalt jungen und innovativen Wissenschaftlern die Möglichkeit, mit guter Ausbildung und professioneller Hilfe als Unternehmer zu bestehen.

Stiftungen der Bank Austria Creditanstalt:

- Zur Förderung der WU.
- Zur Förderung der Wissenschaft und Forschung an der WU.
- Zur Förderung von Wissenschaft und Forschung an der Uni-Wien.
- Zur Förderung der Wissenschaft und Forschung an der SOWI-Innsbruck.
- Zur Förderung der Wissenschaft und Forschung an der TU-Wien.
- Zur Förderung der Wissenschaft und Forschung an der Vet.Med.-Uni-Wien.
- Jubiläumsstiftung der WU.

Kooperationen der Bank Austria Creditanstalt:

- Stiftungslehrstuhl Inst. für Entrepreneurship und Gründungsforschung WU.
- Institut für Gründungsforschung an der Uni-Linz.

- Stiftungsprofessur an der Uni-Wien.
- Forschungsstipendium Uni-Graz.
- Mobilitätsstipendium TU-Wien.
- Kooperationsvertrag Uni-Wien.
- Kooperationsvertrag BOKU-Wien.
- Kooperationsvertrag TU-Wien.

3.7.2 Kunstsammlung der Bank Austria Creditanstalt – „Österreichische Kunst nach 1945"

Gegründet wurde die Kunstsammlung vor mehr als 50 Jahren von den Vorgängerinstituten der Bank Austria Creditanstalt AG. 1991 wurden die Sammlungen der Länderbank und der Zentralsparkasse zusammengeführt und durch Neuankäufe zu einer der größten privaten Kunstsammlungen in Österreich. Die Sammeltätigkeit der Creditanstalt begann Anfang der 70er Jahre. Am 12. August 2002 verschmolzen die Sammlungen der Bank Austria und der Creditanstalt zu einer großen gemeinsamen Kunstsammlung. Mit rund 9.000 Objekten besitzt die Bank Austria Creditanstalt eine der bedeutendsten Sammlungen der österreichischen Moderne. Sie dokumentieren das Kunstschaffen der letzten Jahrzehnte aus unterschiedlichen Blickwinkeln.

Kunstförderung ist in der Bank Austria Creditanstalt eine permanente Auseinandersetzung und Begegnung mit zeitgenössischer Kunst. Die Werke sind Mitarbeitern, Kunden und Geschäftspartnern immer zugänglich. Als Bestandteil des täglichen Lebens hängen die Bilder in den Filialen und Büroräumen. Die Sammlung umfasst Werke der Avantgarde der 50er und 60er Jahre – Markus Prachensky, Arnulf Rainer, Hans Staudacher, Max Weiler; des Aktionismus – Günther Brus, Adolf Frohner, Hermann Nitsch; aus den 70er Jahren – Christian Ludwig Attersee, Bruno Gironcoli, Valie Export, Kiki Kogelnik; von den Gugging-Künstlern – Johann Fischer, Johann Hauser, August Walla; von den Realisten – Georg Eisler, Alfred Hrdlicka; aus den 80er und 90er Jahren – Gunter Damisch, Peter Kogler, Hubert Schmalix, Otto Zitko; und ganz aktuelle Arbeiten – Ilse Haider, Michael Kienzer, Alois Mosbacher, Muntean/Rosenblum.

3.7.3 Bank Austria Creditanstalt Kunstforum

1985 – 1987 Erste Ausstellungen in den leer stehenden Räumlichkeiten des ehemaligen Kassensaals der Österreichischen Creditanstalt für Handel und Gewerbe (erbaut: 1914). Gezeigt werden u.a. Retroperspektiven über Alfred Kubin, Paul Klee oder Man Ray. Die Erfolge dieser Schauen waren ebenso überraschend wie überwältigend.

1988   Star-Architekt Gustav Peichl wird mit dem Umbau des Kunstforums zum damals modernsten Ausstellungshaus Österreichs beauftragt.

1989   Wiedereröffnung des Kunstforums im März mit „Egon Schiele und seine Zeit"

1992   Nächste große Umbauphase: Das Kunstforum wird auf die doppelte Ausstellungsfläche vergrößert: Auf 1.120 Quadratmetern präsentieren seither internationale Museen (Guggenheim Museum New York, Russisches Museum St. Petersburg) ihre Werke. Auch Privatsammler, u.a. Bernard Picasso, zeigen ihre Schätze.

Die Zielrichtung des BA-CA Kunstforums ist eindeutig definiert:

-   Internationale Top-Ausstellungen zur Kunst der „Klassischen Moderne": Schiele, Kokoschka, Turner, Van Gogh, Cézanne, Picasso, Miró.
-   Große Themenausstellungen: „Kunst und Wahn", „Rot in der russischen Kunst", „Jahrhundert der Frauen".
-   Österreichische Kunst der Nachkriegszeit: Arnulf Rainer, Adolf Frohner.
-   In den 13 Jahren seines Bestehens hat das BA-CA Kunstforum bisher 40 Ausstellungen gezeigt, die von über 3,4 Millionen Menschen besucht wurden.

3.8 Club of Rome: Umweltbildung

Die Bank Austria pflegt seit 1970 engen Kontakt zum Club of Rome. Schon seit vielen Jahren ist der Generaldirektor der Bank Austria Mitglied in diesem Netzwerk. Ein weiteres Beispiel für diese Zusammenarbeit ist das „eee-European-Environmental-Education"-Projekt (www.eee-projects.net), dessen Konzept von der Bank Austria mitentwickelt wurde.

Inhalt dieses Projektes ist die Förderung des Umweltbewusstseins in Europa mit besonderer Berücksichtigung von Zentral- und Osteuropa. Dort hat der Prozess, das Umweltbewusstsein durch objektive Information zu erhöhen, bis jetzt noch nicht stattgefunden. Dieses Versäumnis könnte zu ernsten Konfrontationen im Zusammenhang mit der kommenden EU-Mitgliedschaft der zentral- und osteuropäischen Länder führen.

Die Grundidee des Projektes beruht darauf, dass Schulkinder und Studenten die wichtigste Zielgruppe im Umweltsektor sind. Junge Menschen haben den größten Einfluss auf die Elterngeneration. „Children teach parents" heißt deshalb auch der Slogan des Projekts. Die wesentlichen Meinungsbildner für die

Kinder und Studenten sind wiederum Lehrer und Professoren. Auch ihnen gilt im Projekt besondere **Aufmerksamkeit in** Form von Partnerschaften zwischen den Schulen und Universitäten sowie von Einrichtungen der Erwachsenenbildung.

Die Arbeitsgruppen des Projektes bestehen aus internationalen Experten, welche unterschiedliche Informations- und Ausbildungsstände in den einzelnen Zielgruppen sowie verschiedene Fachbereiche vertreten. Ein Internet-Netzwerk bildet das Kommunikationszentrum und verknüpft die Projektteilnehmer. Der Club of Rome und die Bank Austria sind überzeugt, mit diesem Projekt einen Beitrag zur Hebung des Umweltbewusstseins in Europa und besonders in Zentral- und Osteuropa leisten zu können. Im Rahmen der Verleihung des „Global Energy Award 2003" sponsert die Bank Austria Creditanstalt den Jugendpreis, welcher erstmals verliehen wird.

Ein konkretes eee-Projekt: Lebende Liesing

Dieses seit 2001 laufende Projekt ist ein Musterbeispiel für ein themenüberschreitende Civil Society Aufgabe. Die in den 50er Jahren des vorigen Jahrhunderts vorgenomme Regulierung des Liesingbaches in Kalksburg bei Wien wurde im Bereich Willergasse rückgängig gemacht. Im Rahmen eines Revitalisierungsprojektes der MA 45 wurde sie wieder in ein natürliches Biotop mit fließendem Wasser verwandelt.

Auf Initiative und durch die Professoren und Schüler des Kollegium Kalksburg wurden in Zusammenarbeit mit der MA 45 und mehreren Sponsoren, darunter auch die Bank Austria Creditanstalt, die Information und Kommunikation über das Projekt gestaltet. Die Bevölkerung wurde durch Austellungen, Interaktion und die Errichtung eines Denkmals in das Geschehen aktiv einbezogen.

3.9 Zusammenarbeit mit CARE

1998 haben die Bank Austria und CARE Österreich, ein Mitglied der Entwicklungshilfeorganisation CARE International, eine gemeinsame Stiftung ins Leben gerufen, die „CARE Stiftung mit Hilfe der Bank Austria Creditanstalt". Die Stiftung fördert CARE, welche Programme der Entwicklungszusammenarbeit und humanitäre Hilfsaktionen durchführt. Über Beiträge aus Legaten oder Spenden sollen künftig die Verwaltungskosten wichtiger Projekte, wie zum Beispiel die gynäkologischen Ambulanzen in Bosnien, die psychologische Betreuung von Kindern im Kosovo oder Drogenprojekte in St. Petersburg gedeckt werden. CARE Österreich und die Bank Austria haben den Grundstock des Stiftungskapitals zu gleichen Teilen eingebracht. In Zukunft sollen Firmenkunden und Privatkunden im Rahmen der Erbschaftsberatung als neue Legaten gewonnen werden. CARE Österreich erhält auch laufend personelle und finanzielle Hilfe durch die Bankengruppe.

3.10 Regionalentwicklung im Fokus der Donauraumkonferenzen

Bereits seit 1995 sponsert die Bank Austria eine Serie von nationalen und internationalen Konferenzen, um die Entwicklung des Donauraums aktiv zu unterstützen. Hierbei ist sie im Rahmen der Organisationskomitees auch stark in die inhaltliche Vorbereitung der Donauraumkonferenz eingebunden. Im April 2001 fand nun schon die „3. Internationale Donauraumkonferenz" statt. Hauptthemen waren diesmal „Donauschifffahrt und kombinierter Verkehr". Gegenwärtig wird mit Unterstützung der Bank Austria bereits an der „4. Danube Region Business Conference" (www.drbc4.net) gearbeitet. Sie findet 2003 in Bukarest statt. In die lokalen Vorbereitungskonferenzen in den mittel- und südosteuropäischen Ländern sind Mitarbeiter der HVB-Group eingebunden. Themen der Konferenzen sind: Transport und Logistik, Infrastruktur, Wasserwirtschaft, Städtetechnologien, Umwelt und Energie sowie die dazugehörende Finanzierung. Experten der Bank Austria Creditanstalt sind besonders bei allen Formen von geförderten Co- und Public-Private-Partnership-Finanzierungen gefragt.

3.11 Beteiligung am europäischen Integrationsprozess durch den Europa-Club

Seit 1993, schon im Vorfeld des EU-Beitritts Österreichs, hat die Bank Austria eine führende Position in der Europadiskussion eingenommen. Gemeinsam mit der „Österreichischen Gesellschaft für Europapolitik" und den Sozialpartnern, wie zum Beispiel Industriellenvereinigung, Wirtschaftskammer Österreich, Kammer für Arbeiter und Angestellte, darüber hinaus mit den Vertretungsbüros der Europäischen Kommission und des Europäischen Parlaments und der „Europäischen Liga für wirtschaftliche Zusammenarbeit (ELEC)", wurde der erste „Europa-Club" in Wien gegründet. Er dient mit monatlichen informellen Veranstaltungen der Diskussion europäischer Themen, wie zum Beispiel: der Beitritt neuer Länder, EURO, europäische Institutionen oder Wirtschaftsthemen aus europäischer Sicht.

1995 wurde ein weiterer „Europa-Club" in Brüssel eröffnet. Es folgten Clubs in Ljubljana, Budapest, Zagreb, Belgrad, Sarajevo, Sofia und Bukarest. In Prag und Warschau sind weitere Clubs in Planung. Eine Webpage ermöglicht einen detaillierten Überblick über alle Veranstaltungen, Vorträge und Referenten in der Landessprache und in Engisch (www.european-club.net).

Schlussbemerkung

Es ist zu hoffen, dass die Bemühungen vieler Menschen in den Unternehmen, Institutionen, Universitäten und in den Medien dazu führen werden, dass eine Bewusstseinsbildung in Richtung nachhaltiges Denken und Handeln bewirkt wird. Dies ist nur durch kontinuierliche Kommunikation und Information grenzüberschreitend sowohl geographisch als auch themenbezogen möglich.

Die Ausgewogenheit verschiedener Interessen kann die besten Resultate für alle bringen. In diesem Sinne ist die Wahrnehmung unternehmerischer Verantwortung für gesellschaftliche Belange eine wichtige Zielsetzung in einer Volkswirtschaft.

Anhang

UNEP (United Nations Environment Programme) Erklärung der Banken

Die United-Nations-Environment-Programme-(UNEP)-Erklärung entstand 1992 im Zusammenhang mit der von den Vereinten Nationen organisierten ersten Konferenz über Umwelt und Entwicklung in Rio de Janeiro. Sie enthält die Grundsätze einer langfristig tragfähigen Entwicklung, Leitlinien für ein Umweltmanagement bei Banken sowie für eine offene Kommunikation im Bereich Umwelt zwischen Banken und Öffentlichkeit.

Wir Mitglieder der Finanzdienstleistungsindustrie erkennen, daß eine nachhaltige Entwicklung von der positiven Interaktion zwischen wirtschaftlicher und sozialer Entwicklung sowie dem Umweltschutz abhängt und die Interessen dieser und künftiger Generationen gegeneinander abwägen muß. Des weiteren erkennen wir, daß die nachhaltige Entwicklung in der gemeinsamen Verantwortung von Regierungen, Wirtschaft und Einzelpersonen liegt. Wir verpflichten uns zu einer aktiven Zusammenarbeit mit diesen Sektoren im Rahmen der Marktmechanismen, um gemeinsame Ziele im Umweltbereich zu erreichen.

1 Verpflichtung zur nachhaltigen Entwicklung

1.1 Wir betrachten eine nachhaltige Entwicklung als wesentliche Komponente erfolgreicher Unternehmensführung.

1.2 Wir sind der Überzeugung, daß eine nachhaltige Entwicklung am ehesten erzielt wird, wenn sich die Märkte in einem geeigneten Rahmen kostenwirksamer Vorschriften und Wirtschaftsinstrumente entfalten können. Den Regierungen aller Länder kommt eine führende Rolle bei der Festlegung und Durchsetzung langfristiger gemeinsamer Prioritäten und Werte im Umweltbereich zu.

1.3 Wir sind der Ansicht, daß der Finanzdienstleistungssektor zusammen mit anderen Wirtschaftssektoren einen wichtigen Beitrag zur nachhaltigen Entwicklung leisten kann.

1.4 Wir sehen in der nachhaltigen Entwicklung eine entscheidende unternehmerische Verpflichtung sowie einen wesentlichen Bestandteil der gesellschaftspolitischen Verantwortung eines jeden Unternehmens.

2 Umweltmanagement und Finanzinstitute

2.1 Wir befürworten ein vorausschauendes Umweltmanagement zur frühzeitigen Erkennung und Vorbeugung potentieller Umweltschäden.

2.2 Wir verpflichten uns, alle auf unsere Geschäftstätigkeiten und Dienstleistungen anwendbaren regionalen, nationalen und internationalen Umweltauflagen zu erfüllen. Wir sind bestrebt, Umweltbelange bei all unseren Aktivitäten, Vermögensverwaltungstätigkeiten und anderen geschäftlichen Entscheidungen in allen Märkten zu berücksichtigen.

2.3 Wir erkennen, daß die Identifizierung und Quantifizierung von Umweltrisiken Bestandteil der üblichen Risikobeurteilungs- und Risikomanagementverfahren im In- und Auslandsgeschäft bilden müssen. Im Hinblick auf unsere Kunden betrachten wir die Erfüllung der geltenden Umweltauflagen und einen verantwortungsbewussten Umgang mit der Umwelt als wesentliche Faktoren für eine effiziente Unternehmensführung.

2.4 Wir sind bestrebt, die besten Methoden des Umweltmanagements einschließlich effizienter Energienutzung, Recycling und Abfallverminderung anzuwenden und Geschäftsbeziehungen zu Partnern, Lieferanten und Vertragsunternehmen mit ähnlich hohen Umweltmaßstäben aufzubauen.

2.5 Wir wollen die von uns angewendeten Methoden regelmäßig aktualisieren, um relevanten Entwicklungen im Umweltmanagement Rechnung zu tragen. Wir unterstützen die Forschungstätigkeit der Finanzinstitute auf diesen und verwandten Gebieten.

2.6 Wir erkennen die Notwendigkeit regelmäßiger interner Überprüfungen und der Kontrolle unserer Tätigkeiten anhand unserer Ziele im Umweltbereich.

2.7 Wir ermutigen die Finanzdienstleistungsindustrie zur Entwicklung von Produkten und Dienstleistungen, die dem Umweltschutz förderlich sind.

3 Öffentlichkeit und Kommunikation

3.1 Wir empfehlen, daß Finanzinstitute eine Erklärung über ihre Umweltpolitik erarbeiten und veröffentlichen und regelmäßig darüber berichten,
welche Maßnahmen sie getroffen haben, um die Integration von Um-
weltanliegen im Rahmen ihrer Tätigkeit zu fördern.

3.2 Wir werden unsere Kenntnisse, wo angebracht, unseren Kunden zugänglich machen, damit sie ihre eigenen Bemühungen um Verminde-
rung der Umweltrisiken und Förderung einer nachhaltigen Entwicklung verstärken können.

3.3 Wir werden uns in Umweltangelegenheiten für Offenheit und Dialog mit
relevanten Zielgruppen einschließlich Aktionären, Mitarbeitern, Kunden, Regierungen und der Öffentlichkeit einsetzen.

3.4 Wir ersuchen die Umweltorganisation der Vereinten Nationen (UNEP),
den Finanzinstituten zur Förderung der Grundsätze und Ziele dieser
Erklärung durch Bereitstellung zweckdienlicher Informationen über
eine nachhaltige Entwicklung im Rahmen ihrer Möglichkeiten zur
Seite zu stehen.

3.5 Wir fordern andere Finanzinstitute auf, diese Erklärung zu unterstützen.
Wir verpflichten uns, unsere Erfahrungen und Kenntnisse mit ihnen
zu teilen, um die Verbreitung der geeignetsten Methoden zu fördern.

3.6 Wir werden in Zusammenarbeit mit UNEP regelmäßig den Erfolg bei
der Umsetzung dieser Erklärung überprüfen und gegebenenfalls die
notwendigen Anpassungen vornehmen.

Wir, die Unterzeichnenden, befürworten die in dieser Erklärung festgehaltenen Grundsätze und sind bestrebt, in unserer Geschäftspolitik
und unseren Aktivitäten die Belange im Umweltbereich und die nachhaltige Entwicklung zu fördern.

Unterzeichnung:
Bank Austria 1993
Creditanstalt 1992

Gesellschaftliche Verantwortung: das Corporate-Citizenship-Programm als Teil der Henkel-Nachhaltigkeitsstrategie

von *Michael-Rolf Fischer* und *Rainer Rauberger*,
Henkel KGaA (Düsseldorf)

„Gemeinschaften können nur funktionieren, wenn alle Gruppen bereit sind, Verantwortung zu übernehmen – Staat, Wirtschaft, aber auch die einzelnen Bürger. Bei Henkel hat die Übernahme gesellschaftlicher Verantwortung Tradition. Henkel setzt sich seit mehr als 125 Jahren in vielfältiger Weise kulturell, karitativ, sozial, aber auch für die Wissenschaften und den Sport ein.

Corporate Citizenship – darunter ist das gesamte, über die Geschäftstätigkeit hinausgehende Engagement für die Gesellschaft zu verstehen. Integraler Bestandteil unseres Corporate-Citizenship-Konzeptes bei Henkel ist das Corporate Volunteering. Das heißt konkret: Henkel fördert Projekte, die von Mitarbeitern und Pensionären ehrenamtlich betreut werden – und die von sozialem, gemeinschaftlichem oder öffentlichem Interesse sind.

Nicht zuletzt die immer knapper werdenden finanziellen Ressourcen von Ländern und Kommunen haben Corporate Volunteering vom willkommenen zum notwendigen Beitrag verantwortungsbereiter Unternehmen und Mitarbeiter werden lassen.

Die Notwendigkeiten, aber auch die Chancen des Corporate Citizenship werden bei Henkel seit Jahren gesehen und genutzt. Da ist zum einen die Tradition der Unterstützung gesellschaftlicher Projekte, zum anderen hat Henkel aufgrund der MIT-Initiative konkrete Erfahrungen im Corporate Volunteering der Mitarbeiter aufzuweisen. Hierbei verstehen sich Henkel, Mitarbeiter und Pensionäre als ein Team."

Prof. Dr. Ulrich Lehner, Vorsitzender der Geschäftsführung der Henkel KGaA

1 Henkel

Die Henkel-Gruppe, die von der Henkel KGaA mit Sitz in Düsseldorf/ Deutschland geführt wird, beschäftigt weltweit 50.000 Mitarbeiter – davon mehr als 75 Prozent im Ausland. Damit ist Henkel eines der internationalsten Unternehmen in Deutschland.

Henkel-Marken und -Technologien sind in 125 Ländern erhältlich. Im Geschäftsjahr 2003 erzielte das Unternehmen einen Umsatz von 9.436 Millionen Euro, davon 21 Prozent in Deutschland und 79 Prozent international. Rund 70 Prozent des Umsatzes kommen aus dem Markenartikelgeschäft, rund 30 Prozent aus dem Industriegeschäft.

Henkel ist in drei strategischen Geschäftsfeldern aktiv: Wasch-/Reinigungsmittel, Kosmetik/Körperpflege sowie Klebstoffe, Dichtstoffe und Oberflächentechnik. Diese Geschäftsfelder sind wiederum in vier weltweit tätige Unternehmensbereiche gegliedert:

- Wasch-/Reinigungsmittel,
- Kosmetik/Körperpflege,
- Klebstoffe für Konsumenten und Handwerker sowie
- Henkel Technologies.

Bei den Wasch- und Reinigungsmitteln hält Henkel seit Jahren eine international führende Position. Das umfassende Produktangebot reicht von Universalwaschmitteln und Wäschepflegemitteln über Spezialwaschmittel und Haushaltsreiniger bis hin zu Bad- und Glasreinigern.

In der Kosmetik und Körperpflege gehört Henkel weltweit zu den führenden Anbietern von Haarkosmetik, Körper- und Hautpflegeprodukten sowie Mundhygiene und Düften.

Auch bei Klebstoffen für Konsumenten und Handwerker nimmt Henkel mit einem vielseitigen Sortiment, darunter Haushaltsklebstoffe, Dach- und Beschichtungsprodukte sowie Korrektursysteme für Haushalt und Büro, eine führende Position ein.

Bei industriellen Anwendern weltweit bekannt sind die Industriekleb- und Dichtstoffe, Oberflächentechnik-Applikationen sowie die Konstruktionsklebstoffe von Henkel Technologies, die unter anderem im Flugzeug- und Automobilbau und in der Elektronikindustrie eingesetzt werden.

2 Nachhaltigkeitsstrategie der Henkel-Gruppe

2.1 Vision und Werte des Unternehmens

Mit dem Leitspruch *„Henkel – A Brand like a Friend"* („Henkel – eine Marke wie ein Freund") manifestiert das Unternehmen seine Vision, führend mit Marken und Technologien zu sein, die das Leben der Menschen leichter, besser und schöner machen. Ausgehend von dieser Vision leitet Henkel zehn grundlegende Werte ab:

- *Wir sind kundenorientiert.*
- *Wir entwickeln führende Marken und Technologien.*

- *Wir stehen für exzellente Qualität.*
- *Wir legen unseren Fokus auf Innovationen.*
- *Wir verstehen Veränderungen als Chance.*
- *Wir sind erfolgreich durch unsere Mitarbeiter.*
- *Wir orientieren uns am Shareholder Value.*
- *Wir wirtschaften nachhaltig und gesellschaftlich verantwortlich.*
- *Wir verfolgen eine aktive und offene Informationspolitik.*
- *Wir wahren die Tradition einer offenen Familiengesellschaft.*

Um die Tätigkeit von Henkel kontinuierlich am Leitbild der nachhaltigen Entwicklung auszurichten, orientieren sich Unternehmen und Mitarbeiter an der Vision und den Werten. Mit der Ausrichtung auf Nachhaltigkeit will Henkel folgende Ziele erreichen: verantwortungsbewusste und motivierte Mitarbeiter; effiziente, sichere und wirtschaftliche Prozesse; Wettbewerbsvorteile durch nachhaltige Produkte.

Unternehmenspolitik und Nachhaltigkeit

Eine verantwortungsbewusste und auf langfristige Wertsteigerung ausgerichtete Unternehmensführung und -kontrolle ist für Henkel seit jeher Teil seiner Identität und wird zum Wohl des Unternehmens und seiner Aktionäre gelebt. Mit seiner Ausrichtung auf Nachhaltigkeit verpflichtet sich Henkel dabei auch zu einer gesellschaftlich verantwortungsvollen Unternehmensführung. Darüber hinaus sind die vertrauensvolle und effiziente Zusammenarbeit zwischen den verschiedenen Gesellschaftsorganen und Gremien, die Wahrung der Aktionärsinteressen sowie eine offene und transparente Kommunikation die zentralen Handlungsgrundsätze unserer Corporate Governance.

2.2 Entwicklung der Nachhaltigkeitsorientierung

Die Ausrichtung auf Nachhaltigkeit hat sich bei Henkel kontinuierlich entwickelt. Ausgangspunkt war die ökologische Absicherung von Produkten und
der Produktion. Heute hat Henkel weltweit integrierte Managementsysteme für
Sicherheit, Gesundheit, Umwelt und Qualität eingerichtet und den Gedanken
der Nachhaltigkeit fest in der Unternehmenspolitik verankert. Bis Ende 2004
werden auch Standards zur gesellschaftlichen Verantwortung in die konzernweiten Managementsysteme integriert.

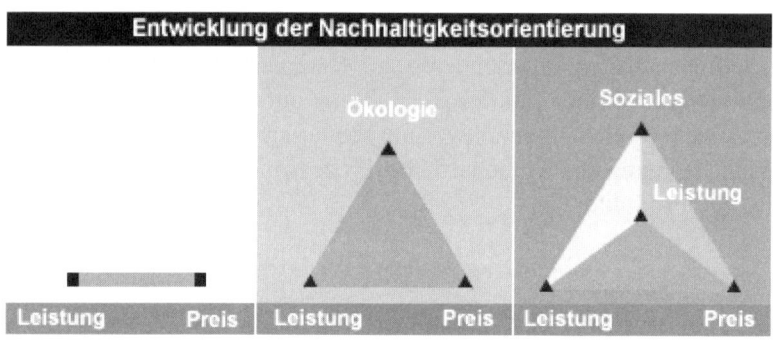

Meilensteine der Nachhaltigkeit bei Henkel:

*1991 Unterzeichnung der „Business Charter for Sustainable Develop-
ment" der Internationalen Handelskammer (ICC)*

1992 Veröffentlichung des ersten Umweltberichts

*1994 Unternehmensleitbild: Wettbewerbsvorteile durch Öko-Leader-
ship*

*1997 Einführung integrierter Managementsysteme sowie Beginn welt-
weiter Sicherheits-, Gesundheits- und Umwelt-Audits*

*1999 Erster Platz im weltweiten Umweltranking der Chemieindustrie
(HUI / manager magazin)*

2000 Einführung von Verhaltenskodex und Unternehmensethik

*2001 Führendes Konsumgüter-Unternehmen im internationalen
Dow-Jones-Nachhaltigkeitsindex*

*2002 Bester Nachhaltigkeitsbericht in der Konsumgüterbranche
(Household goods) im internationalen Ranking von
UNEP/Sustainability*

*2003 Henkel wird Mitglied im Global Compact der Vereinten Nationen
(UN)*

2.3 Handlungsfelder der Nachhaltigkeit

Nachhaltiges Wirtschaften bezieht die ökonomischen, die ökologischen und gesellschaftlichen Aspekte gleichermaßen in Unternehmensentscheidungen ein. Henkel strebt eine Ausgewogenheit der Interessen an, damit die Wettbewerbsfähigkeit auf den globalisierten Märkten weiter gefestigt und ausgebaut werden kann.

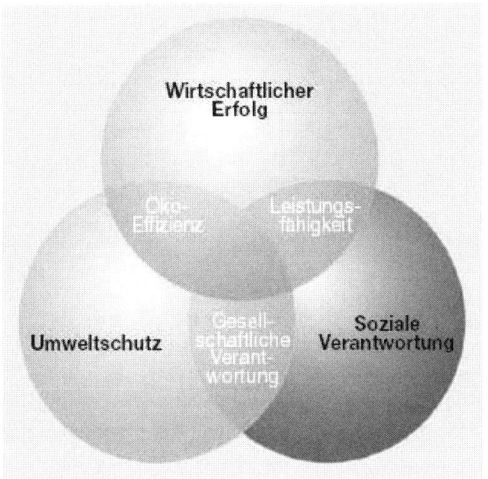

Aktuelle Handlungsfelder:

- Achten gesellschaftlicher Normen
- Aus- und Weiterbildung
- Corporate Governance
- Erfolgsbeteiligung
- Gesellschaftliches Engagement
- Gesundheitsschutz
- Gleichbehandlung
- Innovationssicherung
- Marktführerschaft
- Menschenrechte
- Nachwachsende Rohstoffe
- Offener Dialog
- Ökobilanzen
- Produktverantwortung
- Prozessoptimierung
- Ressourcenschonung
- Shareholder Value
- Sicherheit
- Technologietransfer
- Umweltverträglichkeit
- Verbraucherschutz
- Vorsorgeprinzip
- Zukunftsfähige Arbeitsplätze

2.4 Organisation für Nachhaltigkeit

Die Henkel-Geschäftsführung trägt die Gesamtverantwortung für Nachhaltigkeit. Ein unternehmensweit besetzter Sustainability Council hat die globale Steuerung inne, in Zusammenarbeit mit den Unternehmensbereichen und den zentralen Funktionen. Er entwickelt als globales Steuerungsgremium Entscheidungsvorlagen im Auftrag der Geschäftsführung und überwacht deren Umsetzung. Unter dem Vorsitz des Ressortleiters Forschung/Technologie sind internationale Produkt- und Produktionsverantwortliche aus allen Unternehmensbereichen sowie Zentralfunktionen wie Corporate Sustainability Management, Biologie/Produktsicherheit, Human Resources (Personal) und Öffentlichkeitsarbeit vertreten.

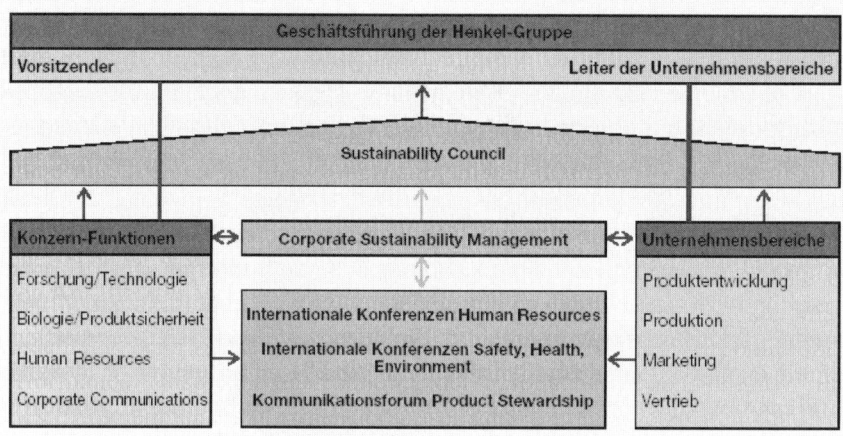

2.5 Nachhaltigkeit und Unternehmenswert

Die Erfahrungen in der Henkel-Gruppe zeigen, wie durch Umweltschutzmaßnahmen auch Kostensenkungen erzielt und wie durch nachhaltiges Wirtschaften Wettbewerbsvorteile in den Märkten erschlossen werden können. Einsparungen beim Ressourcenverbrauch, dem Transport und der Entsorgung zählen dazu ebenso wie innovative Produkte, mit denen sich Henkel positiv im Markt platziert hat. Daneben muss ein Unternehmen jedoch auch die mit seinen Aktivitäten verbundenen Risiken ermitteln, bewerten und minimieren. Das konzernweite Risikomanagement leistet in der Henkel-Gruppe einen unverzichtbaren Beitrag zur wertorientierten Unternehmensführung. Es dient dazu, Chancen der Geschäftstätigkeit optimal auszuschöpfen und möglichen Gefährdungen frühzeitig entgegenzuwirken.

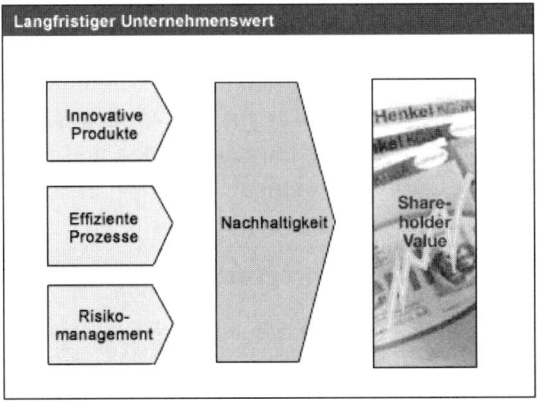

- Umsetzung innovativer Produkte in Wettbewerbsvorteile

  Henkel will mit leistungsstarken, sicheren und umweltverträglichen Produkten Wettbewerbsvorteile erzielen. Ein Beispiel dafür sind die modernen Wasch- und Reinigungsmittel, die bequem anzuwenden sind und Ressourcen und die Umwelt schonen. Mit lösemittelfreien Klebstoffen nimmt Henkel eine Führungsrolle ein und ist weltweit die Nummer 1 am Markt. Voraussetzung für den Erfolg dieser Produktstrategie ist eine hohe Innovationskraft. Henkel erzielt sie durch das Wissen um Bedürfnisse der Kunden, zielgerichtete Forschungsaktivitäten und -kooperationen sowie die Kreativität der Mitarbeiter.

- Optimierung von Prozessen durch sichere, effiziente und Ressourcen schonende Produktion

  Um Sicherheit, Gesundheits- und Umweltschutz sowie Qualität kontinuierlich zu verbessern, hat Henkel integrierte Managementsysteme eingeführt. Kernelement sind weltweit einheitliche Standards für alle Henkel-Unternehmen. Die Standards umfassen den gesamten Lebenszyklus der Produkte von den Rohstoffen über die Produktentwicklung und Produktion bis hin zur Entsorgung nach der Anwendung. Das integrierte Managementsystem optimiert die Geschäftsprozesse und sorgt für einen effizienten Einsatz von Ressourcen.

- Vorbeugendes Management zur Vermeidung von Reputationsrisiken

  Ein Beispiel: Wenn durch eine Betriebsstörung die Nachbarschaft gefährdet oder der Umwelt Schaden zugefügt wird, ist dies nicht nur mit hohen, unvorhergesehenen Kosten verbunden. Auch der Ruf des Unternehmens wird geschädigt. Der Erfolg eines Produktes ist zudem nicht allein abhängig von Qualität und Preis. Kunden und Anspruchsgruppen bewerten Hersteller – und dabei insbesondere global operierende Unternehmen – auch nach den gesellschaftlichen und ökologischen Aspekten ihrer Tätigkeit. Für die Henkel-Gruppe, die rund 70 Prozent ihres Umsatzes mit Markenartikeln erwirtschaftet, kommt verschärfend hinzu: Die Verbraucher können sich Tag für Tag vor dem Regal für oder gegen den Kauf von Henkel-Produkten entscheiden und beeinflussen so den wirtschaftlichen Erfolg von Henkel.

2.6 Henkel in der externen Bewertung

Fachinstitute, Nachhaltigkeitsanalysten und Wirtschaftszeitschriften bewerten in regelmäßigen Abständen, wie Unternehmen das Verhältnis von Ökonomie, Ökologie und Gesellschaftlichem ausbalancieren. Henkel stellt sich diesen externen Bewertungen der Nachhaltigkeitsperformance, weil sie zu mehr Transparenz im Markt führen. Eine immer wichtigere Rolle nehmen dabei branchenübergreifende Nachhaltigkeits- und Ethikindizes an den internationalen Kapitalmärkten ein.

Führend in weltweiten Ratings

Internationale Ratingagenturen und Nachhaltigkeitsanalysten bestätigten Henkel eine führende Rolle im nachhaltigen Wirtschaften.

- *Zum fünften Mal in Folge ist Henkel im weltweiten Dow Jones Sustainability Index (DJSI) vertreten. Im „Dow Jones Sustainability World Index" sind rund 300 der 3.000 größten im Dow Jones Global Index notierten Titel vertreten. Auch im europäischen DJ Sustainability STOXX Index zählt Henkel zu den branchenweit führenden Unternehmen.*

- *Henkel wurde im September 2002 erneut im internationalen Ethik-Index FTSE 4 Good bestätigt, den Financial Times und die Londoner Börse im Jahr 2001 eingeführt haben.*

- *In dem im Juli 2002 aufgelegten belgischen Ethibel Sustainability Index Global ist Henkel als Branchenführer vertreten. Insgesamt wurden in den Ethibel Sustainability Index Global 151 Unternehmen aufgenommen, davon 15 aus Deutschland.*

- *Im Dezember 2002 wurde Henkel in den neu aufgelegten Ethical Index global des italienischen Finanzdienstleisters E. Capital Partners aufgenommen. In dem internationalen Index sind 300 Großunternehmen vertreten, die in ihrer gesellschaftlichen Verantwortung führend sind.*

  E.Capital Partners

- *Im April 2002 setzte die Rating Agentur Oekom Research die Henkel-Gruppe auf den ersten Platz im Nachhaltigkeitsranking von 16 internationalen Chemie- und Konsumgüterunternehmen.*

  oekom r|e|s|e|a|r|c|h
  AKTIENGESELLSCHAFT

3 Gesellschaftliche Verantwortung

Henkel bekennt sich als internationales Unternehmen zu seiner gesellschaftlichen Verantwortung. Die daraus abgeleiteten Anforderungen an die Geschäftspraktiken im Unternehmen setzt Henkel konzernweit mit Hilfe von integrierten Managementsystemen um. Das über die Geschäftstätigkeiten hinausgehende Engagement für die Gesellschaft ist in dem Henkel-Corporate-Citizenship-Programm gebündelt.

Gesellschaftliche Verantwortung

Integriertes Management

- Weltweite Standards
- Auditing & Reporting
- Verhaltenskodex

Geschäftsaktivitäten

Corporate Citizenship Programm

- Corporate Volunteering
- Henkel Friendship Initiative
- Community Involvement

Gesellschaftliches Engagement

3.1 Verantwortung in den Geschäftsaktivitäten: Integriertes Management

Henkel setzt hohe Standards an die Gestaltung seiner Geschäftsbeziehungen. Als weltweit tätiges Unternehmen ist es für Henkel wichtig, seine Geschäftspraktiken nicht nur mit den ökologischen und gesellschaftlichen Prioritäten des lokalen Umfelds in Einklang zu bringen, sondern auch mit konzernweit gültigen Vorgaben.

Die globale Organisationsstruktur für Nachhaltigkeit und leistungsfähige Managementsysteme sind wichtige Instrumente, um das Prinzip der gesellschaftlichen Verantwortung unternehmensweit in den Geschäftsprozessen zu verankern. Die systematische Überprüfung und Berichterstattung macht das bisher Erreichte sichtbar, zeigt aber auch auf, wo Verbesserungen möglich und erforderlich sind.

3.1.1 Weltweite Standards

Für Sicherheit, Gesundheits- und Umweltschutz existieren in der Henkel-Gruppe seit 1997 weltweit geltende, für alle Henkel-Unternehmen verpflichtende SHE-Standards (SHE = Safety, Health, Environment). Zur Umsetzung der weltweiten Standards setzt Henkel integrierte Managementsysteme ein. Derzeit werden im Unternehmen alle konzernweit gültigen Anforderungen zum nachhaltigen Wirtschaften in Sustainability-Standards zusammengeführt. Eine unternehmensübergreifende Arbeitsgruppe hat die Aufgabe, die bestehenden Standards zu überprüfen, sie um Vorgaben zur gesellschaftlichen Verantwortung zu ergänzen und in die bestehenden Managementsysteme für Sicherheit, Gesundheit, Umwelt und Qualität zu integrieren. Die Arbeiten orientieren sich an international anerkannten Vereinbarungen wie

- der allgemeinen Erklärung der Menschenrechte,
- dem Global Compact der Vereinigten Nationen,
- dem Sozialstandard SA 8000,
- den OECD-Leitlinien für multinationale Unternehmen sowie
- einschlägigen Konventionen der Internationalen Arbeitsorganisation (ILO).

Die für Henkel relevanten Anforderungen werden dabei unternehmensspezifisch an die Geschäftsaktivitäten angepasst. Ende 2002 wurde ein erster Entwurf vorgelegt, der anschließend Henkel-intern diskutiert und bearbeitet wurde. Nach Verabschiedung durch die Geschäftsleitung werden die Standards bis Ende 2004 konzernweit eingeführt. Parallel dazu werden die vorhandenen Management- und Auditsysteme auf die neuen Vorgaben ausgeweitet.

3.1.2 Auditing und Reporting

Um die konzernweite Umsetzung der Standards zu gewährleisten, führt Henkel an allen wichtigen Produktionsstandorten regelmäßige Audits durch. Sie sind ein zentraler Baustein des Risikomanagements und dokumentieren den Umsetzungsstand der integrierten Managementsysteme im Unternehmen.

Alle wesentlichen Henkel-Standorte wurden seit 1997 mindestens einmal von Konzern-Fachleuten des Unternehmens überprüft. An vielen Standorten wurden bereits Folge-Audits durchgeführt. Die Auditoren nutzen seit dem Jahr 2000 eine neue Bewertungsmethode, mit deren Hilfe die Umsetzung der Henkel-Standards systematisch erfasst und verglichen werden kann. Damit wird die Transparenz und Vergleichbarkeit der Nachhaltigkeitsleistung an den einzelnen Standorten erhöht. Gleichzeitig wird eine noch bessere Grundlage für weitere Optimierungsprogramme in der Henkel-Gruppe geschaffen.

Die weltweite Auditierung der Geschäftätigkeiten wird unterstützt durch ein internationales Reporting. An weltweit 132 Standorten in 46 Ländern werden regelmäßig Leistungsdaten zum Ressourcenverbrauch, Emissionen und Abfällen, Unfällen und Nachbarschaftsbeschwerden erfasst und ausgewertet. Die in das weltweite Reporting einbezogenen Aktivitäten repräsentieren über 90 Prozent der Produktionsmenge im Konzern. In die Berichterstattung über Arbeitsunfälle und Betriebsstörungen sind alle Aktivitäten und Mitarbeiter weltweit einbezogen.

Über die erzielten Fortschritte und aktuelle Herausforderungen legt Henkel in dem jährlich erscheinenden Nachhaltigkeitsbericht – der parallel zum Geschäftsbericht vorgelegt wird – gegenüber der Öffentlichkeit umfassend Rechnung ab. Aktuelle News und weiterführende Hintergrundinformationen stehen unter der Adresse www.sd.henkel.de im Internet zur Verfügung.

3.1.3 Verhaltenskodex

Im Jahr 2000 hat Henkel seine weltweiten Vorgaben zur Gestaltung der Geschäftspraktiken um einen für alle Mitarbeiter verbindlichen Verhaltenskodex ergänzt. Er gilt für alle Henkel-Unternehmen und soll dazu beitragen, dass Entscheidungen frei von persönlichen Interessenkonflikten getroffen werden und auch einer Prüfung durch die kritische Öffentlichkeit standhalten. Dabei ist sich Henkel bewusst, dass die hohe Reputation des Unternehmens bei Aktionären, Mitarbeitern, Geschäftspartnern und der Öffentlichkeit eine entscheidende Grundlage für dessen Kontinuität und langfristige Rentabilität ist.

Mit dem Verhaltenskodex werden eine Reihe gesellschaftlich relevanter Aspekte aus der Unternehmenspolitik abgeleitet. Sie umfassen unter anderem folgende Prinzipien:

- Henkel beachtet Gesetze und gesellschaftliche Normen und Werte.
  Die Einhaltung geltender Rechtsvorschriften, die Achtung gesellschaftlicher Werte sowie der Respekt der Menschenrechte sind zentrale Grundsätze für alle Geschäftsaktivitäten.

- Henkel achtet die Persönlichkeit jedes Einzelnen.
  Henkel fordert den respektvollen Umgang miteinander im täglichen Arbeitsumfeld. Jede Art von Belästigung – unabhängig, ob absichtlich oder unabsichtlich, physisch oder verbal – ist unerwünscht und wird nicht geduldet.

- Henkel fördert, entwickelt und belohnt seine Mitarbeiter.
  Mitarbeiter und Bewerber werden nach dem Grundsatz der Gleichbehandlung beurteilt. Einstellung, Vergütung und Förderung unserer Mitarbeiter erfolgen ausschließlich nach ihrer Qualifikation und Leistung.

- Henkel verhält sich fair im Wettbewerb.
  Henkel möchte sich keine Vorteile durch unlautere Angebote, Vergleiche oder Begünstigungen verschaffen. Die Gewährung oder Annahme persönlicher Vorteile ist verboten.

- Henkel schließt Interessenkonflikte aus.
  Jede Art von Geschäften mit Verwandten und früheren Arbeitnehmern ist untersagt. Bei einem möglichen Interessenkonflikt muss die Entscheidung dem Vorgesetzten übergeben werden.

3.2 Gesellschaftliches Engagement: Das Corporate-Citizenship-Programm

3.2.1 Definition und Zielsetzungen

Die Übernahme gesellschaftlicher Verantwortung hat in der Henkel-Gruppe Tradition. In seinem mehr als 125-jährigen Bestehen setzte sich Henkel in vielfältiger Weise für Menschen und ihre Belange ein – dies ist auch in den Unternehmensgrundsätzen verankert. Unter dem Begriff „Corporate Citizenship" versteht Henkel dabei das gesamte, über die Geschäftstätigkeit hinausgehende Engagement für die Gesellschaft. Es ist ein zentraler Bestandteil der Nachhaltigkeitsstrategie von Henkel. Die gezielte Unterstützung von Mitarbeiterprojekten erweist sich dabei als erfolgreiches Instrument zur direkten, wirksamen Hilfe und auch zur Förderung der Unternehmenskultur.

Die Basis und die Inhalte des Corporate-Citizenship-Programms von Henkel sind in der Vision und den Werten des Unternehmens fest verankert. Die vier Werte „Wir wirtschaften nachhaltig und gesellschaftlich verantwortlich", „Wir sind erfolgreich durch unsere Mitarbeiter", „Wir verstehen Veränderungen als

Chance" und „Wir verfolgen eine aktive und offene Informationspolitik" umreißen die Ausrichtung des gesellschaftlichen Engagements. Folgende Ziele sollen damit erreicht werden:

1. Imageverbesserung

2. Kontinuierliche Zusammenarbeit mit lokalen Anspruchsgruppen

3. Förderung der Unternehmenskultur

4. Personalentwicklung und Mitarbeitermotivation

3.2.2 Schwerpunkte

Die Projekte und Fördermaßnahmen im Corporate-Citizenship-Programm des Unternehmens konzentrieren sich auf folgende sechs Themenbereiche:

- Förderung sozialer Projekte
  Soziales Engagement hat bei Henkel eine über hundertjährige Tradition und ist fest in der Unternehmenskultur verankert. Als zentraler Teil der MIT-Initiative (Corporate Volunteering) werden von Henkel jährlich Kinderprojekte in aller Welt gefördert, Hilfsaktionen bei Naturkatastrophen oder nach Erdbeben gestartet sowie vor allem soziale Einrichtungen und Initiativen an Henkel-Standorten unterstützt.

- Förderung von Umweltprojekten
  Henkel fördert seit Jahrzehnten Projekte aus dem Bereich des Umweltschutzes. Das Engagement reicht von der Förderung regionaler Projekte im Natur- und Artenschutz über die Mitwirkung in firmenübergreifenden Umweltinitiativen bis hin zur Unterstützung wissenschaftlicher Untersuchungen. Projekte, die den Kernkompetenzen des Unternehmens entsprechen, werden gesondert gefördert. Ein besonderes Beispiel dafür ist das langjährige Engagement von Henkel im Bereich des Gewässermonitoring.

- Förderung von Schule/Bildung
  Seit Jahrzehnten gehören auch Fördermaßnahmen an Schulen zum Corporate-Citizenship-Programm von Henkel. Gefördert werden Grund- und weiterführende Schulen. Eine besondere Funktion übernehmen ausgewählte Patenschulen wie die „Fritz-Henkel-Schule", eine Gemeinschaftshauptschule in einem strukturschwachen Stadtteil von Düsseldorf, mit denen langfristige Kooperationen geschlossen wurden. Im Fokus der Zusammenarbeit steht die praxisbezogene Unterstützung von fortschrittlichen Bildungsprojekten. Im Vordergrund der Projektarbeit steht aktuell die fachliche Beratung auf dem Weg zu Öko-Audits an ausgewählten Schulen.

- Förderung von Wissenschaft
  Forschungseinrichtungen – vor allem an den Standorten der Henkel-Gruppe – werden ebenfalls gefördert. Am Standort Düsseldorf kooperiert Henkel mit der Heinrich-Heine-Universität und unterstützt zum Beispiel jährlich zahlreiche Examensarbeiten. Ebenso gibt es zwei Stiftungen zur Förderung des wissenschaftlichen Nachwuchs: Während die Konrad-Henkel-Stiftung insbesondere die Förderung von Lehre und Forschung in den Wirtschaftwissenschaften an der Heinrich-Heine-Universität zum Ziel hat, unterstützt die Dr.-Jost-Henkel-Stiftung Studenten der Natur- und Wirtschaftwissenschaften bundesweit.

- Kunst- und Kulturförderung
  Die Förderung von kulturellen Events und Einrichtungen ist bei Henkel auf die Standorte der Henkel-Gruppe konzentriert. Zu den Aktivitäten am Standort Düsseldorf gehören Spenden zur Restaurierung des Ostflügels von Schloss Benrath im Süden Düsseldorfs ebenso wie die Förderung der Premiere eines Opern-Musicals in der Deutschen Oper am Rhein im Rahmen des Düsseldorfer Altstadtherbstes.

- Sportförderung
  Sportförderung hat bei Henkel Tradition. Zum einen wird das Sportinteresse der Mitarbeiter an den einzelnen Standorten des Unternehmens im In- und Ausland gefördert, zum anderen unterstützt das Unternehmen in Düsseldorf Sportarten wie Fußball, Tennis, Eishockey und den Galopprennsport. Die Förderung des Breitensports hat bei Henkel einen großen Stellenwert. Das Breitensport-Angebot von Henkel richtet sich ebenso an die Mitarbeiter wie an die Nachbarn des Unternehmens. Hier fördert Henkel beispielsweise den dem Unternehmen nahestehenden Verein SFD 75 Düsseldorf. Der Verein wurde 1975 von Henkel-Mitarbeitern gegründet und ist heute der mitgliederstärkste Sportverein in Düsseldorf.

4 Bausteine des Henkel Corporate-Citizenship-Programms

Zur Umsetzung der Projekte und Förderschwerpunkte nutzt das Unternehmen verschiedene Instrumente, die im Folgenden beschrieben und anhand von Beispielen erläutert werden.

4.1 Corporate Volunteering

Integraler Bestandteil des Corporate-Citizenship-Programms bei Henkel ist das Corporate Volunteering. Charakteristisch ist dabei die ausschließliche

Förderung von Projekten, die von Mitarbeitern und Pensionären durchgeführt und organisiert werden und bei denen diese Mitarbeiter ehrenamtlich tätig sind. Diese Förderung ist bei Henkel in der MIT-Initiative (MIT = „Miteinander Im Team" = Unternehmen und Mitarbeiter bilden ein Team) zusammengefasst.

Motivation

Zwei Motive haben Henkel veranlasst, in der jüngsten Vergangenheit die vielfältigen Aktivitäten gesellschaftlichen Engagements zu systematisieren und in einem gruppenweiten Corporate-Citizenship-Konzept mit starkem Mitarbeiterfokus zu integrieren. Zum einen war eine schlüssige Antwort zu finden auf die Frage, ob die rein finanziellen Zuwendungen – die Spenden – den wirklichen Problemstellungen gerecht werden. Zum anderen sollten Möglichkeiten entwickelt werden, die zunehmenden Wünsche der Mitarbeiter zu berücksichtigen, die aktiv in die Projekte eingebunden sind. Das Ergebnis, in das auch internationale Erfahrungen eingeflossen sind, war die Gründung der MIT-Initiative 1998 in Düsseldorf. Die MIT-Initiative hat sich seitdem zu einem festen Bestandteil der Unternehmenskultur entwickelt. Zur Zeit beteiligen sich Henkel-Unternehmen in 14 Ländern an dieser Initiative. Henkel fördert dabei gemeinnützige Projekte durch Hilfe zur Selbsthilfe mit Finanz- und Sachmitteln oder durch bezahlte Freistellung der Mitarbeiter von der Arbeit. Seit dem Start der MIT-Initiative wurden bislang mehr als 1.000 Projekte weltweit gefördert, davon 257 spezielle Kinderprojekte.

Die MIT-Initiative ist eine Teaminitiative: Henkel, seine Mitarbeiter und Pensionäre verstehen sich als ein Team. Den Mitarbeitern und Pensionären wird dabei eine zentrale Rolle als Bindeglied zwischen Henkel und dem sozialen Sektor zugeschrieben. Ziel ist es, einen dreifachen Nutzen (win-win-win) auf allen Ebenen zu generieren:

Im Kern des Henkel-Engagements: die Mitarbeiter

Beispiel: Corporate Volunteering

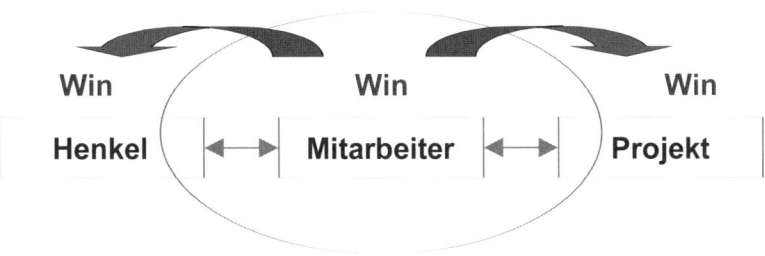

Die ehrenamtlich tätigen Mitarbeiter werden in ihrem Handeln unterstützt und damit motiviert; die Identifikation mit dem eigenen Unternehmen wächst. Die Bandbreite der Engagements ist so groß wie die Vielfalt unter den Mitarbeitern und Pensionären. Viele von ihnen engagieren sich in sportlichen, karitativen, kulturellen und sozialen Initiativen, Gruppen, Vereinen oder in gemeinnützigen Einrichtungen.

Organisation

Das MIT-Komitee entscheidet über die Förderung jedes einzelnen Projektes. Dieses interdisziplinäre Team, in dem sechs Führungskräfte des Unternehmens sowie ein Vertreter des Betriebsrates zusammenarbeiten, tritt vier bis fünf Mal pro Jahr zusammen, um über eingegangene Anträge zu beraten.

Für die individuelle Förderung der Projekte stehen dabei mehrere Möglichkeiten offen:

- die finanzielle Unterstützung, wobei nicht der Mitarbeiter das Geld erhält, sondern ausschließlich die Institution, in der er aktiv ist;
- das Bereitstellen von Sachleistungen aus dem Produktportfolio des Unternehmens;
- in Einzelfällen die Freistellung des Mitarbeiters von der Arbeit sowie
- die Beratung durch andere Mitarbeiter, die ihr Fachwissen zum Beispiel in Rechts- oder Finanzfragen zur Verfügung stellen.

Erfolgsfaktoren

Der große Erfolg der MIT-Initiative ist unter anderem den transparenten Förderungskriterien zu verdanken. Stellt ein Mitarbeiter bei der MIT-Initiative einen Antrag auf Förderung, entscheidet das MIT-Komitee nach klar definierten Vorgaben:

- Es muss sich um ein soziales, karitatives oder kulturelles Engagement handeln.
- Das Ehrenamt der Mitarbeiter/ Pensionäre muss unentgeltlich geleistet werden.
- Vereinsmitgliedschaften werden nicht gefördert.

Für ein besonders zeitaufwendiges Engagement oder Ehrenamt kann ein Mitarbeiter befristet freigestellt werden; das Komitee entscheidet hier immer im Einzelfall. Weniger zeitaufwendige Engagements werden mit Pauschalbeträgen gefördert, um die Mitarbeiter in ihrem Engagement zu bestärken und zu weiteren Aktivitäten zu ermutigen.

Um das Interesse des Unternehmens zu unterstreichen und die Rolle der betreffenden Mitarbeiter in den jeweiligen Initiativen zu stärken, wird bei jeder

Förderung um Rückmeldung über die Verwendung und Effizienz der Spende gebeten.

Ein weiterer Erfolgsfaktor der MIT-Initiative ist das 1999 gegründete MIT-Netzwerk. Hier arbeiten Mitarbeiter aus verschiedenen Abteilungen und Aufgabengebieten zusammen. Diese Mitarbeiter, deren ehrenamtliche Tätigkeiten bereits durch die MIT-Initiative gefördert wurden, stehen jetzt ihrerseits anderen Mitarbeitern bei deren Projekten mit Informationen und Erfahrungen zur Seite. Besonders für Neueinsteiger, die erst vor kurzem ehrenamtliche Aufgaben übernommen haben, ist das MIT-Netzwerk ein wichtiger Partner. Die Mitglieder des Netzwerks bilden einen Kompetenzpool und pflegen die Intranet-Seiten der MIT-Initiative. Außerdem haben die Netzwerk-Mitglieder in ihrer Freizeit eine Datenbank entwickelt, die Auskunft über Ansprechpartner, Hilfsmittel und Aktionen ebenso bietet wie Beratung. So können Erfahrungen, beispielsweise im Umgang mit Behörden oder den Medien, auch anderen Mitarbeitern zur Verfügung gestellt werden. Zudem initiiert das Team eigene Projekte, beispielsweise Schuhsammlungen für Bedürftige in Weißrussland oder die Aktion „Her mit den Mäusen" zur Sammlung von DM-Münzen nach der Euro-Umstellung. Nach der Hochwasser-Katastrophe im Sommer 2002 leisteten Mitglieder des MIT-Netzwerks Aufbauarbeit in Hitzacker und Pirna.

Spendeninitiativen von Mitarbeitern

Viele Henkelaner greifen auch in die eigene Tasche, um MIT-Projekte zu fördern: So haben bereits mehrere Mitarbeiter ihre Sondervergütungen zum 25. oder 40. Dienstjubiläum gespendet. Neun Mitarbeiter aus dem Bereich Oberflächentechnik verzichteten darauf, sich untereinander Geburtstagspräsente zu machen. Stattdessen schenkten sie der Schule „An der Virneburg" im rheinischen Langenfeld eine technische Hilfe namens BIGmack, mit der schwerstbehinderte Schüler in sprachlichen Kontakt zu ihrer Umwelt treten können. Ein anderes Beispiel: Den Tombola-Erlös ihres Sommerfestes spendeten Mitarbeiter der Düsseldorfer Waschmittelproduktion, um damit die Arbeit des Förderkreises „Alle Im Dienste Solidarisch e.V." zu unterstützen.

Anlässlich des jährlich von den Vereinten Nationen proklamierten „International Volunteer Day" am 5. Dezember 2002 zog Henkel gemeinsam mit seinen Mitarbeitern eine „Bilanz der guten Taten 2002". Diese kann sich sehen lassen: Allein in Deutschland wurden bislang 261 Projekte mit einer Gesamtsumme von 300.000 Euro gefördert; weltweit sind es mehr als 400 Projekte. Henkel hat sich das Ziel gesetzt, bis zum Jahr 2005 in allen Regionen der Henkel-Gruppe eigene MIT-Initiativen durch seine Mitarbeiter aufzubauen.

Zahl der geförderten Projekte "Miteinander im Team"

von Mitarbeitern
von Pensionären

1998: 59
1999: 92 (76 / 16)
2000: 135 (114 / 21)
2001: 385 (299 / 86)
2002*: 405 (328 / 77)

* einschließlich spezieller Kinderprojekte

Internationale Kinderprojekte

Ein wichtiger Teil der MIT-Initiative sind Kinderprojekte. Sie wurden erstmals zum 125-jährigen Firmenjubiläum im Jahr 2001 initiiert. Mehr als 10.000
bedürftigen Kindern in über 50 Ländern konnte in 126 Projekten geholfen
werden. Der Erfolg der mit 1,25 Millionen Euro geförderten Jubiläumsprojekte
und die große Resonanz unter den Mitarbeitern veranlasste Henkel, diese Art
des sozialen Engagements fortzusetzen: Mit jeweils bis zu 10.000 Euro wurden
im Jahr 2002 weitere 131 von Henkel-Mitarbeitern und -Pensionären initiierte
Kinderprojekte in 52 Ländern unterstützt. Der internationale Charakter dieser
Projekte trägt entscheidend dazu bei, weitere MIT-Initiativen bei Henkel-Unternehmen in allen Regionen der Welt zu etablieren.

MIT-Kinderprojekte: „Leben mit AIDS"

Karl-Theodor Morsbach, viele Jahre Geschäftsführer der Henkel-Niederlassung in Bangkok, engagiert sich seit mehr als 20 Jahren für die sozial Schwächeren in Thailand. Besonders die Situation der von AIDS betroffenen Kinder veranlasste ihn, im Jahr 2000 das Kinderdorf „Baan Gerda" zu gründen. Dort werden HIV-infizierte Kinder, unter ihnen viele Waisen, professionell betreut und mit Medikamenten versorgt. Die mittlerweile 42 Kinder in „Baan Gerda" bekommen so die Chance, trotz ihrer Krankheit ein kindgerechtes Leben zu führen.

Auch Claus-Uwe Schmidt, pensionierter Mitarbeiter des Waschmittelexports bei Henkel in Düsseldorf, unterstützt ein Projekt für Kinder, die ihre Eltern durch AIDS verloren haben. Im Waisenhaus des Bethzatha AIDS Resource Centers in Kenia erhalten mehr als 70 Mädchen und Jungen im Alter zwischen 3 und 15 Jahren Nahrung, Kleidung, Ausbildung und medizinische Versorgung.

Mit Unterstützung von Henkel konnte hier zusätzlich der Bau eines weiteren Schlafraums verwirklicht werden. Der Aufbau einer Ausbildungswerkstatt für Jugendliche ist für 2003 geplant.

4.2 Henkel Friendship Initiative

Gesellschaftliche und ökologische Rahmenbedingungen erfordern – neben den strategischen und nachhaltig orientierten Engagements – auch Unterstützung in Form von Ad-hoc-Hilfen. Diese sollen für Menschen bereitstehen, die plötzlich in Not geraten sind, wie beispielsweise bei der Hochwasser-Katastrophe in Mittel- und Osteuropa im Jahre 2002. Um möglichst flexibel auf solche und ähnliche Notsituationen reagieren zu können, hat Henkel eine weitere Komponente in sein Corporate-Citizenship-Programm aufgenommen: die „Henkel Friendship Initiative". Sie ist aus dem 1991 gegründeten „Henkel Förderwerk Genthin e.V." hervorgegangen.

Bereits seit 1991 unterstützt das Unternehmen mit dem „Henkel Förderwerk Genthin" die strukturschwache Region um den Waschmittelstandort in Genthin/Sachsen-Anhalt. Jenes Förderwerk war erste Anlaufstelle für alle Henkel-Projekte zur unbürokratischen Abwicklung der Soforthilfe. Diese Art der Hilfe wird nun auf internationale Notfälle ausgedehnt: Die im Frühjahr 2003 gegründete „Henkel Friendship Initiative e.V." setzt das Engagement des Förderwerks fort und sorgt dafür, rasche und gezielte Hilfe der Henkel-Gruppe und seiner Mitarbeiter bei sozialen Notlagen und bei Katastrophen weltweit zu koordinieren.

Beispielhaft für vorhandene und zukünftige Aktivitäten im Rahmen dieser Henkel-Initiative ist die tatkräftige Unterstützung der von der Hochwasser-Katastrophe betroffenen Menschen an Elbe und Donau im Sommer 2002 in Deutschland, Tschechien und Österreich. Die verheerenden Folgen des Jahrhunderthochwassers veranlassten Henkel zu Länder übergreifenden Hilfsaktionen. Hier leisteten Mitarbeiter und Unternehmen finanzielle und persönliche Hilfen sowie Sachleistungen im Gesamtwert von rund 1,6 Millionen Euro. Auf Anregung vieler Mitarbeiter und Pensionäre in Deutschland hatte Henkel im August 2002 zusätzlich einen Spendenaufruf gestartet. Mehr als 270.000 Euro kamen zusammen; zusätzliche 300.000 Euro stockte das Unternehmen auf. Darüber hinaus wurden Mitarbeiter für die Hilfseinsätze in den Hochwassergebieten von der Arbeit freigestellt. Ehrenamtliche Helfer von Henkel packten selbst mit an und sorgten in den Hochwasserregionen für die Verteilung der Hilfsgüter (siehe Kasten).

Auch Mitarbeiter der Henkel-Marke Metylan, in Deutschland führend beim Tapezieren und Renovieren, leisteten Soforthilfe für die Flutospfer: Rund 100 hochwassergeschädigte Haushalte wurden in Zusammenarbeit mit ortsansässigen Handwerkern renoviert. Die Kosten dafür übernahm das Marketing der Marke Metylan. Parallel dazu standen die Experten von Henkel den Betroffenen in allen Regionen mit einem Beratungsmobil sowie über eine eigens eingerichtete Hotline mit Rat und Tat zur Seite. Auch die Marketing-Mitarbeiter der Marke Thomsit – Spezialist für Bodenbeläge bei Henkel – leisteten mit erheblichen Preisnachlässen beim Kauf dieser Produkte, technischer Beratung und Produktlieferungen wesentliche Hilfen.

Weg der Dreck – Henkel-Mitarbeiter packen mit an:

- *Hitzacker*

Im niedersächsischen Hitzacker, das im Sommer von den Wassermassen der Elbe überschwemmt wurde, halfen Rüdiger Verheyen-Maassen und Karsten Wolf vom MIT-Netzwerk, Wohnungen wieder in Stand zu setzen und denkmalgeschützte Fassaden zu sichern. Zweimal, jeweils für ein paar Tage, packten die beiden dort ehrenamtlich mit an. „In Hitzacker haben wir Mitglieder der Organisation ‚The Art of Living Foundation‘ getroffen, die ebenfalls vor Ort freiwillige Arbeit leisteten", berichtet Verheyen-Maassen. „Gemeinsam konnten wir einigen Betroffenen aus dem gröbsten Schlammchaos heraushelfen."

HITZACKER

- *Pirna*

Trotz Muskelkater und Erschöpfung stand für das MIT-Netzwerk fest, dass sie weiter helfen würden. Bald darauf fuhr das Team – diesmal mit Rainer Dahm als dritten im Bund – nach Pirna, südöstlich von Dresden. Dort trafen sie sich wieder mit Mitgliedern der Organisation „The Art of Living Foundation", um gemeinsam drei weitere Wohnungen samt Keller freizuschaufeln und Produkte der Henkel Bautechnik sowie Werkzeug zu bringen. „Vor allem älteren Menschen fällt es schwer, sich um offizielle Hilfe im Rathaus zu bemühen", erklärt Karsten Wolf, einer der Hauptakteure im MIT-Netzwerk. „Deshalb gingen wir direkt zu den Leuten und arbeiteten

---

gegen die Zerstörung an." In Pirna schufteten die Netzwerker Hand in Hand mit den Pensionären Lothar Fischer und Friedrich Horn, die auch im Hilfseinsatz unterwegs waren.

PIRNA

● *Dresden*

In der Umgebung von Dresden besuchte Lothar Fischer bereits rund 50 soziale Einrichtungen mit Flutschäden, darunter Kindergärten, Kinderheime, Schulen, Seniorenheime und Begegnungsstätten für Behinderte. Immer rollte er mit einem Kleinlaster voller Sachspenden vor die Tür: Wasch- und Reinigungsmittel, Körperpflegeprodukte und bautechnische Produkte. Mehrfach begleitete ihn Henkel-Pensionär Rolf Maassen aus Pulheim. „Wir wägen vor Ort ab, ob wir dem Förderwerk Henkel Genthin einen Zuschuss aus dem Spendentopf der Aktion ‚Henkelaner helfen' vorschlagen", schildert Rolf Maassen die Arbeitsweise. Die Entscheidung, wer wieviel Geld erhielt, traf der Vorstand der Henkel Friendship Initiative in Abstimmung mit Henkel. Geholfen wurde beispielsweise Uwe Lehmann und Davis Pellmann. Beide arbeiten bei Henkel Dorus in Heidenau und leben mit ihren Familien in einem Haus im Müglitztal. Das stand Mitte August 2002 tief im Wasser. Geld für neues Mobiliar, für die Reparatur der Gebäudeschäden und den Austausch der zerstörten Heizung kam aus dem Spendentopf.

DRESDEN

4.3 Community Involvement

Unter „Community Involvement" versteht Henkel das lokale Engagement des Unternehmens am jeweiligen Standort. Dabei stehen langfristige Partnerschaften und Kooperationen wie die Übernahme von Patenschaften im Vordergrund. Ein wichtiges Ziel ist es, dass sich Henkel nicht nur finanziell an den Projekten beteiligt, sondern auch seine unternehmerische Kompetenz, Sachmittel sowie das Wissen und Engagement seiner Mitarbeiter in die Zusammenarbeit einbringt. Ausgewählte Beispiele aus drei Standorten der Henkel-Gruppe zeigen die Bandbreite externer Initiativen auf, die auf lokaler Ebene unterstützt werden.

Beispiel 1: Umwelt- und Nachhaltigkeitsaudits an Düsseldorfer Schulen

Henkel unterstützt im Rahmen der Lokalen Agenda 21 in Düsseldorf die Durchführung von Umwelt- und Nachhaltigkeitsaudits an ausgewählten Schulen. Mitarbeiter von Henkel begleiten die Schüler und Lehrer bei der systematischen Begutachtung ihrer Schule sowie bei der Erstellung von Nachhaltigkeitsberichten. Bereits im Juni 1998 hat die Fritz-Henkel-Schule als erste Hauptschule in Deutschland eine Umwelterklärung vorgelegt. Mit Unterstützung von Henkel führte sie im Rahmen eines Öko-Audits eine umweltbezogene Bestandsaufnahme ihrer Ressourcen durch und veröffentlichte anschließend Resultate sowie einen abgestimmten Maßnahmenkatalog in einer Umwelterklärung.

Basierend auf dem großen Erfolg der Henkel-Patenschule wurde 1999 ein eigener Arbeitskreis der Agenda 21 gegründet, in dem zehn Schulen – unterstützt von weiteren Düsseldorfer Unternehmen – im Rahmen von Unterrichtsprojekten eigene Umweltaudits durchführen. Dieses von Henkel unterstützte Gemeinschaftsprojekt in Düsseldorf ist gleichzeitig Teil des bundesweiten Modellvorhabens „Bildung für eine nachhaltige Entwicklung" der Bund-Länder-Kommission für Bildungsplanung und Forschungsförderung. Ziel dieser Aktivitäten ist es, ökologisches und nachhaltiges Denken und Handeln als einen Schwerpunkt im Bildungs- und Erziehungsauftrag der Schule umzusetzen.

Vom Öko- zum Nachhaltigkeitsaudit – Henkel unterstützt Patenschule

Die Fritz-Henkel-Schule in Düsseldorf-Garath hat im Juni 2002 zum zweiten Mal eine Umwelterklärung erstellt. Sie wurde im Rahmen eines Schulfestes feierlich präsentiert. Im Unterricht und an Projekttagen hatten alle 561 Schüler der Gemeinschaftshauptschule an der Überprüfung der in der ersten Umwelterklärung 1998 benannten Zielsetzungen mitgewirkt. Unterstützt wurden sie und ihre Lehrer dabei von Mitarbeitern des Patenunternehmens Henkel.

Die so entstandene Umwelterklärung gibt Auskunft über die Arbeit der einzelnen Projektgruppen: Ergebnisse, neue Ziele und geplante Maßnahmen für Bereiche wie Abfall, Papier, Wasser, Energie, Schulhofgestaltung und Verkehr werden leicht verständlich dargestellt. Als eine der ersten deutschen Schulen erweiterte die Fritz-Henkel-Schule ihre bisherige Umwelterklärung in Richtung eines „Nachhaltigkeitsberichts", indem mit der Beschreibung des Streit-Schlichter-Projekts auch soziale Aspekte in die Berichterstattung aufgenommen wurden.

www.fritz-henkel-schule.de

Beispiel 2: Engagement für die lokale Gemeinschaft in Itapevi/Brasilien

Seit vielen Jahren unterstützt Henkel in Brasilien soziale Projekte. Allein 35 Kinderprojekte wurden im Rahmen der MIT-Initiative seit dem Jahr 2001 in Brasilien gefördert. Das hohe Engagement spiegelt sich auch in den vielfältigen Aktivitäten des Produktionsstandortes in Itapevi (Region Sao Paulo) wider.

Am Standort Itapevi in Brasilien hält das Unternehmen intensiven Kontakt mit der Nachbarschaft des Werkes sowie öffentlichen Institutionen und unterstützt konkrete Projekte für die örtliche Gemeinschaft. Ein Beispiel hierfür ist ein von Mitarbeitern getragenes Recyclingprogramm, dessen Erlöse einem örtlichen Kinderhort zugute kommen. Dafür werden von den Mitarbeitern alle verwertbaren Abfälle aus den Betrieben getrennt gesammelt und als Wertstoff verkauft. Auch alle Anrainer können durch die Sortierung ihrer Haushaltsabfälle mitwirken. Dazu hat Henkel Loctite Sammelbehälter auch außerhalb des Werkes aufgestellt. So können die Einwohner der Kommune an dem vom Unternehmen getragenen Recyclingprogramm mitwirken. Zwischen 5.000 und 10.000 US-Dollar fließen so Jahr für Jahr an den Hort, in dem mehr als 300 Kinder und Jugendliche aus ärmsten Verhältnissen betreut werden.

Weiterhin unterstützt der Standort in Itapevi ein Umweltmanagementseminar am Brasilianischen Institut für Umweltstudien und ein Ausbildungsprogramm für arbeitslose Jugendliche in der Region. Auch in den Geschäftsprozessen setzen die Standortmanager hohe Ansprüche in Sachen Nachhaltigkeit. Seit dem Jahr 2000erfüllt das Umweltmanagement die Anforderungen des internationalen Standards ISO 14001. Als erstes Henkel-Unternehmen in Amerika hat der Standort im selben Jahr ein Zertifikat nach dem neuen Arbeitsschutzstandard OHSAS 18001 erhalten. Das gelebte Engagement als Good Corporate Citizen findet auch externe Anerkennung. Von der führenden brasilianischen

Wirtschaftszeitschrift Exame Magazine wurde Henkel in Itapevi im Jahr 2001 als Musterunternehmen für gesellschaftliche Verantwortung ausgewählt.

Beispiel 3: Engagement für Kunst- und Kultur in Mittel- und Osteuropa

Die Henkel Central Eastern Europe (Henkel CEE) mit Sitz in Wien hat sich seit 1987 als regionales Headquarter für Mittel- und Osteuropa etabliert und steuert die Geschäfte in 18 Ländern mit mehr als 350 Millionen Einwohnern. Mehr als 174 Millionen Euro wurden seitdem in den Aufbau der Märkte in den Reformländern investiert. Neben dem fachlichen Wissen um die Region ist die räumliche und mentale Nähe zu den Nachbarstaaten ein Grund für den wirtschaftlichen Erfolg. Diese Affinität zu den Kulturräumen Mittel- und Osteuropas nimmt das Unternehmen zum Anlass, sich für vorbildhafte, internationale Kunst- und Kulturinitiativen zu engagieren.

Beispielsweise unterstützt Henkel Central Eastern Europe als Hauptsponsor die internationale Sommerakademie Prag–Wien–Budapest. Unter dem Motto „Zusammenführung und Förderung des musikalischen Spitzennachwuchs" treffen sich jährlich rund 300 Künstler aus über 30 Länder. Ziel der internationalen Sommerakademie ist es, durch die Begegnung der Musikstudenten aus Mittel- und Osteuropa ein neues Bewusstsein für das kulturelle Erbe der Region zu schaffen.

Weiterhin hat Henkel Central Eastern Europe im Jahr 2003 bereits zum zweiten Mal einen Preis für Kulturschaffende in Mittel- und Osteuropa ausgeschrieben. Der internationale Kunstpreis ist dieses Jahr der Fotografie gewidmet und soll das Verständnis für die Region und den Kulturraum verbessern sowie einen Beitrag zur europäischen Integration leisten. Zur Förderung des Kunstnachwuchses vergibt Henkel unter den Teilnehmern des Gastatelier-Programms der Initiative „KulturKontakt Austria" auch einen eigenen Nachwuchspreis.

5 Zusammenfassung und Ausblick

Mit dem besonderen Fokus des Corporate-Citizenship-Programms auf Mitarbeiterprojekte erzielt Henkel einen doppelten Nutzen. Zum einen wird sichergestellt, dass die für das gesellschaftliche Engagement des Unternehmens zur Verfügung stehenden Ressourcen besonders effizient und wirksam eingesetzt werden. Gleichzeitig wirkt sich die Förderung von persönlich initiierten Mitarbeiterprojekten positiv auf die Motivation und Identifikation mit dem Unternehmen aus, und stärkt somit auch die Unternehmenskultur.

Sieben Ansatzpunkte für eine langfristig erfolgreiche Umsetzung

Aus unseren Erfahrungen mit der Umsetzung unseres Corporate-Citizenship-Programms lassen sich dabei sieben strategische Ansatzpunkt zusammenfassen, die für eine langfristig erfolgreiche Umsetzung von Bedeutung sind.

- **Vom „Anhängsel" zum Vehikel der glaubwürdigen Wettbewerbs-differenzierung**

  Durch strategische Corporate-Citizenship-Aktivitäten ist es möglich, Marken und Produkten einen „Mehrwert" zu geben. Bei ähnlich wahrgenommen Preis-Leistungs-Relationen können Citizenship-Konzepte Marken mit dem entscheidenen Zusatzwert „gesellschaftliche Verantwortung" aufladen. Ein gutes Argument für Konsumenten, um ein Produkt von diesem Unternehmen zu erwerben.

- **Vom Mäzenatentum zum messbaren Erfolg**

  Die Zeiten, in denen Gutes getan wurde, ohne offen darüber zu kommunizieren, sind vorbei. Heute wollen Unternehmen nicht nur Gutes für die Gesellschaft leisten, sondern versprechen sich damit auch einen nachvollziehbaren Effekt. Messbare Ziele können dazu beitragen, Citizenship-Projekte langfristig im Unternehmen zu verankern und den Erfolg nach außen zu kommunizieren.

- **Vom „Nice to have" zum gesellschaftlichen „Must"**

  Die Ansprüche der Stakeholder steigen kontinuierlich. Unternehmen, die sich zukünftig nicht mit glaubwürdigen und nachvollziehbaren Konzepten in der Öffentlichkeit profilieren können, werden mit Image- und Glaubwürdigkeitsverlusten zu rechnen haben. Um dem entgegenzuwirken, bietet Corporate Citizenship eine ideale Plattform. Zudem wird Good Corporate Governance – vom gesellschaftlichen Engagement bis zu den Nachhaltigkeitsstandards in den Geschäftsaktivitäten – als Kriterium für Analysten immer wichtiger.

- **Vom regionalen Konzept zum internationalen Roll-out**

  So viel Strategie wie nötig, so viel Flexibilität wie möglich. So lautet das Motto für erfolgreich operierende Unternehmen im Corporate Citizenship. Was lokal hervorragend funktioniert, muss international noch lange nicht wirksam sein. Wichtig ist es, die regionalen Besonderheiten in die globale Strategie zu integrieren.

- **Vom reaktiven Tun zum proaktiven Handeln**

  Unternehmen sind Teil der Gesellschaft und sollen deshalb auch zur Lösung gesellschaftlicher Probleme beitragen. Die Einbindung ihrer Kompetenzen spielt dabei eine zentrale Rolle. Statt passiv auf Anfragen zu reagieren, werden Unternehmen zukünftig aktiv auf Stakeholder zugehen.

- **Von der Ad-hoc-Lösung zur einer ganzheitlichen Strategie**

  Neben der Soforthilfe, zum Beispiel in Notfallsituationen, wird zukünftig die Zahl strategisch orientierter Engagements steigen. Sie zeichnen sich durch einen klaren Fokus auf das Ziel, die Zielgruppen und die Erfolgsmessung aus. So profitierten sowohl das Unternehmen wie auch die Gesellschaft.

- **Vom Gießkannenprinzip zum integrierten Managementkonzept**

  Die Entscheidung für oder gegen Engagements erfordert die Einbindung und Überprüfung der im Unternehmen vorhandenen Entscheidungskriterien. Damit werden Streuverluste stark reduziert, die Effizienz gesteigert und die Organisation sowie die Durchführung vereinfacht.

Weitere Schwerpunkte der Nachhaltigkeitsstrategie

Die mit der Ausrichtung auf Nachhaltigkeit verfolgten Ziele des Unternehmens gehen noch weiter. Henkel will auch in seinen Geschäftsaktivitäten gesellschaftlich verantwortlich handeln – im Sinne eines Good Corporate Citizen – und dabei profitabel wachsen. Drei besondere Schwerpunkte aus dem Aktionsprogramm für die nächsten Jahre sollen beispielhaft herausgegriffen werden:

- **Vereinbarkeit von Beruf und Familie**

  Henkel ist erfolgreich durch seine Mitarbeiter. Um die besten Talente zu gewinnen, ihre Fähigkeiten weiterzuentwickeln und sie langfristig an uns zu binden, hilft Henkel verstärkt seinen Mitarbeitern, ihr Engagement im Beruf mit ihrer individuellen Lebensplanung in Einklang zu bringen. Dazu sollen die vorhandenen Möglichkeiten der Arbeitsgestaltung noch flexibler genutzt und junge Familien bei der Suche nach Betreuungsmöglichkeiten gezielt unterstützt werden.

- **Reduzierung von Arbeitsunfällen**

  Jeder Unfall ist vermeidbar. Henkel hat dazu ein langfristiges Programm aufgelegt, um Arbeitsunfällen systematisch vorzubeugen. Dazu soll als Zwischenziel die Zahl der Arbeitsunfälle bis zum Jahr 2005 um 25 Prozent gesenkt werden (Basisjahr 2000). Langfristig strebt die Henkel-Gruppe das Ziel „null Arbeitsunfälle" an.

- **Ganzheitliche Kriterien für den Einkauf**

  Henkel fordert von seinen Lieferanten und Dienstleistern weltweit ein einwandfreies Geschäftsverhalten. Grundlage dafür ist der Verhaltenskodex der Henkel-Gruppe. Allerdings sind in den weltweiten Verfahren zur Auswahl und Bewertung von Zulieferern noch keine einheitlichen Nachhaltigkeitskriterien enthalten. Henkel hat sich deswegen zum Ziel gesetzt, bis Ende 2004 die vorhandenen ökologischen und sozialen Bewertungskriterien zu überprüfen, daraus lokal bzw. global gültige Standards abzuleiten und diese in die konzernweiten Beschaffungsprozesse zu integrieren.

Grundlegend für den langfristigen Erfolg sind die Innovationsfähigkeit des Unternehmens sowie das Eingehen auf Kunden- und Verbraucherwünsche.

Dazu versucht Henkel, bereits in der Frühphase der Forschung und Entwicklung, langfristige gesellschaftliche Prioritäten zu berücksichtigen und die Zukunft mit zu gestalten. Innovative Produkte und kontinuierliche Produktoptimierungen, die höhere Leistung mit besserer Umweltverträglichkeit kombinieren, erhöhen den gesellschaftlichen Nutzen und sichern den langfristigen Unternehmenserfolg. Denn nur ein ökonomisch erfolgreiches Unternehmen kann dauerhaft ökologische und gesellschaftliche Verantwortung übernehmen. Nachhaltigkeit ist Zukunftsfähigkeit.

Sozial-ökologischer Ethiktest:
CSR als Entscheidungshilfe für Konsumenten

von *Hannes Spitalsky* und *Peter Blazek*, Verein für
Konsumenteninformation (Wien)

Die Macht der Öffentlichkeit

Das Vorhaben des Erdölkonzerns Shell, die Nordsee-Plattform „Brent Spar"
zu versenken, ruft im Jahr 1995 einen internationalen Sturm der Entrüstung
hervor. Greenpeace-Aktivisten besetzen die Bohrinsel, EU-Umweltkommis-
sarin Ritt Bjerregaard begrüßt dies und fordert ein Verbot der Versenkung aus-
gedienter Plattformen. In Deutschland sind laut einer EMNID-Umfrage drei
Viertel der Autofahrer zu einem Shell-Boykott bereit, Politiker aller Parteien
unterstützen den Boykott-Aufruf. Shell-Tankstellenpächter in ganz Deutschland
beklagen Umsatzrückgänge bis zu 50 Prozent. Nur acht Wochen nach Beginn
der Protestaktionen gibt Shell auf: Die Plattform wird nicht versenkt. Drei
Jahre später – im Juli 1998 – einigen sich die 15 Vertragsstaaten der OSPAR-
Kommission auf ein generelles Versenkungsverbot für Offshore-Anlagen
(http://archiv.greenpeace.de).

Wegen der Beschäftigung von Kindern bei Zulieferbetrieben in der Dritten
Welt ist der Möbelkonzern IKEA ins Gerede gekommen. Als das schwedische
Fernsehen im Dezember 1997 eine Dokumentation ausstrahlt, in der zwei IKEA-
Partner in Vietnam und auf den Philippinen beschuldigt werden, Minderjäh-
rige auszubeuten, reagiert das Unternehmen prompt: Bereits am Tag danach
wird die Zusammenarbeit mit dem philippinischen Zulieferer, der Kinder in
der Produktion von Korbmöbeln beschäftigt hat, gekündigt (Berliner Zeitung,
24.12.1997). In der Folge wird ein Verhaltenskodex zur Kinderarbeit erstellt. Den
Lieferanten werden sozialverträgliche Arbeitsbedingungen vorgeschrieben, deren
Nichteinhaltung zu einer Kündigung aller Verträge führt (Die Wirtschaft, Juli
2003).

Jahrzehntelang fanden Welthandelsrunden praktisch unter Ausschluss der
Öffentlichkeit statt, allenfalls unter der jovialen Beobachtung einer Hand voll
ausgesuchter Journalisten. Doch bei der Freihandelskonferenz in Seattle im
Dezember 1999 wird der exklusive Zirkel von rund 50.000 Menschen bela-
gert, die den Aufrufen zahlreicher Umwelt-, Gewerkschafts- und Bürger-
rechtsgruppen gefolgt sind. Die Welthandelsorganisation WTO wird von ihnen
als undemokratisches Kartell multinationaler Konzerne dargestellt. Sie sei verantwortlich für die Ausbeutung in der Dritten Welt, die Zerstörung der Umwelt und die Vernichtung von Arbeitsplätzen. Medien in aller Welt widmen

der Kritik an der Konferenz ungleich mehr Raum als der eigentlichen Tagesordnung. US-Präsident Bill Clinton fordert, dass sich die WTO mehr dem Gespräch mit der Gesellschaft öffnen müsse. Die Konferenz scheitert, die Teilnehmer fahren unverrichteter Dinge nach Hause (Salzburger Nachrichten, Die Presse, 6.12.1999). Seit Seattle sind die negativen Seiten der Globalisierung kein Randthema mehr, keine internationale Wirtschaftskonferenz kann es sich heute noch leisten, diese Themen zu ignorieren.

Paradigmenwechsel

Globalisierung, Kinderarbeit, Umweltverschmutzung – drei Beispiele, die zeigen, dass sich negative Erscheinungen nicht mehr unter den Tisch kehren lassen. Meldungen darüber werden – nicht zuletzt dank Internet – blitzschnell über den Erdball verbreitet. Die Betroffenen sind gezwungen, rasch zu reagieren, um Imageschäden möglichst hintan zu halten.

Was früher nur eine schmale Schicht von Intellektuellen interessierte, wird heute auch von Boulevard-Medien rasch aufgegriffen. Daher ist die Sensibilisierung der Bevölkerung gegenüber ethischen Aspekten größer geworden. Die Menschen erwarten von Unternehmen, dass sie sozial verantwortlich agieren. Oder profaner: Den Menschen ist es nicht mehr egal, wenn sie erfahren, dass Produkte ihrer bevorzugten Marke von Kinderhänden hergestellt wurden oder in irgend einem Teil der Welt eine Spur der Verwüstung hinterlassen haben.

Dieser Paradigmenwechsel hat in den letzten Jahren zu zahlreichen Initiativen auf internationaler wie nationaler Ebene geführt. EU, OECD, Gewerkschaften, Unternehmerverbände usw. setzen sich mit dem Thema Ethik bzw. Nachhaltigkeit auseinander. International hat sich das Schlagwort Corporate Social Responsibility (CSR) durchgesetzt.

Initiativen auf nationaler und internationaler Ebene

So legte die Europäische Union im Juli 2001 ein Grünbuch über „Europäische Rahmenbedingungen für die soziale Verantwortung der Unternehmen" vor. In dessen Gefolge soll eine EU-Strategie der CSR-Förderung erstellt werden. Damit wird die Absicht verfolgt, eine umfassende Debatte über die soziale Verantwortung der Unternehmen in Gang zu bringen. Unter Einbeziehung aller Stakeholder sollen Lösungsmöglichkeiten für die folgenden Aufgabenstellungen erarbeitet werden: Sammlung der Erfahrungen bisheriger Initiativen, Entwicklung allgemein anerkannter Sozialstandards und Sicherstellung ihrer Überprüfbarkeit, Steigerung der Effizienz von Sozial- und Umweltgütesiegeln.

Die OECD hat ihre Leitsätze für multinationale Unternehmen aus dem Jahr 1976 überarbeitet. Sie stellen gemeinsame Empfehlungen der Regierungen der teilnehmenden Staaten für ein verantwortungsvolles unternehmerisches Verhalten dar. Zu den wesentlichen Neuerungen der Überarbeitung aus dem Jahr 2000 gehören: die Verankerung der Menschenrechte (Verurteilung von Kinder- und Zwangsarbeit), die Verankerung des Nachhaltigkeitsprinzips, der Kampf gegen Bestechung und Korruption sowie die Verbesserung der Umsetzung durch die Schaffung so genannter „nationaler Kontaktpunkte".

Nicht zuletzt versucht auch die CSR Austria, eine Initiative der Industriellenvereinigung und des Bundesministeriums für Wirtschaft und Arbeit, sich dieser Herausforderung zu stellen und ein Leitbild für Österreichs Unternehmen zu erarbeiten. Der CSR Austria kommt dabei die Aufgabe zu, Inhalt und Positionen eines solchen Leitbildes auszuarbeiten, während ein Arbeitskreis, der am Österreichischen Normungsinstitut eingerichtet wurde (AK 1112), sich den operativen Themen der Umsetzung und Implementierung eines CSR-Modells für Unternehmen widmet.

Unbehagen auch in Österreich

Die internationale Entwicklung hat auch vor Österreichs Grenzen nicht halt gemacht. Auch in Österreich herrscht in der Bevölkerung tiefes Unbehagen über das heutige Wirtschaftsleben, wie eine IMAS-Umfrage aus dem Jahr 2000 belegt. Nur 5 Prozent der 1000 befragten Österreicher und Österreicherinnen ab 16 Jahren zeigten sich mit dem heutigen Wirtschaftsleben sehr zufrieden, die meisten (39 Prozent) hielten es für mittelmäßig. Im Durchschnitt ergab sich die Note 2,9 in einer fünfstufigen Notenskala, was die hohe Unzufriedenheit mit dem Wirtschaftsleben verdeutlicht. Dies gilt für alle Bevölkerungskreise – unabhängig von Geschlecht, Alter oder Bildung.

Besonders weit klafft in den Augen der Bevölkerung das tatsächliche und das erwünschte Verhalten der Unternehmen bei offener und ehrlicher Information, bei der Behandlung der Mitarbeiter und der Erhaltung bzw. Schaffung von Arbeitsplätzen auseinander. Die Erwartungshaltung der Bevölkerung ist grundsätzlich für alle Branchen gleich.

Das Interesse am Verhalten von Unternehmen ist groß. Rund 71 Prozent der Befragten wollen darüber informiert werden, wie sich Unternehmen gegenüber Gesellschaft und Umwelt verhalten. Und etwa eben so viele glauben, dass das Kaufverhalten der Verbraucher das Unternehmensverhalten sehr oder zumindest etwas beeinflussen kann.

Das bedeutet, dass Informationen zur CSR generell auf fruchtbaren Boden fallen würden. Allen pessimistischen Erwartungen zum Trotz scheinen sehr viele Menschen bereit, beim Kauf von Produkten nicht nur nach dem Preis zu sehen, sondern auch darauf, wie der Umgang mit den Kunden erfolgt, wie sicher die Arbeitsplätze und wie umweltfreundlich die Produkte sind. Eigentlich recht gute Voraussetzungen für die Akzeptanz von vergleichenden Unternehmenstests in Analogie zu den bewährten Produkttests, wie sie von Verbraucherorganisationen seit Jahrzehnten durchgeführt werden.

Eine neue Dimension der Verbraucherinformation

Der VKI (Verein für Konsumenteninformation) steht vor einer neuen Herausforderung. Mit den vergleichenden Warentests hat sich der VKI in den letzten 40 Jahren einen Namen gemacht. Anhand objektiver und nachvollziehbarer Kriterien wurde die Qualität von Produkten, später immer mehr auch von Dienstleistungen, einem Vergleich unterzogen. Heute, da die Produkte einander immer ähnlicher geworden sind, eröffnet sich ein neuer Untersuchungshorizont – die Unternehmensebene. Nicht mehr nur „Wie gut ist das Produkt?" lautet die Frage, sondern auch „Wie groß ist das Verantwortungsbewusstsein des herstellenden bzw. anbietenden Unternehmens gegenüber der Gesellschaft?".

Konsumforscher Prof. Karl Kollmann sieht in der ausschließlichen Orientierung auf die materielle Produktqualität die Gefahr einer negativen Auslese, solange nicht die Bedingungen der Herstellung in die Beurteilung eingingen. Der Verbraucher soll nicht nur ein gutes Produkt wählen können „sondern ein gutes Produkt von einem ‚guten' Unternehmen" (Karl Kollmann: Möglichkeiten für sozial und ökologisch verantwortungsvolles Konsumhandeln in der globalisierten Marktgesellschaft – Ausgangspunkte und Chancen).

Der VKI hat frühzeitig diese Entwicklung erkannt. Die Verbraucherorganisation ist weltweit die erste gewesen, die sich an eine ethische Beurteilung von Unternehmen gewagt hat. Der erste Ethik-Test wurde im Oktober 2000 publiziert. Als Basis wurde ein Konzept herangezogen, das Ende der Achtzigerjahre in den USA mit dem Einkaufsführer „Shopping for a Better World" erstmals in die Praxis umgesetzt worden war. Darauf aufbauend hat das deutsche Institut für Markt – Umwelt – Gesellschaft (IMUG) ein Konzept sozial-ökologischer „Unternehmenstests" entwickelt.

„Shopping for a Better World" ist sozusagen die Mutter aller Unternehmenstester. Das New Yorker Forschungsinstitut CEP (Council on Economic Priorities) wurde 1969 von Alice Tepper Marlin gegründet und hat in der Folge ein Konzept zur Durchführung von Unternehmensbewertungen nach sozialen und ökologischen Kriterien entwickelt: Unterschieden wurden 7 Bereiche, von Informationsoffenheit über Umwelt, Frauen- und Minderheitenförderung bis zur Situation am Arbeitsplatz. Der erste Einkaufsführer erschien im Jahr 1988. Zuletzt fanden sich darin Ratings für über 2.100 Produkte von 200 US-Firmen, die zu einem Großteil auch in Europa angeboten werden: von Barbie-Puppen, über Palmolive-Seifen bis Pepsi-Cola. Der Einkaufsführer sollte zum Bestseller werden, Tepper Marlin wurde mit Auszeichnungen überhäuft. Heute hat Tepper Marlin den Vorsitz im Social Accountability International (SAI) inne (s.u.).

IMUG hat seine Aktivitäten im Jahr 1992 aufgenommen, um dieser Idee auch im deutschsprachigen Raum zum Durchbruch zu verhelfen. Das Hannoveraner Institut gab im Jahr 1995 den ersten „Unternehmenstester" über die Lebensmittelbranche heraus; seither sind über 300 Unternehmen aus verschiedenen Konsumgüterbranchen (Kosmetik, Haushaltsgeräte) untersucht worden. Die „Unternehmenstester" bewerten das sozial-ökologische Engagement von Unternehmen in vier Stufen; die Kriterien sind in sieben Bereiche gegliedert, darunter Informationsoffenheit, Verbraucherinteressen, Arbeitnehmerinteressen oder Umweltengagement.

Konsumenten und Geldanleger haben damit einen Orientierungsrahmen, wenn sie nach ethischen Gesichtspunkten eine Auswahl treffen wollen. Was es bisher aber nicht gegeben hat, ist die Verknüpfung der sozialen und ökologischen Überprüfung von Unternehmen mit einem Produkttest sowie der Versuch, die Untersuchungsergebnisse vergleichbar zu machen.

„Die bisherigen Unternehmenstests sind – und das ist ein anwendungspraktischer Nachteil – branchenorientiert, nicht produktorientiert. Der interessierte Konsument kann mit seiner Kaufentscheidung zwar ethisch wertvollere Unternehmen fördern, dies möglicherweise aber mit dem Risiko, einen höheren Preis zu bezahlen oder schlechtere Qualität zu erhalten. Nahe liegend wäre es daher, beide Bewertungsdimensionen, also Warentest und Unternehmenstest, zu verbinden" (Karl Kollmann: Möglichkeiten für sozial...).

Das wurde im Ethik-Projekt des VKI erstmals versucht. Die Zielsetzung lautet dabei: Der Konsument soll die Möglichkeit erhalten, sich vor einer Kaufentscheidung darüber zu informieren, welches von den konkurrierenden Produkten die beste Qualität aufweist und – gleichzeitig – hinter welchem das Unternehmen mit den höchsten ethischen Ansprüchen steht.

Drei große Untersuchungsbereiche

Das Thema Ethik umfasst sehr viele Bereiche. Sozial verantwortliches Verhalten von Unternehmen kann vielerlei bedeuten: Es kann auf die Einrichtung eines Betriebskindergartens oder den Verzicht auf Tierversuche ebenso abzielen wie auf einen Beitrag zur Verringerung des Treibhauseffekts. Bereiche, die sich nur schwer unter ein gemeinsames Dach stellen lassen; jede Gliederung steht vor dem Problem, Bereiche unterschiedlicher Bedeutung und unterschiedlichen Umfanges in ein Schema zu bringen.

Der VKI hat sich zunächst für eine Dreiteilung entschieden: Soziales (im engeren Sinn), Umwelt sowie Informationsoffenheit; wobei unter Letzterem vor allem das Verhalten des Unternehmens gegenüber Konsumenten und anderen Stakeholdern zu verstehen ist.

Die wichtigsten Kriterien dieser drei übergeordneten Bereiche sind:

- Soziales: Zu bewerten ist, in welchem Ausmaß die Unternehmen die Interessen ihrer Arbeitnehmer – einschließlich spezifischer Beschäftigtengruppen (Frauen, Behinderte, Auszubildende etc.) – berücksichtigen. Weiters ist die internationale soziale Verantwortung zu berücksichtigen: Dabei geht es um die Aktivitäten und Bemühungen der Unternehmen, die Anwendung sozialer Mindeststandards im internationalen Geschäft (bei ausländischen Produktionsstandorten oder mit ausländischen Geschäftspartnern) zu gewährleisten.

- Umwelt: Zu untersuchen ist die Qualität des Umweltmanagements; dabei werden die organisatorischen Vorkehrungen in Bezug auf die Berücksichtigung von Umweltschutzaspekten beurteilt. Bei den Umweltschutzleistungen ist zu unterscheiden zwischen umweltrelevanten Prozessen (das sind die prozessbezogenen Umweltschutzleistungen der Unternehmen – z.B. Stoffverbrauch, Emissionen, Energieverbrauch) und der Produktökologie (sie betrifft bei Produzenten Aspekte der Produktgestaltung, bei Handelsunternehmen Fragen zur Sortimentpolitik – Verwendung von Naturrohstoffen, Verzicht auf Zusatzstoffe).

- Informationsoffenheit: Beim Thema „Informationsoffenheit" geht es um die Zugänglichkeit und Qualität von Unternehmensinformationen für die interessierte Öffentlichkeit, vor allem die Konsumenten. Bewertet werden die von den Unternehmen praktizierten Aktivitäten und Bemühungen, welche die Berücksichtigung der vielfältigen Verbraucherinteressen sicherstellen (z.B. Behandlung von Beschwerden, Produktkennzeichnung; aber auch der Verzicht auf Gentechnik und Tierversuche werden in diesem Schema dem Bereich Informationsoffenheit zugeordnet).

Bewertungsgrundsätze und Darstellung der Ergebnisse

Die Datensammlung erfolgt durch Befragung der ausgewählten Unternehmen; dazu wird ein umfangreicher Fragebogen entworfen und den zuständigen Stellen im Unternehmen vorgelegt. Die Antworten werden ergänzt bzw. überprüft durch schriftliche Unterlagen der Unternehmen und durch Gespräche mit den Verantwortlichen, durch Recherchen in Sekundärquellen, Auswertungen von Publikationen von NGOs, Bewertungen durch andere Organisationen sowie Mystery Calls und Ergebnisse von Produkttests (soweit es sich dabei um CSR-relevante Bereiche handelt).

Zur Bewertung wird der Erfüllungsgrad der einzelnen Kriterien in mehreren Stufen ausgedrückt – von „nicht erfüllt" über „teilweise erfüllt" bis „erfüllt". Je nach Bedeutung können die Kriterien auch unterschiedlich gewichtet werden. Die auf dieser Grundlage ermittelten Bewertungsziffern errechnen sich aus dem Erfüllungsgrad der in die Bewertung eingegangenen Kriterien, multipliziert mit dem Gewichtungsfaktor; sie werden für den jeweiligen Untersuchungsbereich (Soziales oder Umwelt oder Informationsoffenheit) addiert. Daraus ergibt sich eine Gesamtbewertung für diesen Bereich, die am besten als Bewertungsindex auf einer Skala von 1 bis 100 dargestellt wird: Er gibt an, in welchem Ausmaß die (gewichteten) Kriterien erfüllt werden. Ein (Sozial-)Index von 70 besagt beispielsweise, dass das Unternehmen 70 Prozent der in Frage stehenden sozialen Kriterien erfüllt.

Jeder Untersuchungsbereich kann für sich genommen veröffentlicht oder aber mit den anderen kombiniert werden: Der Durchschnitt aus den Bewertungen für Soziales, Umwelt und Informationsoffenheit ergibt eine Kennziffer für die Übernahme gesellschaftlicher Verantwortung durch das betreffende Unternehmen. Die Ergebnisse können sowohl in Prozentzahlen als auch in Symbolen ausgedrückt werden. Die Verleihung eines CSR-Siegels kann vom Erreichen eines bestimmten Prozentsatzes (z.B. 75% oder 95%) abhängig gemacht werden. Bislang hat der VKI versucht, ein Gesamt-Rating in Form von Ethik-Symbolen (blaue Punkte) anzugeben: Es gibt in vier Stufen an, inwieweit das Unternehmen die untersuchten Kriterien erfüllt, und ist damit ein Gradmesser für das CSR-Niveau des Unternehmens im Vergleich zu seinen Mitbewerbern.

Die Ethiktests des VKI

Der Startschuss für die Ethiktests fiel im Oktober 2000, als in der Zeitschrift „Konsument" ein Laufschuhtest veröffentlicht wurde, bei dem die Hersteller gleichzeitig auf die Einhaltung sozialer Mindeststandards in den Produktionsstätten der Dritten Welt überprüft wurden.

Eine Bilanz der bisherigen sozial-ökologischen Unternehmensbewertungen des VKI ergibt folgendes Bild: Betroffen waren die Branchen Bekleidung, Kosmetik, Haushaltsgeräte, Elektronikgeräte, Lebens- und Genussmittel, Handelsunternehmen und andere Dienstleistungsunternehmen. Getestet wurden beispielsweise Laufschuhe, Waschmaschinen, Konfitüren, Sonnenschutzmittel, Bier, Staubsauger, Kaffee und Jeans.

Insgesamt waren 170 Unternehmen Gegenstand der Erhebungen. 50,6 Prozent nahmen daran teil, 49,4 Prozent hingegen verweigerten eine Teilnahme. Davon getrennt wurden auch Investmentfonds beurteilt, für die allerdings andere als die oben erwähnten Bewertungskriterien anzuwenden waren: Insgesamt 30 Ethik- bzw. Ökofonds standen dabei auf dem Prüfstand.

Zwang zu Kooperationen

Mit der Durchführung der sozialen und ökologischen Unternehmensbewertung wurden und werden Expertenteams beauftragt, die auf diesem Gebiet große Erfahrung mitbringen. In der ersten Phase waren dies: IMUG, das renommierteste Institut im deutschsprachigen Raum; das Institut für Agrar-Marketing der Wiener Universität für Bodenkultur, als profunder Kenner der heimischen Nahrungsmittelindustrie; sowie die Agentur Synerga von Kurt E. Simperl, der das VKI-Projekt „Ethischer Konsum" von Beginn an begleitet hat.

Von Beginn an war der VKI bestrebt, ein möglichst breites Netzwerk von Verbraucherorganisationen und NGOs anderer europäischer Länder zu schaffen. Einerseits aus Kostengründen: Der erforderliche finanzielle Aufwand kann auf mehrere Teilnehmer aufgeteilt werden; für grenzüberschreitende Kooperationen können Fördermittel der EU in Anspruch genommen werden. Andererseits sind in vielen Sektoren der Wirtschaft ethische Aspekte nur im internationalen Rahmen sinnvoll zu überprüfen, eine Zusammenarbeit ist daher zwingend erforderlich, um zu aussagekräftigen Ergebnissen zu gelangen. Letztlich erlangt das Thema Ethik dank Internationalisierung auch erhöhte Aufmerksamkeit, selbst große Konzerne können die Ergebnisse dann nicht mehr ignorieren.

Der erste Versuch einer Internationalisierung mündete in einer Untersuchung der Hersteller von Markenjeans. Die skandinavischen Staaten Norwegen, Schweden, Finnland und Dänemark beteiligten sich daran. Die Erhebung konzentrierte sich auf die internationale Verantwortung: Sind die Hersteller bereit, ihre Verantwortung in den Zulieferbetrieben der Dritten Welt zu übernehmen? Die Ergebnisse wurden im Februar 2002 veröffentlicht: Von den 15 untersuchten Unternehmen verweigerten 10 eine Teilnahme, bei den 5 bewerteten zeigten sich deutliche Unterschiede. Aber selbst das beste Unternehmen konnte die sozialen Kriterien nur zur Hälfte erfüllen. Neu bei dieser Veröffentlichung war auch die Nutzung der Möglichkeiten, die das Internet bietet. Online-Leser konnten in der Ergebnis-Tabelle nicht nur Detailangaben zu den einzelnen Unternehmen (auch den nicht teilnehmenden) herunterladen; sie hatten überdies die Möglichkeit, an den verantwortlichen PR-Manager direkt eine E-Mail zu senden, um ihm Fragen zu stellen oder ihre Meinung kundzutun.

Aus finanziellen Gründen konnten nach diesem viel versprechenden Start vorerst keine weiteren Projekte mehr verwirklicht werden. Die EU-Förderung war ausgelaufen, im Inland konnten keine Finanzierungspartner gefunden werden.

Gemeinschaftstests auf Europa-Ebene

In der Zwischenzeit hat man aber auch in anderen Ländern die Zeichen der Zeit erkannt – wohl nicht zuletzt aufgrund des positiven Beispiels des VKI. Vor allem die niederländische und die belgische Verbraucherorganisation (Consumentenbond bzw. Test Achats) zeigten großes Engagement. In der Folge wurde eine Arbeitsgruppe der Testorganisation der europäischen Verbraucherorganisationen ICRT ins Leben gerufen: Sie soll die Möglichkeiten für internationale Kooperationen im Bereich Ethik ausloten. Mehrere Organisationen wurden eingeladen, ihre Konzepte anhand konkreter Branchenüberprüfungen vorzustellen, erste Erfahrungen liegen bereits vor. So überprüfte die niederländische Verbraucherorganisation Consumentenbond die Mobiltelefon-Hersteller; die belgische Ratingagentur Ethibel bzw. ihre Tochterorganisation Stock at Stake führte eine Erhebung unter den Laufschuh-Herstellern durch. Schließlich soll die britische Organisation Ethical Consumer Research Association (ECRA) einen Test der Spielwaren-Hersteller durchführen.

Das Modell von Consumentenbond ging zunächst von einer Dreiteilung aus, wurde inzwischen aber zu einer Matrix ausgebaut. Unterschieden wird nach Bereichen und nach Niveaus: und zwar die Bereiche Umwelt, Soziales, Gesellschaft und Konsumentenbelange; sowie die Ebenen Unternehmen, Produktgruppe und Produkt. Auf Unternehmensebene werden die Ansprüche des Unternehmens überprüft, ob die Voraussetzungen geschaffen sind, um ethische Zielsetzungen verwirklichen zu können: Gibt es beispielsweise ein Umweltmanagementsystem, wurde ein Code of Conduct abgefasst? Auf der Ebene der Produktgruppen werden unter anderem das Managementsystem oder der Produktionsprozess durchleuchtet. Die Produktebene schließlich erfasst etwa die Überprüfung möglicher gesundheitlicher Beeinträchtigungen des Produktes oder dessen Kennzeichnung. Was die Konsumentenbelange betrifft, werden auch anonyme Erhebungen durchgeführt, um die Benutzerfreundlichkeit der Telefon-Hotline und der Websites auszutesten. Die Beurteilung erfolgt nach einem Punkteschema, das Endergebnis wird in einer Prozentzahl ausgedrückt.

Ein deutlich anderes Konzept hat die Researchagentur Stock at Stake entwickelt. Drei große Bereiche werden unterschieden: Umwelt, Soziales und Informationsoffenheit. Es werden keine Ziele definiert, deren Erfüllungsgrad in Punkten oder Prozenten angegeben wird. Sondern man versucht, für jedes Kriterium den aktuellen Branchenstandard festzulegen. Jedes Unternehmen wird danach beurteilt, ob es diesen Standard übererfüllt, oder ob es unter ihm bleibt. Daraus folgt, dass kein Ergebnis in Zahlen vorliegt, sondern nur entschieden wird, ob jemand in einem Bereich als Pionier (frontrunner) oder als Nachzügler (laggard) gelten kann. Für eine Gesamteinschätzung eines Unternehmens lassen sich diese Einzelbeurteilungen addieren: Wer in den meisten Kriterien Frontrunner-Status genießt, kann als Branchenprimus angesehen werden. Außerdem bindet Stock at Stake die Stakeholder (NGOs, Gewerkschaften) aber auch Testurteile von Verbraucherorganisationen stärker in die Beurteilung ein. Alle verfügbaren Stellungnahmen und Berichte dieser Gruppen werden mitberücksichtigt und den Angaben bzw. Unterlagen des Unternehmens gegenübergestellt. Nur wenn keinerlei Informationen erhältlich sind, wird kein Rating abgegeben.

Auch die britische ECRA verfolgt ein eigenständiges Konzept. Sie gewichtet in drei Stufen, die für jedes Kriterium zuvor definiert wurden: Beispielsweise wird für das Kriterium Tierversuche das niedrigste Rating vergeben, wenn ein Unternehmen in Tierversuche für nichtmedizinische Produkte involviert ist; ein mittleres Rating gibt es für Tierversuche für medizinische Produkte; mit dem höchsten Rating werden jene Firmen bedacht, die keinerlei Kritik über Tierversuche ausgesetzt sind. ECRA unterscheidet 19 ethische Kategorien – vom Umweltberichtswesen über die Unterstützung repressiver Regimes bis zur Anwendung von Gentechnologie. Jeder dieser Bereiche ist in Unterkategorien unterteilt, in Summe sind es 242. Für eine konkrete Erhebung kann aus dieser Liste eine Auswahl getroffen werden. Auch die Gewichtung der einzelnen Kategorien ist variabel.

Erklärtes Ziel der europäischen Testorganisation ICRT ist es, dem Ethiktest in seinen Aktivitäten einen fixen Platz einzuräumen. In absehbarer Zeit sollen 50 Prozent der Warentests von Überprüfungen der sozialen Verantwortung der Hersteller begleitet werden. Das Thema Ethiktest ist also im internationalen Maßstab beschlossene Sache. Offen ist lediglich, welcher Testphilosophie man den Vorzug gibt, bzw. ob mehrere Konzepte nebeneinander existieren sollen.

Die Unterschiede zum vergleichenden Warentest

Bei der Untersuchung der sozialen Verantwortung muss die Komplexität des Themas im Auge behalten werden. Eine konkrete Erhebung kann immer nur einen kleinen Teil davon einer Bewertung unterziehen. Grundsätzlich ist man von der Kooperationsbereitschaft der Unternehmen abhängig. Sie müssen einen umfangreichen Fragebogen ausfüllen, Informationsmaterial zur Verfügung stellen und auf vertiefende Fragen bereitwillig Auskunft geben. Ohne diese Basisdaten ist eine Bewertung der sozialen und ökologischen Verantwortung kaum möglich – jedenfalls keine positive. Das unterscheidet den

Ethik-Test vom klassischen Warentest. Bei Letzterem werden Produkte ohne Zutun und meist auch ohne Wissen des herstellenden oder anbietenden Unternehmens auf dem Markt gekauft und einer Überprüfung unterzogen. Ergebnis ist ein objektives Urteil über die Qualität eines Produktes.

Beim Ethik-Test werden hingegen ganz bewusst auch subjektive Faktoren in die Bewertung mit einbezogen. Schließlich soll ja auch erhoben werden, ob und in welchem Maße sich das Unternehmen zu ökologischen oder sozialen Grundsätzen bekennt.

Natürlich gilt es auch zu überprüfen, wie dieses Bekenntnis in die Praxis umgesetzt wird. Doch das ist der wesentlich schwierigere Teil der Bewertung. Aus nahe liegenden Gründen kann nicht die gesamte Unternehmenspolitik auf den Prüfstand gehoben werden. Nicht immer sind freiwillige Verpflichtungen eines Unternehmens so leicht nachweisbar wie bei offensichtlichen Produkteigenschaften, etwa bei einer umweltfreundlichen Verpackung. Häufig muss auf eine eigene Überprüfung von Unternehmensbehauptungen verzichtet werden, weil dies den zeitlichen und finanziellen Rahmen eines Tests sprengen würde. Am augenscheinlichsten wird dies bei der sozialen Verantwortung gegenüber Mitarbeitern in ausgelagerten Produktionsstätten der Dritten Welt. Dabei muss man großteils auf vorhandenes Datenmaterial zurückgreifen, mit Experten oder NGOs Rücksprache halten, um zu erkunden, ob die Unternehmensangaben plausibel sind.

Es ist klar, dass solche Untersuchungsergebnisse nicht den selben Stellenwert einnehmen können, wie das Ergebnis einer Laborprüfung unter standardisierten Bedingungen. Ein gutes Testergebnis kann daher nicht als unmittelbare Kaufempfehlung interpretiert werden. Oft bedeutet selbst das Erreichen eines Punktemaximums im Ethik-Test lediglich, dass das Unternehmen gute Voraussetzungen dafür geschaffen hat, dass seine Aktivitäten sozial und ökologisch verträglich erfolgen können und dass bis dato keine gegenteiligen Erfahrungen vorliegen.

Konkurrenz mit positiven Vorzeichen

Diese Spezifika müssen bei der Darstellung einer Ethik-Studie entsprechend gewürdigt werden. Ganz so ungewöhnlich sind die geschilderten Probleme allerdings auch wieder nicht. Eine seriöse Testorganisation wird auch bei vergleichenden Warentests immer die Testkriterien bekannt geben. Schließlich macht es einen Unterschied, ob bei einem Produkt die Einhaltung von Hygiene- oder Sicherheitsbestimmungen überprüft, der Geschmack oder die Bedienungsfreundlichkeit getestet oder etwa ein Haltbarkeitstest durchgeführt wurde. In jedem Fall gilt: Der „Testsieger" hat die jeweiligen Testkriterien am besten erfüllt, über andere Produkteigenschaften kann aus dem Test keine Aussage abgeleitet werden (wohl aber können Erfahrungen aus anderen Quellen wiedergegeben werden).

Im Ethikbereich zeigt sich sehr oft, dass die soziale Verantwortung generell noch entwicklungsfähig ist, auch bei jenen Unternehmen, die vergleichsweise am besten abgeschnitten haben. Die Aussagekraft ist dennoch gegeben. Der Konsument kann sich daran orientieren, er kann den Kauf von Produkten der besonders schlecht abschneidenden Unternehmen vermeiden oder er kann den Hersteller seiner Lieblingsmarke (per Post oder E-Mail) dazu auffordern, seine soziale Verantwortung besser als bisher wahrzunehmen, bzw. ihn fragen, warum auf diesem Gebiet nicht mehr Anstrengungen unternommen werden.

Die vorrangige Zielsetzung ist und bleibt: Angesichts der fortschreitenden Liberalisierung der Märkte kann die Nachfrageseite einen starken Einfluss darauf nehmen, welche Produkte und Dienstleistungen auf dem Markt Erfolg haben. Dazu bedarf es aber einer ausreichenden Information der Konsumenten. Einen wichtigen Teilbereich davon können Ethik-Tests abdecken. Sie können verhindern, dass der Wettbewerb rein über den Preis erfolgt. Sie können einen positiven Wettbewerb über soziale und ökologische Parameter entfachen und einen Beitrag zur Humanisierung des Wirtschaftslebens leisten.

Zwischenbilanz: Vorbehalte gehen zurück

Als der VKI die ersten Ethik-Tests veröffentlichte, reagierten Wirtschaft, Interessenvertretungen und Nichtregierungsorganisationen aus den unterschiedlichsten gesellschaftlichen Bereichen zum Teil mit großen Vorbehalten. In der Zwischenzeit ist das Feedback wesentlich positiver geworden. Vertreter der Wirtschaft haben ihrerseits Bemühungen unternommen, CSR in die Unternehmenspolitik zu integrieren. Daher steht man auch Ethik-Tests nicht mehr ablehnend gegenüber, sondern versucht vielmehr, konstruktive Vorschläge zu deren Weiterentwicklung zu machen. Ein deutliches Zeichen für den einsetzenden Umdenkprozess mag auch sein, dass sich das eine oder andere Unternehmen in der Erhebungsphase ungeduldig erkundigt hat, wann denn endlich die Ergebnisse veröffentlicht würden...

Aber nicht nur auf der Wirtschaftsseite wächst die Akzeptanz gegenüber Ethik-Tests. Auch in der Gewerkschaftsbewegung wird dem Thema Ethik zunehmendes Interesse entgegengebracht. International sind Gewerkschaften in der Formulierung von Verhaltenskodizes engagiert, die vor allem auf die Einhaltung der Menschenrechte in den Betrieben in aller Welt abstellen (beispielsweise der Europäische Gewerkschaftsverband Textil, Bekleidung, Leder). In Österreich setzt sich Gewerkschaftssekretär Gerhard Riess (Gewerkschaft

Agrar – Nahrung – Genuss) für den Fair-Trade-Gedanken ein und versucht, dem Grundsatz „Fair essen" in den Betriebskantinen zum Durchbruch zu verhelfen. Er plädierte von Beginn des VKI-Ethikprojekts an dafür, den ÖGB in die Tests einzubinden; die Erfahrungen der Gewerkschafter auf betrieblicher Ebene sollten genützt werden.

Teilgewerkschaften haben ihrerseits begonnen, Betriebe nach ethischen Gesichtspunkten zu bewerten. So hat die Gewerkschaft Hotel, Gastgewerbe, Persönlicher Dienst einen Katalog mit empfohlenen Betrieben herausgegeben: Darin sind jene Gastgewerbebetriebe aufgeführt, in denen ein Betriebsrat oder eine gewerkschaftliche Vertrauensperson dafür sorgt, dass soziale Kriterien wie angemessene Bezahlung oder geordnete Arbeitsbedingungen eingehalten werden.

Auch unter Nichtregierungsorganisationen steigt die Bereitschaft zur Zusammenarbeit. So hat die Protestbewegung gegen die „Sweatshops" in der Bekleidungsindustrie, Clean Clothes Campaign, anlässlich des ersten Ethik-Tests über Laufschuh-Hersteller die Vorgangsweise des VKI vehement kritisiert. Die kürzlich erfolgte Neuauflage der Bewertung der Laufschuh-Hersteller wurde hingegen mit großem Interesse aufgenommen: Das Ethik-Rating stelle eine Bereicherung für die eigenen Aktivitäten dar.

Diese Beispiele mögen belegen, dass die Zusammenarbeit auf dem Gebiet der CSR mit möglichst vielen Stakeholdern nicht nur notwendig ist, sondern auch bessere Bedingungen vorfindet als zum Zeitpunkt des Projektbeginns.

Freiwilligkeit versus Verbindlichkeit

So unterschiedlich die Herangehensweise und die Methodik der Bewertung auch sein mögen, eines ist den Konzepten für einen Ethiktest gemein: Sie wollen – analog zum vergleichenden Warentest – einen Vergleich des unternehmerischen Verantwortungsbewusstseins durchführen. Konsumenten sollen eine Einschätzung über den Stand der Unternehmenspolitik im sozialen und ökologischen Bereich sowie über deren Umsetzung erhalten und Unternehmen untereinander vergleichen können.

Eine isolierte Darstellung jedes einzelnen Unternehmens hat für Konsumenten nur einen sehr geringen Informationswert. Daher gilt es, die sozial-ökologische Performance der Unternehmen vergleichbar zu machen. Ebenso wie auf der Produktebene sollen Interessierte darüber informiert werden, worin sich die Unternehmen in ihrem Verhalten und ihren Aktivitäten unterscheiden.

Um die Tätigkeit der Unternehmensprüfer zu erleichtern und Fehleinschätzungen zu vermeiden, sollten möglichst einheitliche Kriterien für CSR aufgestellt werden. Es ist von zentraler Bedeutung, dass dies auch von den Initiativen, die zum Thema CSR ins Leben gerufen wurden, berücksichtigt wird. Soweit es die Diskussion im nationalen Rahmen betrifft, scheint diesem Eckpunkt nicht die gebührende Aufmerksamkeit geschenkt zu werden. Die Vorstellungen, vor allem seitens Vertretern der Wirtschaft, gehen eher in die Richtung, dass den Unternehmen freie Hand bei der Gestaltung ihres CSR-Modells gelassen werden soll. Die Freiwilligkeit wird betont, CSR wird als Angelegenheit der Wirtschaft angesehen, die sie selbst nach eigenem Ermessen gestalten können soll.

Dabei wird jedoch übersehen, dass Erfolg oder Misserfolg entscheidend von der Akzeptanz der Konsumenten abhängt. Ohne Festlegung bestimmter Mindestanforderungen besteht die Gefahr, dass CSR zu einem reinen Marketing-Instrument wird, das die Informationsbedürfnisse der breiten Öffentlichkeit nicht erfüllen kann. Konsumenten werden sehr schnell jedes Interesse daran verlieren, haben sie einmal den – ausschließlichen – Marketingcharakter einer CSR-Kampagne durchschaut. Sie sind vielmehr an substantiellen, systematischen und überprüfbaren Unternehmensdaten interessiert. Erst dann kann ein fairer Wettbewerb unter den unterschiedlichen CSR-Modellen entstehen, nur auf diese Weise kann verhindert werden, dass geschickte Selbstdarsteller und Trittbrettfahrer gegenüber seriösen Mitbewerbern einen Vorteil erlangen.

Die Konsumenten erwarten eine klare Kennzeichnung der Unternehmensethik. In einer im Rahmen einer Seminararbeit an der Universität Wien durchgeführten Befragung sprachen sich fast 90 Prozent dafür aus, dass das Ethikurteil über ein Unternehmen auf der Verpackung aufgedruckt sein sollte. Reinen Unternehmensangaben – auch das hat sich in der Umfrage herausgestellt – wird allerdings so gut wie gar kein Glauben geschenkt. Daraus folgt: Ein Ethik-Siegel auf Produkten kann sich nur dann durchsetzen, wenn es von einer unparteiischen Instanz nach einheitlichen und nachvollziehbaren Richtlinien verliehen wird.

Die Logik des Marktes

CSR benötigt einen bestimmten Rahmen, der vorzugeben ist, um Aussagen überprüfbar und vergleichbar zu machen. Es müssen Mindestkriterien definiert werden, deren Nichteinhaltung zur Folge haben muss, dass das betreffende Unternehmen die CSR-„Würdigkeit" verliert. Die auf Freiwilligkeit beruhenden CSR-Maßnahmen dürfen auch nicht dazu führen, dass die Einhaltung gesetzlicher Bestimmungen vernachlässigt wird oder auf die Durchsetzung solcher Regelungen verzichtet wird.

Nach Ansicht von Arbeitnehmervertretern sprächen „alle Erfahrungen dafür, dass Unternehmen klare rechtliche Rahmenbedingungen für ihr Verhalten und starke inner- und überbetriebliche Arbeitnehmerinteressenvertretungen brauchen, damit sie ihr Verhalten verlässlich auch an gemeinwohlori-entierten Aspekten ausrichten." (Stellungnahme der Bundesarbeitskammer zur Mitteilung der Kommission betreffend die soziale Verantwortung der Unter-nehmen).

Der Philosoph Konrad Paul Liessmann hält es schlicht für unsinnig, an die soziale Verantwortungskompetenz von Unternehmen zu appellieren: „Die müs-sen natürlich der Logik des Marktes folgen." Ethische Verantwortung hätte dabei keinen Platz. An die Selbstregulierung des Marktes glaubt Liessmann nicht. „Der Markt entwirft ja nicht seine eigenen Steuerungsinstrumente, sondern braucht Rahmenbedingungen. Und diese Regulative können nur von der Po-litik kommen." (Die Furche, 17. Juli 2003)

Plädoyer für Mindestnormen

Doch es sind nicht nur Vertreter von Verbraucher- und Arbeitnehmerorga-nisationen, die in allzu unverbindlichen CSR-Empfehlungen keinen Sinn sehen. Auch auf Seiten der Industrie gibt es Bereitschaft, gewisse Mindestnormen zu berücksichtigen. So betont Wilhelm Autischer in einer Stellungnahme der In-dustriellenvereinigung zum CSR-Leitfaden zwar das Prinzip der Freiwilligkeit, setzt sich aber dafür ein, sich an international anerkannten Richtlinien zu ori-entieren. Dazu gehören unter anderem die OECD-Guidelines für multinationale Unternehmen oder die ILO-Standards. Bei der Ausgestaltung und Umsetzung von CSR-Maßnahmen sollten Stakeholder, namentlich die betrieblichen und überbetrieblichen Arbeitnehmervertretungen, eingebunden werden. Die Unter-nehmen hätten Mindestanforderungen zu erfüllen. So etwa seien im grenz-überschreitenden Geschäftsverkehr die Basiskonventionen der ILO einzuhalten, wie Vereinigungsfreiheit oder Verbot von Kinder- oder Zwangsarbeit.

Die OECD-Leitsätze zeigen ebenfalls Ansätze zu einer höheren Verbind-lichkeit: „Die Leitsätze sind kein Ersatz für Gesetze und Verordnungen und setzen diese nicht außer Kraft. Sie sind für Unternehmen nicht rechtlich ver-bindlich und beziehen ihre Autorität aus der Tatsache, dass die in ihnen ent-haltenen Erwartungen […] von allen OECD-Staaten geteilt werden."

Bei der Erarbeitung von CSR-Richtlinien auf EU-Ebene konnte große Über-einstimmung unter den beteiligten Interessenvertretungen erzielt werden. Die „freie Hand" für Unternehmen erfährt auch hier eine deutliche Einschränkung. So kam der Ausschuss für Industrie, Außenhandel, Forschung und Energie bei der EU-Kommission zum Schluss, dass „eindeutige, nachvollziehbare und vergleichbare CSR-Kriterien notwendig sind, damit CSR nicht beliebig und letztlich nichts sagend wird." CSR könne ihren Zweck am besten dann erfüllen, „wenn die Kommunikation auf Basis vergleichbarer Information zwischen

Unternehmen und Verbraucher intensiviert wird". Außerdem bekräftigt der Ausschuss die Forderung nach einer schwarzen Liste: Darin sollen alle Unternehmen aufgenommen werden, die von einem Gericht in der EU wegen Korruption verurteilt worden sind. Die Tatsache, dass auch die Vertreter der Industrie hinter diesem gemeinsamen Beschluss stehen, mag belegen, dass sich auf europäischer Ebene die Ansicht durchzusetzen beginnt: Wenn CSR zu einem erfolgreichen Instrument werden soll, das von der Öffentlichkeit angenommen wird, muss es mehr bieten, als ein beliebig austauschbares Marketinginstrument es könnte.

Eine Frage der Glaubwürdigkeit

Unternehmensethik ist mehr als eine Norm wie beispielsweise ISO 9000. Es genügt nicht, einem Managementsystem-Ansatz zu folgen, der keine klaren Mindestanforderungen enthält, warnt der Österreichische Verbraucherrat in einem Positionspapier. Deren Einhaltung müsse von unabhängigen dritten Stellen überwacht werden. Eine Managementsystem-Norm, die lediglich zur Befolgung einiger formaler Regeln verpflichte, stelle einen Rückschritt dar. Anspruchsvollere Ansätze wie SA 8000, die sich bereits etablieren konnten, könnten verdrängt werden.

Der SA (Social Accountability) 8000 ist ein Standard für soziale Verantwortlichkeit. Das Council on Economic Priorities (CEP) hat 1995 gemeinsam mit der ILO ein Forschungsprojekt gestartet, das untersuchen sollte, inwieweit firmeneigene Kodizes geeignet sind, Kinderarbeit abzuschaffen. Daraus wurde die Erkenntnis gewonnen, dass ein unabhängiges und branchenübergreifendes System geschaffen werden müsse, das Unternehmen nach einem von allen Seiten anerkannten sozialen Mindeststandard überprüft.

Um das zu realisieren, wurde die Non-Profit-Organisation Social Accountability International mit dem Ziel gegründet, freiwillige CSR Standards zu entwickeln, zu implementieren und deren Einhaltung zu überprüfen. Der SA 8000 Standard wurde geschaffen. Er orientiert sich an den 8 ILO-Konventionen zum Schutz der Arbeitnehmerrechte. Ein Unternehmen, das sich zur Einhaltung des Standards verpflichtet, muss Verantwortliche festlegen, die auf die Einhaltung achten. Die Arbeitnehmer sind darüber zu informieren. Das Management muss die Einhaltung dokumentieren und die entsprechenden Unterlagen bei Bedarf für eine Überprüfung zur Verfügung stellen.

Unabhängige akkreditierte Prüfer müssen alle drei Jahre ein Zertifizierungsaudit durchführen. Dazwischen findet halbjährlich ein Überwachungsaudit statt. Das Prüfungskomitee kann Verbesserungen anordnen, deren Umsetzung ebenfalls kontrolliert wird.

SA 8000 will Lösungen im Konsens erreichen. Das SA 8000 Advisory Board setzt sich aus Vertretern von Unternehmen, Gewerkschaften, NGO-Aktivisten und Mitarbeitern von Audit-Gesellschaften zusammen, um einen Interessenausgleich zwischen Firmen und Stakeholdern zu finden. Das ist auch der Grund, warum dem SA 8000 von vielen Interessensvertretern auch der Vorzug gegenüber anderen Initiativen eingeräumt wird.

Der SA 8000 kann bereits die ersten Erfolge verzeichnen. Eine Reihe internationaler Konzerne, darunter der deutsche Otto-Versand, arbeitet mit dem Research-Institut SAI zusammen. Natürlich gilt es auf beiden Seiten, sowohl der Wirtschaft als auch der NGOs, Berührungsängste zu überwinden. Unbestritten aber ist: Wer glaubwürdig gesellschaftliche Verantwortung demonstrieren will, muss eine unabhängige Überprüfung seines Verhaltens zulassen.

Zusammenfassung

Immer mehr Unternehmen wird die Bedeutung von Corporate Social Responsibility bewusst. Ein erfolgreiches Unternehmen muss in seinen Zielsetzungen auch die ökologische und die soziale Ebene berücksichtigen. In der Praxis zeigt sich aber, dass CSR nicht selten zu einer bloßen Formalität degradiert wird, die keinerlei Aussagekraft besitzt. Erst der Konsument vermag diesem Schlagwort praktische Bedeutung zu verleihen. Er ist es, der über Erfolg oder Misserfolg der CSR-Aktivitäten eines Unternehmens entscheidet. Unternehmen, die ihre soziale Verantwortlichkeit glaubwürdig unter Beweis stellen, können dadurch auf dem Markt einen Wettbewerbsvorteil erlangen. Das eröffnet ihnen auch die Möglichkeit, negative Wettbewerbstendenzen (wie beispielsweise einen ruinösen Preiskampf) zu kompensieren.

Voraussetzung dafür aber ist zum einen, dass die Informationen verständlich und auf einen Blick identifizierbar sind. Der Konsument soll sie im alltäglichen Einkaufsstress auch tatsächlich wahrnehmen können. Andererseits müssen sie auch glaubwürdig sein. Angaben zur CSR müssen untereinander vergleichbar sein, verbindliche Mindestanforderungen müssen erfüllt sein, die Überprüfung der Einhaltung muss durch unabhängige kompetente Stellen erfolgen. Sonst besteht die Gefahr, dass die CSR-Bemühungen als isolierte Werbebehauptungen wahrgenommen werden und das Interesse an dieser vielversprechenden Entwicklung rasch erlahmt.

Der Verein für Konsumenteninformation hat diese Erfordernisse frühzeitig erkannt und so genannte Ethiktests konzipiert und in die Praxis umgesetzt. Heute beteiligt er sich an einer europäischen Kooperation von Verbraucherorganisationen, die sich zum Ziel gesetzt hat, dass solche Tests zur Selbstverständlichkeit werden. Damit kann eine lange Zeit bestehende Informationslücke für die Konsumenten geschlossen werden. Erst die Verknüpfung von Informationen über die Produktqualität mit Daten betreffend die Unternehmensethik versetzt die Konsumenten in die Lage, eine fundierte (Kauf-)Entscheidung zu treffen.

Management nachhaltiger Unternehmensentwicklung bei der BAER AG

von *Stephan Baer*, Präsident und Delegierter des Verwaltungsrates der BAER AG (Schweiz)

Die BAER AG

Die BAER AG ist vom Umsatz und der Mitarbeiterzahl her eine typische KMU. Das Familienunternehmen wurde 1922 gegründet und wird heute von der dritten Generation geleitet. Das Kerngeschäft besteht aus der Produktion und Vermarktung von Weichkäse und Käse-Convenienceprodukten. Ergänzend kommen Schmelzkäse, Halbhartkäse und pflanzliche Convenienceprodukte dazu. BAER ist die größte Weichkäseproduzentin in der Schweiz und hält im Heimmarkt einen Marktanteil von gut 20%. Der Export in ausgewählte europäische Märkte ist im Aufbau (Abb.2).

Nachhaltigkeit und Leitbild

Seit Jahren orientiert sich die Unternehmensphilosophie an den Erfordernissen einer nachhaltigen Entwicklung mit dem Ziel, die wirtschaftliche, soziale und ökologische Verantwortung gleichgewichtig wahrzunehmen.

Im BAER-Leitbild sind die Kerngedanken der Nachhaltigkeit folgendermaßen ausgedrückt:

Leitbild

Wir entwickeln unser Unternehmen
wirtschaftlich, sozial und ökologisch nachhaltig erfolgreich.

Wir begeistern unsere Kundinnen und Kunden und sichern damit unseren wirtschaftlichen Erfolg.

Das Kerngeschäft von BAER ist Weichkäse und Käse-Convenience. BAER ist im Kerngeschäft die führende Marke in der Schweiz und ein bevorzugter Lieferpartner für Handels- und Eigentümermarken auch in Europa. Schmelzkäse, Halbhartkäse und Vegi-Convenience runden das Kerngeschäft mit hoher Synergie ab.

Wir konzentrieren uns konsequent auf den Auf- und Ausbau unserer BAERenstärken: Hochgenuss, Natürlichkeit, Kundennähe, Innovationskraft, differenziertes Sortiment und ständige Verbesserung. Die Kundenzufriedenheit ist unser Massstab.

Zur Sicherung eines marktgerechten Preis-Leistungs-Verhältnisses beherrschen und optimieren wir laufend die Prozesse und Kosten.

Wir pflegen eine partnerschaftliche Kultur - so erbringen wir gemeinsam hervorragende Leistungen, entwickeln uns weiter und erreichen persönliche Zufriedenheit.

Dazu fördern, fordern und leben wir nach innen und nach aussen:
- Initiatives, eigenverantwortliches, unternehmerisches Denken und Handeln
- Respekt, Anerkennung, gegenseitige Wertschätzung
- Ehrliche, offene, konfliktfähige Kommunikation
- Flexible, leistungsorientierte Zusammenarbeit
- Offenheit für Neues, aktives Dazulernen

Wir tragen unserer natürlichen Umwelt Sorge und helfen damit, die Lebensgrundlagen für uns und die nachfolgenden Generationen zu sichern.

Wir überprüfen und verbessern unsere ökologische Effizienz in unserem gesamten Wertschöpfungsprozess und über den ganzen Lebenszyklus unserer Produkte.

Wir engagieren uns für ökologisch bewusstes Handeln auch über die Grenzen des eigenen Unternehmens hinaus.

25.04.03

Abbildung 1

Nachhaltigkeit als Herausforderung

Nicht bei jedem einzelnen Entscheid und jeder Maßnahme ist die vollständige Berücksichtigung aller Forderungen der Nachhaltigkeit gleichermaßen möglich. Insgesamt soll aber bei der Fortentwicklung des Unternehmens ein dynamisches Gleichgewicht zwischen den drei Zielbereichen entstehen. Anspruchsvolle Herausforderungen bestehen in allen drei Zielbereichen (Abb. 3) An ihrer erfolgreichen Bewältigung muss sich das Unternehmen messen lassen.

Im ökologischen Bereich geht es um den Beitrag an die Reduktion der Überbeanspruchung von Natur und Ressourcen, die regional bis global deutlich zu hoch ist. Die Erhaltung intakter ökologischer Systeme ist bei weitem nicht gesichert. Der Beitrag des Unternehmens ist für Außenstehende nicht unmittelbar sichtbar. Das Unternehmen setzt sich selber unter einen Erfolgsdruck durch freiwilliges Messen und öffentliches Kommunizieren der Umweltbelastung. Ein vorübergehendes Abweichen vom Verbesserungspfad hat zwar keine unmittelbar bedrohliche Konsequenzen für das Unternehmen, es kann aber seiner Glaubwürdigkeit schaden.

Im sozialen Bereich besteht eine zentrale Herausforderung darin, die Mitarbeitenden in ihrer permanenten Weiterentwicklung zu fördern, damit sie ihr persönliches Potenzial und namentlich ihr Leistungspotenzial voll ausschöpfen können. Dies kommt dem Unternehmen, aber auch der persönlichen Zufriedenheit zugute – und im Falle eines freiwilligen oder unfreiwilligen Stellenwechsels der optimalen Vermittelbarkeit auf dem Arbeitsmarkt. Gerade für kleine und mittelgroße Unternehmen ist es besonders wichtig für leistungsfähige bestehende und potenzielle Mitarbeitende, attraktiv zu sein. An Stelle einer großen Karriereleiter, die Großunternehmen zu bieten haben, muss eine große qualitative Wachstumschance mit attraktivem Gestaltungsraum geboten werden. Dazu ist die Sinnhaftigkeit der Unternehmensleistung in ihrer Nachhaltigkeitsorientierung und ihre Ausstrahlung auf das Unternehmensimage ein zentraler Schlüssel. Ein Abweichen von der glaubwürdigen Menschenorientierung kann dem Unternehmen schon in kurzer Frist großen Schaden antun.

Am offensichtlichsten ist der Erfolgszwang natürlich im wirtschaftlichen Bereich. Das Unternehmen BAER steht zwei markanten Veränderungen der Rahmenbedingungen seiner Geschäftstätigkeit gegenüber. Erstens steht die schweizerische Milchwirtschaft mitten im Wandel von einem staatlich gelenkten zu einem marktwirtschaftlichen System. Die hauptsächliche Folge für BAER ist eine Verteuerung des Hauptrohstoffs Milch, der früher von staatlicher Stützung profitierte. Zweitens haben sich die Schweiz und die EU in ihrem bilateralen Abkommen verpflichtet, bis 2007 gegenseitig den Zoll für Käse schrittweise auf null zu senken. Damit entsteht ein ungehinderter Warenfluss zwischen dem Hochpreisland Schweiz und der EU mit ihrem bedeutend tieferen Preisniveau. Der daraus entstehende Preisdruck im Schweizer Käsemarkt ist absehbar und ebenso der damit einhergehende Kostendruck auf schweizerische Hersteller wie BAER. Dank eines stark mechanisierten Herstellungsprozesses und Kapazitätsreserven kann dem Kostendruck wirkungsvoll mit „economies of scale" begegnet werden, vorausgesetzt dass eine namhaft gesteigerte Menge erfolgreich im Markt abgesetzt werden kann. Als Chance eröffnet sich dazu der durch den Zollabbau neu entstehende Marktzutritt zur EU. Da aber der Absatzaufbau in einer ersten Phase mehr kostet als einträgt, entsteht für BAER eine „Ertragsdurststrecke", die nur dank vorausschauend gebildeter Liquiditätsreserven realistisch zu bewältigen ist. Das Fortbestehen als eigenständiges Familienunternehmen steht unter dem Erfolgszwang, eine „EU-taugliche" Kostenstruktur und Absatzleistung zu erreichen.

Strategie und Balanced Scorecard

Die Herausforderungen der drei Zielbereiche der Nachhaltigkeit bestimmen die Unternehmensstrategie. Seit einigen Jahren arbeitet BAER mit der Balanced Scorecard. Sie dient einerseits dem Herausarbeiten der kritischen Erfolgsfaktoren der Strategie, andererseits wird sie zu deren Kommunikation und Controlling eingesetzt. Als oberstes Cockpit eines auf dem Prozessmanagement-system basierenden Kennzahlensystems bringt die Balanced Scorecard auch einen der Kerngedanken des Total Quality Managements zum Ausdruck, nämlich dass gemessen werden muss, was verbessert werden soll. In diesem Sinn wird versucht, auch für eher qualitative kritische Erfolgsfaktoren, wie die Mitarbeiterzufriedenheit oder das Leben der Partnerschaftlichen Kultur, eine quantitative Kennzahl zu bilden und zu messen. Das Cockpit der Balanced Scorecard ist allen Mitarbeitenden über das Intranet jederzeit zugänglich und wird bei periodischen Informationsanlässen den Mitarbeitenden auch mündlich erläutert (Abb. 4 und 5).

Während die finanziellen Kennzahlen allgemein bekannt sind und verbreitet angewendet werden, müssen andere Kennzahlen individueller gestaltet und „erfunden" werden.

Auf die Kennzahlen der Kunden- und Prozessperspektive soll nur kurz eingegangen werden. Eingehender werden die der Lernperspektive zugeordneten Kennzahlen Ökoeffizienz, Mitarbeiterzufriedenheit und partnerschaftliche Unternehmenskultur beschrieben.

Die Kundenperspektive umfasst die Kennzahlen (Abb. 6):
- Konsumentenzufriedenheit, gemessen mit Marktforschungszahlen über die Wiederkaufsrate.
- Kundenzufriedenheit, gemessen mit Kundenbefragung mittels Fragebogen zu den Themen Sortiment, Konditionen, Information, Auftragsabwicklung/Logistik, Verkaufsunterstützung, Kontaktpersonen, Firma/ Organisation. Der Fragebogen umfasst 30 Fragen, welche intern in Hygienefaktoren (Erfüllung vermeidet Unzufriedenheit) und Motivatoren (Erfüllung führt zu Zufriedenheit) unterteilt werden.

Die Prozessperspektive umfasst die Kennzahlen der drei Kernprozesse (Abb. 7):
- Geschäftsprozess Weichkäse: Sensorik, Ausbeute, Arbeitsproduktivität, direkte Kosten/kg, Ausschuss.
- Kernprozess Kommunikation: Bekanntheit der Marke BAER, Image der Marke BAER, insbesondere bezüglich der Aspekte Produktqualität, Vertrauenswürdigkeit, Umweltbewusstsein, Sympathie.
- Kernprozess Produktneuheiten: Umsatzanteil mit neuen Produkten (max. 3 Jahre im Markt).

Ökoeffizienz

Seit einem Dutzend Jahren arbeitet BAER mit einer Ökobilanz nach der Methode der ökologischen Knappheit. Die Methode multipliziert die physischen Umwelteinwirkungen mit einem Umweltbelastungsfaktor, der die Belastbarkeit respektive Überbelastung der Natur zum Ausdruck bringt (siehe Braunschweig A., Müller-Wenk R.: Ökobilanzen für Unternehmungen. Eine Wegleitung für die Praxis, Bern 1993). Dadurch werden ganz unterschiedliche Umwelteinwirkungen gewichtet und auf einen gemeinsamen Nenner, den sog. Umweltbelastungspunkt, UBP, gebracht. Dies ermöglicht das Erkennen der unterschiedlichen Umweltrelevanz verschiedenster Umwelteinwirkungen und eine Gesamtbeurteilung der Umweltbelastung eines Unternehmens absolut und im Zeitverlauf (Abb. 8). Bezogen auf die Wertschöpfung oder die Menge der produzierten Güter ergibt sich eine Kennzahl für die Ökoeffizienz. Die Ökobilanz kann auf den Lebenszyklus einzelner Produkte, auf Prozesse, Betriebsstandorte (Kernbilanz) mit oder ohne vor- und nachgelagerte Wertschöpfungsstufen (Komplementärbilanz) angewendet werden.

BAER erfasst die Daten der sog. Kernbilanz, d.h. einer Standortbilanz erweitert um die Einwirkungen der Energiebereitstellung (Vorstufe) und der Entsorgung (Nachstufe). Auf eine Integration der vor- und nachgelagerten Wertschöpfungsstufen in die Ökobilanz wird verzichtet wegen der Schwierigkeit der Datenerhebung, und weil die Beschaffungsstufe vorwiegend landwirtschaftliche Produkte umfasst, für deren Umweltbeurteilung die Methode der ökologischen Knappheit als nicht geeignet erachtet wird. Zur Beurteilung der landwirtschaftlichen Rohstoffe wird der Anteil aus biologischer Landwirtschaft verwendet.

Bei aller Systematik des ökologischen Verbesserungsprozesses und dessen Integration in das umfassende Prozessmanagement braucht es periodisch spezielle Anlässe, die das Bewusstsein für die ökologischen Notwendigkeiten schärfen und mobilisierend wirken. „Die Aktion gesundes Klima" möge dies illustrieren: Der Markteintritt in Deutschland wurde im Jahr 2001 begleitet von einer Pflanzaktion im Schwarzwald. In einem freiwilligen Einsatz setzten 120 BAER-Mitarbeitende 2000 Eichen in einer vom Lothar-Sturm geschlagenen Waldschneise. Dabei wurde ganzheitlich neben dem ökologischen Ziel der CO_2-Bindung explizit auch ein wirtschaftliches und soziales Ziel verfolgt (Abb. 9).

In der Balanced Scorecard wird die Ökoeffizienz, ausgedrückt in Umweltbelastungspunkten pro Absatz, im Mehrjahresverlauf und im Vergleich mit der Zielsetzung dargestellt (Abb. 10). Die Zielsetzung orientiert sich an einer für die Volkswirtschaft Schweiz als notwendig erachteten Reduktion der Umweltbelastung. Verschiedene Untersuchungen legen nahe, dass sich die Umweltbelastung im Verlauf von ein bis zwei Generationen halbieren muss. Dazu ist eine degressive Reduktion der absoluten Umweltbelastung von jährlich zwei Prozent nötig. Bei einem für die nächsten Jahre geschätzten Wachstum des

Bruttoinlandprodukts von durchschnittlich 1,5% muss die Ökoeffizienz demnach in einer Größenordnung von 3,5% verbessert werden.

Mitarbeiterzufriedenheit

Die Mitarbeiterzufriedenheit wird jährlich mittels Fragebogen erhoben (Abb. 11). Es werden jeweils die gleichen Zufriedenheitsaspekte abgefragt, welche in einer ersten umfassenderen Befragung von den Mitarbeitenden als besonders wichtig beurteilt worden waren (Abb.12 und 13). Eine Zusatzfrage bezieht sich auf die Zufriedenheit insgesamt. Als Beurteilungsmaßstab werden die in der Schweiz bekannten Schulnoten von 1 bis 6 verwendet. Zusätzlich kann angekreuzt werden, ob die Zufriedenheit bezüglich des jeweiligen Aspekt sich verbessert oder verschlechtert hat oder unverändert geblieben ist. Dadurch wird eine gewisse Kalibrierung des Maßstabs erreicht. Mit Zusatzfragen wird versucht, ein differenzierteres Bild über die Qualität der Zufriedenheit zu gewinnen (progressive, stabilisierte, resignative Zufriedenheit, konstruktive, fixierte Unzufriedenheit) (Abb. 14). In der Balanced Scorecard wird ein Mehrjahresüberblick und der Vergleich mit der ehrgeizigen Zielsetzung einer Note von 5,5 dargestellt (Abb. 15).

Partnerschaftliche Kultur

Unter partnerschaftlicher Kultur wird gemäß Leitbild Folgendes verstanden:

- Initiatives, eigenverantwortliches und unternehmerisches Denken und Handeln
- Respekt, Anerkennung und gegenseitige Wertschätzung
- Ehrliche, offene, konfliktfähige Kommunikation
- Flexible, leistungsorientierte Zusammenarbeit
- Offenheit für neues, aktives Dazulernen

Die partnerschaftliche Kultur wird insbesondere durch Vorbild, Führungsschulung und Coaching gefördert. Jährlich wird die Ausprägung ihrer Aspekte mittels Fragebogen bei den Mitarbeitenden erhoben (Abb. 16). Jeder Aspekt wird bezüglich der ganzen Firma, der eigenen Abteilung und dem eigenem Verhalten abgefragt. Es wird der gleiche Maßstab wie bei der Zufriedenheit verwendet (Abb. 17). Der größte Handlungsbedarf wird regelmäßig bei der „ehrlichen, offenen, konfliktfähigen Kommunikation" gesehen. Diese und andere Erkenntnisse aus der Mitarbeiterbefragung fließen unter anderem in die Weiterbildungsaktivitäten ein. Die partnerschaftliche Kultur wird analog der Mitarbeiterzufriedenheit in der BSC dargestellt (Abb. 18). Weitere Sozialkennzahlen werden ermittelt, die nicht in die Balanced Scorecard einfließen, jedoch im Nachhaltigkeitsbericht veröffentlicht werden (Abb. 19 und 20).

Coaching und Feedbackkultur

Im Rahmen der partnerschaftlichen Kultur wird das Entwickeln und Fördern einer Feedback-Kultur angestrebt. Diese ist Ausdruck des Total-Quality-Gedankens, dass Soll/Ist-Abweichungen systematisch erkannt und für Verbesserungsmaßnahmen genutzt werden müssen. Das Coaching ist ein wichtiges Instrument zur Förderung der Feedbackkultur. Der Einsatz des Coaching bei BAER geht auf eine Krisenintervention in einer Abteilung im Jahr 1994 zurück, welche sehr zufrieden stellend gelöst werden konnte. Bei einer im Folgejahr ausgelösten Organisationsveränderung zur Bildung verschiedener Profitcenters zeigte es sich, dass einzelne Schlüsselpersonen sich mit dem Veränderungsprozess sehr schwer taten. Erneut wurde auf den Einsatz des externen Coaches zurückgegriffen. Anlässlich dieser Intervention erkannte die Unternehmensleitung, dass mit dem Coaching die Mitarbeitenden und insbesondere die Kadermitarbeitenden auch ohne Krisensituation wirkungsvoll unterstützt werden können. Namentlich stellte man fest, dass das Coaching Feedbacks zu Aspekten der Führung und Zusammenarbeit ermöglichte, welche den Vorgesetzten im Führungsalltag sonst verborgen geblieben wären. Dies wurde von einem Teil der Vorgesetzten und Mitarbeitenden schnell als Chance für die persönliche und berufliche Weiterentwicklung erkannt und genutzt. Die Mehrheit ihrer Kolleginnen und Kollegen tat sich mit dem Coaching jedoch anfänglich eher schwer und empfand die Zusammenarbeit mit dem Coach als Ausdruck des Nichtgenügens und damit als Makel. Es dauerte fünf Jahre, bis im Unternehmen genügend viele Menschen positive Erfahrungen gesammelt hatten, dass ein allgemeiner Stimmungsumschwung entstand und das Coaching nun breit als nützliches Instrument und Chance des persönlichen Fortkommens erkannt wurde. Seither können Vorgesetzte und Mitarbeitende aller Stufen auf Coaching im Rahmen eines jährlichen Budgets von über 400 Stunden zurückgreifen. Der Coach hat aber auch die Freiheit jeden Mitarbeitenden ohne vorherige Information des Vorgesetzten direkt anzugehen und an jeder Sitzung ohne Voranmeldung teilzunehmen. Damit ist ein breites Feedback auf der Basis des Verhaltens im persönlichen Gesprächs wie auch des Verhaltens im Arbeitszusammenhang möglich. Das Coaching wird auf allen Stufen vom Unternehmensleiter bis zu Basismitarbeitenden genutzt. Das Schwergewicht der Coachingstunden liegt selbstverständlich bei Mitarbeitenden mit Vorgesetztenfunktion, da hier auch der Multiplikatoreffekt am größten ist.

Nachhaltigkeitsbericht

Nachdem seit Mitte der 90er Jahre schon mehrere Umweltberichte veröffentlicht worden waren, informiert BAER seit dem Jahr 2000 in einem öffentlichen Nachhaltigkeitsbericht über die Performance in den drei Zielbereichen Wirtschaftliches, Soziales und Ökololgie. Seine Gestaltung lehnt sich an die Produktprospekte von BAER an (Abb. 21). Wie diese wird auch der Nachhaltigkeitsbericht in großer Zahl bei Produktverkostungen an der Verkaufsfront an Handelspartner und Konsumenten verteilt. Zum vertieften Studium wird ein 30 Seiten umfassender ausführlicher Nachhaltigkeitsbericht als PDF-File auf der BAER-Website angeboten. Der Nachhaltigkeitsbericht 2001 wurde von der ÖBU, Schweizerische Vereinigung für ökologisch bewusste Unternehmensführung, als zweitbester Bericht einer KMU ausgezeichnet. Der Nachhaltigkeitsbericht 2002 wurde erstmals von einer externen Stelle validiert.

Positive Ausstrahlung auf die Marke BAER

Die transparente Ausrichtung auf Nachhaltigkeit hat eine positive Ausstrahlung auf das Image der Marke BAER. Die repräsentative Umfrage von IHA-GfK „Imagebarometer von Unternehmen in der Schweiz" zeigt, dass die Marke BAER bei den für ihre Positionierung besonders relevanten Aspekten Produktqualität, Vertrauenswürdigkeit, Umweltbewusstsein, Sympathie regelmäßig überdurchschnittliche Werte erzielt. Auch wenn die Kosten des Engagements im sozialen und ökologischen Bereich nicht speziell erhoben werden, kann davon ausgegangen werden, dass sich dieses Engagement durch die positive Wirkung auf das Markenimage bezahlt macht.

Die nachfolgenden Charts beleuchten einige ausgewählte Aspekte des Nachhaltigkeitsmanagements der BAER AG.

Zahlen & Fakten 2002

Produkte	Weichkäse
	Schmelzkäse
	Halbhartkäse
	Convenience-Produkte
Umsatz	43,4 Mio. Fr.
Mitarbeiter/innen	174
Milchmenge	20 Mio. kg
Marktanteil Weichkäse	20 %

Abbildung 2

Umfeld

Freihandel mit EU und AP 2002
- Wegfall von Ein- und Ausfuhrzöllen und Subventionen
- Preisdruck
- Kostendruck
- Zwang zur Menge
- Chance zur Mengensteigerung im Export

Zwang zur permanenten Weiterentwicklung
Top Arbeitskräfte sind rar
- KMU
- Image
- Entwicklungsmöglichkeiten

Umweltbelastung deutlich zu hoch
- Steigerung Ökoeffizienz
- Vermeidung von Kosten
- Ökologie als Chance

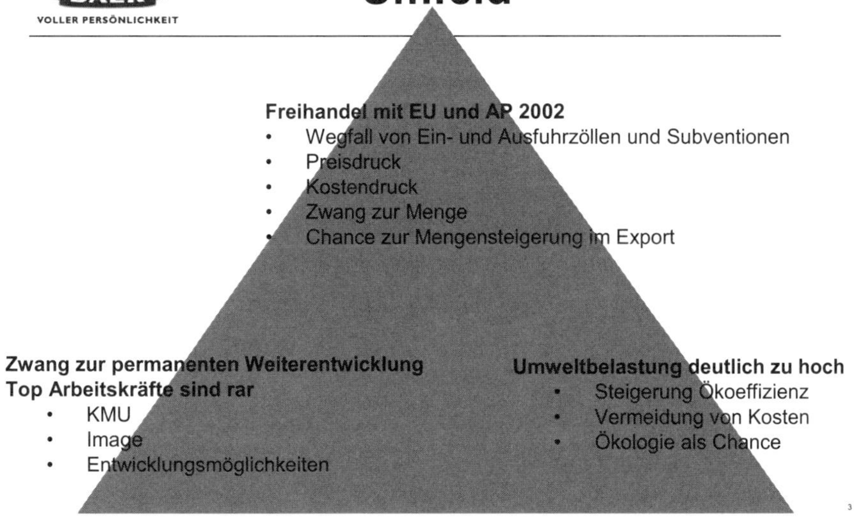

Abbildung 3

Stephan Baer

 **Strategie / Balanced Scorecard**

Strategische Ziele	Kritische Erfolgsfaktoren
Bewältigung der Liberalisierungsdurststrecke	Liquidität
	Eigenfinanzierung
	Aktionärszufriedenheit
Europafähigkeit erreichen	Europafähige Kosten
	Premium Pricing
	Hoher Ausstoß

Abbildung 4

 **Strategie / Balanced Scorecard**

Strategische Ziele	Kritische Erfolgsfaktoren
Kunden & Konsumenten begeistern	Kundenzufriedenheit
	Konsumentenzufriedenheit
Kernprozesse beherrschen	Geschäftsprozess Weichkäse
	Kommunikationsprozess
	Neuheitenprozess
Führend im Umweltmanagement	Hohe Ökoeffizienz
Fähige & eigenverantwortliche Mitarbeitende	Partnerschaftliche Kultur
	Mitarbeiterzufriedenheit

Abbildung 5

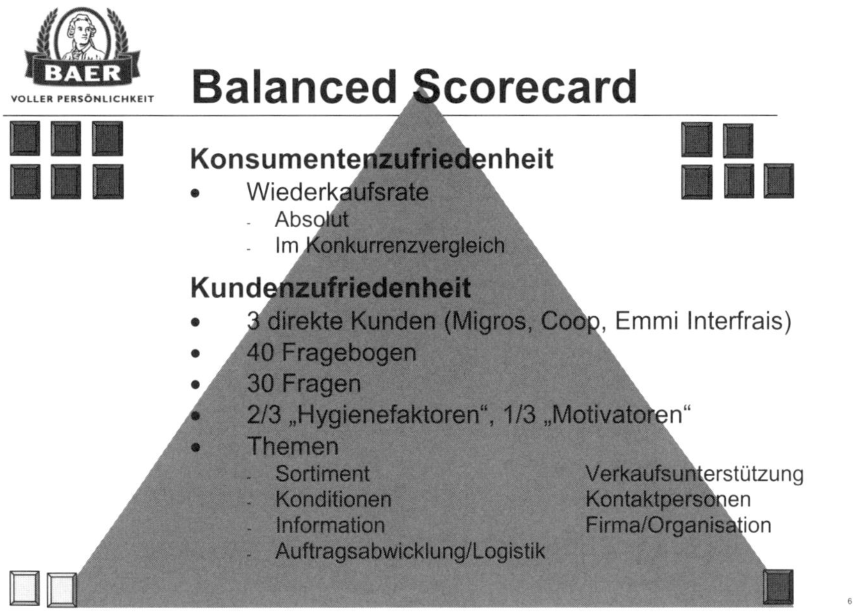

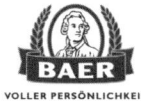

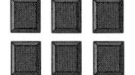

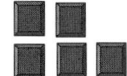

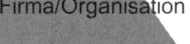

BAER
VOLLER PERSÖNLICHKEIT
Balanced Scorecard
Konsumentenzufriedenheit
• Wiederkaufsrate
- Absolut
- Im Konkurrenzvergleich
Kundenzufriedenheit
• 3 direkte Kunden (Migros, Coop, Emmi Interfrais)
• 40 Fragebogen
• 30 Fragen
• 2/3 „Hygienefaktoren", 1/3 „Motivatoren"
• Themen
- Sortiment
- Konditionen
- Information
- Auftragsabwicklung/Logistik
Verkaufsunterstützung
Kontaktpersonen
Firma/Organisation
6

Abbildung 6

BAER
VOLLER PERSÖNLICHKEIT
Balanced Scorecard
Geschäftsprozess Weichkäse
• Sensorik
• Ausbeute
• Arbeitsproduktivität
• Direkte Kosten/kg
• Ausschuss
Kernprozess Kommunikation
• Bekanntheit Marke BAER
• Image Marke BAER
Kernprozess Produktneuheiten
• Umsatzanteil neue Produkte
7

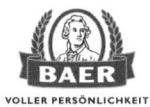

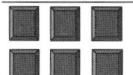

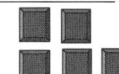

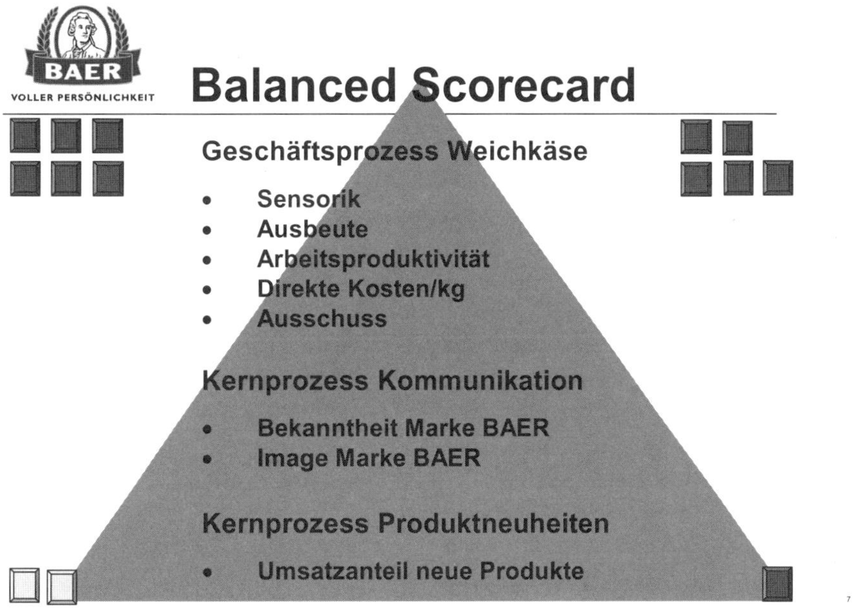

Abbildung 7

Entwicklung
der Umweltbelastung

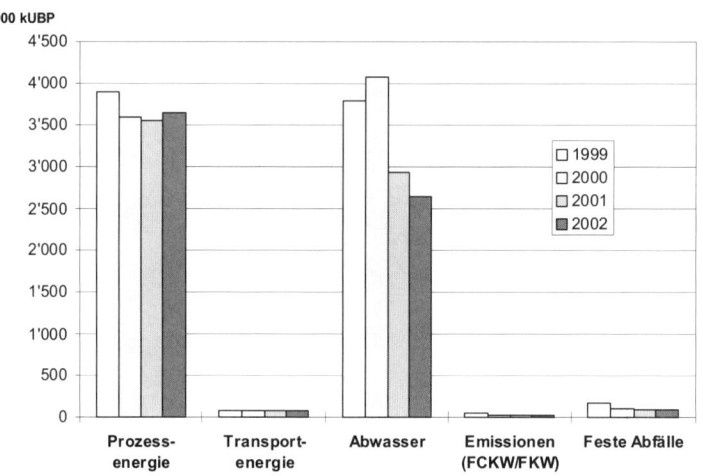

in 1000 kUBP

Legende: 1999, 2000, 2001, 2002

Kategorien: Prozessenergie, Transportenergie, Abwasser, Emissionen (FCKW/FKW), Feste Abfälle

Abbildung 8

wirtschaftlich

- Aufmerksamkeit in den Deutschen und schweizerischen Medien erzeugen.
- BAER als Marke in Deutschland bekannt machen.
- Verkaufsaktivitäten in Deutschland unterstützen.

sozial

- Wir fahren nach Deutschland und setzen gemeinsam ein eindrückliches Zeichen für unsere Umwelt.
- Wir erleben unsere Arbeits-Kolleginnen und -Kollegen außerhalb des Geschäftes und lernen einander besser kennen.
  - Wir haben Spaß!

ökologisch

- Während den Jahren 2001 und 2002 werden durch die Exportaktivitäten zusätzliche 1.500 Tonnen CO_2 ausgestossen.
- 2.000 Tannen nehmen während ihrer Lebenszeit 1.500 Tonnen CO_2 auf.
- Wir pflanzen 2.000 Tannen an.

Abbildung 9

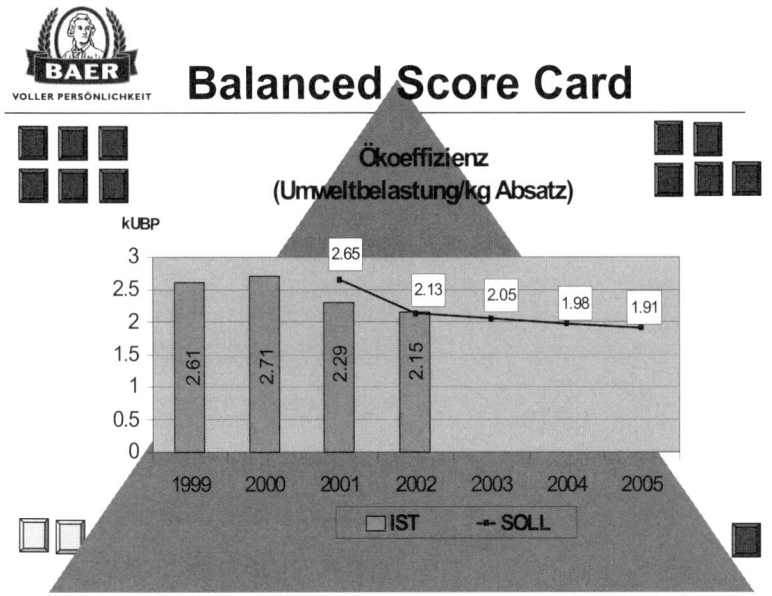

Abbildung 10

 # Mitarbeiter(innen)-
Befragung

Zufriedenheit

		Sehr gut	Gut	Genügend	Ungenügend	Schlecht	Sehr schlecht	besser	unverändert	schlechter

6 – 1 = Zufriedenheit
a/b/c = Veränderung gegenüber Vorjahr

	6	5	4	3	2	1	Vorjahr a	b	c

1. Ich bin mit dem **Betriebsklima** zufrieden
   - in der Firma ☐ ☐ ☐ ☐ ☐ ☐ ☐ ☐ ☐
   - in meiner Abteilung ☐ ☐ ☐ ☐ ☐ ☐ ☐ ☐ ☐

2. Ich bin mit der **Zusammenarbeit** zufrieden
   - in meiner Abteilung ☐ ☐ ☐ ☐ ☐ ☐ ☐ ☐ ☐
   - mit den anderen Abteilungen ☐ ☐ ☐ ☐ ☐ ☐ ☐ ☐ ☐

3. Ich bin mit der **Selbständigkeit** in meinem Arbeitsbereich zufrieden ☐ ☐ ☐ ☐ ☐ ☐ ☐ ☐ ☐

Abbildung 11

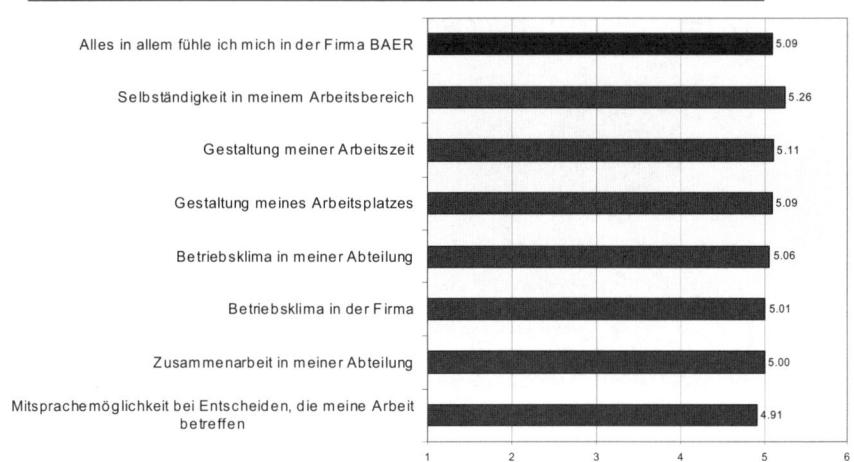

Mitarbeiterzufriedenheit

Alles in allem fühle ich mich in der Firma BAER	5.09
Selbständigkeit in meinem Arbeitsbereich	5.26
Gestaltung meiner Arbeitszeit	5.11
Gestaltung meines Arbeitsplatzes	5.09
Betriebsklima in meiner Abteilung	5.06
Betriebsklima in der Firma	5.01
Zusammenarbeit in meiner Abteilung	5.00
Mitsprachemöglichkeit bei Entscheiden, die meine Arbeit betreffen	4.91

Abbildung 12

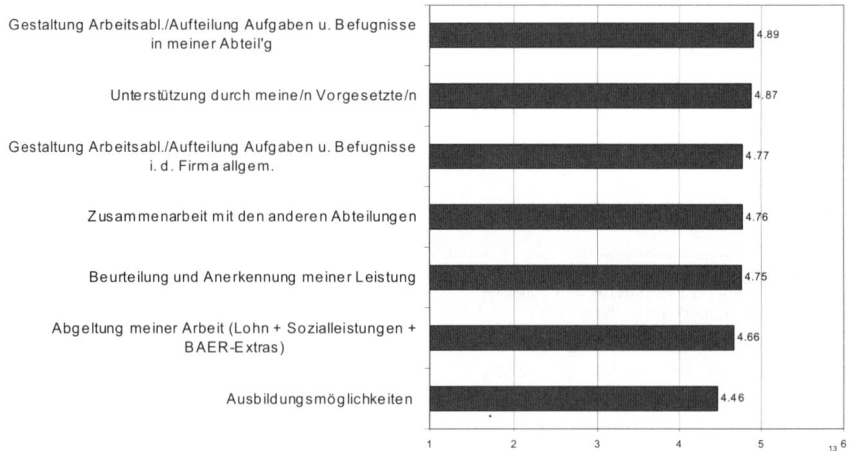

Mitarbeiterzufriedenheit

Gestaltung Arbeitsabl./Aufteilung Aufgaben u. Befugnisse in meiner Abteil'g	4.89
Unterstützung durch meine/n Vorgesetzte/n	4.87
Gestaltung Arbeitsabl./Aufteilung Aufgaben u. Befugnisse i. d. Firma allgem.	4.77
Zusammenarbeit mit den anderen Abteilungen	4.76
Beurteilung und Anerkennung meiner Leistung	4.75
Abgeltung meiner Arbeit (Lohn + Sozialleistungen + BAER-Extras)	4.66
Ausbildungsmöglichkeiten	4.46

Abbildung 13

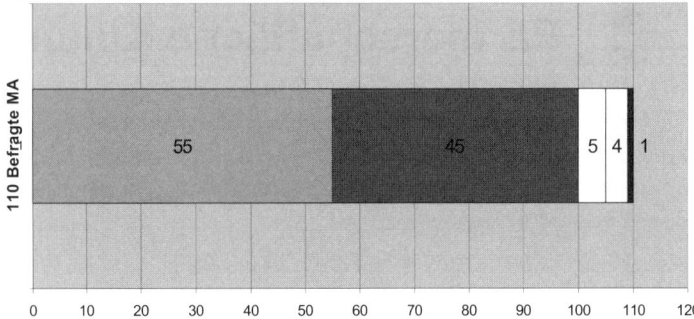

Abbildung 14

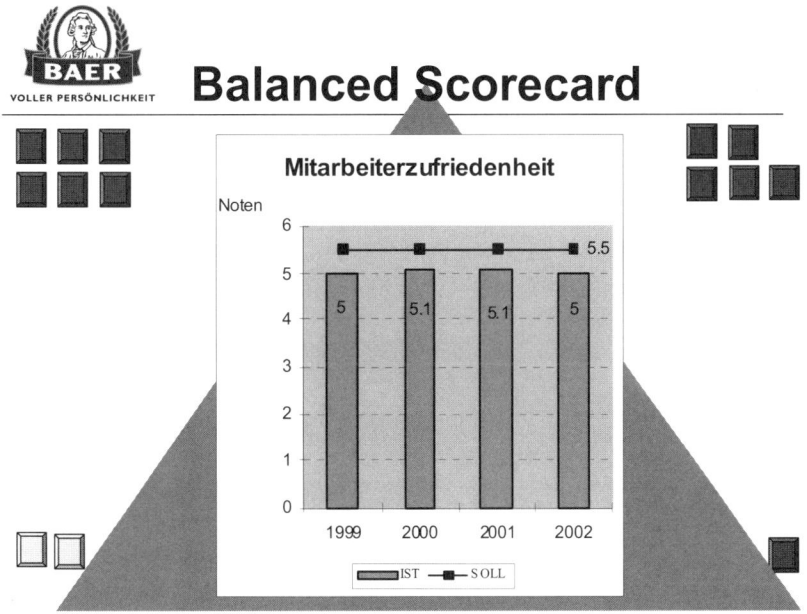

Abbildung 15

Partnerschaftliche Kultur

Partnerschaftliche Kultur
Wie wird nach Ihrer Meinung die partnerschaftliche Kultur bei uns gelebt?

	Sehr gut	Gut	Genügend	Ungenügend	Schlecht	Sehr schlecht	besser	unverändert	schlechter
							Vorjahr		
	6	5	4	3	2	1	a	b	c

14. Initiatives, eigenverantwortliches, unternehmerisches Denken und Handeln
    - in der ganzen Firma ☐ ☐ ☐ ☐ ☐ ☐   ☐ ☐ ☐
    - in meiner Abteilung ☐ ☐ ☐ ☐ ☐ ☐   ☐ ☐ ☐
    - von mir selber ☐ ☐ ☐ ☐ ☐ ☐   ☐ ☐ ☐

Abbildung 16

Management nachhaltiger Unternehmensentwicklung   16

Partnerschaftliche Kultur

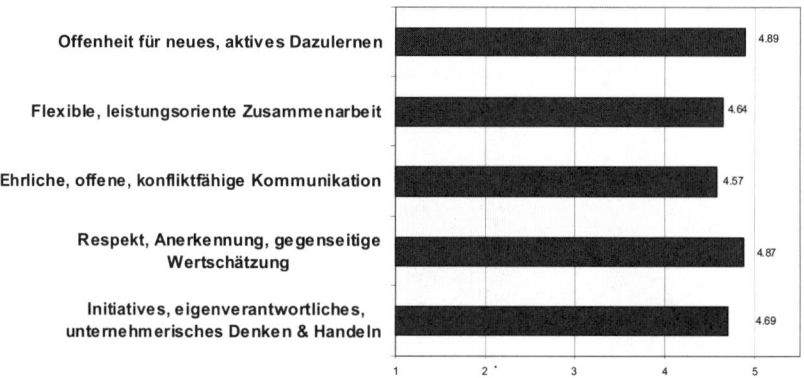

Offenheit für neues, aktives Dazulernen — 4.89
Flexible, leistungsoriente Zusammenarbeit — 4.64
Ehrliche, offene, konfliktfähige Kommunikation — 4.57
Respekt, Anerkennung, gegenseitige Wertschätzung — 4.87
Initiatives, eigenverantwortliches, unternehmerisches Denken & Handeln — 4.69

Abbildung 17

17

262

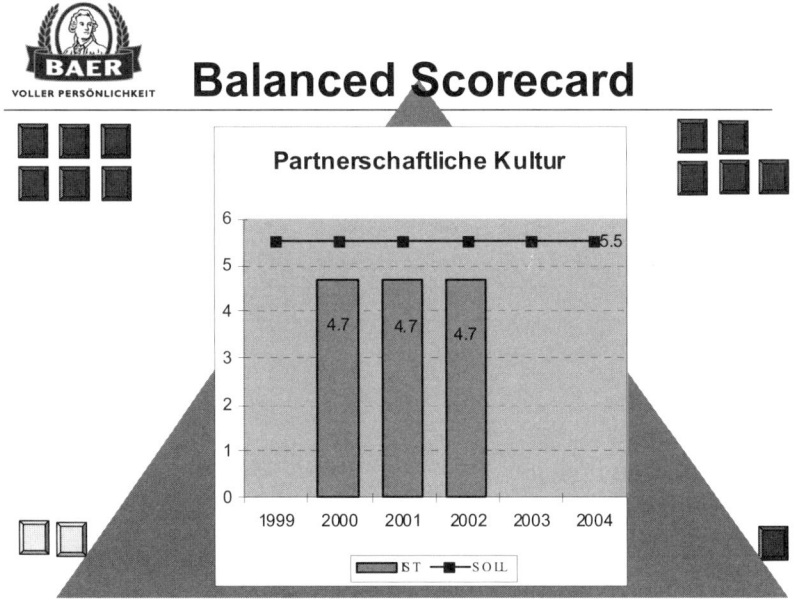

Abbildung 18

 **Kennzahlen Soziales**

Kennzahlen	2002	2001	2000
Mitarbeitende	174	175	171
Mitarbeiterzufriedenheit*	5,0	5,1	5,1
Partnerschaftliche Kultur*	4,7	4,7	4,7
Personalfluktuation	7%	17%	11%
Ø Betriebszugehörigkeit in Jahren	9,3	8,9	9,2
Anteil Frauen im Kader	20%	17%	21%
Teilzeitstellen	32%	30%	27%

*   Mitarbeiterbefragung mit Skala von 1 (schlecht) bis 6 (sehr gut)

Abbildung 19

263

 # Kennzahlen Soziales

Kennzahlen	2002	2001	2000
Mindest-Bruttolohn**	3'300.-	3'300.-	3'200.-
Erfolgsbeteiligung pro Kopf***	900.-	1'300.-	1'000.-
Weiterbildungstage***	3,4	2,7	3,0
Krankheitstage***	6,2	3,0	5,7
Betriebsunfälle			
- Anzahl	10	6	12
- Ausfalltage***	0,08	0,4	0,5
Milchlieferanten aus der Zentralschweiz	300	305	284
Ø Dauer der Lieferbeziehung	20,6	19,3	18,6

**   Wirksam ab Folgejahr
***   Pro Mitarbeiter/in (auf Vollstellen umgerechnet)

Abbildung 20

 # Nachhaltigkeitsbericht

Abbildung 21

Unternehmensführung heißt Verantwortung tragen. Nachhaltigkeit als zentrales Managementthema.

von *Erich Becker*, Vorsitzender des Vorstandes der VA Technologie AG

„sustainable solutions. for a better life." Das ist die klare Vision der VA TECH. Innovative Technologien führen zu effizientem Energieeinsatz, zur Schonung von Ressourcen und zur Emissionsreduktion.

Die VA TECH ist ein Technologie- und Serviceunternehmen, das Werte für die Kunden über den gesamten Anlagen-Lebenszyklus schafft. Der Konzern verfügt über führende internationale Positionen in den Bereichen Metallurgietechnik, Hydraulische Energieerzeugung, Energieübertragung und -verteilung, Wassertechnik sowie Infrastruktur. Mit der Fokussierung auf wesentliche Schlüsselmärkte mit hohem Wachstumspotenzial hat sich die VA TECH zum Ziel gesetzt, das Automations- und Servicegeschäft auszubauen. Im Mittelpunkt steht dabei das klare Bekenntnis zu nachhaltigen Lösungen und erneuerbaren Energien. „… Gemeinsam mit unseren Kunden weltweit entwickeln wir nachhaltige Lösungen, um die Lebensqualität zu verbessern. Wir sind der kundenorientierte, innovative und zuverlässige Partner …" (aus der VA-TECH-Vision).

Das strategische Ziel des Unternehmens ist es, sowohl die internen Prozesse als auch die Technologien und Lösungen an den Faktoren der Energieeffizienz, der Ressourcenschonung und des Anlagenlebenszyklus auszurichten. In der Praxis bedeutet das: eine effiziente Nutzung knapper Ressourcen, der Fokus auf die Reduktion von Emissionen und das Bemühen, die Nutzungsdauer von Industrieanlagen zu verlängern.

Der VA-TECH-Vorstand bekennt sich zu den nachhaltigen Grundsätzen in der gesamten Unternehmensführung. Wirtschaftliche Aktivität und soziale Verantwortung stellen für das Management und alle Mitarbeiter keine Gegensätze dar, sondern eröffnen neue Einsichten und Chancen. Nachhaltigkeit – Sustainability – wird sowohl top-down als auch bottom-up aktiv verfolgt – das Management, die Mitarbeiter sowie Stakeholder werden damit in diesen umfassenden Ansatz involviert. Dabei verstehen wir unter „Corporate Sustainability" ein Geschäftsmodell, welches sowohl ökonomische und ökologische als auch soziale Kriterien in Strategie und Management integriert. Auf dieser Basis wurde ein kontinuierlicher Prozess initiiert, der es ermöglicht, Chancen heute innovativ zu nutzen und damit Werte für morgen zu schaffen. Von Seiten des Vorstandes, top-down, besteht der Wunsch, einer nachhaltigen

Entwicklung mehr Durchschlagskraft zu verleihen. Stakeholder haben klar signalisiert, dass sie diese Initiative honorieren und in die Unternehmensbewertung einfließen lassen. „sustainable solutions. for a better life." ist damit keine leere Phrase, sondern ein praktisches Konzept für den Unternehmensalltag auf allen Ebenen und führt zur einer Win-win-Situation für alle beteiligten Partner.

VA TECH auf einen Blick

Metallurgietechnik

Die VOEST-ALPINE Industrieanlagenbau (VAI) ist ein weltweit führendes Engineering- und Anlagenbauunternehmen für die globale Stahlindustrie und den Flachwalzsektor der Aluminiumindustrie. Sie bietet ein breites Spektrum von Technologien am letzten Stand der Technik.

Geschäftsvolumen: 1.050 Mio. EUR

Mitarbeiter: 3.472

Produkte und Leistungen: Mineral- und Reduktionstechnik; Metallurgieverbund; Stahlerzeugungs-, Stranggieß- und Umwelttechnik; Walzwerks-, Bandbehandlungs- und Rohrerzeugungstechnik;

Automation, Metallurgie-Services

Hydraulische Energieerzeugung

Die VA TECH HYDRO ist ein globaler Anbieter elektromechanischer Ausrüstungen und Dienstleistungen („Water to Wire") für Wasserkraftwerke. Sie ist einer der weltweit größten Anbieter im Markt für hydraulische Energieerzeugung mit einer führenden Position im Wachstumsmarkt der Kraftwerkserneuerung.

Geschäftsvolumen: 1.011 Mio. EUR

Mitarbeiter: 3.056

Produkte und Leistungen: Large Hydro (schlüsselfertige Kraftwerke); Compact Hydro (Wasserkraftwerke bis 15 MW); Hydro Service (Profitabilitäts- und Wertsteigerung bestehender Kraftwerke); Combined Cycle (Gas-Kombikraftwerke)

Energieübertragung und -verteilung

VA TECH Transmission & Distribution ist ein international führender Anbieter von elektrischen Stromübertragungs- und Verteilungssystemen und bietet integrierte Systemlösungen sowie Spitzentechnologien, die individuell auf die Bedürfnisse der Kunden abgestimmt werden.

Geschäftsvolumen: 1.208 Mio. EUR

Mitarbeiter: 6.541

Produkte und Leistungen: Schlüsselfertige Hochspannungsanlagen in konventioneller sowie kompakter, gasisolierter Bauweise, Leistungs- und Trennschalter, GIS-Systeme, Produkt- und Netz-Services; Automation, Steuerung- und Schutztechnik; Leistungstransformatoren bis 1.300 MVA, 765 kV, Spezialtransformatoren, Transformatorenkomponenten

Wassertechnik

Die VA TECH WABAG ist ein internationaler Anbieter mit umfassender Kompetenz in der Wassertechnologie. Das Full-Service-Angebot reicht von Beratung, Planung, Finanzierung und Errichtung sowie Inbetriebnahme bis hin zum After Sales Service und zur Betriebsführung von Anlagen und Systemen.

Geschäftsvolumen: 225 Mio. EUR

Mitarbeiter: 699

Produkte und Leistungen: Trinkwasseraufbereitung, Industrie- und Betriebswasseraufbereitung, Meer- und Brackwasserentsalzung, kommunale Abwasserreinigung, industrielle Abwasserreinigung, Fließbettsysteme, Betriebsführung und Betriebsmanagement.

Infrastruktur

Die VA TECH ELIN EBG ist ein führender Anbieter elektromechanischer, elektronischer und ganzheitlich haustechnischer Systeme, Anlagen und Dienstleistungen. Die Lösungskompetenz des Geschäftsbereichs umfasst Industrieanlagen, Gebäudetechnik, Energieversorgung, Automation, Antriebstechnik und Facility Management. Das Unternehmen ai informatics ist internationaler Anbieter von IT-Gesamtlösungen und Partner für Unternehmen aus Industrie, Telekom, Handel, sowie dem privaten und öffentlichen Dienstleistungssektor.

Geschäftsvolumen: 742 Mio. EUR

Mitarbeiter: 3.813

Produkte und Leistungen: Elektromechanische, elektronische und ganzheitlich haustechnische Systeme, Anlagen und Dienstleistungen in den Bereichen Industrieanlagen, Gebäudetechnik, Energieversorgung, Automation, Antriebstechnik und Facility Management; IT-Services

CSR – ein Wegweiser in der Landschaft der Nachhaltigkeit

1983 gründeten die Vereinten Nationen als unabhängige Sachverständigenkommission die Weltkommission für Umwelt und Entwicklung (WCED = World Commission on Environment and Development). Ihr Auftrag war die Erstellung eines Perspektivenberichts zu einer weltweit langfristig tragfähigen, umweltschonenden Entwicklung bis zum Jahr 2000 und darüber hinaus. Unter dem Vorsitz der damaligen Umweltministerin und Ministerpräsidentin von Norwegen, Gro Harlem Brundtland, entstand der gleichnamige Bericht unter dem Titel „Unsere gemeinsame Zukunft" („Our Common Future"). Erstmals wurde in diesem Papier ein Leitbild einer „nachhaltigen Entwicklung" entwickelt, das bis heute die grundlegende Definition, den roten Faden, für eine nachhaltige Unternehmensführung beinhaltet:

Nachhaltigkeit ist demnach eine Entwicklung, „die den Bedürfnissen der heutigen Generation entspricht, ohne die Möglichkeiten künftiger Generationen zu gefährden, ihre eigenen Bedürfnisse zu befriedigen und ihren Lebensstil zu wählen".

Hinter dieser – scheinbar recht kurzen und einfachen – Formulierung einer nachhaltigen Entwicklung steckt auf betrieblicher Ebene jedoch ein differenziertes und komplexes Konzept. Wer einmal den ersten Schritt gewagt hat, Maßnahmen in Richtung einer nachhaltigen Unternehmensführung zu planen oder gar zu implementieren, der wird rasch bemerken: der Weg ist das Ziel. Sustainable Solutions sind nicht vergleichbar mit dem Einkauf eines Rohstoffes, der zu einem Fertigprodukt verarbeitet wird. Sustainable Solutions entstehen unter komplexen und für jedes Unternehmen individuell anzupassenden Anforderungen. Viele Wege führen zu einem Ziel, viele kleine Bausteine bilden ein Ganzes – das aber keinen Endpunkt hat, sondern ständigen Veränderungen unterliegt und einen laufenden Prozess des Nachjustierens, Anpassens und Rückkoppelns erfordert. Nachhaltigkeit ist jedenfalls kein Ziel, das einmal erreicht ist und dann für ewig festgeschrieben werden kann. Die Forderungen für zukunftsfähige Managementkonzepte auf der Ebene von Ökologie, Ökonomie und sozialer Verantwortung können sich aufgrund vieler externer und interner Faktoren laufend ändern.

Ein wichtiger Wegweiser in dieser vielfältigen Landschaft der Nachhaltigkeit ist der Ansatz zur Corporate Social Responsibility (CSR). Er dient Unternehmen als Grundlage, auf freiwilliger Basis soziale Belange und Umweltbelange in ihre Unternehmenstätigkeit und in die Wechselbeziehungen mit den Stakeholdern zu integrieren. Auch die Europäische Kommission hat dieses Konzept aufgenommen und im Juli 2002 eine neue Strategie zur Förderung der sozialen Verantwortung der Unternehmen (CSR) gebilligt. Diese Strategie soll bewirken, dass die Unternehmen stärker zur nachhaltigen Entwicklung beitragen. In dem Strategiepapier wird eine neue soziale und ökologische Rolle der Unternehmen in der Weltwirtschaft gefordert. Gleichzeitig wird ein europäisches Stakeholder-Forum (European Multi-Stakeholder Forum = EMS-Forum) eingerichtet, das allen Akteuren – Sozialpartnern, Unternehmensnetzen, Zivilgesellschaft, Verbrauchern und Investoren – als Plattform dienen soll, um Best-Practice-Ansätze auszutauschen. Die VA TECH versteht CSR als Teil eines umfassenden Managementkonzeptes zur Implementierung einer nachhaltigen Entwicklung und damit als einen weiteren „roten Faden" für den zukunftsfähigen Dialog zwischen ökonomischen, ökologischen und sozialen Anliegen, als einen zusätzlichen Wegweiser in Sachen nachhaltiger Managementkonzepte. Die Konzernleitung und alle Mitarbeiter bekennen sich dazu, in ihrem Einflussbereich Verantwortung zu übernehmen. Im Speziellen gilt dies dort, wo es über die gesetzliche Basis hinausgeht. Die globale Verantwortung wird in lokalem und regionalem Engagement umgesetzt.

Global Compact

Die VA TECH unterstützt als erstes österreichisches Unternehmen die UN-Initiative „Global Compact". Diese Initiative wurde von UN-Generalsekretär Kofi Annan am World Economic Forum im Jahr 1999 in Davos vorgestellt und umfasst neun Leitprinzipien aus den Bereichen Menschenrechte, Arbeitsnormen und Umweltschutz. Unternehmen, die dieser freiwilligen Übereinkunft beitreten, sind gefordert, ihr betriebliches Handeln an diesen Grundsätzen auszurichten. International arbeiten so bereits mehr als 630 Institutionen und Unternehmen partnerschaftlich an einer nachhaltigen Entwicklung.

Damit wird sichergestellt, dass offene Märkte und die Vorteile der Globalisierung nicht nur einem Teil der Unternehmen zugute kommen. Um zu gewährleisten, dass eine wirtschaftliche Entwicklung auch eine zukunftsfähige Entwicklung ist, bei der Menschenrechte, Arbeitsplatzstandards und Regulativen zum Schutz der Umwelt eingehalten werden, hat sich die VA TECH entschlossen, die Initiative der Vereinten Nationen zu unterstützen.

DIE LEITSÄTZE DES GLOBAL COMPACT

Prinzip 1: den Schutz der internationalen Menschenrechte in ihrem eigenen Einflussbereich zu unterstützen und zu respektieren und

Prinzip 2: sicherzustellen, dass ihr eigenes Unternehmen sich nicht an Menschenrechtsverletzungen beteiligt,

Prinzip 3: die Wahrung der Vereinigungsfreiheit und die wirksame Anerkennung des Rechts zu Kollektivverhandlungen,

Prinzip 4: die Abschaffung jeder Art von Zwangsarbeit,

Prinzip 5: die wirksame Abschaffung der Kinderarbeit und

Prinzip 6: die Beseitigung der Diskriminierung bei Anstellung und Beschäftigung,

Prinzip 7: im Umgang mit Umweltproblemen einen vorsorgenden Ansatz zu unterstützen,

Prinzip 8: Schritte zur Förderung einer größeren Verantwortung gegenüber der Umwelt zu ergreifen,

Prinzip 9: auf die Entwicklung und Verbreitung umweltfreundlicher Technologien hinzuwirken.

Vom Denken zum Handeln – die Vision der VA TECH

Ein Unternehmen ist ein wirtschaftlicher Zusammenschluss mit dem vorrangigen Ziel, Gewinn zu machen, Umsatz zu steigern und im Wettbewerb bestehen zu können. Ein Unternehmen ist aber auch die Summe seiner Mitarbeiter, ihrer Kompetenzen, ihrem Know-how, ihrer Einstellung und ihrer Werte. Diese Werte zu schaffen ist das Anliegen des VA-TECH-Managements und der VA-TECH-Mitarbeiter. Wer es sich aber zum Ziel gesetzt hat, die Lebensqualität mit innovativen nachhaltigen Lösungen zu verbessern, der muss vor allem eines sein: bereit für Veränderungen. Nur wer offen und gespannt über den eigenen Tellerrand blickt und sich auf Chancen und Risiken künftiger Entwicklung einlässt, für den ist es auch wichtig, dass weltweit rund 18.000 Mitarbeiter eine gemeinsame Vision haben.

Nach tief greifenden strukturellen Veränderungen im Konzern ist es vor allem auf den Wunsch der Mitarbeiter zurückzuführen, dass kontinuierlich an einer gemeinsamen Vision und einem gemeinsamen Leitbild sowie der Umsetzung dieser Management-Tools gearbeitet wird. Erstmals in der Geschichte des Unternehmens wurden dazu die Mitarbeiter im Konzern befragt. Auf Basis der Ergebnisse startete im Jahr 2001 das Projekt „CHANCE". Auch hier kristallisierte sich klar heraus, welche Anforderungen und Ansprüche an die

Führungsebene gestellt werden: eine eindeutige Vision und Leitlinie für eine strategische Ausrichtung des Konzerns, die auch in schwierigen wirtschaftlichen Zeiten eine Orientierung vermitteln. Der Vorstand der VA TECH, über 400 Führungskräfte aus 34 Ländern haben anschließend im Rahmen eines Workshops an den Themen Führung, Kommunikation, Bürokratieabbau, Kundenorientierung, Karrieremöglichkeiten und Integration gearbeitet. Das Ergebnis dieser „Ersten Konzernwerkstatt" ist, dass der Nachhaltigkeitsgedanke nicht nur in der Vision, sondern auch in dem daraus resultierenden Company-Slogan „sustainable solutions. for a better life." verankert wurde.

Jede Vision ist aber nur so gut, wie sie von allen Mitarbeitern getragen und gelebt wird. Wie sehr die Mitarbeiter die VA-TECH-Vision leben und wie weit der Umsetzungsprozess an den einzelnen Standorten gediehen ist, wurde mittlerweile in einer „Zweiten Konzernwerkstatt" dokumentiert. 33 internationale und nationale VA-TECH-Standorte präsentierten ihre praktischen Beiträge zum Themenkreis „sustainable solutions".

Die Vision der VA TECH ist es, mit Technologien und Problemlösungen zu einer ökoeffizienten Versorgung der Gesellschaft beizutragen. Gemeinsam mit unseren Stakeholdern werden Optimierungspotenziale im Lebenszyklus unserer Produkte und Dienstleistungen geortet und an entsprechenden Verbesserungen gearbeitet. Es ist ein klar definiertes Ziel, bis zum Ende des Jahres 2006 in allen Unternehmensbereichen integrierte Managementsysteme (Qualität/Umwelt/Sicherheit) aufzubauen und unsere Prozesse stetig zu verbessern. Sowohl die internen Prozesse als auch die Technologien und Lösungen werden sukzessive an der Energieeffizienz, der Ressourcenschonung und dem Anlagenlebenszyklus ausgerichtet. Auf kurzfristige Planungszyklen umgelegt bedeutet dieses Ziel, das dazu notwendige Management- und Kennzahlenreporting stetig zu verbessern und das Konzept der nachhaltigen Entwicklung zu verfeinern. Maßnahmen werden erarbeitet, um nachhaltige Entwicklung auch im Unternehmensalltag zu verankern. Weiters ist vorgesehen, konzernweit eine durchgängige ökologische, ökonomische und soziale Kennzahlensystematik zu etablieren. Die aus den gewonnenen Daten und Informationen abgeleiteten Trends sind Indikatoren einer erfolgreichen Nachhaltigkeitspolitik.

DIE SUSTAINABILITY-GRUNDSÄTZE DER VA TECH

Sustainable commitment

Nachhaltigkeit bedeutet für die VA TECH die Berücksichtigung von ökonomischen, ökologischen und sozialen Werten. Diese drei Säulen sind fester Bestandteil der Geschäftstätigkeit und Unternehmenskultur.

Sustainable value

Als Technologie- und Serviceunternehmen arbeitet die VA TECH an der Berührungsstelle von Ökonomie und Ökologie. Nachhaltiges, zukunftsorientiertes Handeln stellt einen fundamentalen Bestandteil der Geschäftsprozesse dar. Wir bekennen uns daher zur nachhaltigen Entwicklung als integrativen Bestandteil der dauerhaften Steigerung unseres Unternehmenswertes.

Sustainable awareness

Als „Global Player" ist sich die VA TECH der Verantwortung bewusst, die sie durch das Agieren auf internationalen Märkten in verschiedenen Kulturkreisen und unter den unterschiedlichsten ökonomischen und ökologischen Rahmenbedingungen trägt.

Sustainable technologies and solutions

Durch umweltbewusstes Handeln und die Entwicklung von „Sustainable Technologies & Solutions" – langlebigen, umweltverträglichen Lösungen – unter besonderer Berücksichtigung erneuerbarer Energien werden nachhaltige Werte als Investition in die Unternehmenszukunft geschaffen. Die Technologien und Lösungen des Konzerns ermöglichen die optimale Nutzung von Rohstoffen und Energie sowie die Entlastung der Umwelt.

Sustainable partnership

Die VA TECH will ihre Kunden als zuverlässiger Partner ganzheitlich unterstützen. Dafür werden Leistungen über den kompletten Lebenszyklus industrieller Anlagen von Technologieentwicklung und Engineering über Betrieb und Instandhaltung bis hin zu umfassenden Automations- und Serviceleistungen geboten. Ziel ist es, Werte für Kunden zu schaffen, die auch ihnen ein nachhaltiges Wirtschaften ermöglichen.

Sustainable human resources

Unternehmerisches Denken und Handeln der VA-TECH-Mitarbeiter ist ein essentieller Faktor für eine erfolgreiche Zukunft. Ein Klima von Vertrauen, Fairness und Integrität bildet die Basis für eine nachhaltige Personalpolitik. Durch das globale Engagement des Konzerns wird die Verantwortung für die Schaffung von menschenwürdigen Arbeitsbedingungen übernommen.

Sustainable communication

Gemeinsame Ziele erfordern „nachhaltige" Zusammenarbeit und aktiven Dialog mit allen am Unternehmen interessierten Parteien wie Aktionären, Kunden, Lieferanten, Mitarbeitern, dem Management sowie der unmittelbar und mittelbar betroffenen Öffentlichkeit.

Nachhaltigkeit in die unternehmerische Praxis umsetzen

Zur Verstärkung der Konzernaktivitäten im Sinne der nachhaltigen Entwicklung wurde das VA-TECH-Sustainability Board als beratendes Gremium des Vorstandes gegründet. Ein interdisziplinäres Team aus allen Unternehmensbereichen und Fachfunktionen trifft in regelmäßigen Abständen zusammen. Je nach Themenstellung werden interne oder externe Experten dem Arbeitskreis beigezogen. Das Sustainability Board setzt sich aus Vertretern der Bereiche Kommunikation und Investor Relations, Qualitätsmanagement und Umwelt, Business Development, Gesundheit, Human Resources sowie Strategie und Technologie zusammen. Um zu gewährleisten, dass sowohl bei strategischen als auch bei operativen Entscheidungen Nachhaltigkeitsaspekte in das Zielsystem Eingang finden, hat VA TECH sich entschlossen, entsprechende Indikatoren in die konzernweiten Balanced Scorecards zu integrieren. Die Entwicklung innovativer und nachhaltiger Lösungen stellt dabei einen wesentlichen Eckpfeiler dar.

Nachhaltigkeit in der Praxis: Umwelt

Die VA TECH betreibt weltweit mehr als 250 Vertriebs-, Engineering- und Produktionsstandorte. Der überwiegende Anteil der Engineering- und Produktionsstandorte weist traditionelle Qualitätsmanagementsysteme nach ISO 9001 auf. Sie bilden die Wurzeln für die heute in der VA TECH weit verbreiteten integrierten Managementsysteme: Sie dienen dem Management der Qualität der Geschäfts- und Führungsprozesse, der Leistungserbringungsprozesse sowie der Support-Prozesse. Produkt- und Servicequalität, Umwelt sowie Sicherheit am Arbeitsplatz stellen im Prozessmanagement ebenso wie Belange der Aufbau- und Ablauforganisation ein integriertes Ganzes dar.

Die Integration der Themen Umwelt und Sicherheit am Arbeitsplatz ist ein laufender Prozess. Die VA TECH hat sich zum Ziel gesetzt, diesen Integrationsprozess terminlich zu definieren: In den nächsten Jahren sollen alle wesentlichen Standorte über ein integriertes Managementsystem verfügen, das sowohl das Qualitätsmanagement nach ISO 9001 als auch das Umweltmanagement nach ISO 14001 enthält.

Verantwortung gegenüber der Umwelt ist fester Bestandteil der VA-TECH-Unternehmensstrategie. Aktiver und nachhaltiger Umweltschutz gilt auf und in allen Unternehmensebenen, -bereichen und -funktionen als Selbstverständlichkeit. Für Kunden ist das Unternehmen Ansprechpartner in allen Umweltfragen. Die Einhaltung von Umweltnormen, -standards und -gesetzen ist Grundlage des unternehmerischen Handelns im Konzern.

Als Technologielieferant nimmt die VA TECH ihre Verpflichtung zu integrativem nachhaltigen Denken als fixen Bestandteil ihrer Innovationsarbeit. Durch die laufende Weiterentwicklung von Anlagen, Produkten und Prozessen nach den neuesten ökologischen Erkenntnissen wird diese Verantwortung demonstriert. Die „Sustainable Technologies & Solutions" sind ein wichtiger Beitrag für die Zukunft. Modernste Technologien, ergänzt durch technische Dienstleistungen, werden zur optimalen Nutzung von Ressourcen sowie zum sorgfältigen Umgang mit Rohstoffen und Energie eingesetzt.

Unsere Beiträge sind:

- Turbinen und Generatoren zur Produktion von 100.000 GWh Strom aus erneuerbaren Energiequellen für 100 Mio. Menschen.
- Anlagen zur Wasserversorgung von 200 Mio. Menschen und zur Wasserentsorgung von 130 Mio. Menschen.
- Hochspannungs-Übertragungsanlagen zur Energieübertragung an 400 Mio. Menschen.
- Unterstützung unserer Kunden mit Infrastrukturlösungen zur Reduktion des Energiebedarfes.
- Metallurgische Anlagen zur Produktion von 150 Mio. Tonnen Stahl – das entspricht dem durchschnittlichen Jahresbedarf der EU.

Fragen nach dem Einfluss des Projektes auf die Um- und Mitwelt sind in der Projektentwicklung, beim Projekt-Engineering und beim Produkt-Engineering zu berücksichtigen, wobei die Bedürfnisse des Kunden aus ökonomischer und ökologischer Sicht zu befriedigen sind. Da bei größeren Projekten ein erheblicher Anteil von Komponenten und Leistungen von Lieferanten beigetragen wird, ist der Optimierung der Wertschöpfungskette ebenso hohe Bedeutung beizumessen wie der Weitergabe aller umweltrelevanten Auflagen und Vorschriften. Bei der Projekt- und Produktrealisierung ist auf ökologisch legal einwandfreie Produktionsbedingungen ebenso zu achten wie auf das korrekte Handling von Materialien und Abfällen. Sorgsamer Umgang mit Ressourcen ist schon aus wirtschaftlichen Gründen eine unabdingbare Notwendigkeit.

Das Thema Umwelt ist jedoch nicht bei der Übergabe einer Anlage an den Kunden beendet: Die Berücksichtigung der Umweltaspekte beginnt oft lange bevor ein Projekt beginnt und endet vielfach lange nachdem VA TECH das

Projekt an den Kunden übergeben hat – Umweltmanagement ist entlang des gesamten Lebenszyklus einer Anlage oder eines Produktes von großer Bedeutung!

Nachhaltigkeit in der Praxis: Wirtschaft

Die verstärkte Ausrichtung der VA TECH auf Technologien und Lösungen, die eine nachhaltige Entwicklung im Sinne einer verbesserten Lebensqualität für alle ermöglichen, aber auch die internen Bemühungen, sich ständig in ökonomischen, ökologischen und sozialen Belangen zu verbessern, werden auch am Kapitalmarkt gewürdigt. Seit September 2002 ist die VA-TECH-Aktie im FTSE 4 Good-Index vertreten. FTSE 4 Good ist ein Index für sozial verantwortungsvolle Investoren zur Performancemessung von Unternehmen, die weltweit anerkannte Standards in Bezug auf ihr allgemeines, soziales Verhalten erfüllen. Der im September 2001 eingeführte Index enthält Unternehmen, die nach Selektionskriterien aus drei Themenbereichen untersucht werden: dem nachhaltigen Wirtschaften in Bezug auf die Umwelt, der Entwicklung positiver Beziehungen zu Stakeholdern und der Unterstützung allgemeiner Menschenrechte.

Neben gesetzlichen Regulativen für Aktiengesellschaften an der Wiener Börse schafft der Österreichische Corporate Governance Kodex (CG Kodex) zusätzliche Standards für jene Unternehmen, die sich auf der Basis freiwilliger Selbstverpflichtung zu ihm bekennen. Unter anderem wird darin die Gleichbehandlung aller Aktionäre, die Transparenz gegenüber den Aktionären und eine offene Kommunikation zwischen Vorstand und Aufsichtsrat gefordert. Ziel ist es, das Vertrauen, insbesondere der internationalen Investoren, zu stärken. Die VA TECH hat sich zur Einhaltung des CG Kodex verpflichtet.

Nachhaltigkeit in der Praxis: Soziales

Der betriebliche Arbeits- und Gesundheitsschutz sowie die soziale Verantwortung für die Mitarbeiter und ihre Familien sind zentrale Ziele der VA-TECH-Nachhaltigkeitspolitik. Die zielgerichtete Nutzung des Wissens- und Erfahrungsschatzes der Mitarbeiter sowie die konsequente Qualifikation des Personals rund um das Thema „Nachhaltigkeit" sind untrennbar mit der „Ressource Arbeitskraft" im Unternehmen verbunden und bedürfen besonderer Aufmerksamkeit des Managements. Gemeinsam mit den VA-TECH-Kunden werden weltweit nachhaltige Lösungen zur Verbesserung der Lebensqualität entwickelt. Es sind jedoch letztendlich die Mitarbeiter, die diese Ideen und Leistungen auf Basis von Vertrauen, Fairness und Integrität in die Tat umsetzen. So wie das Ganze mehr ist als die Summe seiner Teile, ist ein Unternehmen auch nicht nur ein auf Gewinn gerichteter wirtschaftlicher Zusammenschluss, sondern setzt sich vor allem aus den Kompetenzen, dem Know-how, der Einstellung und der Werte seiner Mitarbeiter zusammen.

Beispiele für das soziale Engagement der VA TECH

- Seit dem Jahr 1996 unterhält die VA TECH eine Partnerschaft mit der Vereinigung „Ärzte ohne Grenzen" und setzt sich beispielsweise für die Unterstützung eines Krankenhauses und mehrere Gesundheitszentren in Afghanistan, Provinz Badakhshan, ein.

- Die „Roten Nasen Clowndoctors" betreuen kranke Kinder und alte Menschen in 20 österreichischen Spitälern und werden in ihrer Arbeit auch von der VA TECH unterstützt

- Mit Unterstützung von VA TECH Reyrolle Ltd. wurde eine Kampagne gegen Drogen- und Alkoholmissbrauch für Schulkinder im Nordosten von England gestartet.

- VA TECH HYDRO Indien unterstützt das SOS-Kinderdorf Bhopal.

- Spezielle Trainings- und Entwicklungsprogramme werden für Führungs- und Nachwuchskräfte ausgearbeitet.

- Die VA TECH unterhält Betriebskindergärten.

- Im jährlichen VA-TECH-Ideenwettbewerb „Leonardo" wird ein Sonderpreis in der Kategorie „Sustainable Solutions" vergeben.

- Ein Gesundheits-Coach für Mitarbeiter soll dazu beitragen, positive Signale zu sehen und den Gedanken „Vorbeugen ist besser als Heilen" bei den Mitarbeitern besser zu verankern.

- Der VA TECH-Behindertenbeauftragte kümmert sich speziell um die Fragen und Anliegen der Betroffenen.

- Als einer von mehreren internationalen Partnern beteiligt sich die VA TECH am Projekt „Masibambane College". Das College wurde im Jahr 1996 als Ausbildungsprojekt in Südafrika gegründet und bietet heute Ausbildung für rund 400 Schüler.

... und wem nützt die Nachhaltigkeit?

Der Nutzen für Kunden

VA TECH versteht sich als Anbieter langlebiger Produkte und Anlagen. Um diese anbieten zu können, ist ein auf Langlebigkeit ausgerichtetes Engineering und Design erforderlich. Auf Qualität von Produkten und Komponenten ist besonderes Augenmerk zu legen. Strategisches Ziel der VA TECH ist es, die Technologien und Lösungen an den Faktoren der Energieeffizienz, der Ressourcenschonung und des Anlagenlebenszyklus auszurichten. Sustainability bedeutet aber auch, dass die Produkt- und Anlagenlebensdauer durch entsprechende Service- und Dienstleistungen sowie Wartung erhalten wird. Sustainable Solutions bedeutet aber noch mehr: Ökoeffizientes Design senkt beispielsweise den Energieverbrauch und reduziert umweltkritische Stoffe. Damit ergibt sich für Kunden ein langfristiger Nutzen – zum Beispiel durch Energieeinsparung – bis hin zur problemarmen Entsorgung am Ende der Produkt- und Anlagenlebensdauer.

Der VA-TECH-Konzern ist als Unternehmen auf langfristigen Bestand ausgerichtet, dementsprechend ist das Unternehmen auch langfristiger Partner für seine Kunden: von der Vorprojektphase über die Errichtung und Inbetriebnahme, über den gesamten Betriebszeitraum – mit Wartung und Service – bis hin zur Entsorgung.

Der Nutzen für Shareholder

Der VA-TECH-Konzern ist auf langfristigen Bestand ausgerichtet, dementsprechend ist das Unternehmen auch auf langfristige, vorhersehbare Geschäftsvolumina und Renditen programmiert. Sustainable Solutions bedeutet in diesem Zusammenhang, durch umweltbewusstes, gesetzeskonformes Handeln Risiken zu reduzieren: Risiken an den eigenen Standorten, aber auch Risiken im Umfeld der Kunden beim Einsatz der angebotenen Produkte und Dienstleistungen.

Der Nutzen für die Mitarbeiter

Wenn ein Unternehmen wie der VA-TECH-Konzern nach den Prinzipien der Nachhaltigkeit organisiert ist, kann dies den Mitarbeitern auch langfristige Perspektiven bieten. Sustainability bedeutet in diesem Zusammenhang die Fähigkeit, aufgrund positiver wirtschaftlicher Performance Arbeitsplatzsicherheit sowie entsprechende Rahmenbedingungen für Mitarbeiter zu bieten. Es bedeutet aber auch Arbeitsplätze, die den Ansprüchen an Sicherheit- und Gesundheitsschutz gerecht werden.

Der Nutzen für das lokale Umfeld

Viele Unternehmen der VA TECH-Gruppe blicken auf jahrzehntelange Tradition zurück. Die Ausrichtung auf langfristigen Bestand dieser Unternehmen sichert dem lokalen Umfeld über planbare Steuer- und Abgabenleistungen sowie über vorhersehbare Beschäftigungszahlen ein stabiles Wirtschaftsumfeld.

Sustainability bedeutet aber auch ein langfristiges Interesse an der Mit- und Umwelt und kommt damit international der lokalen Lebensqualität zugute. Langfristig orientierte Unternehmen ermöglichen im lokalen und regionalen Umfeld die langfristige Ansiedelung einer Reihe von direkten und indirekten Zulieferunternehmen. Sustainability bedeutet hier den langfristigen Wohlstand des regionalen Umfeldes an internationalen Standorten!

Der Nutzen für Lieferanten und Partnerunternehmen

Die Ausrichtung der Produkte und Anlagen mit langer Lebensdauer ermöglicht es, mit Lieferanten und Partnerunternehmen ebenfalls eine langfristige Beziehung aufzubauen und auch langfristig zu planen. Der VA-TECH-Konzern unterstützt den Aufbau langfristiger Beziehungen. In vielen Fällen ist es notwendig und sinnvoll, Komponenten für Anlagen lokal – also in jenen Ländern, in denen die Anlagen errichtet werden – zuzukaufen; dadurch erfolgt eine Wertsteigerung in der gesamten lokalen Zulieferkette.

Der Nutzen für die VA TECH

Das Vertrauen der Stakeholder in den Konzern ist ein Mehrwert für das gesamte Unternehmen. Die nachhaltige Unternehmensführung stellt auch einen wichtigen Wettbewerbsfaktor dar – beispielsweise im Hinblick auf den aktuellen internationalen Markt für Emissionszertifikate.

Banken, Kapitalgeber, Finanzierungsstellen und Investmentfonds gehen zunehmend dazu über, die Performance eines Unternehmens im Hinblick auf alle nachhaltigen Parameter zu prüfen. Ökologische und soziale Risiken werden zur Bewertung herangezogen. Die im Konzern implementierten und laufend zu verbessernden Managementsysteme reduzieren Fehler, Unfälle, Stillstände und die Kosten für Ressourcen.

Offen für den Dialog

Nachhaltige Unternehmensführung kann nicht hinter verschlossenen Türen ablaufen. Daher steht die VA TECH aktiv im Dialog mit Stakeholdern, also jenen Gruppen, die ein Interesse am Unternehmen haben oder durch seine Geschäftstätigkeit beeinflusst werden. Dazu gehören Kunden ebenso wie Lieferanten, Kapitalgeber, Mitarbeiter oder die öffentliche Hand. Für den Erfolg der VA TECH ist es wesentlich, dass die Erwartungen der Stakeholder verstanden und aufgenommen sowie die Möglichkeiten einer partnerschaftlichen Zusammenarbeit gefunden werden. Die Ergebnisse aus diesen Prozessen tragen wesentlich zur Entwicklung der VA TECH Unternehmens- und Managementpolitik bei.

Bei großen Kraftwerksprojekten in Schwellenländern stellt die Gesprächs-
bereitschaft und Diskussion mit Nicht-Regierungsorganisationen einen ebenso
wichtigen Faktor dar wie die Pflege der Kommunikationsbeziehungen zu den
Auftraggebern. Nur auf Basis eines Vertrauensverhältnisses zu den Kunden ist
es möglich, eine technisch, ökonomisch und ökologisch sinnvolle Lösung voranzutreiben. Insbesondere in der Phase der Projektplanung und -vorbereitung
ist es daher nicht nur notwendig, sondern vor allem wünschenswert, möglichen
Auftraggebern mit umfassendem, innovativem und auf nachhaltige Lösungen
ausgerichtetem Know-how zur Verfügung zu stehen.

Der Dialog mit Nichtregierungsorganisationen beschränkt sich dabei nicht
nur auf ein einzelnes Projekt, sondern findet unabhängig von konkreten An-
lassfällen statt. Als Beispiel dafür steht die Kooperation mit einer schwedischen Nichtregierungsorganisation, die alle international tätigen Wasserkraft-
betreiber und Anlagenbauer in einem Verzeichnis sammelt und bewertet.

Um den bestmöglichen Dialog mit den Anspruchsgruppen zu gewährleisten,
engagiert sich die VA TECH aktiv im Rahmen der Vereinigung „Hydro
Equipment Association" (die VA TECH Hydro ist Gründungsmitglied der
HEA) und der „World Commission on Dams" (WCD). In diesen Expertengre-
mien werden alle wesentlichen Aspekte der Auswirkungen der Wasserkraft
auf die nachhaltige Entwicklung und die öffentliche Akzeptanz als erneuerbarer Energieträger diskutiert. Nachdem Wasserkraft eine zentrale Rolle in einer
künftigen und nachhaltigen Energieversorgung spielen wird, haben sich die
Mitglieder der HEA zum Ziel gesetzt, den Dialog mit den Stakeholdern und
der Öffentlichkeit über die vielfältigen Auswirkungen der Wasserkraft zu intensivieren und die Wasserkraft als umweltfreundlichen Energieträger zu positionieren.

Für ein Klima der Nachhaltigkeit

Zur Erreichung des österreichischen Klimaschutzzieles leistet die VA TECH
wesentliche Beiträge und Hilfestellungen. Die technischen Möglichkeiten des
Unternehmens tragen wesentlich dazu bei, die CO_2-Reduktionsmaßnahmen
im Rahmen der Kyoto-Mechanismen zu erreichen. Als bestes Beispiel dafür
gilt das Projekt Tsankov Kamak in Bulgarien – ein Wasserkraftwerk, das vom
Joint-Implementation-Mechanismus unterstützt wird. Es ist das erste österreichische Projekt, das auf dem Mechanismus des Kyoto-Protokolls beruht.
Dieses Projekt generiert ein Treibhausgasreduktionspotenzial von rund
200.000 Tonnen CO_2 pro Jahr und wird dem österreichischen Kyoto-Reduk-
tionsziel angerechnet.

Für die VA TECH sind Investitionen wie diese als Chance zu sehen, die
Umwelt und Wirtschaft gleichermaßen zugute kommen.

Wechseln Sie Ihre Perspektive!

... die ersten Schritte zur nachhaltigen Unternehmensführung sind getan. Marktwirtschaftliche Unternehmen bieten Produkte und Dienstleistungen an, um Bedürfnisse in der Gesellschaft zu befriedigen. Ein nachhaltiges Unternehmen tut dies auch, aber auf eine Art, die dauerhaft sozial-, wirtschafts- und umweltverträglich ist. Traditionelle Unternehmen beherrschen nur den Blickwinkel der Wirtschaft. Ihren ökologischen und sozialen Bemühungen sind damit auch enge Grenzen gesetzt: Ressourcen und Energie werden eingespart, soweit es sich rechnet. Mitarbeitergesundheit ist nur dann Thema, wenn die Produktivität gesteigert werden kann. Wird mehr produziert, vermehrt sich häufig auch die Umweltbelastung.

Ein nachhaltiges Unternehmen erkennt dieses Dilemma, weil es fähig ist, Perspektiven zu wechseln. So werden innovative Potenziale frei und Winwin-Situationen geortet. Konflikte zwischen Wirtschaft, Gesellschaft und Natur werden nicht totgeschwiegen, sondern durch Lernprozesse im Unternehmen nach Lösungen gesucht. Die Faktoren Ökoeffizienz und Sozioeffizienz müssen vor dem Hintergrund der technischen und wirtschaftlichen Rahmenbedingungen abgewogen und bewertet werden. Nachhaltige unternehmerische Entscheidungen werden immer in diesem Spannungsfeld getroffen.

Das Denken und Handeln in nachhaltigen Lösungen auf allen Unternehmensebenen bringt aber auch neue Impulse und damit langfristigen wirtschaftlichen Erfolg.

Für Vorreiter in Sachen Nachhaltigkeit, wie die VA TECH, bedeutet die zunehmende Sensibilisierung von Gesellschaft, Politik und Finanzmarkt in Bezug auf soziale und ökologische Themen, aber auch neue Chancen und Potentiale, die es mit Produkten und Lösungen wie unseren „sustainable solutions" zu nutzen gilt.

Die Stakeholder-Ansprüche von Transparency International

von *Philippe Lévy*, alt Botschafter, Präsident von
Transparency International Schweiz

These are melancholy times.

(James Wilson,
Gründer des „Economist", 1843)

Vom Ende des Kalten Krieges zur Proliferation der großen Unternehmenskriminalität

Noch streiten die Politologen darüber, ob das Ende des Kalten Krieges eine Niederlage des planwirtschaftlichen Systems oder ein Sieg der Markwirtschaft war. In den neunziger Jahren empfand man jedenfalls die Wende als endgültigen Beweis der Überlegenheit des marktwirtschaftlichen Systems und seiner Unfehlbarkeit, die einer staatlichen Aufsicht im Sinne von eingrenzenden Spielregeln als unnötigen Ballast jede Berechtigung absprach.

Das Phänomen der Wirtschaftskriminalität blühte unvermindert weiter. Die öffentliche Meinung empfand diese Art von Kriminellen als „Kleingemüse" (oder, wenn schon, als „Mafiosi"). Namhafte Unternehmungen und ihre Chefs schienen davon verschont zu bleiben. ENRON und WORLDCOM sowie eine lange Liste von bedenkenlosen Abzockern – auch in Westeuropa – provozierten eine Ernüchterung von ungeahntem Ausmaß. Ken Lay (Enron) und Bernard Ebbers (Worldcom) wurden nun durchaus in die gleiche Kategorie wie Postzugräuber Ronnie Biggs[1] eingereiht – es sei denn, dass die beiden Ersten bis vor kurzem als durchaus gesellschaftsfähig galten, was Letzterem bis heute verweigert blieb …

Ein erstes Aufbäumen: Verhaltensregeln für multinationale Unternehmungen

Immerhin gab es schon Anfang der siebziger Jahre eine weltweite Bewegung gegen die „Multis" (im UNO-Jargon „transnationale Unternehmungen" genannt) – der heutigen Anti-Globalisierungskampagne nicht unähnlich, wenn

---

[1] Es gibt sogar „The Official Ronnie Biggs Site" (www.ronniebiggs.com)!

281

auch weniger gewalttätig. Die damaligen OECD-Staaten stellten in mühseligen Verhandlungen „Richtlinien für multinationale Unternehmen" auf, die 1976 vom Ministerrat verabschiedet wurden und sogar einen kurzen Passus über Korruption enthielten. Ein ähnlicher Versuch im weltweiten Rahmen der UNO blieb trotz jahrelanger Verhandlungen erfolglos.

Die OECD-Richtlinien waren als bloße Verhaltensempfehlungen konzipiert. Die OECD-Regierungen erwarteten, dass die angesprochenen Firmen sich öffentlich zu diesen Empfehlungen bekennen würden. Es blieb bei der Erwähnung der Richtlinien während einiger Jahre in den Jahresberichten weniger Gesellschaften (wie Nestlé). Dabei wurde den angesprochenen Unternehmungen durchaus „Gegenrecht" geboten, indem die OECD-Richtlinien in ein Paket investitionsbezogener Maßnahmen eingebettet wurden, die auch Verpflichtungen der Regierungen gegenüber ausländischen Direktinvestoren enthielten.

Ähnlich enttäuschende Erfahrungen machte man mit den bereits in den siebziger Jahren erstmals publizierten Verhaltensrichtlinien der Internationalen Handelskammer zur Bekämpfung der Korruption im Geschäftsverkehr.[2] Diese sind regelmäßig revidiert und mit erläuternden Kommentaren versehen worden. Trotz dieser Bemühungen sind diese vom Weltspitzenverband der Wirtschaft erlassenen Empfehlungen bisher weit gehend ohne Breitenwirkung geblieben.

Nach einer längeren „Sendepause" befassten sich die OECD-Regierungen ihrerseits im Jahr 2000 erneut mit dem Thema. Es entstanden neue OECD-Richtlinien in Form eines zehnseitigen Dokumentes.[3]

Darin werden die Unternehmungen aufgefordert, die Menschenrechte zu respektieren, das Recht der Arbeitnehmer auf Vertretung durch Gewerkschaften zu gewährleisten, Informationen offen zu legen, ein Umweltmanagement einzurichten, öffentlichen Amtsträgern oder Arbeitnehmern von Geschäftspartnern keine Zahlungen anzubieten oder zukommen zu lassen (Kap. VI), klare und präzise Informationen über Produkte zu liefern, beim Technologietransfer Bedingungen und Modalitäten anzuwenden, die der Entwicklung des Gastlandes förderlich sind, keine wettbewerbswidrigen Absprachen mit Konkurrenten zu treffen und Steuerschulden termingerecht zu begleichen.

Von der Seelenmassage zur Rechtsverbindlichkeit

Trotz der Einführung sog. „nationaler Kontaktpunkte", deren Aufgabe namentlich darin besteht, die Richtlinien sichtbar und bekannt zu machen, sind

---

[2] www.iccwbo.org/home/statements_rules/rules/1999/briberydoc.99.asp; die ICC Deutschland hat im Jahre 1998 eigene Verhaltensrichtlinien publiziert (www.icc-deutschland. de/icc/frame/2.3.7_body.html.)

[3] www.fifoost.org/allgemein.

diese wenig bekannt – auch bei den hauptsächlich angesprochenen Unternehmungen. Man hat nicht den Eindruck, die „Multis" fühlten sich in die Pflicht genommen. Den besten Beweis für diese Einsicht erbrachten die OECD-Regierungen im Jahre 1997, als sie zur Aushandlung (und späteren Ratifizierung) eines verbindlichen Übereinkommens über die Bestechung ausländischer Amtsträger im Geschäftsverkehr schritten.[4]

Das juristisch Eigentümliche an diesem multilateralen Vertrag ist, dass er auch Amtspersonen aus Staaten erfasst, die nicht zu den Signatarländern gehören. Die Konvention strebt keine Vereinheitlichung des Rechts der Unterzeichnerstaaten, sondern eine Harmonisierung durch die Erarbeitung gemeinsamer Ziele, deren Umsetzung ins nationale Recht durchaus im Einklang mit der nationalen Rechtstradition erfolgen kann. Auch der Europarat hat zwei Antikorruptionskonventionen ausgearbeitet, von denen die eine nach Erreichung des Quorums an Ratifikationen in Kraft gesetzt wurde.[5]

Die Unternehmungen sind in den letzten Jahren mit einer regelrechten Flut von Verhaltensempfehlungen konfrontiert worden. Besonders im Bereich der Sozialnormen gibt es eine Unzahl durchaus ernst zu nehmender Empfehlungen wie beispielsweise „Global Compact", das von UNO-Generalsekretär Kofi Annan lanciert worden ist.[6] Die Unternehmensleitungen sind überfordert, wenn sie entscheiden sollen, welcher Empfehlung sie nachleben sollten. Die Folge davon ist, dass die Anzahl der Firmen, die sich formell zu einem „set" bekannt haben, ausgesprochen klein ist. Aber das echt Eigentümliche dieser Richtlinien ist jedoch, dass sie meist den Unternehmungen empfehlen, sich an rechtsverbindliche Akte zu halten. Der Eindruck mag aufkommen, es gebe zwei Kategorien von Rechtsakten: jene, die man vernachlässigen kann, und jene, denen die Obrigkeit besondere Bedeutung beimisst! Eine unheilvolle Entwicklung, die sicher nicht zur Rechtssicherheit beiträgt. Oder hapert es beim Vollzug? Sind die Regierungen gar nicht mehr in der Lage, den geltenden Vorschriften Nachachtung zu verschaffen?

Das Abwehrdispositiv gegen Bestechung

Der Bereich der Korruptionsbekämpfung bildet in diesem Zusammenhang eine (löbliche) Ausnahme. Die Bestechung galt jahrhundertelang als unausweichlich. Allüberall galt, dass, wer Geschäfte machen wollte, „nachzuhelfen"

---

[4] www.admin.ch/ch/d/ff/1999/5560.pdf.
[5] www.greco.coe.int/.
[6] Eine einigermaßen vollständige Liste internationaler Verhaltensnormen für Unternehmen in: *Malcom McIntosh*, *Ruth Thomas*, *Deborah Leipziger*, *Gill Coleman*, International Standards for Corporate Responsibility (www.accountability.org.uk/resources).

hatte. Nicht von ungefähr bezeichnet man gewisse Arten von Schmiergeldern als „Beschleunigungszahlungen".

Lange fand die Bestechung beredte Befürworter nicht nur unter Unternehmern, sondern auch auf Seite der Wissenschaft. Für viele galten Korruptionszahlungen als „Schmieröl" (!), das sich auszahlt. Immerhin fiel auf, dass das Thema tabu war. Man war sich offenbar in den betreffenden Kreisen bewusst, dass man es mit der Moral nicht so genau nahm. Aber da männiglich (mit wenigen rühmenswerten Ausnahmen) sich so verhielt, gehörte es offensichtlich zur gängigen Geschäftspraxis. Dies umso mehr, als zwar die Bestechung der Amtspersonen im eigenen Land in praktisch allen Rechtsstaaten seit jeher strafbar ist – wenn auch deren Strafverfolgung Mühe machte – im Ausland hingegen als legitim galt. In den meisten Ländern konnten Bestechungsgelder sogar von den Steuern abgezogen und bei der staatlichen Exportrisikogarantie versichert werden!

Lange galten die Entwicklungsländer (und seit dem Ende des Kalten Krieges die Transitionsländer) als besonders betroffen. Gelegentlich wurde sogar das Argument vorgebracht, das Phänomen Korruption sei Ausdruck einer kulturellen Eigenart! Die von Transparency International regelmäßig publizierten Länderlisten schienen diese These zu bekräftigen. Die in den letzten Jahren publik gewordenen unlauteren Zahlungen etwa in Deutschland, Frankreich und der Schweiz haben diese Vorstellung erschüttert. Dabei handelte es sich sowohl um landesinterne wie grenzüberschreitende Bestechungsfälle.

Lange Zeit wurde ausschließlich die Korruption von Amtspersonen ins Visier genommen. Die Korruption unter Privaten kam kaum zur Sprache, obschon die Vermutung besteht, dass es diesbezüglich eine hohe Dunkelziffer gebe. Die erwähnte OECD-Konvention erfasst lediglich die Erstgenannte. Die Strafrechtskonvention des Europarates beschlägt auch Letztere. Die Übertragung dieses Übereinkommens ins nationale Recht der Unterzeichnerstaaten stellt somit eine wichtige Ergänzung des Abwehrdispositivs dar. Während die Unternehmerorganisationen sich früher dagegen wehrten, sind sie seit kurzem selber mit dieser Forderung auf den Plan getreten. Ähnlich verhält es sich mit der strafrechtlichen Erfassung juristischer Personen (in der Schweiz am 1. Oktober 2003 eingeführt).

Trotz dieser erheblichen Anstrengungen der letzten Jahre bleibt die Korruption als Straftatbestand schlecht bekannt. Es werden zwar im Vergleich zu früher mehr Einzelfälle bekannt, aber zu Strafverfolgungen im großen Stil bei grenzüberschreitenden Korruptionsfällen ist es in den OECD-Mitgliedstaaten noch nicht gekommen. Die Regel scheint sich zu bestätigen, dass sich die Strafverfolgungsbehörden bei neuen Straftatbeständen schwer tun. Erschwerend hinzu kommt die Tatsache, dass es schwer hält, sich im Ausland die notwendigen Unterlagen und Beweisstücke zu beschaffen.

Ein Mittel, um mehr Transparenz und Information verfügbar zu machen, bilden die „Whistleblowers" (zu Deutsch: jemand, der etwas auffliegen lässt), die Kenntnis von unlauteren Vorgängen an ihrem Arbeitsplatz bekommen und diese Kenntnisse weitergeben. Auch diesbezüglich ist die Dunkelziffer hoch und bei den wenigen bekannt gewordenen Fällen wird sehr oft der „Angeber" das Opfer seines Gewissens und seiner Ehrlichkeit. Er verliert seinen Arbeitsplatz und wird zum beruflichen oder gesellschaftlichen Außenseiter mit entsprechenden Folgen für Einkommen und Gesundheit. Die Forderung eines besseren Schutzes dieser Leute ist deshalb mehr als berechtigt. Das Stereotyp scheint seit Sophokles unausrottbar: Man straft den Überbringer der schlechten Nachricht.

Letzten Endes geht es darum, korrekte Wettbewerbsverhältnisse zu schaffen. Das qualitativ und preislich beste Produkt (oder die Dienstleistung) soll den Auftrag kriegen und nicht derjenige Bewerber, der sich durch unlautere Zahlungen am Markt behauptet. Übers Wirtschaftliche hinaus zersetzt die Korruption die demokratischen Strukturen einer Gesellschaft, indem derjenige zum Zuge kommt, der über das notwendige „Kleingeld" verfügt. Wie so oft, sind die Ärmsten die wahren Opfer derartiger Machenschaften.

Schwer zu beantworten ist die Frage, warum es in den letzten zehn Jahren zu einer regelrechten universellen Bewusstseinswerdung in Sachen Korruption gekommen ist. Eine ganze Anzahl Faktoren mögen hier eine Rolle gespielt haben. Zu erwähnen sind etwa der Demokratisierungsprozess[7] (und die damit einhergehende grössere Transparenz), die investitionsfeindliche Wirkung eines korrupten Umfeldes sowie das zunehmende unternehmerische Bewusstsein der direkten und indirekten Kosten eines korruptiven Verhaltens (höhere Marketingkosten in einem Zeitpunkt schwindender Margen als Folge des durch die Globalisierung verursachten intensiveren Wettbewerbs, Beeinträchtigung des Rufes der Firma, Risiko von Sanktionen [wie die „schwarze Liste" der Weltbank[8]] negative Auswirkungen auf das Betriebsklima in Form schwindender Motivation der Betriebsangehörigen wegen unmoralischen Verhaltens ihrer Firma).

Jegliche menschliche Vereinigung – ob Unternehmung, Regierung, NGO oder Golfclub – leidet auf lange Sicht unter ungenügender Disziplin in ihrem Verhalten gegenüber außen. Auch ehrliche Amtspersonen erliegen der Neigung, ihr persönliches Interesse in den Vordergrund zu schieben, ihr Budget

---

[7]　Gemäß dem Human Development Report 2002 der UNO haben seit 1980 81 Länder ins Gewicht fallende Schritte in Richtung Demokratie unternommen. 82 Staaten mit 57% der Weltbevölkerung gelten heute als echt demokratisch; 125 Länder (mit 62% der Weltbevölkerung) haben eine vollständig oder teilweise freie Presse.

[8]　www.worldbank.org/html/opr/procure/debarr.html.

auszubauen, ihre Machtsphäre zu wahren und der externen Überwachung aus dem Weg zu gehen. Die Erfahrungen der letzten Zeit zeigen, dass die Revisionsstelle einer Unternehmung öfters nicht über die notwenige Unabhängigkeit verfügt – besonders dann, wenn die Revisionsfirma bei der gleichen Firma auch Beratungsverträge ausführt. Um dieser Schwierigkeit Herr zu werden, wird man nicht umhin kommen, firmenexterne Kontrollorganisationen einzuschalten und darüber hinaus die Möglichkeit einer unabhängigen Zertifizierung (nach dem Modell von ISO 9000 und 14000) ernsthaft zu prüfen. Die ungenügende Überwachung wird etwa auch in Zusammenhang mit sozialpolitischen Verhaltensnormen beanstandet. Einem Abhängigkeitsverhältnis zwischen dem Überwacher und dem Überwachten ist zuvorzukommen. Im gleichen Sinne gilt es, Verbindungen und Abhängigkeiten zwischen Regierungen und Staatsfirmen (wie sie etwa in Frankreich bestanden oder immer noch bestehen) abzubauen. Ansonst wird der Spielraum der „free riders" ungenügend eingeschränkt bleiben.

Prävention oder Repression?

Wie oben im kurzen historischen Abriss aufgezeigt, haben erste Versuche, dem Phänomen Korruption prophylaktisch beikommen, wenig erfolgt gezeigt. Die Regierungen wechselten über zu Ex-post-Maßnahmen, die erst zur Anwendung kommen, wenn die Straftat begangen worden ist. Dies kann keine auf die Dauer befriedigende Lösung sein.

Nachdem die Revisionen der Strafgesetzbücher verwirklicht worden sind oder kurz bevorstehen, sind die Anstrengungen zur Einführung und Verbreitung vorbeugender Maßnahmen verstärkt worden.

Transparency International[9] (TI), 1993 gegründet als einzige sich ausschließlich mit der Korruptionsbekämpfung befassende nicht gouvernementale Organisation mit annähernd 100 Sektionen weltweit und mit folgenden Zielen:

1. Sensibilisierung aller betroffenen Kreise (Regierungen, Unternehmungen, Zivilgesellschaft),
2. Mithilfe bei der Ausarbeitung geeigneter Instrumente,
3. Mithilfe bei der Verbreitung dieser Instrumente und bei deren Anwendung,

hat zwar durch Lobbying wesentliche Impulse zur Verwirklichung rechtlich bindender Instrumente beigetragen und darauf hingewirkt, dass deren Anwendung tatsächlich erfolgt. In letzter Zeit hat sie sich vornehmlich der Aufstel-

---

[9] www.transparency.org; die schweizerische Sektion: www.transparency.ch.

lung vorsorglicher Maßnahmen gewidmet – und zwar sowohl für Unternehmungen wie auch für Regierungen.

Zu den Ersten sind die im Dezember 2002 veröffentlichten „Geschäftsgrundsätze gegen Bestechung"[10] zu zählen. Von Experten aus Ethik-Organisationen, Unternehmungen, internationalen Organisationen und Gewerkschaften ausgearbeitet und vor der Veröffentlichung bei Firmen getestet, verstehen sich die Geschäftsgrundsätze als praktisches Referenzdokument, um eigene firmenspezifische Abwehrinstrumente zu entwickeln. Sie sollen ein „lebendes Dokument" bleiben, das auf praktische Erfahrungen abgestützte Verbesserungen ermöglichen soll.

Es hat verhältnismäßig lange gedauert, bis eigentliche Promotionskampagnen lanciert worden sind. In der Schweiz ist im Herbst 2003 eine von Behörden, Spitzenverband der Wirtschaft und Transparency International Schweiz ausgearbeitete Aufklärungsschrift für im Ausland tätige Unternehmungen[11] der Öffentlichkeit vorgestellt und breit verteilt worden. Workshops sollen den Unternehmungen bei der Ausarbeitung eigener Instrumente behilflich sein.

Auch zu Handen der Regierungen ist TI tätig geworden. So wurde die so genannte „Integritätsklausel" entwickelt, die namentlich bei öffentlichen Aufträgen zur Anwendung kommen soll. Auftraggeber und Auftragnehmer verpflichten sich darin, bei der Abwicklung des Auftrags von Bestechungszahlungen abzusehen. Ein anderer Ansatzpunkt besteht darin, die Vielzahl staatlicher Bewilligungen zu reduzieren und damit potentielle Tummelfelder für korruptives Verhalten einzudämmen. Vereinzelt (auch in der Schweiz[12]) ist es zu Anstrengungen gekommen, bei der Ausschreibung und der Vergabe von Staatsaufträgen mehr Transparenz zu erzielen – in Europa mit bisher mäßigem Erfolg. Korruption gedeiht im Dunkeln.

Noch zu keinen einheitlichen Regeln ist es auf dem Gebiet der Parteienfinanzierung gekommen – ein Thema, das etwa in Deutschland besonders aktuell ist, in der Schweiz hingegen bisher kaum debattiert worden ist.

Wertewandel oder Opportunitätsüberlegung?

Wenn man sich bewusst wird, dass Wirtschaftsvergehen und insbesondere die Korruption so alt sind wie die Weltgeschichte[13], so kann man sich angesichts der zurzeit laufenden Antikorruptionskampagnen zu Recht fragen, ob

---

[10] www.transparency.ch/textes/index_d.html.
[11] Siehe Fußnote 17.
[12] www.simap.ch.
[13] Vgl. 2. Buch Moses, Kap. 23, Vers 8 und 5. Buch Moses, Kapitel 16, Vers 19.

der Brecht'sche Spruch, das Fressen komme vor der Moral, außer Mode gekommen sei …

Es ist wohl angebracht, gegenüber dem vermeintlichen Wertwandel bei Staat und Wirtschaft Zweifel anzumelden. Es ist wohl vielmehr so, dass die Unternehmerschaft – oder zumindest ein Teil unter ihnen – zur Erkenntnis gelangt ist, dass unternehmensethisches Verhalten sich „auszahlt" – zumindest langfristig. Es bleibt jedoch für die Unternehmensführung ein schwieriger Entscheid, solange Konkurrenten weniger ethisch handeln. Und wie so oft, liegt bei der praktischen Ausgestaltung der Teufel im Detail. Man denke etwa an die Vergütungen für Agenten, ohne die in gewissen Ländern Firmen gar nicht kommerziell tätig sein können.

Im Gegensatz zu anderen Straftaten mit meist klaren Opfer-Täter-Verhältnissen ist es bei Bestechungsfällen so, dass es direkt nur Täter (Bestecher und Bestochene) gibt, das „Opfer" hingegen – ob als Steuerzahler, Konsument, Aktionär, Zulieferer – sich entweder des Schadens nicht konkret bewusst ist oder hilflos bleibt. Information und Transparenz sowie eine kritische Öffentlichkeit, die zwielichtiges Verhalten nicht einfach hinnimmt, tun Not. Ihre Sprachrohre sind kritische Parlamentsmitglieder, Aktionäre und mutige Journalisten mit inquisitorischem Talent. Aber auch der Ruf eines Unternehmens kann einschneidende Auswirkungen auf das Kaufverhalten der Konsumenten haben.

Solange es nicht zu spektakulären Aburteilungen durch die Gerichte gekommen ist, spekulieren Amtsträger und Unternehmer damit, einer Aufdeckung „ihres" Falles mit anschließender Bestrafung zu entgehen. Es ist gegenüber dem Eindruck, es gebe Gesetzesverstöße, bei denen die Strafbehörden die Augen verschließen, energischer Widerstand zu leisten. Zum Glück ist es Mode geworden, unethisches Verhalten von Unternehmungen und Amtspersonen hochzuspielen. Somit ist die Wahrscheinlichkeit, dass derartige Praktiken über kurz oder lang an die Öffentlichkeit gelangen, verhältnismässig hoch. Strafrechtler vertreten die Meinung, da das Strafrecht immer selektiv agiere, brauche es gar nicht eine hohe Zahl von Fällen, um den Abschreckungseffekt zu erzielen.[14] Wie dem auch sei: Der Privatsektor und die öffentliche Hand haben sich mit der neuen Lage auseinander zu setzen. Es geht wohl nicht mehr an, den ungläubigen Thomas zu spielen!

---

[14] *Gemma Aiolfi und Mark Pieth*, How to Make a Convention Work: The OECD Recommendation and Convention on Bribery as an Example of a New Horizon in International Law, in: Cyrille Fijnaut, Leo Huberts (Hrsg.), Corruption, Integrity and Law Enforcement, 2002 Kluwer Law International, S. 359.

Die Firmenspitze muss einen ganzheitlichen Managementansatz zur ethisch-sozialen Verantwortung entwickeln und umsetzen. Dazu gehören

- Personalmanagement, insbesondere permanente Aus- und Weiterbildung der Betriebsangehörigen unter besonderer Berücksichtigung der „expatriates“,
- Sicherungen am Arbeitsplatz,
- verantwortlicher Umgang mit Veränderungen der Rahmenbedingungen,
- ethisches Management,
- Förderung des Unternehmensstandortes, um ein unternehmensfreundliches Umfeld zu gestalten,
- Beziehungen zu Geschäftspartnern, Zulieferern und Kunden, die durch Partnerschaft und langfristigem gemeinsamen Nutzen geprägt sind,
- Beachtung der Menschenrechte (in einem korruptionsfreien Umfeld zu leben, ist ein Menschenrecht).[15]

Eines versteht sich von selbst: Es geht letzten Endes um eine der ganzheitlichen Betrachtungsweise verpflichtete Unternehmungspolitik, die sowohl den Interessen der Stakeholders wie auch denen der Aktionäre gerecht wird. Die Unternehmung muss eine ganzheitliche „Compliance“-Kultur entwickeln und deren dauernde Handhabung sicherstellen. Gerade das Letzte ist eine anspruchsvolle Aufgabe. Die Unternehmensleitung sollte sich öffentlich dazu bekennen, dass sie und ihr Unternehmen unethische Verhaltensweisen unter keinen Umständen duldet. Fehlbare Betriebsangehörige sind zu entlassen und bei strafrechtlich relevantem Verhalten die Strafbehörden zu benachrichtigen. Nicht zu vernachlässigen ist auch die Abwendung der Gefahr, in Abhängigkeit des organisierten Verbrechens zu gelangen.

Umfragen zeigen ein drastisches Bild. Der jüngste PricewaterhouseCoopers-Bericht „Crime Survey 2003“[16], für welchen weltweit 3600 Führungskräfte in 50 Ländern befragt wurden, führt aus, dass innerhalb der letzten zwei Jahren weltweit 37 Prozent aller Unternehmen Opfern von Betrügern wurden. Dies bei einem durchschnittlichen Schaden von über 2 Millionen USD. In der Schweiz verzeichneten 24 Prozent der Unternehmen Wirtschaftsdelikte. 18 Prozent der Betrugsdelikte in der Schweiz und 14 Prozent weltweit fallen unter die Sparte Korruption und Bestechung. 45 Prozent der Unternehmen berichteten, dass das erlittene Wirtschaftsdelikt einen negativen Einfluss auf die Arbeitsmoral und die Motivation der Angestellten hatte. Oft wurden externe Geschäftsbeziehungen und in 24 Prozent der Fälle die Reputation des Unternehmens schwer in Mitleidenschaft gezogen.

---

[15] Nach Ulrich Pekruhl, Corporate Social Responsibility – Personal sozial einbinden, in: Tagesanzeiger, vom 29.3.2003; vgl. auch Jean-Pierre Lehmann, The Business of Corruption, in: The Globalist vom 8.8.2003.

[16] PricewaterhouseCoopers, Economic Crime Survey 2003 (www.pwcglobal.com/ch/ger).

Was bleibt zu tun?

In den letzten zehn Jahren ist erstaunlich viel geschehen. Die Korruption hat sich in der Öffentlichkeit, in Regierungskreisen und in der Unternehmerschaft vom Kavaliersdelikt zur ernst zu nehmenden Herausforderung gewandelt. Die Gesetzgebungen betraten Neuland und Unternehmungen und die Organisationen der Zivilgesellschaft bauten Abwehrdispositive auf.

Und trotzdem bleibt noch viel zu tun, bevor man sagen kann, man habe die Sache nun im Griff.

Der Forderungskatalog für die nächsten Jahre sieht etwa wie folgt aus:

1. Die revidierten Strafgesetzbücher und die fiskalpolitischen Instrumente sind anzuwenden.

2. Die öffentliche Hand ist auf allen Stufen aufgefordert, neu erarbeitete Abwehrmaßnahmen, wie Integritätsklauseln namentlich im öffentlichen Beschaffungswesen, einzuführen und für deren Anwendung zu sorgen.

3. Unternehmungen aller Größen müssen firmeninterne Antikorruptionsmaßnahmen ergreifen und für deren Einhaltung besorgt sein. Der Entscheid ist auf höchster Stufe zu fällen. Die Aus- und Weiterbildung auf allen Stufen ist als Daueraufgabe zu betrachten. Die Einhaltung der Abwehrmaßnahmen ist sicherzustellen, am besten durch externe, nicht mit der Firma verbundene Instanzen, etwa in der Form der Zertifizierung.

4. Dem Schutz der „Whistleblowers" ist beim Staat, in der Wirtschaft und in der Zivilgesellschaft besondere Aufmerksamkeit zu schenken.

5. Internationale Organisationen wie Entwicklungsbanken haben ihre „Good-governance"-Anstrengungen zu intensivieren.

6. Die Medien, Parlamente, Aktionäre sind verstärkt zu sensibilisieren.

An Hilfsmitteln aller Art fehlt es heute nicht mehr.[17] Es ist für deren Verbreitung und für Beratung bei deren Anwendung zu sorgen.

---

[17] Nachstehend einige Beispiele:
- Transparency International und Social Accountability International, The Business Principles for Countering Bribery (www.transparency.org)
- Transparency International Schweiz, Korruption und Korruptionsbekämpfung in der Schweiz (www.transparency.ch)
- Schweizer Staatsekretariat für Wirtschaft in Zusammenarbeit mit Bundesamt für Justiz, Eidg. Departement für auswärtige Angelegenheiten, economiesuisse, Transparency International Schweiz, Korruption vermeiden – Hinweise für im Ausland tätige Schweizer Unternehmen (www.seco.admin.ch/themen/spezial/korruption)
- Société Générale de Surveillance, Codes of Ethics (www.sgs.com/sgsgroup.nsf/pages/coeinteg.html).

Amtspersonen, Unternehmer und den Verantwortlichen der Zivilgesellschaft ist die vom früheren Nestlé-Chef Helmut Maucher geprägte Empfehlung ans Herz zu legen: „Verhalte dich so, dass es im schlimmsten Fall morgen in der Zeitung stehen kann." Negativschlagzeilen wirken sich schlecht aufs Image und damit auf das Geschäft aus. Wirtschaft/Politik und Ethik sind kein Widerspruch, sondern ein Begriffspaar, das unbedingt zusammenpassen muss. Der Staat hat regulierend einzugreifen, doch private Initiativen müssen dessen Tätigkeit ergänzen und verstärken.

Anleitungen zur Umsetzung von CSR: ein Management-Leitfaden für Unternehmen

von *Peter Köppl* und *Martin Neureiter*

I. CSR als Teil der Public Affairs

Im Kern geht es bei Corporate Social Responsibility (CSR) um die Mitgestaltung des gesellschaftlichen Umfeldes einer Organisation. Diese Mitgestaltung ist dahin gehend zu verstehen, dass sich eine Organisation seiner vielfältigen Verflechtungen mit ihrem Umfeld in allen unternehmerischen Aktivitäten bewusst ist und diesen Verbindungen sowohl im Sinne der Verpflichtung als auch im Interesse der daraus resultierenden Chancen nachkommt.

Damit ist klar, dass CSR als Teil der Public Affairs zu verstehen ist. „Public Affairs ist die Managementfunktion, die verantwortlich ist für die Interpretation des nicht-kommerziellen Umfeldes eines Unternehmens und das Management der Reaktionen des Unternehmens auf diese Umwelt." (Köppl 2003, Seite 29). Die Public Affairs bedient sich bei dieser Gestaltung im Kern dreier Instrumentenbündel: zum Ersten des Lobbyings, zur Mitgestaltung der für das Unternehmen relevanten politischen Entscheidungsprozesse. Zum Zweiten des Issues- und Stakeholdermanagements und zum Dritten der CSR als Instrumentarium zur Mitgestaltung des gesellschaftlichen Umfeldes sowie zur Etablierung des Corporate Citizenships. Beide Bereiche helfen einem Unternehmen oder einer Organisation, ihre wirtschaftlichen als auch ihre überwirtschaftlichen Ziele zu erreichen, und zwar in Einklang mit den Erwartungen, die aus dem Umfeld an das Unternehmen herangetragen werden.

CSR und Corporate Citizenship avancieren zu neuen Oberbegriffen für die gesellschaftliche Dimension des Wirtschaftens. Denn für Unternehmen, die sich gesellschaftlich engagieren, eröffnen sich neue Chancen der Positionierung im Wettbewerb sowie neue Möglichkeiten der Entwicklung von Verbindungen zwischen Unternehmen und Gesellschaft, die über einseitig monetär bewertbare Verbindungen hinausgehen.

Vor dem Hintergrund der europaweit zu beobachtenden Tatsache, dass sich der Staat mehr und mehr aus den traditionellen Sozialleistungen zurückzieht, entsteht eine Leistungskluft, die die Unternehmen und Organisationen für eigene Aktivitäten in Anspruch nehmen: Aktivitäten des gesellschaftlichen Engagements, die durch Politik und Gesellschaft von den Unternehmen auch eingefordert werden – wenn auch tendenziell von den Medien sehr kritisch beurteilt. Einige aktuelle Beispiele aus dem deutschsprachigen Raum verdeutlichen dieses unternehmerische Engagement in Bereichen, die an sich per Tradition dem Sozialstaat zufallen würden.

– Ford stellt seine Mitarbeiter zwei Tage im Jahr frei, damit sie sich an sozialen oder ökologischen Projekten beteiligen können.

– BMW etablierte unternehmensintern ein vielschichtiges Projekt gegen Fremdenfeindlichkeit.

– Siemens-Manager kooperieren mit dem Sozialreferat der Stadt München.

– Nike-Mitarbeiter trainieren in Berlin mit Aussiedlerkindern Volleyball.

– Henkel unterstützt gemeinnützige Vereine mit Geld und Know-how.

– Merck-Mitarbeiter zahlen Beträge ihres Gehalts in einen Fonds für krebskranke Kinder.

– Kraft-Foods unterstützt Mitarbeiter, die sich zur Weiterbildung in Non-Profit-Organisationen engagieren.

– Lufthansa versorgt Mitarbeiterinnen im Mutterschutz in einer Familienservice GmbH.

Es muss dabei betont werden, dass Wirtschaftsunternehmen natürlich nach wie vor den wirtschaftlichen Erfolg als oberstes Ziel anstreben und dass daher wohl kaum ein Unternehmen in gesellschaftliches Engagement investieren würde, wenn es nicht davon überzeugt wäre, dass ihm dieses Engagement auch wirtschaftlich nützt.

Immer mehr Unternehmen erkennen, dass ihr Geschäftszweck nicht nur in der Produktion oder im Verkauf von Produkten oder Dienstleistungen liegt. Verantwortung zu tragen und sich zu dieser Verantwortung zu bekennen, ist Bestandteil der Corporate Citizenship – der Rolle des Unternehmens als Bürger im Staat – mit anderen Worten, der Unternehmensidentität. Dabei geht es nicht nur um die moralische, ethische oder ökologische Verantwortung, sondern um eine gänzlich neue Form des Wirtschaftens, die auch als „nachhaltiges Wirtschaften" zu einem umgangssprachlichen Begriff wurde. So gesehen ist unternehmerischer Erfolg nicht zuletzt auch als eine soziale Verantwortung eines Unternehmens zu verstehen. Durch dieses unternehmerische Engagement in gesellschaftlichen Bereichen wird auch eine neue Dimension der Kooperation mit Politik und Gesellschaft etabliert, die allen Beteiligten zum Vorteil gereicht. Der Beweis von Dialogfähigkeit und eine dadurch erhoffte Imageverbesserung zählen sicherlich zu den Hauptmotoren der CSR-Debatte. Dass die gute Reputation eines Unternehmens bare Münze wert ist, beweist nicht nur der Anklang der CSR-Thematik in der Finanzwelt und der Politik, sondern ist auch in der Innenwirkung, in Bezug auf die Ressource Mitarbeiter, beachtlich. Steht ein Unternehmen wegen seines Engagements für die Mitarbeiter und die Gesellschaft in einem guten Ruf, zieht es daher auch eher qualifizierte Mitarbeiter an.

Abseits eher abstrakter Pro-CSR-Argumente wie Image oder Kaufentscheidungen von Kunden aufgrund des guten Benehmens von Unternehmen, ist ein zentraler Nutzensaspekt von CSR ganz vorne anzustellen: Sicherheit im unternehmerischen Handeln und Planen. CSR unterstützt die Planung und Umsetzung von unternehmerischen Aktivitäten, indem es zusätzliche Sicherheit beim Umgang mit bestehenden gesellschaftlichen und politischen Risiken schafft und diese Faktoren steuerbar macht. So wie das übergeordnete Managementinstrument Public Affairs geht es auch bei CSR im Kern darum, potenzielle und ressourcenintensive Krisen oder Probleme erst gar nicht entstehen zu lassen und damit die Planungssicherheit von unternehmerischen Aktivitäten zu erhöhen. Dass dafür mehr erforderlich ist als nur die eine oder andere bunte Broschüre zum Thema, liegt damit auf der Hand.

CSR ist ein Begriff, der möglicherweise bald wieder an Aufmerksamkeit verlieren wird. Bleibende Tatsache ist jedoch, dass das verantwortungsbewusste unternehmerische Handeln, das von verschiedenen Stakeholdern gefordert wird, über Jahrzehnte hinweg an Bedeutung gewann und eine nach wie vor aufsteigende Tendenz aufweist.

Aus diesem Verständnis und der praktischen Ausrichtung der Thematik resultieren vier handlungsorientierte Aufgabenbereiche angewandter Corporate Social Responsibility, die im Sinne der „Gesellschaftsverträglichkeit" von unternehmerischen Aktivitäten als Managementleitfaden Geltung haben können:

(1) Management sozialer und politischer Risiken von unternehmerischen Aktivitäten:

Wie sind soziale und politische Risiken (das Risiko von Ansprüchen, politischer Druck, potenzielle Krisen) aus der Sicht eines Unternehmens zu managen? Wie sind politische Änderungen als Chance nutzbar? Darauf aufbauend kommen Risikoanalyse und -management, Issues Management sowie andere Public-Affairs-Instrumente zum Einsatz.

(2) Verantwortung als Unternehmensprinzip:

Manager sind gefordert, ethisch korrekt zu handeln (Political Correctness etc.). Im eigenen Wirkungsbereich kann dies ein Entscheidungsträger überblicken und direkt steuern. Wie ist allerdings das Verhalten von tausenden Mitarbeitern zu steuern, für deren Verhalten das Management auch die Letztverantwortung trägt? Mit welchen Mitteln sind Unternehmenskulturen in kritischen Fragen wie Diskriminierung, Sexismus, Amtsmissbrauch, Bestechung, Mobbing und ähnlichen Themen zu gestalten?

(3) Dialogfähigkeit in Form des Stakeholder-Managements:

Wie soll ein Unternehmen effizient und effektiv mit seinen Stakeholdern kommunizieren? Wie ist dabei Monitoring zu betreiben, das Berichtswesen zu gestalten und wie sind die Dialoge mit kritischen Stakeholdern ohne Fremdbestimmung und mit möglichst geringem Risiko für das Unternehmen zu führen?

(4) Etablierung eines gelebten Corporate Citizenship:

Dabei geht es um die Planung und Umsetzung von Projekten und Programmen, die die Verantwortung als Unternehmensprinzip glaubwürdig und authentisch dokumentieren und in das Wirtschaften integrieren. Unter der Prämisse des direkten wirtschaftlichen Nutzens zählt dazu auch das Umfeldmanagement für Projekte und Reformen und dabei erforderliche Schaffung von Akzeptanz für Vorhaben bei den diversen Stakeholdern.

II. Unternehmensinterne Integration und Umsetzung von CSR

Wirtschaftlicher Erfolg und gesellschaftlich verantwortliches Handeln sind kein Widerspruch, sondern ein Wettbewerbsvorteil für die Unternehmen. Immer mehr Investoren, Kunden und andere Anspruchsgruppen erkennen, dass nachhaltig wirtschaftende Unternehmen zukunftsfähige Unternehmen sind. Dazu kommt, dass CSR bei dem Wettbewerb um die „besten Köpfe" ein effizientes Instrument zur Bindung von Mitarbeiterinnen und Mitarbeitern geworden ist. Denn kein Unternehmen agiert in einem gesellschaftlichen Vakuum.

CSR ist kein Human- oder Sozialprogramm, sondern ein Managementansatz, der neben der ökonomischen Logik soziale und ökologische Verantwortung zu einem konkreten Bestandteil der Unternehmensstrategie macht. Dies soll deshalb geschehen, weil die Unternehmen zunehmend erkennen, dass verantwortliches Verhalten zu nachhaltigem wirtschaftlichem Erfolg führt. Ein Unternehmen ist ständig gefordert, sich weiterzuentwickeln. Nachhaltige Entwicklung ist ein Prozess des Suchens, Lernens und schrittweisen Umsetzens.

Wirtschaftlicher Erfolg, das Streben nach Gewinn und die Steigerung des Unternehmenswerts sind entscheidende Ziele für Unternehmen. Gelebte gesellschaftliche Verantwortung unterstützt diese Ziele durch eine Reihe von konkreten Effekten. Denn der Nutzen von CSR manifestiert sich im Erhalt oder der Erweiterung des Handlungsspielraums des Unternehmens auf den verschiedenen Märkten. Von zentraler Bedeutung für die CSR sind dabei die folgenden vier Märkte:

Arbeitskräfte/Mitarbeitermarkt	Kundenmarkt
Ein positiv besetztes Unternehmen mit guter Reputation • stärkt die Attraktivität am Arbeitsmarkt – hält und zieht Top-Kräfte an. • stärkt Motivation, senkt Fluktuation der Mitarbeiter und erhöht damit die Produktivität. • Geringere Konfliktkosten durch Streiks, etc.	• Höhere Aufmerksamkeit durch Positivmeldungen – höhere Glaubwürdigkeit in Krisen. • Begriffe wie „sozial, umweltbewusst, engagiert, mitarbeiterfreundlich" sind positiv besetzt und werden von Kunden honoriert. • Einem Unternehmen, mit dessen Verhalten sich der Kunde identifizieren kann, wird er treu bleiben. • Mit seiner Kaufentscheidung unterstützt der Kunde das Unternehmen, so weiterzumachen.
Politik/Gesellschaft	Kapitalmarkt
Ein Unternehmen mit einer positiven Reputation wird auch in der Politik leichter seine Ziele durchsetzen können. • Größerer Handlungsspielraum. • Findet einfacher Unterstützung. • Geringeres Risiko, in Konflikte hineingezogen zu werden. • Ein Unternehmen, das sich als zentraler Player eines Sektors positioniert, ein begehrter Arbeitgeber ist und eine hohe Glaubwürdigkeit hat, erlebt weniger politische Interventionen.	Diese Vorteile wirken sich auch auf den Kapitalmarkt aus: • Ein attraktives, positiv besetztes Unternehmen ist für Investoren interessant, erzielt eine höhere Produktivität und ist eine gute Investition. • Investmentfonds verlangen inzwischen Sozial- und Umweltberichte, da dies als Zeichen des nachhaltigen Wirtschaftens verstanden wird. • Diese Unternehmensstrategie steht für weniger Risiko (Altlasten, Auflagen, Konflikte).

Auch wenn viele es vermuten oder behaupten, die Etablierung eines CSR-Managementsystem zielt nicht darauf ab, eine neue Bürokratie im Unternehmen entstehen zu lassen. Es geht vielmehr um den Einsatz adäquater und profunder Managementtechniken, um die Aspekte der gesellschaftlichen Verantwortung erheben, abbilden, nutzbar und steuerbar zu machen. Es geht also primär um die Integration einer Managementsystematik in bestehende unternehmensinterne Abläufe, um dadurch bestehende Chancen optimieren und potenzielle Risiken minimieren zu können.

Mit diesem Verständnis wird auch klar, das nur ein systematischer und professioneller Ansatz dem Management der gesellschaftlichen Verantwortung zum unternehmerischen Erfolg verhelfen kann. Da jedes Unternehmen über eine individuelle Struktur und wirtschaftliche Besonderheiten verfügt, kommt der Vorprojektphase besondere Bedeutung zu. In der Vorprojektphase werden im Prinzip die grundlegenden Daten geprüft und das nachstehende Ablaufschema individuell angepasst.

(0) Vorprojektphase:

– Strategische Entscheidung der Unternehmensführung: Meinungsbildung, Formulierung, Ressourcenabschätzung

- Analyse der Datenbasis: Problemanalyse, Festlegen von Indikatoren, Datenrecherche, Datenprüfung, Defizitliste
- Issues Analyse, erste Schlussfolgerungen und Empfehlungen
- Null-Version des Nachhaltigkeitsberichtes: Reporting-Richtlinien (Anweisungen für die Dokumentation, Aufbereitung und Berichterstattung von Daten)
- Einführung von Verfahren in Bezug auf feststellbare bedeutende gesellschaftsrelevante Aspekte der vom Unternehmen benutzten Güter und Dienstleistungen sowie der relevanten Zulieferer und Auftragnehmer.

Anschließend an die Vorprojektphase erfolgt der eigentliche Projektstart. Bei jedem unternehmerischen Corporate-Responsibility-Programm umfassen die Schwerpunkte Analyse und Dokumentation, die Kommunikation der Leistungen sowie die Einrichtung eines CSR-Managements. Das CSR-Progamm wird idealerweise in drei Stufen – die in der Realität eine Schleife bilden – abgewickelt (aus: Köppl 2003, Seite 156f).

Stufe 1: Responsibility Assessment

- Entscheidung der Unternehmensführung pro Responsibility Management
- Veröffentlichung des Committment als „Unternehmensbericht Nachhaltigkeit"
- Einrichtung einer operativen internen Koordinationsfunktion (Public Affairs)
- Responsibility Mapping: Erstellung eines unternehmensspezifischen Themenkatalogs nach den Verantwortungsbereichen (Aufstellung eines Projekt- und Zeitplans für das Assessment; Benennung der relevanten unternehmensinternen Abteilungen/Personen aus Human Ressources, Investor Relations, Einkauf, Materialwirtschaft, Kommunikation, Customer Care, Belegschaftsvertretung; Erstellung einer Anforderungsliste in Form eines Fragebogens; persönliche Information der Abteilungen über die Zielsetzung und Motivation zur Einbindung und Mitarbeit)
- Koordination des Reportings aus den Abteilungen
- Sammlung vorliegender relevanter unternehmensspezifischer Unterlagen (Leitbild, Code of Conduct, Business Codex etc.) oder Initiierung der Erstellung
- Sammlung relevanter Fragebögen zu Responsibility-Rankings und -Ratings
- Erstellung eines umfassenden Master-Fragenkatalogs und Ausarbeitung von Musterantworten

– Errichtung einer internen Kommunikationsplattform mit involvierten, berichtenden Abteilungen zur Sicherstellung des kontinuierlichen Updates

– Festlegung eines Knotenpunktes im Unternehmen: Wer beantwortet einlangende Responsibility-Fragebögen?

– Dokumentation der freiwilligen Leistungen des Unternehmens (zum Beispiel: Sozial-/Öko-Sponsoring; Spenden/Karitatives; Katastrophenhilfe; Leistungen für die Öffentlichkeit; sonstige freiwillige Leistungen aus den Verantwortungsbereichen)

– Sicherstellung des kontinuierlichen Reportings zur laufenden Erweiterung

Stufe 2: Responsibility Reporting

– Distribution des Master-Fragebogens mit Antworten an Unternehmensführung und Management

– Erstellung einer CSR-Policy (Politik, Leitbild), die das Engagement begründet, in einen unternehmensstrategischen Zusammenhang stellt und eine entsprechende Vision dazu formuliert

– Erste Auswertung für Investor Relations zu den Bereichen „soziale Verantwortung" und „ökologische Verantwortung"

– Eventuell Kommunikation dieser Aussagen über IR an Investoren, Fonds, Banken etc. bei Anfrage, aber auch systematisches aktives Herantreten an diese

– Erste Auswertung für interne Kommunikation: Bericht in internen Medien über „soziale Verantwortung" und „ökologische Verantwortung"; Initiierung eines Diskussionsprozesses für die Einhaltung der entsprechenden Leitlinien durch die Mitarbeiter; Präsentation/Diskussion in den Ausschüssen der Belegschaftsvertretung

– Erste Auswertung für externe Kommunikation: Integration der dokumentierten Verantwortung in Reden und Präsentationen des Vorstandes; Präsentation gegenüber dem Aufsichtsrat; eventuell Aufnahme der beiden Bereiche in den Geschäftsbericht

– Stakeholder-Dialoge zu den relevanten Verantwortungsbereichen

– Stakeholdern

– Sicherung der kontinuierlichen Weiterführung (vom internen Reporting bis zur Form der Dokumentation und Art der Kommunikation)

Stufe 3: Corporate Social Responsibility Management (Realisierung des Corporate Citizenship)

– Interne Verankerung der CSR-Politik

– Beratung und Unterstützung der Mitarbeiter bei der Umsetzung der Unternehmensrichtlinien in Sachen CSR

– Ansiedlung der CSR-Verantwortung auf höchster Unternehmensebene

– Produktion eines Leitfadens für neue Mitarbeiter („committment")

– Kontinuierliche Überarbeitung/Adaptierung CSR-relevanter Handlungsebenen

– Ableitung von konkreten Handlungsanleitungen für einzelne Abteilungen (Materialwirtschaft, Fuhrparkmanagement, HR etc.)

– Entwicklung von operativen Leitlinien entsprechend der CSR-Politik (zum Beispiel: Sponsoring-Politik des Unternehmens)

– Motivation und Initiierung einer gelebten CSR-Politik der Mitarbeiter im Sinne der CSR-Politik (zum Beispiel: Engagement im karitativen Bereich)

– Erhebung der Erwartungen an das Unternehmen im Rahmen einer „Corporate Citizenship Expectations and Performance Survey" und Etablierung entsprechender Programme

– Integration CSR-relevanter Aspekte in die klassische Werbung des Unternehmens

– Sicherstellung eines laufenden Review-Prozesses, der Weiterentwicklung, Dokumentation und Kommunikation

– Benchmarking der Aktivitäten gegenüber den Mitbewerbern und anderen Unternehmen

Neben der Geschäftsführung und der Public Affairs sind innerhalb eines Unternehmens meist noch folgende Management-Bereiche in die Umsetzung der Querschnittsmenge CSR eingebunden bzw. davon betroffen: Generalsekretariat, Rechtsabteilung, Umweltabteilung, Qualitätssicherung, Human Ressources, Investor Relations, Projektmanagement, Unternehmenskommunikation. Gemäß Erfahrungswerten ist mit einem Zeitaufwand für die Installierung dieses Prozesses – inklusive der Erstellung des Berichtes – von rund sechs Monaten und rund 80 Personentagen unternehmensintern zu rechnen. Der externe Beratungsaufwand ist mit rund 40 Manntagen zusätzlich für den gesamten Projektverlauf anzusetzen (von Prozess-Implementierung bis Bericht).

Vorstufen und Alternativen der CSR-Umsetzung

Nicht jedes Unternehmen wird aus dem Nichts mit der Implementierung und Umsetzung des dargestellten CSR-Managementsystems beginnen oder beginnen können. Denn dieser umfassende Prozess ist weder in jedem Fall zielführend noch immer ein allgemeingültiges adäquates Herangehen.

Vielfach erweist sich daher eine Eingangsprüfung der Materie mit konkretem Bezug auf das jeweilige Unternehmen oder die jeweilige Organisation als probater erster Schritt, um sich der Thematik zu nähern. Daraus abgeleitet ergeben sich dann in Folge mögliche weitere Schritte, bis hin zur Etablierung des alle Bereiche eines Unternehmens umfassenden Managementsystems. Die Erfahrungen aus der Praxis zeigen, das folgende Systematik der Annäherung effizient ist:

CSR-Bestandsaufnahme und Umfeldanalyse

Basierend auf einer Analyse der Kernbereiche des Unternehmens sowie der daran angebundenen Issues werden die Verantwortungsbereiche eingegrenzt und aufgelistet. Diese Analyse wird verbunden mit einer Bestandsaufnahme der Aktivitäten des Unternehmens in den Bereichen Strategie, Unternehmensziele, Projekte und Programme, relevante gesetzliche und politische Themen, kommunikativer Auftritt, Aus- und Weiterbildung sowie Branchenvergleiche. Idealerweise wird dafür ein eintägiger Workshop durchgeführt.

Daraus abgeleitet ergibt sich eine Potenzialanalyse für das CSR-Engagement, das die Chancen und Risiken sowie die Grenzen und Sachzwänge auflistet und zwar bereits als Verknüpfung der wichtigsten internen und unternehmensexternen Faktoren. Mit dieser Prioritätensetzung wird der Grundstein für ein mögliches CSR-Programm errichtet, der es ermöglicht, die damit verbundenen wirtschaftlichen und überwirtschaftlichen Vorteile zu nutzen. Den Abschluss dieses Audits bildet ein Bericht, der auch den Ansatz eines maßgeschneiderten CSR-Fahrplans beinhaltet. Dieser Fahrplan umfasst zumindest Überlegungen zur Zielsetzung, zur punktuellen strategischen Vorgangsweise, zum konkreten Nutzen sowie Vorschläge der Umsetzung.

Stakeholder-Involvierung

Eine zweite Möglichkeit für Unternehmen und Organisationen, sich dem CSR-Management zu nähern, besteht in einer an den Stakeholdern orientierten Herangehensweise – ebenfalls abgeleitet aus der Umfeldanalyse der Public Affairs. Dabei werden primär die bestehenden und potenziellen Verknüpfungen eines Unternehmens mit seinen gesellschaftlichen Anspruchsgruppen analysiert, um daraus eine CSR-Programmatik zu entwickeln.

Ausgehend von der Auflistung der Stakeholder des Unternehmens und seiner Projekte erfolgen strategische Überlegungen, wie eine Involvierung stattfinden könnte, um damit den Nutzen für das Unternehmen – oder die Projekte – zu steigern. Durch Interviews oder Fragebögen werden die Erwartungen, Ansprüche und Einstellungen der wichtigsten Stakeholdergruppen gegenüber dem Unternehmen, seiner Produkte, Projekte und Vorgangsweise erhoben. Durch die Auswertung dieser Analyse können nicht nur die Möglichkeiten, sondern auch die Grenzen einer Involvierung aufgezeigt und in die Planung rückgekoppelt werden.

Durch die Interpretation dieser Ergebnisse sind geeignete Strategien für den Umgang mit Erwartungen und Ansprüchen abzuleiten, die mit einer Analyse der bestehenden Unternehmenspraxis abgeglichen werden. Zum Beispiel durch interne Workshops, Interviews, Fragebögen oder andere Analyseinstrumente. Darauf aufbauend werden gezielt geeignete Instrumente der Involvierung geplant – etwa im Bereich von Kommunikations- oder Management-Tools, oder im Bereich von Trainings. Der Abschluss dieser Vorgangsweise besteht meist in der Erstellung von unternehmensinternen Guidelines für die Involvierung von Stakeholdern in Übereinstimmung mit den Unternehmenszielen und den Werten des Unternehmens. Weiterführend kann daraus eine maßgeschneiderte CSR-Strategie mit spezifischen Zielen entwickelt werden.

III. CSR-Reporting: Der Nachhaltigkeits- oder CSR-Bericht

Eines der markantesten Zeichen nach außen für das CSR-Engagement ist der Nachhaltigkeits- oder CSR-Bericht eines Unternehmens. Obwohl vielfach in seiner Bedeutung überschätzt beziehungsweise mit einer falschen Priorität versehen, sind Unternehmensberichte dieser Art im Rahmen des gesamten Prozesses ein wesentlicher Meilenstein. Das Wesenselement solcher Berichte ist die Betrachtung der gesellschaftlichen, ökologischen und ökonomischen Auswirkungen der Aktivitäten eines Unternehmens. Wenn einer dieser drei Aspekte fehlt oder stark unterbewertet ist, kann daher nicht von einem Nachhaltigkeitsbericht gesprochen werden.

Ein Nachhaltigkeits- oder CSR-Bericht ist als weiterer Schritt nach der Umwelt- und Sozialberichterstattung zu verstehen – da dieser die ökologische, gesellschaftliche und wirtschaftliche Leistung integriert, bewertet und im Rahmen eines alles umfassenden Berichts darstellt. Bereits 1999 gab die Global Reporting Initiative einen Rahmen vor, welche Bereiche ein Nachhaltigkeitsbericht umfassen soll:

– Eine grundsätzliche Stellungnahme der Geschäftsführung zur Thematik und zu den Verantwortungsbereichen

- Visionen und Strategien beschreiben die Umsetzung der drei Nachhaltigkeitsdimensionen
- Ein Profil des Unternehmens, um die Detailinformationen einordnen zu können
- Eine Beschreibung der ökologischen, gesellschaftlichen und ökonomischen Schlüsselindikatoren des Unternehmens
- Organisation und Managementsysteme – Instrumente der Unternehmensführung, die die Umsetzung dieser Strategien gewährleisten
- Ein tabellarischer Teil weist alle Indikatoren der drei Ebenen mit Zahlen aus dem Unternehmen aus

Ein Nachhaltigkeits- oder CSR-Bericht bietet die Chance, ein Unternehmen in seiner gesamten Darstellung der Wirkungszusammenhänge abzubilden: durch die Untersuchung der „Triple Bottom Line", das heißt der ökonomischen, gesellschaftlichen und ökologischen Unternehmensmerkmale, können die Schwächen der einen Seite mit den Stärken der anderen Seite abgewogen werden. Durch die Formulierung von konkreten Zielvorgaben kann sowohl die Ernsthaftigkeit als auch die Bedeutung der Thematik dargestellt werden. Weiters kann dadurch – neben der Dokumentation gegenüber den Stakeholdern – auch das Bewusstsein der Mitarbeiter zur Nachhaltigkeit gestärkt werden.

Gemessen werden Nachhaltigkeits- oder CSR-Berichte von den Anspruchsgruppen eines Unternehmens primär an der Glaubwürdigkeit der dargestellten Tätigkeiten, sowie an der praktischen Relevanz der formulierten Ziele für die drei Verantwortungsbereiche. Unkonkrete Formulierungen werden daher ebenso kritisiert wie überzogene oder unrealistische Zielformulierungen und Darstellungen. Idealerweise werden daher die wichtigsten Stakeholder bereits in die Konzeption eines Berichtes eingebunden.

Nachhaltigkeits- oder CSR-Berichte verkörpern mit jedem Erscheinungsjahr eine Entwicklungsstufe auf der Leiter zum nachhaltigen Unternehmen und sind zugleich als Werkzeuge für die strategische Unternehmensplanung zu verstehen. Selbstverständlich kann und soll ein Nachhaltigkeits- oder CSR-Bericht auch Bestandteil der Unternehmenskommunikation sein, um konsequent das Verhalten und die Aktivitäten mit den Stakeholder-Gruppen rückzukoppeln.

In sieben Schritten zum Nachhaltigkeitsbericht

Das Österreichische Institut für Nachhaltige Entwicklung (ÖIN) erstellte im Auftrag des Bundesministeriums für Land- und Forstwirtschaft, Umwelt und Wasserwirtschaft, dem Bundesministerium für Arbeit und Wirtschaft, der Wirtschaftskammer Österreich und der Industriellenvereinigung mit Unterstützung des Bundesministeriums für Verkehr, Innovation und Technologie einen Leitfaden für die Erstellung eines Nachhaltigkeitsberichtes unter dem Titel „Reporting about Sustainability – In 7 Schritten zum Nachhaltigkeitsbericht". Dieser Leitfaden wurde auf der Basis der Auswertung bisheriger Nachhaltigkeitsberichte erstellt und deckt damit die wesentlichen Arbeitsschritte von der Idee bis zur Umsetzung ab. (Die ausführliche Fassung der nachstehenden Kurzversion des Leitfadens findet sich auf der Webseite des Austrian Business Council for Sustainable Development, www.abcsd.at.)

Schritt 1: Die Rahmenbedingungen klären

Das Team bilden

- In einem erfolgreichen Reporting Team sind unterschiedliche Rollen vertreten. Diese sichern Know-how und optimale Kommunikation im Unternehmen.

- Überlegen Sie, wer diese Rollen übernehmen kann bzw. ergänzen Sie das vorhandene Team durch neue Mitglieder!

Zeitplan erstellen und Ressourcen sichern

- Legen Sie das geplante Erscheinungsdatum des Berichts fest!

- Führen Sie dabei Geschäfts- und Nachhaltigkeitsberichterstattung so eng wie möglich zusammen.

- Planen Sie die sieben Schritte vom Erscheinungsdatum zurück!

- Die Teammitglieder sollen sich für die Phasen, in denen sie besonders intensiv an der Berichterstattung mitarbeiten, die notwendigen Zeitressourcen reservieren!

Sich auf die Grundaussage einigen

- In einem ersten Teamworkshop ist es wichtig, das Einvernehmen darüber herzustellen, welche Aussage der Bericht über das Unternehmen treffen soll.

- Ein guter Einstieg in das Thema „unternehmerische Nachhaltigkeit" ist die Darstellung positiver Aspekte.

- Beginnen Sie so früh wie möglich, sich auch über allfällige negative Aspekte zu informieren und im Bericht die damit verbundenen Herausforderungen zu beschreiben! Sie signalisieren damit Lernfähigkeit.

- Die höchste Kunst ist es, im Zuge der Berichterstattung auch die Anspruchsgruppen besser kennen zu lernen und mit einzubeziehen!

Schritt 2: Themen und Anspruchsgruppen identifizieren

Wer steht mit Ihrem Unternehmen in Verbindung?

- Machen Sie im Team eine umfassende Liste der Anspruchsgruppen des Unternehmens!
- Überlegen Sie, wie Anspruchsgruppen in die Berichterstattung eingebunden werden können!

Welche Themen sind für das Unternehmen relevant?

- Finden Sie jene Themen, die aus dem Blickwinkel der Nachhaltigkeit für Ihr Unternehmen am relevantesten sind!
- Informieren Sie sich allgemein zu diesen Themen und erkennen Sie die Herausforderung für das Unternehmen!
- Beginnen Sie so früh wie möglich, sich auch auf Themen einzulassen, mit denen das Unternehmen noch nicht vertraut ist!
- Nehmen Sie insbesondere in diesem Punkt Kontakt zu kompetenten Anspruchsgruppen auf!

Für die zentralen Anspruchsgruppen ein Profil erstellen

- Finden Sie heraus, welche Anspruchsgruppen mit einem Nachhaltigkeitsbericht erreicht werden können!
- Bringen Sie in Erfahrung, welchen Informationsbedarf die Anspruchsgruppen bezüglich der nachhaltigkeitsrelevanten Themen haben!
- Geben Sie im Unternehmen Ideen weiter, wie mit jenen Gruppen kommuniziert werden kann, die mit dem Bericht nicht angesprochen werden.

Schritt 3: Ziele für das Unternehmen und den Bericht erstellen

Wie wird Nachhaltigkeit bisher im Unternehmen berücksichtigt?

- Diskutieren Sie im Team, wie die nachhaltigkeitsrelevanten Themen des Unternehmens in den Werten, der Strategie, den Zielen, dem Management, den Produkten und Dienstleistungen und der Struktur berücksichtigt werden!
- Beachten Sie dabei besonders, wie stark die bisherigen Nachhaltigkeitsinitiativen in das Unternehmen integriert sind! Ergänzen sich ökologische, gesellschaftliche und wirtschaftliche Maßnahmen oder gibt es zwei Prozesse – einen für den wirtschaftlichen Erfolg und einen für die Nachhaltigkeit?

305

Geben Sie Impulse für die weitere Entwicklung des Unternehmens

● Identifizieren Sie, welche Nachhaltigkeitsmaßnahmen im Unternehmen derzeit benötigt werden, und leiten Sie diesen Handlungsbedarf unternehmensintern weiter!

Das Konzept für den Bericht entwerfen

● Finden Sie ein Berichtskonzept, das ökologische, gesellschaftliche und wirtschaftliche Aspekte nicht trennt, sondern zusammenfasst!

● Entwerfen Sie ein erstes Inhaltsverzeichnis für den Bericht!

● Entscheiden Sie, ob Ihr Bericht ein Thema besonders in den Mittelpunkt stellt und welches grafische Konzept er verfolgen soll!

Schritt 4: Daten und weitere Informationen sammeln

Konzepte für die Kapitel erstellen

● Legen Sie die Themen fest, zu denen Sie in den einzelnen Kapiteln Stellung beziehen möchten!

● Überlegen Sie, welche weiteren Informationen Sie dazu brauchen werden!

● Falls Sie noch kein Indikatorensystem haben, das den Fortschritt bei den einzelnen nachhaltigkeitsrelevanten Themen misst: Finden Sie geeignete Kennzahlen, welche die Themen der einzelnen Kapitel mit Fakten untermauern.

● Einigen Sie sich auf wenige Kern-Kennzahlen, die einen raschen Überblick zur nachhaltigen Entwicklung des Unternehmens geben!

Daten und Informationen im Unternehmen sammeln

● Informieren Sie die Personen, von denen Sie Informationen benötigen, ausreichend über das Projekt Berichterstattung!

● Senden Sie Fragebögen aus bzw. erheben Sie die Daten durch das interne Nachhaltigkeits-Controlling!

● Führen Sie – wo notwendig – ergänzende Interviews im Unternehmen!

Schritt 5: Den Bericht schreiben

Die Kapitel füllen

● Formulieren Sie die Inhalte der Kapitel!

● Der Ton soll neutral sein, Interpretationen sollen vermieden werden. Platzieren Sie Auflockerungen wie Interviews, Stories etc. gekonnt, ohne dass der Charakter eines Berichts verloren geht!

Überprüfung und Bewertung

- Lassen Sie den Rohentwurf des Berichts von der Unternehmensleitung und – falls notwendig – auch von anderen unternehmensinternen Personen überprüfen!

- Überlegen Sie, ob und wie der Report extern bewertet werden könnte! Sollen nur die Daten auf Richtigkeit überprüft werden? Sollen der Bericht oder die nachhaltigkeits-relevanten Leistungen des Unternehmens insgesamt bewertet werden?

Schritt 6: Den Bericht gestalten

Noch offene Aufgaben erledigen

- Sorgen Sie für Vorwort, Zusammenfassungen, Ausblick, Internetaufbereitung, Übersetzung ...!

Das Layout fertig stellen

- Finalisieren Sie graphische Aufbereitung und Layout!

- Stimmen Sie – sofern die beiden Publikationen nicht kombiniert wurden – Geschäfts- und Nachhaltigkeitsbericht im Erscheinungsbild aufeinander ab!

Schritt 7: Den Report verbreiten

- Senden Sie den Bericht aktiv an die Zielgruppen aus!

- Machen Sie die Medien darauf aufmerksam, nehmen Sie an Wettbewerben für die besten Nachhaltigkeitsberichte teil!

- Initiieren Sie Fachdiskussionen und Dialoge mit Anspruchsgruppen auf Basis der Inhalte des Reports!

- Sammeln Sie das Feedback als Grundlage für den nächsten Bericht!

- Feiern Sie die Erfolge im Team!

Zu diesen sieben Schritten ist anzumerken, dass hier natürlich die Erstellung des Berichtes als solches in den Vordergrund gestellt wird. Dabei soll jedoch nicht unbeachtet bleiben, dass ein solcher Bericht idealerweise nur einen singulären Schritt in der Übernahme und Umsetzung der gesellschaftlichen Verantwortung darstellt – einen Schritt wohlgemerkt, nicht aber den einzigen Schritt. Obwohl Nachhaltigkeitsberichte meist das nach außen hin auffälligste Zeichen dieser Thematik sind, ziehen diese Berichte teils harsche Kritik nach sich und zwar dann, wenn ersichtlich ist, dass hinter dem Bericht keine unternehmensinterne Verankerung der gesellschaftlichen Verantwortung steht. Wenn also die Broschüre nur um der Broschüre wegen erstellt wurde.

Mitunter, so zeigt die Realität, kann aber das Ziel der Erstellung und Publikation eines Nachhaltigkeits- oder CSR-Berichtes der Auftakt für eine intensive Beschäftigung mit CSR im Unternehmen sein. In anderen Worten, der Prozess der Erstellung eines Berichtes leitet den Prozess der tiefgehenden Etablierung des Inhaltes im Unternehmen ein. In diesem Fall ist es jedoch empfehlenswert, den oben genannten Leitfaden jedenfalls um einen weiteren Aspekt zu ergänzen: und zwar der aktiven Involvierung der Stakeholder in die Berichtserstellung, noch bevor dieser veröffentlicht wird. Etwa durch die Diskussion der Werte, der Verantwortungsbereiche und der Ziele des Unternehmens – damit kann nicht nur Kritik vorweggenommen werden, sondern auch zugleich der so wichtige Stakeholder-Dialog etabliert werden.

IV. Cause Related Marketing

Als ein Instrument zur marketingorientierten Umsetzung von gesellschaftlicher Verantwortung versteht sich „Cause Related Marketing". 1995 wurde dazu von der britischen Unternehmer-Gruppe „Business in the Community" die „Cause Related Marketing Campaign" ins Leben gerufen, um Idee und Konzept zu verbreiten und mit entsprechender Forschung weiterzuentwickeln. Die Trägerorganisation, „Business in the Community", wurde 1982 gegründet und vertritt rund 600 britische Unternehmen, die ihre wirtschaftlichen Erfolge dadurch absichern wollen, indem sie Coporate Social Responsibility als Kernelement ihrer Unternehmensstrategie verstehen. Vor diesem Hintergrund publizierte die Direktorin der Kampagne, Sue Adkins, das Buch „Cause Related Marketing – Who Cares Wins" (folgende Darstellung nach Adkins, 2000).

> „Das Unternehmen des 21. Jahrhunderts wird anders sein. Viele der bekanntesten britischen Unternehmen definieren derzeit ihr Rollenverständnis eines Wirtschaftsunternehmens um. Sie erkennen, dass jeder Kunde Bestandteil des Unternehmensumfeldes ist und dass die gesellschaftliche Verantwortung eines Unternehmen kein optionales Extra ist."

Tony Blair, Britischer Premierminister (in: Adkins, 2000; S. 3)

Cause Related Marketing steht im Kern dafür, Marketing-Instrumente für gemeinnützige Zwecke einzusetzen, die zugleich dem wirtschaftlichen Erfolg des Unternehmens dienen. Es handelt sich dabei um eine kommerzielle Aktivität, mit der ein Unternehmen und eine Non-Profit-Organisation eine Kooperation eingehen, um das Image, ein Produkt oder eine Dienstleistung zum beiderseitigen Vorteil zu promoten. Anders gesagt geht es bei Cause Related Marketing darum, dass ein Unternehmen sein Image, seine Produkte oder Dienstleistungen in Verbindung mit einem gemeinnützigen Zweck vermarktet, damit Geld für diesen Zweck sammelt und zugleich die unternehmerische Reputation stärkt, seine Werte kommuniziert und dadurch die Kundenloyalität sowie den Absatz steigert. Cause Related Marketing stellt dabei auf eine dreifach vorteilhafte Situation ab: Denn solche Aktivitäten bringen Vorteile für das Unternehmen, für den Kooperationspartner aus dem Bereich der Non-Profit-Organisationen und einen Gewinn für den gesellschaftlichen Aspekt, den diese Non-Profit-Organisation repräsentiert.

Die Reputation eines Unternehmens basiert neben der konstanten Qualität von Produkten und Dienstleistungen vor allem auch auf der Wahrnehmung des Unternehmens durch seine Stakeholder, und zwar auf der Wahrnehmung der Leistungen des Unternehmens ebenso wie auf der der Werte, denen das Unternehmen folgt. Die Reputation ist ein essentielles Element des wirtschaftlichen Erfolges – es dauert mitunter Jahrzehnte, um die Reputation aufzubauen, aber nur wenige Momente, um sie zu zerstören. Cause Related Marketing wird dabei als Triebfeder der Unternehmensreputation gesehen, mittels dessen die gesellschaftliche Verantwortung umgesetzt und demonstriert werden kann (Adkins, Seite 4).

Corporate Social Responsibility spielt bei diesem Ansatz eine wichtige Rolle: Denn die CSR ermöglicht einem Unternehmen, Loyalität bei den Stakeholdern aufzubauen, tragfähige Kooperationen mit Meinungsführern und Regierungsinstitutionen zu errichten, neue Märkte zu erobern, ein positives Meinungsklima zu schaffen und ganz generell einen Goodwill-Polster zu errichten. Eine gut umgesetzte gesellschaftliche Verantwortung kann positive Auswirkungen auf nahezu alle Stakeholder eines Unternehmens haben. Cause Related Marketing versteht sich als marketingorientierter Zugang, um diesen wirtschaftlich gewinnbringende Ansatz effizient realisieren zu können.

Die Bezeichnung „Cause Related Marketing" wurde 1983 von American Express erfunden: Damit wurde ein Begriff definiert, der einem mittlerweile weitläufig bekanntem Projekt nicht nur einen Namen gab, sondern zugleich eine neue Kategorie schuf. Damals begann American Express aus Marketingüberlegungen heraus, von jeder mit dieser Kreditkarte getätigten Zahlung und jeder Neukundenwerbung einen bestimmten Betrag an verschiedene Non-Profit-Organisationen zu spenden, was zugleich zu enormer Aufmerksamkeit für das Unternehmen sowie einer steigenden Zahl an neuen Kunden führte (Adkins, Seite 14).

Die Stakeholder-Gesellschaft

„In der heutigen ‚Stakeholder-Gesellschaft' werden Unternehmen nicht mehr nur anhand der Qualität ihrer Produkte beurteilt, sondern ebenso anhand ihres wirtschaftlichen, gesellschaftlichen und ethischen Verhaltens. Wenn auch nur einer dieser Bereiche als nicht ausreichend erachtet wird, kann dies ernsthafte Auswirkungen auf die Reputation und den wirtschaftlichen Erfolg des Unternehmens haben."

John Ballington, Corporate and Consumer Affairs Director, Lever Brothers Ltd. (in: Adkins, Seite 54)

In einer Gesellschaft, in der Qualität und Preise der Produkte immer mehr einander ähneln, während die Erwartungen der Konsumenten an die Unternehmen steigen, wächst die Bedeutung für Unternehmen, Shareholder- und Stakeholder-Orientierung als Einheit zu begreifen. CSR zu praktizieren fruchtet in der durch die Gesellschaft zuerkannten „License to operate" für Unternehmen, der positiven, den Erfolg fördernden Unternehmensreputation gekoppelt mit Loyalität der Konsumenten.

Die Konsumenten sind nicht nur generell an der CSR eines Unternehmens interessiert, sondern die gesellschaftliche Verantwortung beeinflusst auch das Kaufverhalten. 1998 ergab eine Studie (Adkins, Seite 32), dass 77 Prozent der befragten Bevölkerung Großbritanniens das gesellschaftliche Engagement eines Unternehmens für „sehr wichtig" oder „wichtig" erachten. Ebenso viele gaben an, dass dieses Verhalten der Unternehmen die Produktentscheidungen beeinflusse. Eine amerikanische Studie ergab, dass zwei Drittel der Amerikaner größeres Vertrauen in jene Unternehmen haben, die mit Engagement in einer sozialen Frage verbunden werden (Adkins, Seite 44). Laut einer weiteren britischen Studie steigert das Wissen um gesellschaftliches Engagement eines Unternehmens die Meinung über dieses Unternehmen bei 38 Prozent der Wirtschaftsjournalisten, 45 Prozent der Investoren, 63 Prozent der Analysten und 82 Prozent der Parlamentsabgeordneten (Adkins, Seite 63 ff).

Weltweit ist Rückzug des Staates aus der Finanzierung der allgemeinen flächendeckenden Wohlfahrt für alle ersichtlich. Daraus resultiert eine wachsende Kluft zwischen den Bedürfnissen der Gesellschaft und der reellen Möglichkeit des Staates, die notwendige Finanzierung für soziale Zwecke bereitzustellen. Vor diesem Hintergrund erwarten sowohl Konsumenten als auch die Politik von Unternehmen, dass diese sich dieser Verantwortung annehmen, während immer mehr Unternehmen erkennen, dass ihr eigener Erfolg direkt von der Prosperität ihres gesellschaftlichen Umfeldes abhängt – da dieses Unternehmensumfeld Kunden, Mitarbeiter, Lieferanten und Investoren für das Unternehmen bereitstellt. Dem Community Investment – also den Investitionen eines Unternehmens in die Gemeinde, in der es ansässig ist – kommt demnach als Bestandteil der CSR große Bedeutung zu. Denn eines der elementarsten Aspekte einer gelebten und sichtbaren gesellschaftlichen Verantwortung sind Investitionen in die lokale Bedürfnisbefriedigung der Gesellschaft. Die Bandbreite reicht dabei von Aspekten des Umwelt- und Naturschutzes, über Katastrophenhilfe, karitative Einrichtungen bis hin zu kulturellen Fragen.

Fallbeispiel: „Target Stores' Cause Related Marketing strategy"

Mit rund 1000 Supermärkten zählt „Target" zu den Marktführern in den USA. Das Unternehmen verfügt über eine lange Tradition des gesellschaftlichen Engagements mit enormer Breitenwirkung. Sowohl lokale als auch nationale Aktivitäten werden von Target laufend realisiert. Das Unternehmen hat dabei jeweils das Ziel vor Augen, neben der Hebung von Kunden- und Lieferantenbindungen vor allem auch sein gesellschaftliches Engagement unter Beweis zu stellen und damit die entsprechende Reputation zu gestalten.

Für das Kinderkrebs-Spital St. Jude in Memphis, Tennesse wurden durch Target in weniger als drei Monaten drei Millionen US-Dollar gesammelt. In Kooperation mit den Lieferanten wurde ein bestimmter Prozentsatz aller Verkäufe in den Drogerie- und Kosmetikabteilungen von Target für St. Jude gewidmet. Mit dieser Aktion, die über alle Mitteln der Werbung und PR intensiv kommuniziert wurde, konnte außerdem ein „Target House" beim St. Jude Kinderspital errichtet werden, in welchem die Eltern während länger andauernder Behandlungen ihrer Kinder wohnen können.

Das jährliche Projekt „Helping Hugs" ist mittlerweile zu einem fixen Bestandteil der US-amerikanischen Valentinstag-Feierlichkeiten geworden. In Kooperation mit dem Schokoladeherstellen und Target-Lieferanten „Hershey" wird in der Woche vor dem Valentinstag von jedem bei Target verkauften Hershey-Produkt ein Prozentsatz für „Helping Hugs" gesammelt. Mit diesem Geld erwirbt Target anschließend Teddy-Bären, die an Rettungsdienste im ganzen Land ausgegeben werden. Diese Teddy-Bären werden von Notärzten und den Rettungsdiensten an Kinder, die Unfall- oder Katastrophenopfer wurden, als kleiner Trost mit beruhigender Wirkung verschenkt.

CSR im Marketing-Mix

Sollte Cause Related Marketing die Meinung und das Verhalten der Konsumenten also tatsächlich zu beeinflussen vermögen, dann müsste die gesellschaftliche Verantwortung wesentlicher Bestandteil des Marketing-Mix sein.

In der Studie „The Winning Game" (Großbritannien, 1996; hier in: Adkins, Seite 83) gaben denn auch 83 Prozent der befragten Konsumenten an, dass bei identem Preis und identer Qualität die Verbindung eines Unternehmens mit gesellschaftlichem Engagement eine Kaufentscheidung beeinflussen würde. Ebenfalls 83 Prozent hatten eine bessere Meinung von einem Unternehmen, dass sich in der Gesellschaft engagiert. 73 Prozent würden demnach von einer Marke zu einer anderen wechseln und 61 Prozent würden ihre Supermarkt-Kette wechseln. Und 63 Prozent waren der Meinung, dass gesellschaftliches Engagement ein probates Mittel von Unternehmen sei, Probleme der Gesellschaft zu adressieren.

Cause Related Marketing wird umgesetzt in der Schnittmenge zwischen Zielen und Instrumenten der Bereiche Marketing, Philanthropie und Sponsoring, sowie Community Investment. Im Mittelpunkt seht die Kooperation zwischen einem aus Marketing- und CSR-Sicht operierenden Unternehmens und einem adäquaten gesellschaftlichen Aspekt, meist repräsentiert durch eine Non-Profit-Organisation. Dabei sind drei prinzipielle Möglichkeiten solcher Kooperation zu charakterisieren: Transaction based Promotions, Joint Issue Promotions und Licensing. Bei „Transaction based Promotions" wird meist beim Erwerb eines Produktes des Partnerunternehmens ein definierter Anteil an einen bestimmten Zweck gespendet. Bei „Joint Issue Promotions" steht die inhaltliche Gemeinsamkeit im Vordergrund, etwa bei einem Pharmaunternehmen, das Patienten-Selbsthilfegruppen unterstützt, und beim „Licensing" werden meist Logo oder Namen einer NPO in Lizenz an Markenartikel-Konzerne vergeben, wie dies etwa der WWF mit dem Pandabär-Logo handhabt.

Doch die Umsetzung von gesellschaftlicher Verantwortung durch Cause Related Marketing ist prinzipiell in vielen verschiedenen Marketinginstrumenten als auch in deren Mix möglich: in der klassischen Werbung, den Public Relations, bei Sponsorships und im Direct Marketing oder der Sales Promotion (etwa bei Gewinnspielen).

Fallbeispiel: „TESCO Computers for School"

1992 startete die Computer-Handelskette TESCO in Großbritannien das Projekt „Computers for School". Adaptiert von einem ähnlichen Programm in den USA war es das Ziel, die öffentlichen Schulen in Großbritannien mit modernen PC-und Softwareprodukten auszustatten. Das Unternehmen selbst wollte dadurch sowohl die Bekanntheit steigern, als auch gezielt mehr potenzielle Kunden in die eigenen Geschäfte bringen. Die dazu durchgeführten Umfragen hatten ergeben, dass ein solches Engagement für Schulen in der britischen Bevölkerung hohe Unterstützung genießen würde.

Während der zehn Aktionswochen, die einmal jährlich stattfinden, sammelten TESCO-Kunden bei jedem Einkauf in den TESCO-Geschäften für 10 Pfund Umsatz einen Gutschein. Dieser Gutschein konnte von den Kunden einer bestimmten Schule im Umkreis des Geschäftes gewidmet werden. Sämtliche Gutscheine ermöglichten es dann den Schulen für den entsprechenden gesammelten Wert PC-Equipment und Weiterbildungsseminare bei TESCO zu erwerben. Flankiert durch intensive Werbung und teilweise Kooperationen mit weiteren Markenunternehmen (z.B. Nestlé, CocaCola etc.) entstand im Laufe der Jahre ein umfangreiches Projekt mit Breitenwirkung und hoher Aufmerksamkeit.

Von 1992 bis 1998 wurden dadurch Computer-Equipment für Schulen im Wert von 44 Millionen Pfund gesammelt und rund 100.000 Britische Pfund für Computer-Training für Lehrer aufgewendet. Das Unternehmen hat nach eigenen Angaben die gesetzten Ziele in Sachen Bekanntheit, Aufmerksamkeit und Kundenbindung übertroffen.

Verwendete Literatur

Adkins, Sue: Cause Related Marketing – Who Cares Wins. Oxford 2000

Köppl, Peter: Power Lobbying. Das Praxishandbuch der Public Affairs. Wie professionelles Lobbying die Unternehmenserfolge absichert und steigert. Wien 2003

Anhang

Autorenangaben

Kurzbiografien der Autoren dieses Buches in alphabetischer Reihenfolge

Stephan Baer, Jahrgang 1952, ist Präsident und Delegierter des Verwaltungsrates der BAER AG, in Küssnacht am Rigi (Schweiz). Nach dem Abschluss als lic.oec.publ. an der Universität Zürich war er als Unternehmensberater bei OPM AG in Zürich tätig, bevor er 1983 die Geschäftsleitung der BAER Weichkäserei AG übernahm. Baer ist Gründungs- und Vorstandsmitglied der Schweizerischen Vereinigung für ökologisch bewusste Unternehmungsführung (ÖBU) und agierte von 1992 bis 1998 als dessen Präsident. Bis 2001 war er außerdem Präsident der Käseorganisation Schweiz (KOS) und Vorstandsmitglied der „Fachstelle UND" Familien- und Erwerbsarbeit für Männer und Frauen. Baer ist Branco-Weiss-Preisträger als „Unternehmer des Jahres" 1990 mit besonderer Würdigung des ökologischen Engagements und erhielt 1996 den Preis der Stiftung für besondere Leistungen im Umweltschutz in Luzern.

Dr. Martin Bartenstein, Jahrgang 1953, absolvierte das Studium der Chemie an der Universität Graz und trat 1978 in das im Familienbesitz stehende Pharmaunternehmen Lannacher Heilmittel GmbH ein, dessen Alleingeschäftsführung er 1980 übernahm. Von 1991 bis 1994 war er Abgeordneter zum Nationalrat und Industriesprecher der Österreichischen Volkspartei (ÖVP) und von 1994 bis1995 Staatssekretär im Bundesministerium für Öffentliche Wirtschaft und Verkehr, bevor er im Mai 1995 zum Bundesminister für Umwelt avancierte. Von März 1996 bis Februar 2000 war Martin Bartenstein Bundesminister für Umwelt, Jugend und Familie und seit Februar 2000 ist er Bundesminister für Wirtschaft und Arbeit. Von 1988 bis 1992 war er außerdem Bundesvorsitzender der Jungen Industrie Österreich und Obmann der Steirischen Kinderkrebshilfe. Seit 1992 ist Martin Bartenstein Landesparteiobmann-Stellvertreter der ÖVP Steiermark und seit 1993 Präsident der Kinderkrebshilfe Österreich.

Dr. Erich Becker, Jahrgang 1941, ist seit 1999 Vorsitzender des Vorstandes der VA Technologie AG und für die Funktionsbereiche Strategie, Kommunikation und Investor Relations, Personalmanagement, Konzernrevision, Informationstechnologie und E-business sowie den Unternehmensbereich Wassertechnik verantwortlich. Vor seiner Bestellung zum Vorsitzenden des Vorstandes der VA Technologie AG war Erich Becker Mitglied des Vorstandes der Österreichischen Industrieholding AG und zuständig für zahlreiche Privatisierungen österreichischer Industrieunternehmen. Seit 2002 ist Kommerzialrat Becker Honorarkonsul der Republik Philippinen in Linz.

Mag. Peter Blazek, Jahrgang 1953, arbeitete nach dem Studium an der Wirtschaftsuniversität Wien und der Universität Wien als Journalist mit den Schwerpunkten Wirtschaft und Wirtschaftspolitik für mehrere österreichische Tageszeitungen. Seit 1992 ist er Redakteur der Zeitschrift „Konsument", herausgegeben vom Verein für Konsumenteninformation in Wien. Zu seinen Schwerpunkten dabei zählen Konsumentenschutz in der Europäischen Union, Produktsicherheit, internationale Tests sowie Unternehmensethik. (pblazek@vki.or.at)

Konsistorialrat Prof. Dr. Franz Eckert ist seit 1993 Integrationsbeauftragter für Europafragen im Generalsekretariat der Österreichischen Bischofskonferenz und seit 1994 Mitglied der Rechtskommission der Konferenz der Bischofskonferenzen der Europäischen Union (ComECE) in Brüssel. Er hat unter der Federführung von Professor Robbers aus Trier in dieser Kommission gemeinsam mit EKD und Orthodoxie jene „Kirchenklausel" erarbeitet, die mit Unterstützung durch den deutschen Bundeskanzler als „Erklärung Nummer 11" in den Vertrag von Amsterdam übernommen wurde und die erste Verankerung der Kirchen und Religionsgemeinschaften im EU-Vertragswerk darstellt. Derzeit arbeitet Professor Eckert an der Übernahme der Kirchenklausel (und eines allfälligen Gottesbezuges) in den Verfassungsvertragsentwurf der Europäischen Union. Für den „Identitäts- und Mentalitätswandel der Union" ist Prof. Eckert ein Zeitzeuge.

Michael Rolf Fischer, Jahrgang 1947, studierte Jura an der Universität Saarbrücken sowie Journalismus und Public Relations an der Universität Mainz, um danach als Sportjournalist und PR-Berater zu arbeiten. 1982 wechselte er in die Abteilung Corporate Communications von Henkel KGaA in Düsseldorf, wo er heute als Head of Corporate Citizenship / Corporate Sponsoring / Local Affairs tätig ist. (michael-rolf.fischer@henkel.com; www.citizenship.henkel.de)

Dipl.-Ing. Dr. Karl Grün, Jahrgang 1965, promovierte in Technischer Physik an der Technischen Universität Wien. Seit 1994 arbeitet er am Österreichischen Normungsinstitut ON, wo er den Unternehmensbereich Normung im Allgemeinen und die Normungsabteilung für Umwelt und Gesundheit im Speziellen leitet. Darüber hinaus ist Grün ständiger Vertreter des ON beim Technischen Lenkungsausschuss des Europäischen Komitees für Normung (CEN). Karl Grün betreut unter anderem den Arbeitskreis „Corporate Social Responsibility" im ON.

Stephen Jordan, ist Vice-President und Executive-Director des Center for Corporate Citizenship (CCC) in Washington, D.C., einer im Jahr 2000 von der U.S. Chamber of Commerce eingerichteten Non-Profit-Institution. Er ist in dieser Funktion verantwortlich für die weltweite Zusammenarbeit von Unternehmen und US-Handelskammern in den Bereichen Corporate Citizenship,

Projekte der gesellschaftlichen Verantwortung, Schutz kritischer Infrastrukturen und Krisenmanagement sowie Public Private Partnerships. Nach dem Wirtschaftstudium an der Georgetown University (Washington, D.C.) und dem Studium der Politikwissenschaft an der University of Virgina arbeitete er unter anderem als Mitarbeiter des Foreign Relations Committee im US-Senat sowie als Executive-Director des Verbandes der US-Handelskammern in Lateinamerika, bevor er mit der Gründung des CCC dessen Leitung übernahm. (www. uschamber.com/ccc/)

Dr. Peter Köppl M.A., Jahrgang 1969, ist Autor unter anderem von „Power Lobbying: Das Praxishandbuch der Public Affairs" (Linde, 2003) und publiziert international seit einem Jahrzehnt zu den Themen Public Affairs und Lobbying. Der in Wien und Washington, D.C., ausgebildete Politologe und Kommunikationswissenschafter unterrichtet an mehreren Universitäten und Fachhochschulen und ist darüber hinaus als Fachvortragender und -autor im deutschsprachigen Raum aktiv. Er ist Mitglied des Redaktionsbeirates von „politik & kommunikation" (Berlin) und Managing Partner der Kovar & Köppl Public Affairs Consulting GmbH in Wien. (peter.koeppl@publicaffairs.cc)

Dr. Christoph Leitl, Jahrgang 1949, studierte Sozial- und Wirtschaftswissenschaften an der Johannes Kepler Universität Linz und übernahm 1977 die Geschäftsleitung des familiären Unternehmens Bauhütte Leitl-Werke (bis 1990). Gleichzeitig war er als Vizepräsident des Verbandes Österreichischer Ziegelwerke aktiv. Von 1982 bis 1990 war er Bundesvorsitzender „Junge Industrie", von 1985 bis 1990 Abgeordneter zum oberösterreichischen Landtag und von 1990 bis 2000 Mitglied der oberösterreichischen Landesregierung mit den Agenden Wirtschaft, Tourismus, Technologie, Energie, Fachhochschulen, Raumordnung und Europa. Christoph Leitl war von 1995 bis 2000 Landeshauptmann-Stellvertreter in Oberösterreich mit dem zusätzlichen Ressort Finanzen und zugleich Mitglied des EU-Ausschusses der Regionen. Seit 1999 ist er Präsident des Österreichischen Wirtschaftsbundes und seit 2000 Mitglied des Bundesparteivorstandes der Österreichischen Volkspartei (ÖVP). Ebenfalls seit 2000 ist Christoph Leitl Präsident der Wirtschaftskammer Österreich und seit 2002 Präsident der Europäischen Wirtschaftskammern (Eurochambres)

Philippe Lévy, Jahrgang 1936, alt Botschafter, Ausbildung als lic.oec. an der Universität St. Gallen (Schweiz) ist Präsident von Transparency International Schweiz und Mitglied des Direktionsausschusses und des Rats der Internationalen Europäischen Bewegung. Von 1963 bis 1988 war er im Bundesamt für Außenwirtschaft (heute seco) tätig, zuletzt als Delegierter des Bundesrates für Handelsverträge im Botschafterrang. Von 1988 bis 1993 war Philipe Lévy als Generaldirektor der Messe Basel und in Folge als Berater der Generaldirektion der SGS (Société Générale de Surveillance) aktiv. Von 1992 bis 2000 leitete er als Präsident das Osec (heute: business network Switzerland).

Dr. Günther Lutschinger, Jahrgang 1959, studierte Biologie (Zoologie, Botanik) an der Universität Wien und war als Jugendbetreuer beim Verein für Bewährungshilfe aktiv, bevor er sich 1988 beim World Wide Fund for Nature Österreich engagierte. Seit 1989 ist er Geschäftsführer der beiden WWF-Zweigvereine für Regelsbrunn (Verein Auen- und Gewässerschutz, Forschungsgemeinschaft Auenzentrum Petronell) sowie Gesellschaftervertreter im Forstbetrieb Marchegg und seit 1992 Chairman des WWF Ungarn Programms (heute einziges westliches Vorstandsmitglied im WWF Ungarn). Seit 1997 ist Lutschinger Geschäftsführer des WWF Österreich und des Forschungsinstitutes des WWF. Ab 2000 agierte er als Chairman der EU-Erweiterungsinitiative des WWF. Günther Lutschinger ist Vorstand in zahlreichen Naturschutz-Vereinen, -Kommissionen und -Beiräten auf Bundes- und Landesebene und Mitarbeiter an den Business & Industry Guidelines für den WWF International.

Dipl.-Ing. Peter Mitterbauer, Jahrgang 1942, war von 1973 bis 1992 Vorstand der Miba Gleitlager AG und seit 1975 dessen Vorstandsvorsitzender. Von 1977 bis 1986 Vorstand der Mitterbauer Holding AG und seit 1986 Vorstandsvorsitzender der heutigen Miba AG. Von 1988 bis 1996 war er Präsident der oberösterreichischen Industriellenvereinigung sowie von 1990 bis 1996 Vizepräsident der oberösterreichischen Wirtschaftskammer. Seit 1996 ist Mitterbauer Präsident der Vereinigung der Österreichischen Industrie (Industriellenvereinigung) und seit Januar 2001 Vizepräsident des europäischen Arbeitgeberdachverbandes UNICE (Union of Industrial and Employers' Confederations of Europe).

Mag. Friedrich Mostböck, Jahrgang 1963, absolvierte das Studium der Betriebswirtschaftslehre an der Wirtschaftsuniversität Wien sowie den ÖVFA-Lehrgang für Finanzanalysten und Portefeuillemanager (CEFA). Seit 1996 ist er Leiter der Abteilung Research und Chefanalyst der Erste Bank Gruppe. Zuvor war er als Leiter der Abteilung Research der Schoellerbank AG und für das Österreich-Research innerhalb der damaligen Bayerische Vereinsbank-Gruppe verantwortlich. Mostböck ist seit 1998 Mitglied des Vorstandes der ÖVFA (Österreichische Vereinigung für Finanzanalyse und Asset Management) und seit 2003 Präsident der ÖVFA. Er ist weiters Mitglied des Österreichischen Arbeitskreises für Corporate Governance. Neben regelmäßigen Fachvorträgen hält er Seminare an österreichischen Universitäten und ist Autor in Fachzeitschriften/-büchern.

Mag. Martin Neureiter LL.M., Jahrgang 1961, ist Jurist mit Ausbildung in Salzburg und London. Er arbeitete als stellvertretender Leiter des Nationalparks Hohe Tauern, als Verfassungs- und Justizexperte im österreichischen Parlament, als Büroleiter im Europäischen Parlament sowie als Beauftragter des österreichischen Außenministeriums bzw. der OSZE im Kosovo. Neureiter

leitet die Arbeitsgruppe zur Erstellung eines CSR-Leitfadens im Österreichischen Normungsinstitut und ist Consultant bei Kovar & Köppl mit Schwerpunkt CSR und Lobbying.
(martin.neureiter@publicaffairs.cc)

Dr. Rainer Rauberger, Jahrgang 1969, studierte Business Management und Business Administration an der Universität Augsburg, erhielt den Lic. en Sciences Economiques der Universität Mons (Belgien) sowie den MSc in Environmental Technology am Imperial College Centre for Environmental Technology an der University of London. Er war als Berater für Umweltmanagement sowie als Partner des Instituts für Umweltmanagement in Augsburg tätig bevor er 1999 zu Henkel KGaA (Düsseldorf) wechselte. Dort ist Rainer Rauberger Head of Sustainability Reporting and Stakeholder Dialogue.
(rainer.rauberger@henkel.com)

Ivo Stanek, Jahrgang 1936, trat nach dem Rechtsstudium an der Universität Wien 1958 in die Österreichische Länderbank AG ein und besetzte dort unterschiedliche Positionen. 1991 avancierte er zum Direktor und Berater des Vorstandes der Bank Austria AG, später der Bank Austria Creditanstalt AG in Wien. Daneben engagierte sich Ivo Stanek unter anderem als assoziiertes Mitglied des Club of Rome, Generaldelegierter der Österreichischen Sektion der European League for Economic Cooperation (ELEC) in Brüssel, Vizepräsident der Austrian Hong Kong Society (Wien), Mitglied des Exekutivkomitees des Kammerrats der Italienischen Handelskammer für Österreich und Vizepräsident von CARE Österreich.

Dipl.-Ing. Hannes Spitalsky, Jahrgang 1938, studierte Nachrichtentechnik an der Technischen Universität Wien und begann 1964 seine Mitarbeit im Verein für Konsumenteninformation. Von 1970 bis 1973 war er Sekretär im Konsumentenbeirat des Bundesministeriums für Handel, Gewerbe und Industrie, bevor er von 1973 bis 1993 die Leitung des Referates Prüfung im Verein für Konsumenteninformation übernahm. Hannes Spitalsky war von 1993 bis 1995 stellvertretender Geschäftsführer und anschließend bis 2003 Geschäftsführer des Vereines für Konsumenteninformation. Seit 1982 gehörte er außerdem dem Vorstand des Österreichischen Normungsinstitutes (ON) an und war seit 1988 Vorsitzender des Sonderausschusses „Handicap" des Vorstandes im ON sowie seit 1991 Vorsitzender des Verbraucherrates im ON.

Fritz Verzetnitsch, Jahrgang 1945, erlernte den Beruf des Gas- und Wasserleitungsinstallateurs und übte den Installateurberuf bis 1970 aus, ehe er als Angestellter zum Österreichischen Gewerkschaftsbund (ÖGB) wechselte. Dort stieg er vom Jugendsekretär über das Referat für Koordination und Organisation bis zum Leitenden Sekretär des ÖGB auf, bevor er 1987 Präsident des ÖGB wurde, als der er seit damals amtiert. Seit 1993 ist Fritz Verzetnitsch außerdem Präsident des Europäischen Gewerkschaftsbundes (EGB).

Weiterführende Literatur

Von den Herausgebern ausgewählte Literaturempfehlungen zum Thema Corporate Social Responsibility und Corporate Citizenship.

Adkins, Sue: *Cause Related Marketing: Who Cares Wins.* Oxford 2000

Altman, Barbara W.: *Transformed Corporate Community Relations: A Management Tool For Achieving Corporate Citizenship.* In: Business and Society Review, Journal of the Center for Business Ethics at Bentley College, No. 102/103, Boston 1999 (Seite 43)

Andriof, Jörg/McIntosh, Malcolm: *Perspectives on Corporate Citizenship.* Sheffield 2001

Carroll, Archi B./Buchholtz, Ann K.: *Business & Society. Ethics and Stakeholder Management.* Fourth Edition, Cincinnati 2000

Europäische Kommission (2001): *Europäische Rahmenbedingungen für die soziale Verantwortung der Unternehmen – Grünbuch.* Luxemburg, Amt für amtliche Veröffentlichungen der EG

Göbel, Elisabeth: *Das Management der sozialen Verantwortung.* Berlin 1992

Grünewald, M.; Schoenheit, I.: *Handlungsoptionen aufzeigen: Das Konzept Nachhaltiger Warenkorb.* in: Ökologisches Wirtschaften, Heft 6/ 2002, S. 6

Habisch, André: *Corporate Citizenship. Gesellschaftliches Engagement von Unternehmen in Deutschland.* Berlin 2003

Hansen, U./Schrader U. (Hrsg.): *Nachhaltiger Konsum – Leerformel oder Leitprinzip*, in: Schrader, U./Hansen U. (Hrsg.): Nachhaltiger Konsum – Forschung und Praxis im Dialog. Frankfurt 2001, S. 17–49

Hardtke, Arnd/Prehn, Marco (Hrsg.): *Perspektiven der Nachhaltigkeit. Vom Leitbild zur Erfolgsstrategie.* Wiesbaden 2001

Holme, R./Watts, P. (2000): *Corporate Social Responsibility: Making good business sense.* Genf, World Business Council for Sustainable Development

IMAS-International GmbH: *Unternehmen müssen nicht nur Gutes leisten, sondern auch Gutes tun.* IMAS Report Nr. 3, 2001, München

Institut für Markt-Umwelt-Gesellschaft (imug) (Hrsg.): *Unternehmenstest: Neue Herausforderungen für das Management der sozialen und ökologischen Verantwortung.* München 1997

Institut für ökologische Wirtschaftsforschung (IÖW)/Institut für Markt-Umwelt-Gesellschaft (imug): *Nachhaltigkeitsberichterstattung: Praxis glaubwürdiger Kommunikation für zukunftsfähige Unternehmen.* Berlin 2002

Kennedy, Allan: *Das Ende des Shareholder-Value. Warum Unternehmen zu langfristigen Wachstumsstrategien zurückkehren müssen.* München 2001

Köppl, Peter: *Corporate Social Responsibility: Public Affairs, übernehmen Sie!* in: „politik & kommunikation", Oktober 2003, Seite 42

Köppl, Peter/Neureiter, Martin: *Gesellschaftliche Verantwortung – ein Trend, oder nur trendy?,* in: LEADER Magazin Österreich, 1/2003, Seite 32

Köppl, Peter: *Power Lobbying. Das Praxishandbuch der Public Affairs. Wie professionelles Lobbying Unternehmenserfolge absichert und steigert.* Wien 2003

Maaß, Frank / Clemens, Reinhardt: *Corporate Citizenship. Das Unternehmen als Guter Bürger.* Wiesbaden 2002

MORI (Hrsg.) (2000): *The First Ever European Survey of Consumer's attitudes towards Corporate Social Responsibility.* Research for CSR Europe, Brüssel, 2000

Muirhead, Sophie A.: *Corporate Citizenship in the New Century. Accountability, Transparency, and Global Stakeholder Engagement.* New York 2002

Pierer, Heinrich von/Homann Karl/Lübbe-Wolff Gertrude*: Zwischen Profit und Moral. Für eine menschliche Wirtschaft.* Hannover 2003

Post, James E./Lawrence, Anne T./Weber, James: *Business and Society. Corporate Strategy, Public Policy, Ethics.* Ninth Edition. McGraw-Hill, 1999

Post, James E.: *Meeting the Challenge of Global Corporate Citizenship.* Chestnut Hill 2000

Public Affairs Council: *Making Community Relations Pay Off: How Leading-Edge Companies Are Meeting the Bottom-Line Test for Effective Community Relations.* Washington, D.C., 1998

Riedel, S. (2003): *Bestandsaufnahme: Die gesellschaftliche Verantwortungsübernahme Österreichischer Unternehmen.* in: UmweltWirtschaftsForum, Heft 4/ 2003, S. 43–46

Schöffmann, Dieter (Hrsg.): *Wenn alle gewinnen. Bürgerschaftliches Engagement von Unternehmen.* Amerikanische Ideen in Deutschland II. Hamburg 2001

Schubert, R./Littmann-Wernli, S./et al. (2002): *Corporate Volunteering-Unternehmen entdecken die Freiwilligenarbeit.* Bern, Stuttgart, Wien

Seitz, Bernhard: *Corporate Citizenship. Rechte und Pflichten der Unternehmung im Zeitalter der Globalität.* Wiesbaden 2002

Soros, George; *Der Globalisierungs-Report. Weltwirtschaft auf dem Prüfstand.* Berlin 2002

Sozial verantwortliche Unternehmensführung – mehr als ein Modetrend, in: einblickMagazin, Heft 10, 2003, S. 10

Ulrich, P.: *Der entzauberte Markt, eine wirtschaftliche Orientierung.* Freiburg im Breisgau

Walker, Steven F./Marr, Jeffery W.: *Erfolgsfaktor Stakeholder. Wie Mitarbeiter, Geschäftspartner und Öffentlichkeit zu dauerhaftem Unternehmenswachstum beitragen.* München 2001

Waxenberger, B. (2001): *Bewertung der Unternehmensintegrität,* St. Gallen, Institut für Wirtschaftsethik

Westebbe, Achim/Logan, David: *Corporate Citizenship Unternehmen im gesellschaftlichen Dialog.* Wiesbaden 1995

Der österreichische CSR Leitfaden

Anmerkung:

Bei diesem Leitfaden handelt es sich noch nicht um die Letzt-version, diese kann über die Homepage www.on-norm.at ab 1.4.2004 abgerufen werden! Wesentliche Änderungen werden aber nicht mehr erwartet!

Handlungsanleitung zur Umsetzung von gesellschaftlicher Verantwortung in Unternehmen

(CSR-Leitfaden) LEITFADEN 18. Februar 2004

Inhaltsverzeichnis

Kapitel 1: Zielsetzung

Die gesellschaftliche Verantwortung von Unternehmen (Corporate Social Responsibility – CSR) ist ein Konzept, das dem Unternehmen als Grundlage dient, auf **freiwilliger Basis** soziale Belange und Umweltbelange in seine Unternehmenstätigkeit und in die Wechselbeziehungen mit den Interessensgruppen zu integrieren.

Der vorliegende Leitfaden beinhaltet Grundsätze, Systeme und Hilfsinstrumente der gesellschaftlichen Verantwortung von Unternehmen und bietet Anleitungen und Empfehlungen zur Umsetzung eines Managementsystems der gesellschaftlichen Verantwortung.

Der primäre Nutzen aus der Umsetzung des Leitfadens besteht für ein Unternehmen darin,

- das Konzept der nachhaltigen Entwicklung in das operative Geschehen umzusetzen,
- das soziale Engagement des Unternehmens für seine MitarbeiterInnen und die lokale Gemeinschaft sowie Umwelt systematisch ins Management zu integrieren und weiterzuentwickeln,
- die Reputation des Unternehmens zu schützen und auszubauen,
- das Risiko des Unternehmens zu minimieren und
- die langfristige Lebensfähigkeit des Unternehmens zu sichern.

Mit Hilfe eines solchen Managementsystems kann das Unternehmen den interessierten Kreisen nachweisen,

- dass eine Selbstverpflichtung des Managements besteht, die Bestimmungen einzuhalten, die in der Unternehmenspolitik und in den Unternehmenszielen festgelegt sind. Diese Selbstverpflichtung umfasst auch gesetzliche, völkerrechtliche sowie behördliche Bestimmungen sowie darüber hinausgehende unternehmensspezifische Ziele.
- dass der Schwerpunkt die Vermeidung und nicht die Behebung von Fehlern ist.

Zu den größten Herausforderungen Österreichs in den nächsten Jahren gehört die aktive Mitgestaltung des erweiterten Europa als wirtschaftliche und soziale Gemeinschaft. Das angestrebte Ziel ist es, Europa bis zum Jahr 2010 „zum wettbewerbsfähigsten und dynamischsten wissensbasierten Wirtschaftsraum der Welt zu machen – einem Wirtschaftsraum, der fähig ist, dauerhaftes Wirtschaftswachstum mit mehr und besseren Arbeitsplätzen und einem größeren sozialen Zusammenhalt zu erzielen" (Lissabon-Strategie).

Dieses ehrgeizige Ziel ist eingespannt zwischen zwei Visionen: Einerseits geht es darum, das europäische Wirtschafts- und Sozialmodell weiter zu stärken, auch um die Rahmenbedingungen der Globalisierung aktiv mitgestalten zu können. Andererseits dient der integrative Ansatz der nachhaltigen Entwicklung (Sustainable Development) als Zukunftsvision. Mit der österreichischen Nachhaltigkeitsstrategie, die im April 2002 von der Bundesregierung beschlossen wurde, ist ein erster wichtiger Schritt gesetzt, den Beitrag Österreichs für eine nachhaltige Standort-, Arbeits-, Lebens- und Umweltqualität zu formulieren.

In Österreich sind die überwiegende Zahl der Unternehmen KMUs (Klein- und Mittelunternehmen). Gerade für diese Zielgruppe soll der vorliegende Leitfaden eine wichtige Hilfestellung bieten. Diese Handlungsanleitung soll es KMUs ermöglichen, das Konzept der gesellschaftlichen Verantwortung für das eigene Unternehmen anwendbar zu machen, ohne unnötige Ressourcen in die Entwicklung und Erprobung stecken zu müssen. Sie bekommen damit ein ausgereiftes Werkzeug zur Verfügung gestellt, das eine unmittelbare Anwendung ermöglicht.

Nachhaltige Entwicklung ist als Konzept zu verstehen, das eine gemeinsame, balancierte und gleichberechtigte Behandlung der drei Dimensionen Ökonomie, Soziales und Ökologie gewährleistet:

- Eine prosperierende wirtschaftliche Entwicklung wird auf Dauer nur möglich sein, wenn der soziale Zusammenhalt gesichert ist und eine intakte Umwelt bewahrt wird.

- Verbesserte Sozialstandards, soziale Sicherheit und der Ausgleich zwischen Regionen mit verschiedenen wirtschaftlichen Entwicklungsstadien können auf der Grundlage einer prosperierenden Wirtschaft und gesicherten Lebensgrundlage aufbauen.

- Umweltprobleme haben vor allem eine Chance auf dauerhafte Lösung, wenn die Wirtschaft gedeiht und im sozialen Bereich die lokale und globale Armut gelindert wird.

Das Modell der Gesellschaftlichen Verantwortung von Unternehmen (GVU, engl. Corporate Social Responsibility – CSR) steht ganz in der Tradition der bisher genannten Wirtschafts- und Sozialvisionen.

Die **gesellschaftliche Verantwortung eines Unternehmens** ist ein **Konzept** zur Integration der Vision der nachhaltigen Entwicklung in die Unternehmensstrategie. Ein Programm, „**das den Unternehmen als Grundlage dient, auf freiwilliger Basis soziale Belange und Umweltbelange in ihre Unternehmenstätigkeit und in die Wechselbeziehungen mit den Interessengruppen zu integrieren**" (Grünbuch der Europäischen Kommission, 2001). GVU ist kein Human- oder Sozialprogramm, sondern ein Managementansatz, der neben der ökonomischen Logik soziale und ökologische Verantwortung zu einem konkreten Bestandteil der Unternehmensstrategie macht: Weil gesellschaftlich verantwortliches Verhalten zu nachhaltigem Unternehmenserfolg führt.

Verschiedene nationale und internationale Institutionen haben bereits mit der Erstellung von Normen und Leitfäden für die Umsetzung der Gesellschaftlichen Verantwortung von Unternehmen – zum Beispiel in Form eines Managementsystems – begonnen. Bei der Internationalen Normungsorganisation ISO wurde eine Beratergruppe eingerichtet, um den Bedarf an einem internationalen Leitfaden zu dem Thema der gesellschaftlichen Verantwortung von Organisationen zu bewerten. In Österreich wurden im Rahmen der **Initiative CSR Austria** (www.csr-austria.at) das **Leitbild „Erfolgreich wirtschaften. Verantwortungsvoll handeln"** sowie der **Leitfaden „Reporting about Sustainability – In 7 Schritten zum Nachhaltigkeitsbericht"** erstellt. Im Rahmen des Österreichischen Umweltzeichens wurde die Richtlinie für das Umweltzeichen 49 „Grüne Fonds" für Investmentfonds und -zertifikate (Nachhaltigkeitsfonds, Ethikfonds bzw. ethisch-ökologische Fonds, Öko-/Ökoeffizienzfonds und Umwelttechnologiefonds) erstellt. Weiters gibt es in der österreichischen Gesetzgebung Ansatzpunkte für gesellschaftlich verantwortliches Wirtschaften, zum Beispiel im § 70 des Aktiengesetzes[1] und im § 110 des Arbeitsverfassungsgesetzes.

Der vorliegende Leitfaden über Grundsätze, Systeme und Hilfsinstrumente der gesellschaftlichen Verantwortung von Unternehmen wurde im Arbeitskreis AK 1112 „Corporate Social Responsibilty" des Österreichischen Normungsinstitutes erarbeitet und orientiert sich an internationalen Trends.

In Fortsetzung diverser Initiativen, die den motivatorischen Aspekt in den Vordergrund stellen, versteht sich der vorliegende Leitfaden als eine Hilfestellung bei der

- Entwicklung,
- Dokumentation,
- Umsetzung,
- Aufrechterhaltung und
- Verbesserung

eines Managementsystems der gesellschaftlichen Verantwortung eines Unternehmens (im Folgenden mit MSGVU abgekürzt). Darüber hinaus zeigt dieser Leitfaden Möglichkeiten des Zusammenwirkens mit anderen Managementsys-

---

[1] § 70 Abs. 1 des Aktiengesetzes: „Der Vorstand hat unter eigener Verantwortung die Gesellschaft so zu leiten, wie das Wohl des Unternehmens unter Berücksichtigung der Interessen der Aktionäre und der Arbeitnehmer sowie des öffentlichen Interesses es erfordert."

temen auf. Das Thema der drei Dimensionen Ökonomie, Soziales und Umwelt wird im Kapitel 2 behandelt und die konkrete Umsetzung im Kapitel 3 dargestellt. In Kapitel 4 finden sich Empfehlungen für die Erstellung eines Nachhaltigkeitsberichtes.

Der Leitfaden bietet Anleitungen und Empfehlungen und soll die Möglichkeit für eine Weiterentwicklung auf gesetzlich rechtlicher Ebene nicht ersetzen. Er enthält im Allgemeinen keine Vorschriften oder Regeln, sondern eben Empfehlungen. Als Forderung sind lediglich jene Hinweise zu verstehen, die sich auf österreichische Rechtsvorschriften bzw. auf Rechtsvorschriften in Ländern beziehen, wo das Unternehmen tätig ist oder tätig sein will.

Grundsätzlich kann dieser Leitfaden von jedem Unternehmen angewendet werden, unabhängig von der Größe, Art und dem Standort des Unternehmens.

Obwohl dieser Leitfaden sich hauptsächlich an Unternehmen wendet, werden ebenso andere Organisationen, wie

- Vereine,
- öffentliche Einrichtungen und Gemeinden und
- Projektorganisationen,

ermutigt, diesen Leitfaden sinngemäß anzuwenden.

Im Sinne der Gleichbehandlung gelten alle in diesem Leitfaden vorkommenden geschlechtsspezifischen Ausdrucksformen immer für beiderlei Geschlecht.

Dieser Leitfaden wurde als ON-Veröffentlichung herausgegeben, weil die Entwicklung auf diesem Fachgebiet noch in Fluss ist und weitere praktische Erfahrungen abgewartet werden sollen. Es wird gebeten, Erfahrungen und Vorschläge schriftlich dem Österreichischen Normungsinstitut mitzuteilen.

Kapitel 2: Anforderungen und Empfehlungen für die freiwillige Selbstverpflichtung des Unternehmens

Allgemeines

Ob zur Risikominimierung, zur Generierung von Innovationen oder zur gemeinsamen Gestaltung der Gesellschaft – nachhaltige Entwicklung und damit gesellschaftliche Verantwortung trägt zur Steigerung des Unternehmenswerts bei. Die Art des Vorteils, der sich für das Unternehmen ergibt, variiert allerdings mit dem Zugang.

Der Zugang eines Unternehmens zum Thema der gesellschaftlichen Verantwortung kann – wie in Tabelle 1 dargestellt – in vier Kategorien eingeteilt werden.

Kategorie	Verhalten	Beschreibung
Passiv	Problemlösung	Das Unternehmen wartet ab, bis Druck von Seiten der Behörden und weiterer interessierter Kreise entsteht und reagiert dann darauf.
Reaktiv	Risikomini-mierung	Mögliche ökologische und gesellschaftliche Risiken, die den Wert oder den Ruf eines Unternehmens beschädigen können, werden verhindert.
Aktiv	Innovation	Das Unternehmen erkennt, dass gesellschaftliche Verantwortung strategische Chancen am Markt bietet. Neue Produkte, Dienstleistungen und Technologien lassen neue Geschäftsfelder entstehen. Intern entwickeln sich Organisation und Management auf innovative Art und Weise weiter.
Proaktiv	Verantwortung gegenüber der Gesellschaft	Das Unternehmen berücksichtigt nicht nur die vorhandenen Bedürfnisse, sondern gestaltet gemeinsam mit seinen interessierten Kreisen zukunftsfähige Formen des Lebens und Wirtschaftens. Daraus ergibt sich eine enge Beziehung zu Kunden, Zulieferern und anderen Gruppen, welche dem Unternehmen Wettbewerbsvorteile verschafft.

Tabelle 1 – Arten des Zuganges eines Unternehmens zum Thema der gesellschaftlichen Verantwortung

Im Sinne der Kategorisierung gemäß Tabelle 1 werden dem Unternehmen empfohlen, seine Unternehmenspolitik und seine Ziele über die gesetzlichen, behördlichen und kollektivvertraglichen Forderungen hinaus zu entwickeln und umzusetzen. Dabei ist auf eine gemeinsame, balancierte und gleichberechtigte Behandlung der drei Dimensionen Ökonomie, Soziales und Ökologie zu achten.

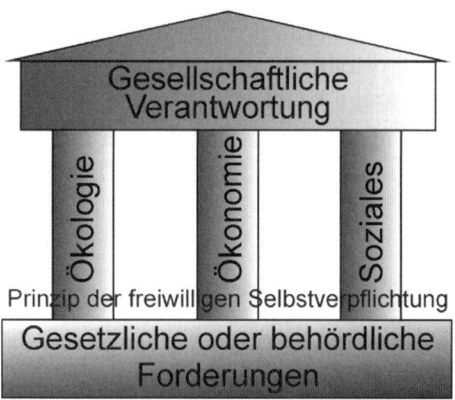

Bild 1 – Prinzip der drei Dimensionen Ökonomic, Sozialcs und Ökologic im System der gesellschaftlichen Verantwortung eines Unternehmens

Die drei Dimensionen Ökonomie, Soziales und Ökologie werden nachfolgend konkretisiert, wobei die Empfehlungen für die Selbstverpflichtung des Unternehmens als Beispiele zu verstehen sind und keinen Anspruch auf Vollständigkeit erheben.

Das CSR-Leitbild der österreichischen Wirtschaft

In einem breit angelegten Diskussionsprozess wurde von der Initiative CSR-Austria (www.csr-austria.at) ein Leitbild der österreichischen Wirtschaft erarbeitet, das im Wesentlichen die drei Gesellschaftsbereiche von Ökonomie, Ökologie und Soziales beschreibt.

Ökonomische Anforderungen

Eine sichere Zukunft in einer demokratischen Gesellschaft mit persönlicher Freiheit, Wohlstand und Lebensqualität für den Einzelnen wird auch durch eine leistungsfähige Wirtschaft garantiert. Sie ist eine Voraussetzung für die Erfüllung der wesentlichen Lebensbedürfnisse der Menschen.

Ökonomische Verantwortung umfasst ein Bündel von Verhaltensweisen, die sicherstellen sollen, dass freie Marktwirtschaft und Wettbewerb auch von den schwächeren Teilnehmern des ökonomischen Gefüges nicht als Bedrohung, sondern als geeignetes Umfeld für Entwicklung und Wachstum gesehen werden. So wie persönliche Freiheit nur auf der Basis von Regeln gedeihen kann, können auch freie Märkte nur funktionieren, wenn die Marktteilnehmer ihr Verhalten Regeln unterwerfen, und zwar sowohl gesetzlich verbindlichen als auch freiwillig im aufgeklärten Eigeninteresse angenommenen Regeln.

Solche Regeln betreffen die Qualität von Geschäftsbeziehungen jeder Form und ihre Wirkung auf die Gesellschaft, den sozialen Zusammenhalt der Gesellschaft, die wirtschaftliche Stabilität und verschiedene Aspekte der Förderung des Gemeinwohls, wie Armutsbekämpfung, Verteilung, Menschenrechte, Mitentscheidung, soziale Sicherheit. Die Adressaten der ökonomischen Verantwortung eines Unternehmens sind (neben anderen interessierten Kreisen) vor allem Investoren, Eigentümer, Aktionäre, Geschäftspartner, Kunden, Arbeitnehmer und Arbeitnehmervertreter, Lieferanten.

Unternehmen sind mit Anforderungen diverser Anspruchsgruppen an ihre ökonomische Verantwortung konfrontiert. Politisch breit anerkannte Anforderungen beziehen sich auf Aspekte wie

- die Grundsätze der Führung und Leitung von Unternehmen (Corporate Governance),
- die Bekämpfung von Insiderhandel und Insidergeschäften,
- das aktive Auftreten gegen Korruption, Bestechung und Geldwäsche,
- die Zahlungsmoral, Vertragstreue und Datenschutz,
- die Einhaltung von Haftungen und Konsumentenschutz,
- die Bekämpfung schädlicher Kartelle und des Missbrauchs einer marktbeherrschenden Stellung,
- die Bekämpfung von Wirtschaftsspionage und
- den Schutz geistigen Eigentums.

Die soziale Marktwirtschaft bedarf eines wirkungsvollen Ordnungsrahmens, um faire Wettbewerbsbedingungen und die Nachhaltigkeit der Wirtschaft zu sichern. Darüber hinaus wurden, als Teil der allgemeinen Bemühungen zur Förderung von Transparenz, Integrität und Rechtsstaatlichkeit, in nationalen und internationalen Initiativen Grundsätze und Standards guter Unternehmensführung (Corporate Governance) entwickelt.

Empfehlungen, um gesellschaftlichen Mindestanforderungen zu entsprechen

Gesetzliche oder behördliche Bestimmungen stellen jedenfalls die Basis für das Management eines Unternehmens dar. Das Unternehmen bekennt sich zur Einhaltung der einschlägigen rechtlichen Anforderungen. Das umfasst die Kenntnis dieser Bestimmungen, eine Beurteilung der Effekte und Potenziale für das Unternehmen, seiner Tätigkeiten, Dienstleistungen und Produkte und die Anwendung von wirksamen Maßnahmen zur Einhaltung dieser Vorgaben.

Grundsätze guter Unternehmensführung (Corporate Governance Principles)

Unternehmen setzen Maßnahmen für die verantwortungsvolle Führung und Leitung von Unternehmen zur Stärkung des Vertrauens in die Unternehmensführung. Der nationale Corporate Governance Kodex richtet sich in erster Linie an börsennotierte Kapitalgesellschaften, von denen erwartet wird, dass sie sich zur Einhaltung verpflichten, sich regelmäßig von Außenstehenden evaluieren lassen und das Ergebnis der Evaluierung veröffentlichen.

Die Grundsätze guter Unternehmensführung enthalten aber auch für Unternehmen, die nicht durch den Kodex gebunden sind, viele nützliche Handlungsanleitungen. Das betrifft alle nicht börsennotierten Unternehmen, die Gesellschaften mit beschränkter Haftung und die staatlichen Unternehmen. Diese Unternehmen orientieren sich sinngemäß am nationalen Corporate Governance Kodex, siehe:

– OECD Grundsätze der Corporate Governance (siehe Anhang B, [5])
– Österreichischer Corporate Governance Kodex (siehe Anhang B, [37])
– Deutscher Corporate Governance Kodex

Aktives Auftreten gegen Bestechung und Korruption

Korruption und Bestechung sind im Geschäftsverkehr Erscheinungen, die in moralischer, wirtschaftlicher und politischer Hinsicht zu ernster Besorgnis Anlass geben. Bestechung und Korruption untergraben die wirtschaftliche Entwicklung, verzerren Wettbewerbsbedingungen und haben eine zerstörerische Wirkung für politische Stabilität und demokratische Institutionen. Gemeinsam mit staatlichen Stellen kommt dem privaten Sektor und der Zivilgesellschaft entscheidende Bedeutung bei der Bekämpfung von Bestechung und Korruption zu.

Korruption oder Bestechung ist der Tatbestand, der von demjenigen verwirklicht wird, der unmittelbar oder über Mittelspersonen vorsätzlich Bestechungsgeld, einen ungerechtfertigten Geldwert oder sonstigen Vorteil anbietet, verspricht, gewährt oder annimmt, um einen Auftrag oder einen sonstigen unbilligen Vorteil zu erlangen, zu behalten oder einzuräumen. Korruption oder Bestechung sind nicht zu rechtfertigen durch den Wert des Vorteils, den Erfolg des Verhaltens, Erkenntnisse über örtliche Gepflogenheiten, die Duldung derartiger Zahlungen durch örtliche Behörden oder die angebliche Notwendigkeit der Zahlung.

Das Unternehmen trifft wirksame Maßnahmen zur Bekämpfung von Bestechung und Korruption, wie

– das Bekenntnis der Unternehmensleitung, Korruption nicht zu dulden und die Entwicklung verbindlicher ethischer Handlungsanleitungen,

– Maßnahmen in Bezug auf das Führen von Büchern und Aufzeichnungen, das Anlegen von Konten, das Offenlegen von Jahresabschlüssen und die Grundsätze der Rechungslegung und -prüfung.

Verhindert wird, dass

– Konten zum Zweck und der Geheimhaltung der Bestechung, die in den Büchern nicht erscheinen, eingerichtet,

– Geschäfte, die in den Büchern nicht oder mit unzureichenden Angaben erscheinen, getätigt,

– nicht existierende Aufwendungen oder das Entstehen von Verbindlichkeiten mit falschen Angaben verbucht sowie

– falsche Belege benutzt werden.

Bekämpft wird Geldwäsche, die als Voraussetzung für Bestechung große Bedeutung hat.

Bestechung, die Beteiligung an der Bestechung einschließlich der Anstiftung, der Beihilfe und der Ermächtigung, der Versuch der Bestechung und der Verabredung zur Bestechung werden wirksam, angemessen und abschreckend sanktioniert.

Wahrung der Kunden- bzw. Verbraucherinteressen

Kunden sind die wichtigste Bezugsgruppe für Unternehmen. Daher ist der Umgang mit den Kunden ein wesentlicher Faktor für die nachhaltige Entwicklung des Unternehmens.

Unternehmen, die dies erkannt haben, wenden daher bei allen ihren Beziehungen zu den Verbrauchern faire Geschäfts-, Vermarktungs- und Werbepraktiken an und treffen alle zumutbaren Maßnahmen, um die Sicherheit und

Qualität der von ihnen angebotenen Güter oder Dienstleistungen zu gewährleisten. Sie sollten insbesondere (siehe auch Anhang B, [2] und [39])

(1) sicherstellen, dass die von ihnen angebotenen Güter oder Dienstleistungen allen ausdrücklich vereinbarten bzw. gesetzlich vorgeschriebenen
Normen im Hinblick auf Gesundheit und Sicherheit der Verbraucher
entsprechen, was auch Warnungen in Bezug auf etwaige Gesundheits-
risiken sowie Angaben bezüglich der Produktsicherheit und sonstige Informationen umfasst; sie treffen alle zumutbaren Vorkehrungen, um Sicherheit und Qualität der von ihnen angebotenen Dienstleistungen und
Güter zu gewährleisten. Dabei haben sie den gesamten Lebenszyklus dieser Güter im Auge. Sie sorgen für eine möglichst gefahrlose Anwendbarkeit, für Reparaturfreundlichkeit, möglichst lange Lebensdauer und Wiederverwertbarkeit dieser Güter bzw. problemlose Entsorgungsformen.

(2) je nach Art der Güter oder Dienstleistungen hinreichend präzise und klare
Informationen über deren Zusammensetzung, Anwendungssicherheit
sowie Wartung, Lagerung und Entsorgung liefern, damit die Verbraucher
ihre Entscheidungen in voller Sachkenntnis treffen können;

(3) transparente und wirksame Verfahren für die Bearbeitung von Verbraucherbeschwerden sowie für die gerechte und rasche Beilegung von
Streitigkeiten mit den Verbrauchern vorsehen, und zwar ohne ungebühr-
lichen Kosten- und Verwaltungsaufwand auch über nationalstaatliche
Grenzen hinaus;

(4) von täuschenden, irreführenden, betrügerischen oder unfairen Darstellungen, Auslassungen und sonstigen Praktiken absehen;

(5) das Recht der Verbraucher auf Schutz ihrer Privatsphäre respektieren
und den Schutz personenbezogener Daten gewährleisten;

(6) uneingeschränkt und auf transparente Weise mit den zuständigen
öffentlichen Stellen bei der Vermeidung bzw. Beseitigung von ernsten
Bedrohungen für die öffentliche Gesundheit und Sicherheit zusammenarbeiten, die durch den Verbrauch oder die Verwendung ihrer Produkte entstehen;

(7) Vorsorge für eventuelle Ansprüche von Verbrauchern aus Gewährleis-
tungs- und auch verschuldensunabhängigen Schadenersatzansprüchen
treffen, die über eine mögliche Insolvenz des betroffenen Unternehmens hinaus wirksam bleiben.

Das Unternehmen als guter Bürger

Jedes Unternehmen bewegt sich neben dem schon genannten Kundenmarkt
auch in einem lokalen und regionalen Umfeld, aus dem sich verschiedenste

Verantwortungen ergeben. Diese fangen beim Umfang mit Lieferanten an, gehen über das Verhältnis mit der lokalen Politik bis hin zur Steuerehrlichkeit gegenüber dem Gemeinwesen. Erst wenn all dies berücksichtigt ist, wird sich auch ein nachhaltiger unternehmerischer Erfolg erzielen lassen.

Das Unternehmen bekennt sich dazu, dass der Wert eines Unternehmens nicht nur an der Rendite für die Eigentümer, sondern auch am Nutzen für die übrigen interessierten Kreise wie Gläubiger, Arbeitnehmer, Lieferanten gemessen wird. Das Unternehmen ist zum Wohl des Unternehmens, der Eigentümer aber eben auch der interessierten Kreise zu führen (siehe auch § 70 des Aktiengesetzes).

Empfehlungen für die freiwillige Selbstverpflichtung des Unternehmens

Über die gesetzlichen Bestimmungen hinaus untersucht das Unternehmen Potenziale und nutzt auf strategischer und operativer Ebene Chancen, um im eigenen Umfeld den sozialen Zusammenhalt, die wirtschaftliche Entwicklung und die Entwicklung von Wohlstand zu unterstützen.

Generell soll das Unternehmen bestrebt sein, die an das eigene Unternehmen gestellten Anforderungen der ökonomischen Verantwortung auch an die Zulieferindustrie, Subunternehmer bzw. die gesamte Produktionskette, verbundene Unternehmen und Lizenznehmer zu stellen und diese Unternehmen in eigene Programme mit einzubeziehen.

Zielsetzungen der freiwilligen Selbstverpflichtung betreffend die wirtschaftliche Verantwortung können sich insbesondere auf folgende Themenbereiche beziehen: Standortentwicklung, Forschung, Bildung und Kultur, Innovation, Produktivität, Infrastruktur, die europäische Integration, Entwicklung eines fairen Handels, Armutsbekämpfung, Förderung der Zivilgesellschaft und sozialen Engagements, soziale Marktwirtschaft, gelebte Demokratie mit Arbeitnehmern und Arbeitnehmervertretern sowie lokaler Gemeinschaft, Förderung guter Regierungsführung und Rechtsstaatlichkeit.

Unternehmen überprüfen bei Entscheidungen auch die volkswirtschaftlichen Auswirkungen ihrer Handlungen (z.B. bei Kündigungen) und versuchen durch Erstellung alternativer Szenarien bei negativen Auswirkungen diese gering zu halten.

Soziale Anforderungen

Ein Unternehmen, das zumindest einen Teil seiner wirtschaftlichen Interessen in den Staaten der EU angesiedelt hat, sieht sich hier einem gesellschaftlichen Klima gegenüber, in dem Mindeststandards an sozialen Anforderungen vorgegeben sind. Dieses Mindestmaß an Anforderungen umfasst Normen, die sich sowohl auf das Unternehmen selbst beziehen als auch auf seine Partner aus der Zulieferindustrie, auf Subunternehmen sowie die gesamte Produktionskette, auf verbundene Unternehmen und Lizenznehmer. Viele auf diesen Märkten tätige Unternehmen gehen in ihren freiwilligen Standards aber weit über diese Mindestanforderungen hinaus.

Entscheidend für die gesellschaftliche Verantwortung ist in beiden Fällen, wie sich das Unternehmen oder der Konzern global verhält. Das Unternehmen sollte berücksichtigen, dass sein soziales Verhalten auch Auswirkungen über die Unternehmensgrenzen hinaus hat.

Empfehlungen, um gesellschaftlichen Mindestanforderungen zu entsprechen

Gesetzliche, behördliche und kollektivvertragliche Forderungen stellen Mindestanforderungen insbesondere in Hinblick auf die Arbeitnehmer für ein Unternehmen dar. Grundsätzlich sollten Arbeitnehmer als Partner des Unternehmens verstanden werden.

Das Unternehmen stellt die Anforderungen aus dem Arbeitsrecht fest, die auf seine Tätigkeit anzuwenden sind. Diese umfassen:

– Arbeits- und Sozialgesetze (z.B. Arbeitsverfassungsgesetz, Angestelltengesetz, Arbeitszeitgesetz, Urlaubsgesetz),

– Kollektivverträge,

– Betriebsvereinbarungen,

– Bildung von Arbeitnehmervertretern,

– Informationspflichten gegenüber Arbeitnehmern und Arbeitnehmervertretern,

– Mitbestimmungsrechte der Arbeitnehmervertreter,

– Gesundheit und Sicherheit am Arbeitsplatz.

Für die Wahrnehmung des Arbeitnehmerschutzes haben sich neben den rechtlichen Bestimmungen auch verschiedene Managementsysteme gebildet, siehe zum Beispiel OHSAS 18001 (Anhang B, [24]), die sich in das vorliegende Managementsysteme der gesellschaftlichen Verantwortung des Unternehmens integrieren lassen. Dies gilt ebenso für integrierte Managementsysteme, welche die Teilbereiche Qualitätssicherung, Umwelt, Gesundheit und Sicherheit unter Berücksichtigung der bestehenden Normen zum Qualitäts- und Umweltmanagement und der rechtlichen Anforderungen des Arbeitnehmerschutzes, des Umweltschutzes, durch Anforderungen an die technische Sicherheit sowie gewerberechtliche Vorschriften berücksichtigen, siehe zum Beispiel ÖNORM S 2095 (Anhang B, [59] und [60]).

Praktische Hilfe – Zusammenhang mit den Übereinkommen der Internationalen Arbeitsorganisation (IAO)

Die Kernarbeitsnormen der Internationalen Arbeitsorganisation (IAO) gemäß der Erklärung über grundlegende Prinzipien und Rechte bei der Arbeit von 1998 und weitere grundlegende Arbeitsnormen auf Grund von IAO-Übereinkommen sind:

Achtung der Vereinigungsfreiheit und des Rechts auf Tarifverhandlungen

Alle Arbeitnehmer sind berechtigt, Gewerkschaften zu bilden und ihnen beizutreten sowie kollektiv zu verhandeln.

Das Unternehmen wird in Situationen, in denen das Vereinigungsrecht oder das Recht auf Kollektivverhandlungen gesetzlich eingeschränkt sind, parallele Möglichkeiten auf Unternehmensebene für unabhängige und freie Vereinigung und Kollektivverhandlungen für alle Arbeitnehmer bieten.

Freiwillige Beschäftigung

Es darf keine Zwangsarbeit, einschließlich Schuldknechtschaft und freiwillige Gefängnisarbeit eingesetzt werden.

Keine Kinderarbeit

Es darf nicht auf Kinderarbeit zurückgegriffen werden. Grundsätzlich dürfen nur Arbeitnehmer beschäftigt werden, die älter als 15 Jahre sind, oder über dem schulpflichtigen Alter, wenn Letzteres höher ist.

Soweit es die jeweilige innerstaatliche Gesetzgebung zulässt, können Kinder über 13 Jahre bei leichten Arbeiten beschäftigt werden und solche Arbeiten ausführen, sofern diese Arbeiten für ihre Gesundheit oder Entwicklung voraussichtlich nicht schädlich sind und sie nicht so beschaffen sind, dass sie ihren Schulbesuch, ihre Teilnahme an den von der zuständigen Stelle genehmigten beruflichen Orientierungs- oder Ausbildungsprogrammen oder ihre Fähigkeit beeinträchtigen, dem Unterricht mit Nutzen zu folgen.

Personen unter 18 Jahren dürfen keine Arbeiten ausführen, die ihre Gesundheit, Sicherheit oder Sittlichkeit gefährden können.

Sollte ein Unternehmen diese Bestimmung erst nachträglich implementieren und Kinderarbeiter entlassen, so wird es für ausreichende finanzielle Übergangshilfen und angemessene Bildungsmöglichkeiten sorgen.

Abschaffung der Diskriminierung am Arbeitsplatz

Alle Arbeitnehmer genießen gleiche Chancen und gleiche Behandlung, ungeachtet der Herkunft, der Hautfarbe, des Geschlechts, des Glaubensbekenntnisses, der sexuellen Orientierung der politischen Meinung, der nationalen Abstammung oder der sozialen Herkunft oder sonstiger Unterscheidungsmerkmale.

Zahlung ausreichender Löhne

Die Arbeitnehmer beziehen Löhne/Gehälter und sonstige Leistungen für eine normale Arbeitswoche, die zumindest den gesetzlichen oder für den betreffenden Industriezweig oder Gewerbe geltenden Mindestentgelten entsprechen und stets ausreichen, um die Grundbedürfnisse der Arbeitnehmer zu erfüllen.

Weder sind Abzüge von Löhnen als Strafmaßnahmen erlaubt noch sind Abzüge ohne die ausdrückliche Erlaubnis der betreffenden Arbeitnehmer gestattet, die nicht durch die nationalen Gesetze begründet sind.

Keine übermäßigen Arbeitszeiten

Die Arbeitszeiten sind im Einklang mit den geltenden Gesetzen und Normen der Branche festzulegen. Unabhängig davon darf von den Arbeitnehmern nicht verlangt werden, dass sie regelmäßig mehr als 48 Stunden pro Woche arbeiten. Innerhalb eines Zeitraumes von 7 Tagen müssen sie mindestens einen freien Tag haben.

Menschenwürdige Arbeitsbedingungen

Es ist für eine sichere und hygienische Arbeitsumgebung zu sorgen und der größtmögliche Gesundheits- und Sicherheitsschutz am Arbeitsplatz zu fördern, und zwar unter Berücksichtigung der aktuellen Erkenntnisse der betreffenden Branche und etwaiger spezifischer Gefahren. Körperliche Misshandlung, Androhungen von körperlicher Misshandlung, unübliche Strafen, sexuelle und andere Belästigungen sowie Einschüchterungen sind streng verboten.

Festes Beschäftigungsverhältnis

Die arbeits- und sozialrechtlichen Verpflichtungen gegenüber den Beschäftigten dürfen nicht umgangen werden.

Es wird hingewiesen, dass nicht alle hier angeführten IAO-Übereinkommen seitens Österreichs ratifiziert wurden.

Empfehlungen für die freiwillige Selbstverpflichtung des Unternehmens

Über die sozialen Mindestanforderungen hinausgehend sollte sich das Unternehmen zur Wahrnehmung der sozialen Verantwortung in weiteren Bereichen verpflichten und dabei konkrete Ziele festlegen.

Im Hinblick auf die globale Dimension der gesellschaftlichen Verantwortung des Unternehmens (grenzüberschreitende bzw. die Grenzen der Europäischen Union überschreitende Geschäftsaktivitäten) sollten bestehende internationale Standards herangezogen werden, zum Beispiel

– die OECD-Leitsätze für multinationale Unternehmen (siehe Anhang B, [2]),

– die dreigliedrige Grundsatzerklärung der IAO über multinationale Unternehmen und Sozialpolitik oder

– die Human Rights Principles and Responsibilities for Transnational Corporations and Other Business Enterprises der UN-Kommission für Menschenrechte (siehe Anhang B, [4]).

Im Übrigen werden folgende Themenbereiche für die Festlegung von Zielsetzungen vorgeschlagen:

(a) Aus- und Weiterbildungsmaßnahmen für Arbeitnehmer. Grundsätzlich dienen Aus- und Weiterbildungsmaßnahmen der Werterhaltung und Wertentwicklung von Unternehmen. In diesem Zusammenhang ist zusätzlich auf die Weiterbildungsmöglichkeiten für gering Qualifizierte, Beschäftigte in atypischen Arbeitsverhältnissen, ältere Arbeitnehmer und Wiedereinsteiger nach Elternkarenz bzw. pflegebedingter Unterbrechung des Arbeitsverhältnisses Bedacht zu nehmen.

(b) Beschäftigung von Behinderten, älteren Arbeitnehmern, Langzeitarbeitslosen, Ausbildung von Lehrlingen bzw. Berufseinsteiger.

(c) Gendermainstreaming von strategischen und Personalentscheidungen; Frauenförderungsmaßnahmen (Frauenförderpläne).

(d) Die Situation älterer Arbeitnehmer im Betrieb (z.B. altersgerechte Arbeitsplätze bzw. Arbeitsorganisation, Weiterbildungsmöglichkeiten).

(e) Vereinbarkeit von Beruf und Familie.

(f) Sozialverträgliches Verhalten und Handeln des Managements bei Umstrukturierungen, Abbau bzw. Ausscheiden von Mitarbeitern (zB durch Erstellen von Sozialplänen, Einbindung der Arbeitnehmervertreter).

(g) Verhältnis zwischen Management und Belegschaft bzw. Arbeitnehmervertreter, wie etwa aktive Unterstützung der Gründung und der Tätigkeit von Arbeitnehmervertretungen, Einbindung der Arbeitnehmervertreter bei betrieblichen Entscheidungen; Unterstützung der Arbeitnehmervertreter zur Gründung von konzernweiten Betriebsräten).

(h) Gesundheit und Sicherheit am Arbeitsplatz (z.B. Verhinderung von Mobbing und psychischen Belastungen am Arbeitsplatz, innovative Maßnahmen).

(i) Antidiskriminierungsmaßnahmen, zum Beispiel die Nichtdiskriminierung von Menschen mit Behinderungen, von Minderheiten, von Menschen auf Grund ihrer ethnischen Zugehörigkeit, ihrer Herkunft, ihres Alters, ihrer sexuellen Orientierung, ihrer politischen oder ihrer religiösen Orientierung.

(j) Ermöglichen der Ausübung jeweiliger religiöser Praktiken während der Dienstzeit.

(k) Sozial verantwortliche Investmentpolitik insbesondere in Zusammenhang mit Pensionskassen und Mitarbeitervorsorgekassen.

(l) Beachtung der Rechte der lokalen Bevölkerung und indigener Völker. In ihrem Tätigkeitsfeld sollten Unternehmen darauf achten, die Rechte der lokalen Bevölkerung und im Besonderen von indigenen Völkern zu respektieren. Dies betrifft Nutzung, Kontrolle, Schutz und den Gebrauch von Land, natürlichen Ressourcen sowie kulturellen und geistigen Eigentumsrechten. Wenn Eingriffe in die Lebensumstände der lokalen Bevölkerung, insbesondere indigener Völker, nicht verhindert werden können bzw. bereits erfolgt sind, sollte für angemessenen Schadenersatz gesorgt werden.

(m) Förderung ehrenamtlicher Tätigkeiten der Arbeitnehmer in öffentlichen oder sozialen Organisationen (z.B. Schulen).

(n) Die Arbeitnehmer und Arbeitnehmervertreter werden durch Einbindung in Zielfindung und Zielerreichung des Unternehmens in das Gesamtunternehmen eingebunden.

(o) Unterstützung des Bildungswesens durch Zurverfügungstellung von Praktikern des Unternehmens als (interne) Personalentwickler bzw. als (externe) Lehrkräfte (z.B. in Fachhochschulen und Universitäten).

Jedes Unternehmen sollte überdies im Rahmen seiner Möglichkeiten soziales Sponsoring, Kunst-, Kultur- und/oder Sportsponsoring betreiben.

Es wird auch vorgeschlagen, dass sich das Unternehmen an gesellschaftlich wertvollen regionalen Aktivitäten beteiligt und in die regionale Entwicklung einbindet.

Weiters wird vorgeschlagen, dass Unternehmen das ehrenamtliche Engagement von Mitarbeitern durch fördernde Maßnahmen unterstützen. Dies fördert auch die lokale Identifikation seitens der Bevölkerung und die Motivation der Mitarbeiter. Außerdem stärkt der Zusammenhalt von Wirtschaft und gemeinnützigen Organisationen das soziale Leben.

Ökologische Anforderungen

Das Unternehmen sollte alle direkten und indirekten Umweltaspekte erheben, die bei der Durchführung von Tätigkeiten, Erbringung von Dienstleistungen und der Herstellung von Produkten wirksam sind. Das Unternehmen sollte anhand von Kriterien prüfen, welche Umweltaspekte wesentliche Auswirkungen haben, um so die Umweltleistung insgesamt am wirksamsten zu verbessern. Die Kriterien sind selbst gewählt, sie müssen jedoch umfassend, nachvollziehbar und reproduzierbar sein und der Öffentlichkeit zugänglich gemacht werden. Die Optimierung und Verbesserung der Umweltleistung wird durch die Berichterstattung dokumentiert.

Der kontinuierliche Verbesserungsprozess ist Grundprinzip von Umweltmanagementsystemen. ÖNORM EN ISO 14001, EMAS und ÖKOPROFIT sind Beispiele für wirkungsvolle Umweltmanagementsysteme. Die Entwicklung der Anzahl der nach ÖNORM EN ISO 14001 zertifizierten Organisationen in Österreich von 1995 bis 2002 ist in Bild 2 dargestellt.

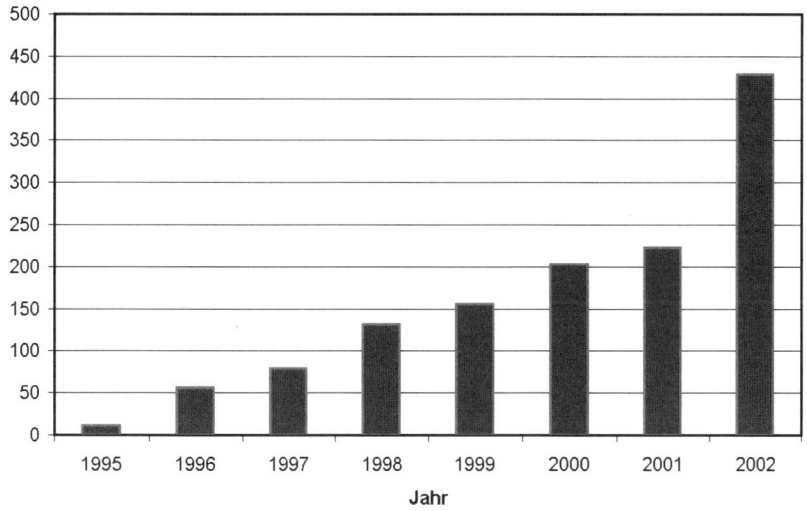

Bild 2 – Entwicklung der Anzahl der nach ISO 14001 zertifizierten Organisationen in Österreich (Quelle: „The ISO Survey of ISO 9000 and ISO 14001 certificates, 12th Cycycle, 2002")

Das Bestehen eines Umweltmanagementsystems kann einer Organisation helfen, bei interessierten Kreisen dahin gehend Vertrauen zu erlangen, dass

- es eine Verpflichtung der Leitung gibt, um die Vorgaben ihrer Politik, Zielsetzungen und Einzelziele zu erfüllen;

- die Betonung mehr auf Vorbeugungs- als auf späteren Korrekturmaßnahmen liegt;

- es Nachweise gibt für angemessene Vorbeugung und Erfüllung der gesetzlichen Forderungen; und

- das Systemdesign den Prozess der kontinuierlichen Verbesserung mit einschließt.

Eine Organisation, deren Managementsystem ein Umweltmanagementsystem enthält, besitzt einen Rahmen, um ökonomische und ökologische Interessen im Gleichgewicht zu halten. Eine Organisation, die ein Umweltmanagementsystem implementiert hat, kann bedeutende Wettbewerbsvorteile erzielen.

Ökonomische Vorteile können durch die Implementierung eines Umweltmanagementsystems erzielt werden. Diese sollten ermittelt werden, um sie interessierten Kreisen und besonders den Anteilseignern aufzuzeigen. Dies bietet darüber hinaus der Organisation die Möglichkeit, die Umweltzielsetzungen und -ziele mit den spezifischen finanziellen Ergebnissen so zu verbinden, dass Ressourcen eingesetzt werden können, bei denen der höchste Nutzen in finanzieller wie auch in ökologischer Hinsicht zu erwarten ist.

Der potentielle Nutzen in Verbindung mit einem wirkungsvollen Umweltmanagementsystem umfasst:

- Vertrauensbildung beim Kunden in die Verpflichtung auf ein nachweisbares Umweltmanagement;

- Wahrung guter Beziehungen zur Öffentlichkeit;

- Zufriedenstellen der Ansprüche von Investoren und verbesserter Kapitalzugriff;

- Abschluss von Versicherungen zu angemessenen Kosten;

- Verbesserung des Images und des Marktanteils;

- Erfüllung von Zertifizierungskriterien der Verkäufer;

- bessere Beherrschung der Kostenlenkung;

- Reduzierung von Ereignissen mit Haftungsfolgen;

- Darlegung einer angemessenen Vorsorge;

- Ressourcenschonung bei Material und Energie;

– Erleichterung des Erhaltens von Genehmigungen und Erlaubnissen;

– Fördern der Entwicklung und Verbreitung von Umweltproblemlösungen;

– Verbesserung der Beziehungen zwischen Industrie und Regierung.

Umweltmanagementsysteme decken die Anforderungen der ökologischen Dimension im Wesentlichen ab und können in das Managementsystem der gesellschaftlichen Verantwortung des Unternehmens integriert werden.

Im Folgenden werden die wesentlichsten Punkte genannt, um auch für Unternehmen, die an keinem der oben genannten Verfahren teilnehmen, eine Grundlage für die ökologische Dimension der Nachhaltigkeit zu schaffen.

Empfehlungen, um gesellschaftlichen Mindestanforderungen zu entsprechen

Gesetzliche oder behördliche Forderungen stellen Mindestanforderungen für das Umweltmanagement eines Unternehmens dar.

Das Unternehmen stellt die umweltgesetzlichen Anforderungen fest, die auf seine Tätigkeit anzuwenden sind. Diese umfassen:

– nationale und internationale rechtliche Anforderungen;

– Anforderungen örtlicher Verwaltungen.

– Bescheide, ausgehandelte Vereinbarungen zwischen dem Unternehmen und Behörden.

Empfehlungen für die freiwillige Selbstverpflichtung des Unternehmens

Freiwillige Vereinbarungen können je nach Bedarf des Unternehmens dokumentiert und das Ausmaß der Erfüllung in die Dokumentation aufgenommen werden, wobei vom Unternehmen zu entscheiden ist, ob eine Veröffentlichung sinnvoll erscheint. Es erscheint sinnvoll, folgende Aspekte in die Dokumentation einer freiwilligen Vereinbarung aufzunehmen:

– außergesetzliche Richtlinien;

– freiwillige Prinzipien oder Verfahrensregeln;

– Vereinbarungen mit kommunalen Gruppen und Nichtregierungsorganisationen;

– öffentliche Selbstverpflichtung des Unternehmens oder seiner Mutterorganisation.

Das Unternehmen sollte sich mittel- und langfristige Umweltziele im Rahmen eines kontinuierlichen Verbesserungsprozesses setzen. Die Erreichung der Umweltziele sollte regelmäßig überprüft und das Ergebnis der Überprüfung sollte der Öffentlichkeit zugänglich gemacht werden.

Die Arbeitnehmer und/oder ihre Vertretung sollten in den kontinuierlichen Verbesserungsprozess eingebunden werden. Eine bewährte Form der Einbeziehung in den Verbesserungsprozess ist das innerbetriebliche Vorschlagswesen. Für die Erhöhung der Wirksamkeit dieser Beteiligung sollten entsprechende Schulungen durchgeführt werden.

Beispiele für Umweltaspekte sind:

Direkte Umweltaspekte

(a) Emissionen in die Atmosphäre,

(b) Einleitungen und Ableitungen in Gewässer,

(c) Vermeidung, Verwertung, Wiederverwendung, Verbringung und Entsorgung von festen und anderen Abfällen, insbesondere gefährlichen Abfällen,

(d) Nutzung und Verunreinigung von Böden,

(e) Umgang mit natürlichen Ressourcen und Rohstoffen (einschließlich Energie), zum Beispiel

    – Anteil erneuerbarer Energieträger am Gesamtenergieverbrauch,

    – Entwicklung des Material- und Energieverbrauchs,

    – Einsatz nachwachsender Rohstoffe,

(f) lokale Phänomene, zum Beispiel

    – Lärm,

    – Erschütterungen,

    – Gerüche,

    – Staub,

(g) Verkehr (sowohl im Hinblick auf Waren und Dienstleistungen als auch auf die Arbeitnehmer),

(h) Gefahren von Umweltunfällen und von Umweltauswirkungen, die sich aus Vorfällen, Unfällen und potenziellen Notfallsituationen ergeben oder ergeben können,

(i) Auswirkungen auf die Biodiversität.

Indirekte Umweltaspekte

Tätigkeiten, Produkte und Dienstleistungen einer Organisation können auch zu wesentlichen Umweltauswirkungen führen, die die Organisation unter Umständen nicht in vollem Umfang kontrollieren kann.

Diese können sich unter anderem auf Folgendes erstrecken:

(a) produktbezogene Auswirkungen (Design, Entwicklung, Verpackung, Transport, Verwendung und Wiederverwertung/Entsorgung von Abfall),

(b) Kapitalinvestitionen, Kreditvergabe und Versicherungsdienstleistungen, insbesondere Mitarbeitervorsorgekassen und Pensionskassen,

(c) neue Märkte,

(d Auswahl und Zusammensetzung von Dienstleistungen (zB Verkehr oder Gaststättengewerbe),

(e) Verwaltungs- und Planungsentscheidungen,

(f) Zusammensetzung des Produktangebots,

(g) Umweltleistung und Umweltverhalten von Auftragnehmern, Unterauftragnehmern und Lieferanten.

Das Unternehmen weist nach, dass wesentliche Umweltaspekte im Zusammenhang mit ihrem Beschaffungswesen ermittelt worden sind und wesentliche Umweltauswirkungen, die sich auf diese Aspekte beziehen, im Managementsystem berücksichtigt werden. Das Unternehmen sollte bestrebt sein, dafür zu sorgen, dass die Lieferanten und alle im Auftrag des Unternehmens Handelnden bei der Ausführung ihres Auftrags der Umweltpolitik des Unternehmens genügen.

Bei der Bewertung dieser indirekten Umweltaspekte prüft das Unternehmen, inwiefern sie diese Aspekte beeinflussen kann und welche Maßnahmen zur Verringerung der Auswirkungen getroffen werden können.

Wesentlichkeit der Umweltaspekte

Bei der Festlegung der Kriterien zur Bewertung der Wesentlichkeit der Umweltaspekte eines Unternehmens sollte unter anderem Folgendes berücksichtigt werden:

(a) Informationen über den Umweltzustand, um festzustellen, welche Tätigkeiten, Produkte und Dienstleistungen des Unternehmens Umweltauswirkungen haben können,

(b) vorhandene Daten des Unternehmens über den Material- und Energie-einsatz, Ableitungen, Abfälle und Emissionen im Hinblick auf die damit verbundene Umweltgefahr,

(c) Standpunkte der interessierten Kreise,

(d) rechtlich geregelte Umwelttätigkeiten des Unternehmens,

(e) Beschaffungstätigkeiten,

(f) Design, Entwicklung, Herstellung, Verteilung, Kundendienst, Verwen-dung, Wiederverwendung, stoffliche Verwertung und Entsorgung der Produkte des Unternehmens,

(g) Tätigkeiten des Unternehmens mit den wesentlichsten Umweltkosten und positive Ergebnisse für die Umwelt.

Bei der Bewertung der Frage, welche Umweltauswirkungen der Unter-nehmenstätigkeiten wesentlich sind, berücksichtigt das Unternehmen nicht nur die normalen Betriebsbedingungen, sondern auch die Bedingungen bei Aufnahme bzw. Abschluss der Tätigkeiten sowie Notfallsituationen, mit de-nen realistischerweise gerechnet werden muss. Dabei fließen vergangene, ge-genwärtige und geplante Tätigkeiten ein.

Strategische Komponente der ökologischen Produktentwicklung

Die Erhebung der Umweltaspekte und die damit verbundene Dokumen-tation der Umweltauswirkungen geben Anstoß für Verbesserungen und Weitentwicklung in der Produktion. Ziele können sowohl die Einstellung problematischer Produkte, als auch Forschung und Entwicklung im Bereich der Umwelttechnik und der Dienstleistungen im ökologischen Bereich sein.

Kapitel 3: Organisation des Systems der gesellschaftlichen Verantwortung

Allgemeines

Das Modell eines Managementsystems der gesellschaftlichen Verantwortung

Das in diesem Leitfaden beschriebene Managementsystem der gesellschaftlichen Verantwortung folgt dem Managementmodell „Planen – Durchführen – Prüfen – Handeln" (PDCA: „Plan – Do – Check – Act")[2], siehe auch Bild 3.

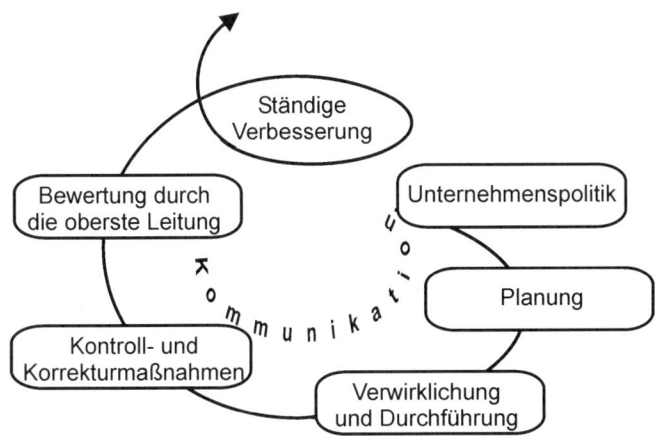

Bild 3 – Managementsystem der gesellschaftlichen Verantwortung eines Unternehmens (MSGVU)

Ein Managementsystem der gesellschaftlichen Verantwortung sollte als Rahmenwerk betrachtet werden, das kontinuierlich überwacht und regelmäßig überprüft wird, um das Management des Unternehmens wirksam bei seiner Reaktion auf die sich ändernden internen und externen Faktoren zu unterstützen.

Bei der Gründung eines MSGVU sollte das Unternehmen dort beginnen, wo der größte Nutzen zu erwarten ist, zum Beispiel bei der Erfüllung der gesetzlichen oder behördlichen Forderungen bezogen auf die gesellschaftliche Verantwortung. Es wird jedoch betont, dass die gesellschaftliche Verantwortung eines Unternehmens sich als ein Konzept der freiwilligen Selbstverpflichtung hinausgehend über gesetzliche oder behördliche Forderungen versteht.

---

[2]   Ähnlich ÖNORM EN ISO 9001 für das Qualitätsmanagement und ÖNORM EN ISO 14001 für das Umweltmanagement.

Wenn das MSGVU Form annimmt, können im Sinne einer Leistungsverbesserung Verfahren, Programme oder Technologien für eine Weiterentwicklung zum Zug kommen.

Praktische Hilfe – Managementsystem der gesellschaftlichen Verantwortung

Das Modell PDCA ist ein laufender, iterativer Prozess, mit dem die Unternehmenspolitik im Sinne eines Managementsystems der gesellschaftlichen Verantwortung entwickelt und umgesetzt werden kann. Nachdem ein Unternehmen seine derzeitige Stellung in Bezug auf die Gesellschaft überprüft hat, sind die nächsten Schritte:

Planen: Schaffen eines laufenden Planungsprozesses, der es dem Unternehmen ermöglicht,

– Aspekte der gesellschaftlichen Verantwortung und deren Einflüsse auf die Gesellschaft zu bestimmen;

– gesetzliche oder behördliche Forderungen oder jene Bestimmungen, zu deren Erfüllung sich das Unternehmen verpflichtet, zu bestimmen und zu überprüfen und gegebenenfalls interne Leistungskriterien zu setzen;

– Ziele in Bezug auf die gesellschaftliche Verantwortung zu setzen und Programme zu formulieren, um diese Ziele zu erreichen.

Durchführen: Umsetzen und Betreiben des MSGVU:

– Schaffen von Managementstrukturen, Vergeben von Rollen und Verantwortlichkeiten mit ausreichender Befugnis und Zur-Verfügung-Stellen angemessener Ressourcen;

– Schulen von Personen und Sicherstellen von deren Bewusstsein und Kompetenz;

– Schaffen und Aufrechterhalten einer Dokumentation;

– Schaffen und Umsetzen einer Lenkung der Dokumente;

Prüfen: Bewertung der Prozesse im MSGVU;

– Durchführen laufender Überprüfung und Messung;

– Bewertung der Erfüllung;

– Bestimmen von Fehlern und Setzen von Korrekturen und vorbeugenden Maßnahmen;

– Führen von Aufzeichnungen;

– Durchführen regelmäßiger Audits.

Handeln: Bewertung und Setzen von Maßnahmen zur Verbesserung des MSGVU:

– Durchführen von Managementbewertungen des MSGVU in angemessenen Zeitabständen;

– Bestimmen von Bereichen, in denen eine Verbesserung erzielbar ist.

Dieser laufende Prozess ermöglicht es einem Unternehmen, sowohl sein Managementsystem der gesellschaftlichen Verantwortung als auch seine Gesamtleistung zu verbessern.

Die **Kommunikation** nimmt in jedem der oben genannten Schritte einen wesentlichen Stellenwert ein, da sie mithilft, das Vertrauen und die Glaubwürdigkeit in die gesellschaftliche Verantwortung des Unternehmens sowohl zu schaffen als auch zu stärken.

Selbstverpflichtung der obersten Leitung und Führung

Zur Sicherstellung eines Erfolges muss bereits bei der Entwicklung oder Verbesserung des Managementsystems der gesellschaftlichen Verantwortung die Selbstverpflichtung der obersten Leitung des Unternehmens als Schritt zur Verbesserung der Tätigkeiten, Produkte und Dienstleistungen im Sinne der gesellschaftlichen Verantwortung gesetzt werden. Eine laufende Selbstverpflichtung und Führung der obersten Leitung ist entscheidend.

Praktische Hilfe – Selbstverpflichtung von Entscheidungsträger im Gesundheitswesen

Im Bereich des Gesundheitswesens fordert die Jakarta-Deklaration, dass sich Entscheidungsträger zur Einhaltung einer gesellschaftlichen Verantwortung verpflichten müssen. Sowohl der öffentliche als auch der Privatsektor sollte Gesundheit durch Politik und Praktiken fördern, welche

– die Gesundheit von Einzelpersonen nicht in Gefahr bringen,

– die Umwelt schützen und die nachhaltige Nutzung von Ressourcen sicherstellen,

– die Produktion, den Handel und die Bewerbung von Natur aus schädlichen Gütern und Substanzen, zum Beispiel Tabak- und Rüstungswaren, einschränken,

– den Bürger am Markt und die Einzelperson am Arbeitsplatz schützen,

– gerechte Bewertungen in Hinblick auf Auswirkungen auf die Gesundheit als einen integralen Teil der Entwicklung der Politik einschließen.

Anwendungsbereich des Managementsystems der gesellschaftlichen Verantwortung

Entscheidend für die Wirksamkeit eines Managementsystems der gesellschaftlichen Verantwortung ist die klare Abgrenzung seines Anwendungsbereichs durch die oberste Leitung. Das bedeutet, dass das Management die Unternehmensgrenzen festlegen sollte, wo das MSGVU angewendet werden soll. Sobald der Anwendungsbereich des MSGVU bestimmt wurde, sollten alle Tätigkeiten, Produkte und Dienstleistungen des Unternehmens innerhalb dieses Anwendungsbereiches aufgenommen werden.

Start-Erhebung

Ein Unternehmen ohne bestehendes Managementsystem der gesellschaftlichen Verantwortung sollte seine derzeitige Stellung in Bezug auf die Gesellschaft durch eine Start-Erhebung abschätzen. Das Ziel dieser Erhebung sollte darin liegen, die Aspekte der gesellschaftlichen Verantwortung aus den Tätigkeiten, Produkten und Dienstleistungen des Unternehmens als Grundlage für die Schaffung seines MSGVU festzustellen.

Unternehmen mit bestehendem MSGVU brauchen zwar keine Start-Erhebung durchzuführen, eine solche Erhebung könnte jedoch das Unternehmen darin unterstützen, sein MSGVU zu verbessern.

Die Start-Erhebung sollte umfassen:

(a) Bestimmung von Aspekten der gesellschaftlichen Verantwortung der für die Situation im Unternehmen relevanten Themenkreise gemäß Kapitel 2;

(b) Bestimmung der gesetzlichen und behördlichen Forderungen sowie jener Normen, zu deren Erfüllung sich das Unternehmen verpflichtet;

(c) Beschreibung der Situation des Unternehmens bezüglich der unter (a) angeführten Themenkreise sowie Darlegen der Problembereiche;

(d) Überprüfung bestehender Managementpraktiken und Verfahren einschließlich jener, die mit Beschaffungs- und Vertragstätigkeiten verbunden sind;

(e) Beurteilung vorangegangener Notfallsituation und Unfälle.

Zusätzlich kann die Erhebung berücksichtigen:

(a) Interne Kriterien, externe Standards, Vorschriften, Verhaltenskodizes, Prinzipien und Leitfäden, wobei die drei Dimensionen der gesellschaftlichen Verantwortung mit Kenngrößen versehen werden sollten;

(b) Möglichkeiten des Wettbewerbsvorteils durch ein MSGVU, einschließlich möglicher Kostenreduktion;

(c) Ansichten der interessierten Kreise;

(d) andere Systeme, die eine Leistung in Bezug auf die gesellschaftliche Verantwortung ermöglichen oder behindern.

Die Ergebnisse der Start-Erhebung können verwendet werden,

(a) um das Unternehmen beim Festlegen des Anwendungsbereichs des Managementsystems der gesellschaftlichen Verantwortung zu unterstützen,

(b) um die Unternehmenspolitik zu entwickeln oder zu verbessern,

(c) um die Ziele in Bezug auf die gesellschaftliche Verantwortung zu setzen, und

(d) um die Einhaltung der gesetzlichen oder behördlichen Forderungen oder jener Bestimmungen, zu deren Erfüllung sich das Unternehmen verpflichtet, aufrechtzuerhalten.

Praktische Hilfe – Start-Erhebung

Ein möglicher Ansatz für die Erhebung ist nachfolgend dargestellt:

(1) Erstbestimmung der Aspekte der gesellschaftlichen Verantwortung der für die Situation im Unternehmen relevanten Themenkreise gemäß Kapitel 2 sowie Darlegen der Problembereiche;

(2) Erstbestimmung der gesetzlichen oder behördlichen Forderungen oder jener Bestimmungen, zu deren Erfüllung sich das Unternehmen verpflichtet;

(3) Überprüfung der bestehenden Praxis des Unternehmens in der Wahrnehmung gesellschaftlicher Verantwortung, das schließt auch das Beschaffungs- und Vertragswesen mit ein;

(4) Dokumentieren der Bewertungsergebnisse, damit sie genutzt werden können, um den Anwendungsbereich des Managementsystems der gesellschaftlichen Verantwortung zu setzen und die Umsetzung vorzubereiten oder den Betrieb des Managementsystems einschließlich der Unternehmenspolitik zu verbessern.

Methoden, die für die Überprüfung der bestehenden Praxis des Unternehmens in der Wahrnehmung gesellschaftlicher Verantwortung verwendet werden können, können umfassen:

(a) Interviews mit Arbeitnehmer und Arbeitnehmervertreter;

(b) Interviews mit Personen, die derzeit oder früher für oder im Auftrag des Unternehmens gearbeitet haben, um den Aufgabenbereich der Tätigkeiten, Produkte und Dienstleistungen des Unternehmens sowohl in der Vergangenheit als auch in der Gegenwart zu bestimmen;

(c) Beurteilung der internen und externen Kommunikation, die mit den interessierten Kreisen des Unternehmens geführt wurde. Diese Beurteilung sollte auch Beschwerden umfassen, ebenso Angelegenheiten aus gesetzlichen oder behördlichen Forderungen oder jenen Bestimmungen, zu deren Erfüllung sich das Unternehmen verpflichtet, sowie vergangenen Zwischenfällen mit Bezug auf die Gesellschaft;

(d) Sammeln von Informationen bezogen auf derzeitige Managementpraktiken, zum Beispiel:

– Aus- und Weiterbildungsmaßnahmen von Arbeitnehmern,

– Frauenförderpläne,

– Arbeitsunfälle,

– Zahl der beschäftigten Behinderten,

– Zahl der beschäftigten Lehrlinge,

– Ressourcenverwendung (z.B. Nutzung der Beleuchtung an den Arbeitsstätten außerhalb der Arbeitszeit),

– Prüfung der wesentlichen Geschäftsprozesse.

Die Erhebung kann mit Hilfe von Checklisten, Interviews, Inspektionen vor Ort, Messungen, Ergebnissen vergangener Audits oder anderen Bewertungen abhängig von der Art der Tätigkeiten, Produkte und Dienstleistungen des Unternehmens durchgeführt werden.

Kommunikation

Allgemeines

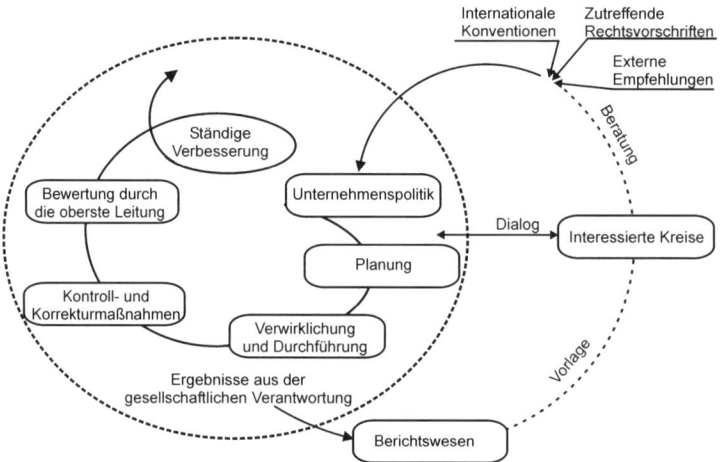

Bild 4 – Einbindung der Kommunikation in das Managementsystem der gesellschaftlichen Verantwortung des Unternehmens

Ein Unternehmen sollte Prozesse für die interne und externe Kommunikation seiner Unternehmenspolitik, seiner Leistungen und zu anderen Informationen schaffen. Dabei sind die Bedürfnisse des Unternehmens und der interessierten Kreise zu berücksichtigen. Interessierte Kreise sind zum Beispiel

– Arbeitnehmer und Arbeitnehmervertreter,

– Anrainer,

– Nichtregierungsorganisationen (NGOs),

– Verbraucher,

– Lieferanten,

– Investoren,

– Einsatzkräfte und

– Behörden.

Der Zweck und der Nutzen einer solchen Kommunikation umfasst:

– Darstellen sowohl der Selbstverpflichtung und der Bereitschaft des Unternehmens, die für seine gesellschaftliche Verantwortung relevante Leistung zu verbessern, als auch der Ergebnisse aus diesen Tätigkeiten;

– Bewusstseinschaffen und Ermutigung zum Dialog über die Unternehmenspolitik und Leistung im Rahmen der gesellschaftlichen Verantwortung des Unternehmens;

– Empfangen, Berücksichtigen und Beantworten von Fragen, Bedenken und anderen Eingaben; und

– Fördern der ständigen Verbesserung der für die gesellschaftliche Verantwortung des Unternehmens relevanten Leistungen.

Informationen, die sowohl intern als auch extern kommuniziert werden können, sind zum Beispiel:

– Allgemeine Informationen zum Unternehmen;

– Managementstatement;

– Politik und Ziele des Unternehmens in Bezug auf seine gesellschaftliche Verantwortung;

– Prozesse in Bezug auf die gesellschaftliche Verantwortung des Unternehmens, einschließlich Arbeitnehmer und interessierte Kreise;

– Selbstverpflichtung des Unternehmens zur ständigen Verbesserung (z.B. Reduktion von Luftschadstoffen, altersgerechte Arbeitsplätze);

– Informationen zu den Leistungen des Unternehmens in Bezug auf seine gesellschaftliche Verantwortung und gegebenenfalls Trends;

– Erfüllung von für die gesellschaftliche Verantwortung relevanten gesetzlichen oder behördlichen Forderungen oder Bestimmungen, zu deren

Erfüllung sich das Unternehmen verpflichtet, sowie Korrekturen, die auf Grund von Fehlern notwendig waren zu setzen;

- Finanzberichte, z.B. Kostenersparnis oder Investition in Projekten, die für die gesellschaftliche Verantwortung des Unternehmens von Bedeutung sind;

Für die Kommunikation ist es wesentlich zu berücksichtigen, dass

- Informationen verständlich und angemessen erklärt sind;
- Informationen nachvollziehbar sind;
- das Unternehmen ein genaues Bild seiner Leistungen darstellt;
- Informationen sollten möglichst so dargestellt werden, wie das bei national, regional oder international empfohlenen bzw. vorgeschriebenen Kenngrößen der Fall ist, also in der gleichen Einheit und in vergleichbarer Form (z.B. Bezug auf die gleichen Treibhausgase in Tonnen CO_2-Äquivalent).

Ein Unternehmen sollte bei der Erstellung seines Kommunikationsprogramms seine Art und Größe, seine für die gesellschaftliche Verantwortung wesentlichen Aspekte und die Art und die Bedürfnisse seiner interessierten Kreise in Betracht ziehen.

Ein Unternehmen sollte folgende Schritte berücksichtigen:

- Sammeln von Informationen oder Durchführen von Umfragen unter Einbeziehung der interessierten Kreise;
- Bestimmen der Zielgruppe(n) und des Bedarfes an Information und an Dialog;
- Sammeln von Informationen, die für das Interesse der Zielgruppe wesentlich sind;
- Bestimmen der Information, die an die Zielgruppe(n) kommuniziert wird;
- Bestimmen der Verfahren, die für die Kommunikation geeignet sind; und
- Beurteilen und regelmäßiges Bestimmen der Wirksamkeit des Kommunikationsprozesses.

Interne Kommunikation

Kommunikation innerhalb und zwischen den Ebenen und Funktionen des Unternehmens ist wesentlich für die Wirksamkeit des Managementsystems der gesellschaftlichen Verantwortung. Kommunikation ist zum Beispiel wichtig für die Problemlösung, Koordination von Tätigkeiten, Nachbearbeitung von gesetzten Maßnahmen und für die Weiterentwicklung des Managementsystems der gesellschaftlichen Verantwortung.

Information der Arbeitnehmer und Arbeitnehmervertreter dient auch deren Motivation, was fördernd für die Annahme der Bemühungen des Unternehmens zur Leistungsverbesserung seiner gesellschaftlichen Verantwortung sein kann. Damit können Arbeitnehmer in der Erfüllung ihrer Verantwortung und das Unternehmen in der Erfüllung seiner für die gesellschaftliche Verantwortung relevanten Ziele unterstützt werden. Informations- und Mitwirkungsrechte der Arbeitnehmervertreter sind zu beachten.

Das Unternehmen sollte einen Prozess schaffen, um zu Rückantworten zu ermutigen und alle Ebenen des Unternehmens einzubinden und Vorschläge bzw. Bedenken der Arbeitnehmer zu erhalten und darauf zu reagieren. Es wird oft wichtig sein, Informationen anderen zur Verfügung zu stellen, die im Auftrag des Unternehmens handeln, zum Beispiel Subunternehmer und Lieferanten. Ergebnisse der Überprüfung, des Audits und der Managementbewertung des Managementsystems der gesellschaftlichen Verantwortung sollten an die geeigneten Personen im Unternehmen kommuniziert werden.

Eine Vielzahl interner Kommunikationsverfahren ist möglich, zum Beispiel

- Sitzungsberichte,
- schwarzes Brett,
- interne Unternehmenszeitschrift,
- Postkästen für Vorschläge,
- Webseiten (Intranet),
- E-Mail,
- Sitzungen usw.

Externe Kommunikation

Kommunikation mit externen interessierten Kreisen – auch Stakeholder-Dialog genannt – ist ein wichtiges und wirksames Instrument des Wahrnehmens von gesellschaftlicher Verantwortung von Unternehmen und trägt im Dialog zur Berücksichtigung der Interessen der von der Unternehmenstätigkeit Betroffenen bei. Proaktive Verfahren können die Wirksamkeit der externen Kommunikation erhöhen. Ein Unternehmen sollte die möglichen Kosten und den Nutzen der verschiedenen Ansätze bei der Entwicklung eines Kommunikationsplans berücksichtigen.

Zumindest sollte ein Unternehmen einen Prozess für den Empfang, die Dokumentation und die Reaktion auf eine wesentliche Kommunikation von externen Kreisen einführen und betreiben. Ein Unternehmen könnte es auch als nutzvoll ansehen, seinen Prozess für die externe Kommunikation zu dokumentieren.

Welche Entscheidung das Unternehmen auch immer in Bezug auf eine proaktive Kommunikation mit Externen trifft, diese Entscheidung sollte dokumentiert werden.

Ein Unternehmen sollte einen Prozess zur Kommunikation mit Externen in Notfallsituationen oder bei Unfällen haben, falls solche Notfallsituationen oder Unfälle für die Externen von Bedeutung sein können. Über Auswirkungen der Unternehmenstätigkeit auf Umwelt, Lebensweise, Gesundheit oder Sicherheit von interessierten Kreisen sollten die Betroffenen möglichst frühzeitig informiert werden. Übersetzungen wichtiger Dokumente in lokale Sprachen, die von Arbeitnehmern, interessierten Kreisen und direkt Betroffenen verstanden werden, sollten sichergestellt werden.

Eine Vielzahl externer Kommunikationsverfahren ist verfügbar, die das Verständnis und die Akzeptanz der Leistungen des Unternehmens in Bezug auf seine gesellschaftliche Verantwortung fördern und zum Dialog mit interessierten Kreisen ermutigen. Solche Verfahren sind zum Beispiel:

- Informelle Diskussionen,
- Tag der Offenen Tür,
- Dialog mit Kommunen,
- Beteiligung an Veranstaltungen der Kommunen,
- Webseiten,
- E-Mails,
- Presseinformationen,
- Werbung,
- regelmäßige Newsletter,
- Jahres- oder andere regelmäßige Berichte, siehe Kapitel 4, und
- Telefon-Hotline.

Unternehmenspolitik

Eine Unternehmenspolitik legt die Grundsätze für die Handlungen des Unternehmens fest. Sie setzt das Ziel bezogen auf den Grad der gesellschaftlichen Verantwortung und Leistung des Unternehmens, woran alle nachfolgenden Handlungen gemessen werden. Die Unternehmenspolitik sollte den Auswirkungen des Handelns, der Produkte und der Dienstleistungen des Unternehmens auf die Gesellschaft angemessen sein und sollte ein Leitbild beim Setzen von Zielen darstellen.

Eine zunehmende Anzahl von internationalen Organisationen einschließlich Regierungen, Wirtschaftsverbänden und Bürgervereinigungen hat Leitlinien entwickelt. Solche Leitlinien haben Unternehmen geholfen, ihre Selbstverpflichtung gegenüber der Gesellschaft festzulegen. Sie verhelfen darüber hinaus verschiedenen Unternehmen zu einem gemeinsamen Wertesystem. Leitlinien wie diese können ein Unternehmen bei der Entwicklung seiner Unternehmenspolitik unterstützen, die so individuell sein kann wie das Unternehmen, für das sie formuliert wurde.

Die Verantwortung für die Festlegung der Unternehmenspolitik liegt bei der obersten Leitung des Unternehmens. Die Leitung des Unternehmens ist für die Umsetzung der Unternehmenspolitik und für Vorgaben zur Formulierung und Modifikation der Unternehmenspolitik verantwortlich.

Die Unternehmenspolitik sollte an alle Personen, die für oder im Auftrag des Unternehmens arbeiten, kommuniziert werden. Zusätzlich sollte die Unternehmenspolitik der Öffentlichkeit verfügbar gemacht werden. Auf die Vielzahl der Möglichkeiten der externen Kommunikation wird hingewiesen.

Eine Unternehmenspolitik sollte berücksichtigen:

- den Auftrag, die Vorstellungen, die Grundwerte und -einstellungen des Unternehmens;
- Forderungen von interessierten Kreisen und Kommunikation mit diesen;
- ständige Verbesserung;
- Leitprinzipien;
- Abstimmung mit anderen Politiken des Unternehmens (z.B. bezüglich Qualität, Arbeits- und Gesundheitsschutz, Umwelt);
- besondere örtliche oder regionale Bedingungen;
- Erfüllung der gesetzlichen oder behördlichen Forderungen oder von Bestimmungen, zu deren Erfüllung sich das Unternehmen verpflichtet.

Praktische Hilfe – Unternehmenspolitik

Alle Tätigkeiten, Produkte oder Dienstleistungen des Unternehmens können Auswirkungen auf die Gesellschaft haben. Die Unternehmenspolitik sollte dies berücksichtigen.

Die Aufnahmen der gesellschaftlichen Verantwortung in das Leitbild des Unternehmens sowie die Ausarbeitung von Ethik-Standards tragen wesentlich zur Gesamtorientierung des Unternehmens auf die gesellschaftliche Verantwortung bei.

Die in der Unternehmenspolitik angesprochenen Punkte hängen von der Art des Unternehmens ab. Zusätzlich zu anderen Punkten kann die Unternehmenspolitik Selbstverpflichtungen zu folgenden Themen ansprechen:

– Erfüllung der gesetzlichen oder behördlichen Forderungen oder von Bestimmungen, zu deren Erfüllung sich das Unternehmen verpflichtet;

– Verhütung von Umweltbelastungen, Reduzierung von Abfall und Ressourcenverbrauch (Materialien, Brennstoff und Energie);

– Verhalten zwischen der obersten Leitung des Unternehmens und den Arbeitnehmern sowie den Arbeitnehmervertretern;

– Erreichen einer ständigen Verbesserung durch Entwicklung von Beurteilungsverfahren und Kenngrößen für seine Leistung zur Unterstützung der gesellschaftlichen Verantwortung des Unternehmens;

– Ausrichtung auf eine nachhaltige Entwicklung.

Die Unternehmenspolitik kann ebenso andere Selbstverpflichtungen umfassen, zum Beispiel:

– Minimierung der wesentlichen Belastungen für die Gesellschaft durch den Einsatz integrierter Managementverfahren und -planung,

– Entwicklung von Produkten und Dienstleistungen in einer Weise, dass schädliche Auswirkungen bei Produktion, Gebrauch und Entsorgung auf die Gesellschaft minimiert sind,

– Führung übernehmen im Bereich der gesellschaftlichen Verantwortung.

Planung

Planen: Schaffen eines laufenden Planungsprozesses, der es dem Unternehmen ermöglicht:

– Aspekte der gesellschaftlichen Verantwortung und deren Einflüsse auf die Gesellschaft zu bestimmen,

– gesetzliche oder behördliche Forderungen oder jene Bestimmungen, zu deren Erfüllung sich das Unternehmen verpflichtet, zu bestimmen und zu überprüfen, und gegebenenfalls interne Leistungskriterien zu setzen;

- Ziele in Bezug auf die gesellschaftliche Verantwortung zu setzen und Programme zu formulieren, um diese Ziele zu erreichen.

Die Planung ist wesentlich für die Erfüllung der Unternehmenspolitik und für die Schaffung und den Betrieb eines Managementsystems der gesellschaftlichen Verantwortung. Das Unternehmen sollte einen Planungsprozess mit folgenden Elementen haben:

- Ermittlung der Aspekte der gesellschaftlichen Verantwortung und Bestimmung, welche für das Unternehmen wesentlich sind, siehe hierzu auch Kapitel 2;
- Ermittlung der gesetzlichen oder behördlichen Forderungen oder jener Bestimmungen, zu deren Erfüllung sich das Unternehmen verpflichtet, siehe hierzu auch Kapitel 2;
- Ermittlung der für das Unternehmen wesentlichen Ziele der nationalen nachhaltigen Entwicklung, sofern eine solche vorliegt. Für Österreich wird auf die Österreichische Strategie zur Nachhaltigen Entwicklung hingewiesen, siehe Anhang B, [38];
- Setzen von internen Leistungskriterien, wobei im Interesse des Unternehmens diese Kriterien Kenngrößen enthalten, die allgemein gesellschaftlich anerkannt sind;
- Setzen von Zielen und Formulieren von Programmen, um diese Ziele zu erreichen.

Ein solcher Planungsprozess ermöglicht einem Unternehmen, seine Ressourcen in jenen Bereichen zu konzentrieren, die für die Erreichung seiner Ziele am wichtigsten sind. Informationen aus dem Planungsprozess können in der Entwicklung und Verbesserung anderer Teile des Managementsystems der gesellschaftlichen Verantwortung, zum Beispiel Schulung, Messung und Überprüfung, genutzt werden.

Planung ist ein laufender Prozess, der genutzt wird sowohl, um Elemente des MSGVU zu entwickeln und umzusetzen, als auch diese Elemente aufrecht zu erhalten und zu verbessern. Sich ändernde Umstände und Eingaben in und Ergebnisse aus dem MSGVU bilden die Grundlagen. Als Teil des Planungsprozesses sollte das Unternehmen berücksichtigen, wie es die Leistung in Hinblick auf die Erfüllung seiner unternehmenspolitischen Selbstverpflichtung, Ziele und anderer Leistungskriterien messen und bewerten soll. Ein Ansatz hierzu wäre die Schaffung von Leistungskriterien während des Planungsprozesses.

Das Unternehmen sollte planen, was wo und wann und mit welchem Messverfahren gemessen werden soll. Um die Ressourcen auf die bedeutendsten

Messungen zu konzentrieren, sollte das Unternehmen die Schlüsselfaktoren der Prozesse und Tätigkeiten ermitteln, die gemessen werden können und aussagekräftige Informationen beinhalten.

Im Planungsprozess setzt das Unternehmen Ziele, um einerseits die in seiner Unternehmenspolitik festgehaltenen Selbstverpflichtungen zu erfüllen und andererseits andere Unternehmensziele zu erreichen. Der Prozess des Setzens und des Bewertens von Zielen und der Implementierung des Programms, um diese Ziele zu erreichen, bildet eine strukturierte Grundlage für ein Unternehmen, seine Leistung in Bezug auf seine gesellschaftliche Verantwortung sowohl in manchen Bereichen zu verbessern als auch in den anderen Bereichen zu halten.

Festlegung operativer Ziele

Das Unternehmen sollte bei der Festlegung von Zielen verschiedene Eingaben berücksichtigen:

- Werte und Selbstverpflichtungen in seiner Unternehmenspolitik;
- seine wesentlichen Aspekte in Bezug auf seine gesellschaftliche Verantwortung (und Informationen, die zu deren Bestimmung geführt haben);
- gesetzliche oder behördliche Forderungen oder jene Bestimmungen, zu deren Erfüllung sich das Unternehmen verpflichtet;
- Ziele der nationalen nachhaltigen Entwicklung, sofern eine solche vorliegt (für Österreich wird auf die Österreichische Strategie zur Nachhaltigen Entwicklung hingewiesen, siehe Anhang B, [38]);
- Auswirkungen der beabsichtigten Änderungen auf andere Tätigkeiten und Prozesse des Unternehmens;
- Ansichten der interessierten Kreise;
- technologische Möglichkeiten;
- finanzielle, betriebliche und organisatorische Überlegungen einschließlich Informationen von Lieferanten und Subunternehmern;
- mögliche Auswirkungen auf das Öffentlichkeitsbild des Unternehmens;
- Erkenntnisse aus der Bewertung der gesellschaftlichen Verantwortung; und
- andere Ziele des Unternehmens.

Ziele sollten vor allem auf oberster Ebene gesetzt werden, darüber hinaus aber auf allen Ebenen des Unternehmens, wo Tätigkeiten stattfinden, die für die Selbstverpflichtung des Unternehmens gegenüber der Gesellschaft von Bedeutung sind. Die Ziele sollten mit der Unternehmenspolitik im Einklang stehen und stimmig sein mit gesetzlichen oder behördlichen Forderungen oder jenen Bestimmungen, zu deren Erfüllung sich das Unternehmen verpflichtet.

Ein Ziel kann direkt als eine bestimmte zu erbringende Leistung formuliert werden oder in einer allgemeinen Form, die durch weitere Ziele konkretisiert wird. Ziele sollten als messbare Größen formuliert werden, um die Zielerreichung feststellen zu können. Ziele sollten ebenso einen Zeitrahmen beinhalten, der in das Programm für die Zielerreichung eingeht.

Ziele können festgelegt werden sowohl für das Gesamtunternehmen als auch für einen Teil des Unternehmens oder für einzelne Tätigkeitsfelder. Zum Beispiel kann ein Unternehmen ein Gesamtziel haben, das durch Maßnahmen in einem Unternehmensbereich erreicht werden kann. Andererseits können alle Teile des Unternehmens zur Zielerreichung beitragen. Ebenso ist es möglich, dass verschiedene Unternehmensbereiche in Erreichung desselben Ziels unterschiedliche Maßnahmen setzen müssen.

Ein Unternehmen sollte die Beiträge zur Zielerreichung aus den verschiedenen Ebenen und Funktionen des Unternehmens feststellen und die einzelnen Unternehmensmitglieder in die Verantwortung einbinden.

Leistungskenngrößen können verwendet werden, um die Prozesse bei der Zielerreichung zu verfolgen. Die Dokumentation und Kommunikation der Ziele verbessert die Fähigkeit des Unternehmens in der Zielerreichung. Auf die Ziele bezogene Informationen sollten jenen verfügbar gemacht werden, die für die Zielerreichung verantwortlich sind und diese Informationen für die Durchführung notwendiger Maßnahmen benötigen.

Programme zur Zielerreichung

Ein Teil des Planungsprozesses sollte die Erstellung eines Programms zur Erreichung des Unternehmenszieles im Rahmen der gesellschaftlichen Verantwortung sein. Das Programm sollte die Rollen, Verantwortung, Prozesse, Ressourcen, Zeitrahmen, Prioritäten und Tätigkeiten angeben, die für die Zielerreichung notwendig sind. Diese Tätigkeiten können sich auf einzelne Prozesse, Projekte, Produkte, Dienstleistungen, Betriebsstandorte oder Bereiche innerhalb eines Betriebsstandortes beziehen. Programme zur Zielerreichung unterstützen ein Unternehmen bei seiner Leistungsverbesserung in Bezug auf seine gesellschaftliche Verantwortung.

Programme sollten dynamisch sein. Wenn Änderungen bezogen auf die gesellschaftliche Verantwortung des Unternehmens in Prozesse, Projekte, Produkte oder Dienstleistungen stattfinden, sollten die Ziele und die damit verbundenen Programme gegebenenfalls überarbeitet werden.

Für die Zielerreichung kann das Unternehmen einen Prozessansatz wählen. Für jede unternehmenspolitische Selbstverpflichtung sollte ein sich darauf beziehendes Ziel ermittelt werden. Für die Erreichung dieser Ziele sollten ein oder mehrere Programme geschaffen werden. Weiters sollten für jedes Programm bestimmte Leistungskenngrößen und Tätigkeiten zur Programmumsetzung bestimmt werden. Die bestimmten Ziele könnten unter Umständen nachformuliert werden, damit sie mit den Leistungskenngrößen und Tätigkeiten unterstützt werden können. Dieser Prozess sollte nach der Managementbewertung oder nach einer Änderung der Unternehmenspolitik wiederholt werden.

Umsetzung

Durchführen: Umsetzen und Betreiben:

– Schaffen von Managementstrukturen, Vergeben von Rollen und Zur-Verfügung-Stellen vor Verantwortlichkeiten mit ausreichender Befugnis und angemessenen Ressourcen;

– Schulen von Personen und Sicherstellen von deren Bewusstsein und Kompetenz;

– Schaffen und Aufrechterhalten einer Dokumentation;

– Schaffen und Umsetzen einer Lenkung der Dokumente.

Ein Unternehmen sollte die Ressourcen, Fähigkeiten, Organisationsstrukturen und unterstützenden Mechanismen zur Verfügung stellen, die notwendig sind, um

– seine Unternehmenspolitik einzuhalten und seine Ziele zu erreichen;

– den wechselnden Anforderungen an das Unternehmen zu begegnen;

– mit den interessierten Kreisen über Angelegenheiten der gesellschaftlichen Verantwortung zu kommunizieren; und

– die Leistung des Unternehmens im Sinne seiner gesellschaftlichen Verantwortung zu verbessern.

Um wirksam Angelegenheiten der gesellschaftlichen Verantwortung managen zu können, sollte das Managementsystem der gesellschaftlichen Verantwortung in einer Weise entworfen oder überarbeitet werden, dass es auf bestehende Managementsysteme ausgerichtet wird oder diese mit einbindet. Eine solche Einbindung hilft dem Unternehmen beim Ausgleich möglicher Konflikte zwischen Zielen der gesellschaftlichen Verantwortung und anderen Unternehmenszielen sowie Prioritäten.

Elemente des Managementsystems, die einen Nutzen von der Einbindung haben, sind beispielsweise:

- Unternehmenspolitik,
- Vergabe der Ressourcen,
- Leitung und Dokumentation,
- Information und unterstützende Systeme,
- Schulung und Bewusstsein,
- Organisationsstruktur und Verantwortlichkeiten,
- Systeme für Belohnung und Bewertung,
- Messen und Überprüfen,
- Auditprozesse,
- Kommunikation und Berichtswesen.

Ressourcen, Organisationsstruktur und Verantwortlichkeit

Das Management sollte geeignete Ressourcen bestimmen und verfügbar machen, um das Managementsystem der gesellschaftlichen Verantwortung umzusetzen, zu betreiben und zu verbessern. Diese Ressourcen sollten zeitgerecht und effizient bereitgestellt werden.

Bei der Bestimmung der Ressourcen, die für das Umsetzen und Betreiben des Managementsystems der gesellschaftlichen Verantwortung notwendig sind, sollte das Unternehmen Folgendes beachten:

- Infrastruktur;
- Informationssysteme;
- Schulung;
- Technologie; und
- finanzielle, personelle und andere Ressourcen des Unternehmens.

Die Vergabe der Ressourcen sollte sowohl den derzeitigen als auch den künftigen Bedarf des Unternehmens berücksichtigen. Bei der Vergabe der Ressourcen kann das Unternehmen Verfahren schaffen, um den Nutzen als auch die Kosten aus seinen Tätigkeiten in Bezug auf seine gesellschaftliche Verantwortung verfolgen zu können.

Ressourcen und ihre Vergabe sollten regelmäßig und in Verbindung mit der Managementbewertung überprüft werden, um ihre Angemessenheit sicherzustellen. Bei der Bewertung der Angemessenheit der Ressourcen sollten geplante Änderungen und/oder neue Projekte, Tätigkeiten berücksichtigt werden.

Praktische Hilfe – Personelle, physische und finanzielle Ressourcen

Die zur Verfügung stehenden Ressourcen und die Organisationsstruktur eines Klein- oder Mittelunternehmens (KMU) kann eine gewisse Begrenzung bei der Umsetzung des Managementsystems der gesellschaftlichen Verantwortung bedeuten. Um diese Begrenzung zu überwinden, könnte ein KMU sich kooperative Strategien überlegen mit:

– größeren Kunden und Zulieferunternehmen, um Technologien und Wissen zu teilen;

– anderen KMU in der Lieferkette oder regionalen Nähe, um

– gemeinsame Angelegenheiten zu behandeln,

– Erfahrungen auszutauschen,

– technische Entwicklungen durchzuführen und

– gemeinsam externe Ressourcen zu nutzen;

– Normungsinstitute, Vereinigungen von KMUs, Wirtschaftskammern und Nichtregierungsorganisationen (z.B. Entwicklungshilfeorganisationen) für Schulungen und Programme zur Bewusstseinsbildung;

– zugelassene Berater diverser Fachrichtungen; und

– Universitäten und andere Forschungseinrichtungen zur Unterstützung der Produktivität und Innovation.

Eine erfolgreiche Umsetzung und ein erfolgreicher Betrieb eines Managementsystems der gesellschaftlichen Verantwortung hängen zu einem großen Maß davon ab, wie die oberste Leitung die Verantwortlichkeiten und Befugnisse im Unternehmen festlegt und ausrichtet (siehe auch den Kasten „Praktische Hilfe – Struktur und Verantwortlichkeit").

Die oberste Leitung sollte Vertreter oder Funktionen mit genügend Befugnis, Bewusstsein, Kompetenz und Ressourcen ausstatten, um:

(a) die Umsetzung und den Betrieb des Managementsystems der gesellschaftlichen Verantwortung auf allen anwendbaren Unternehmensebenen sicherstellen zu können;

(b) der obersten Leitung über die Leistung und die Möglichkeiten zur Verbesserung des Managementsystems der gesellschaftlichen Verantwortung berichten zu können.

Die Verantwortungen des Managementvertreters können Kontakte mit interessierten Kreisen bezogen auf die Angelegenheiten der gesellschaftlichen Verantwortung umfassen. Der Managementvertreter kann eine Vielzahl anderer

Verantwortlichkeiten im Unternehmen wahrnehmen. In Kleinunternehmen kann diese Funktion zum Beispiel durch den Unternehmensleiter selbst wahrgenommen werden.

Hat das Unternehmen ein Umwelt-, Qualitäts- oder andere Managementsysteme, so sollte der Managementvertreter mit den Beauftragten dieser Managementsysteme ebenso zusammenarbeiten wie mit den Arbeitnehmern und Arbeitnehmervertretern.

Ein Unternehmen sollte die Verantwortlichkeiten und Befugnisse von Personen, die für oder im Auftrag des Unternehmens arbeiten und deren Tätigkeiten im Zusammenhang mit dem MSGVU stehen, festlegen und kommunizieren. Die von der obersten Leitung zur Verfügung gestellten Ressourcen sollten die Erfüllung der Verantwortlichkeit ermöglichen. Bei Änderungen in der Unternehmensstruktur sollten die Verantwortlichkeiten und Befugnisse überprüft werden.

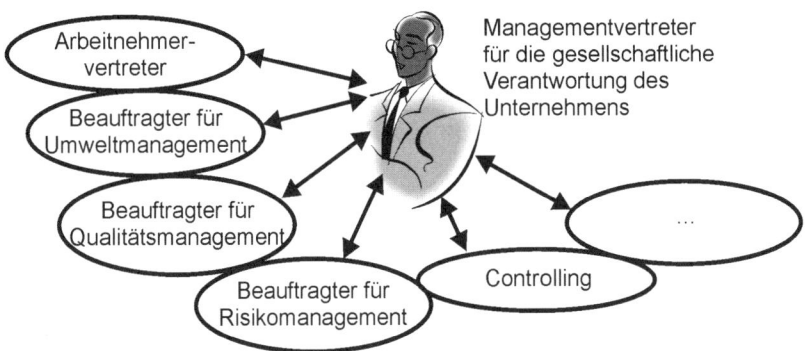

Bild 5 – Beispiel für die Vernetzung des Managementvertreters der gesellschaftlichen Verantwortung mit Arbeitnehmervertreter und Beauftragten anderer Managementsysteme im Unternehmen

Praktische Hilfe – Struktur und Verantwortlichkeit

Um eine wirksame Entwicklung und Umsetzung eines Managementsystems der gesellschaftlichen Verantwortung sicherstellen zu können, ist es notwendig, geeignete Verantwortlichkeiten zu vergeben.

Die folgenden Beispiele zeigen Verantwortlichkeiten im Rahmen der gesellschaftlichen Verantwortung:

Beispiel für Verantwortlichkeit im Rahmen der gesellschaftlichen Verantwortung	Übliche verantwortliche Person(en)
– Festlegung der Gesamtrichtung	– Präsident, Geschäftsführer, Vorstand, Aufsichtsrat
– Entwicklung der Unternehmenspolitik	– Präsident, Geschäftsführer und andere, wie jeweils anwendbar
– Entwicklung der Ziele und Programme im Rahmen der gesellschaftlichen Verantwortung	– zutreffende Manager (z.B. Bereichsleiter, Abteilungsleiter, Personalverantwortlicher)
– Überprüfung der Gesamtleistung im Rahmen der gesellschaftlichen Verantwortung	– leitender/beauftragter Manager für die gesellschaftliche Verantwortung
– Sicherstellen der Erfüllung von gesetzlichen oder behördlichen Forderungen oder von Bestimmungen, zu deren Erfüllung sich das Unternehmen verpflichtet	– alle Führungskräfte
– Fördern der ständigen Verbesserung	– alle Führungskräfte
– Erkennen der Kundenerwartungen	– Verkauf und Marketing, Qualitätsbeauftragter
– Erkennen der Anforderungen an Lieferanten	– Einkauf, Qualitätsbeauftragter
– Entwicklung und Betrieb von Buchhaltungsverfahren	– Finanzmanager, Buchhaltung, Risikomanager
– Erfüllung der Anforderungen des Managementsystems der gesellschaftlichen Verantwortung	– alle Personen, die für oder im Auftrag des Unternehmens arbeiten
– Bewertung des Betriebs des Managementsystems der gesellschaftlichen Verantwortung	– oberste Leitung des Unternehmens

Unternehmen haben verschiedene Unternehmensstrukturen und Bedürfnisse, um Verantwortlichkeiten des Managements der gesellschaftlichen Verantwortung auf Grundlage ihrer Arbeitsprozesse festzulegen. Im Falle eines Klein- oder Mittelunternehmens kann zum Beispiel der Unternehmensleiter für alle diese Tätigkeiten verantwortlich sein.

Kompetenz, Schulung und Bewusstsein

Die oberste Leitung trägt die Schlüsselverantwortung bei der Bewusstseinsbildung und Motivation der Arbeitnehmer. Dieser Verantwortung kann die oberste Leitung nachkommen, indem es

- die gesellschaftliche Verantwortung des Unternehmens erläutert,
- seine Selbstverpflichtung zur Unternehmenspolitik kommuniziert und
- alle Personen, die für oder im Auftrag des Unternehmens arbeiten, zur jeweiligen Zielerreichung im Rahmen der gesellschaftlichen Verantwortung ermuntert.

Jede einzelne Person trägt mit bei, das Managementsystem der gesellschaftlichen Verantwortung von der Theorie in die Praxis umzusetzen und es zu leben. Personen, die für oder im Auftrag des Unternehmens arbeiten, sollten zu Verbesserungsvorschlägen der gesellschaftlichen Verantwortung des Unternehmens ermutigt werden.

Das Unternehmen sollte sicherstellen, dass alle Personen, die für oder im Auftrag des Unternehmens arbeiten, sich bewusst sind über

- die Wichtigkeit der Erfüllung der Unternehmenspolitik und der Anforderungen des MSGVU,
- ihre Rolle und Verantwortung innerhalb des MSGVU,
- die wesentlichen aktuellen und möglichen Aspekte der gesellschaftlichen Verantwortung und
- die Konsequenzen bei Abweichung von den anwendbaren Anforderungen des MSGVU.

Diese Personen umfassen Arbeitnehmer, Subunternehmer und gegebenenfalls andere miteinbezogene Kreise.

Personen, die eine Tätigkeit ausüben, die einen wesentlichen (aktuellen oder möglichen) Aspekt in Bezug auf die gesellschaftliche Verantwortung des Unternehmens oder damit verbundene Auswirkungen hat, sollten kompetent sein, um die Anforderungen des MSGVU zu erfüllen. Für jene Tätigkeiten, die für das Management der Aspekte der gesellschaftlichen Verantwortung am wichtigsten sind, sollte das Unternehmen das Wissen, das Verständnis und die Fähigkeiten bestimmen, die einer Person die entspreche Leistungserbringung ermöglichen. Wenn die erforderlichen Kompetenzen bestimmt sind, sollte das Unternehmen sicherstellen, dass diese Kompetenzen durch Personen, die die Tätigkeiten ausüben, erreicht werden.

Der Kompetenz liegen entsprechende Ausbildung, Schulung, Fähigkeiten und/oder Erfahrung zugrunde. Anforderungen an die Kompetenz sollten bei der Rekrutierung, Schulung und Entwicklung neuer Fähigkeiten von Personen, die für oder im Auftrag des Unternehmens arbeiten, berücksichtigt werden. Ebenso sollte die Kompetenz bei der Auswahl von Subunternehmern oder anderen, die für oder im Auftrag des Unternehmens arbeiten, berücksichtigt werden.

Ein Unternehmen sollte die Abweichungen zwischen den Kompetenzen, die für die Tätigkeiten notwendig sind, und jenen einer Person, die diese Tätigkeiten ausführt, bestimmen und beurteilen. Diese Abweichungen sollten zum Beispiel durch zusätzliche Schulungen korrigiert werden.

Schulungsprogramme sollten die im Managementsystem der gesellschaftlichen Verantwortung festgelegten Verantwortlichkeiten widerspiegeln und das vorhandene Wissen und Verständnis der Schulungsteilnehmer über die Schulungsinhalte berücksichtigen. Derartige Schulungsprogramme können umfassen:

(a) Bestimmung der Schulungsbedürfnisse der Arbeitnehmer;

(b) Entwurf und Entwicklung eines Schulungsplanes, um bestimmte Schulungsbedürfnisse abzudecken;

(c) Überprüfung der Einhaltung der Schulungsanforderungen aus dem Managementsystem der gesellschaftlichen Verantwortung;

(d) Schulung der Zielgruppen;

(e) Dokumentation und Überprüfung der erfolgten Schulung;

(f) Bewertung der erfolgten Schulung bezogen auf die Schulungsbedürfnisse und -anforderungen.

Praktische Hilfe – Kompetenz, Schulung und Bewusstsein
Beispiele für Schulungsarten im Rahmen der gesellschaftlichen Verantwortung, die von einem Unternehmen durchgeführt werden, sind:

Schulungsart	Schulungsteilnehmer	Zweck
Bewusstsein schaffen über die Bedeutung der gesellschaftlichen Verantwortung als Führungsaufgabe	Führungskräfte	Verpflichtung zu und Ausrichtung auf die Unternehmenspolitik zu erlangen
allgemeines Bewusstsein schaffen für die gesellschaftliche Verantwortung	alle Arbeitnehmer	Verpflichtung zu Unternehmenspolitik und -zielen zu erlangen und die Verantwortung jedes Einzelnen bewusst zu machen

allgemeines Bewusstsein schaffen für Umweltbelange	alle Arbeitnehmer	ökologisches Grundwissen für alle Beschäftigten
Schulung zu den Anforderungen des Managementsystem der gesellschaftlichen Verantwortung	Verantwortliche im Managementsystem der gesellschaftlichen Verantwortung	Anweisungen zu erteilen, wie die Anforderungen zu erfüllen sind, die Verfahren geführt werden usw.
Ausbau der Fähigkeiten	Arbeitnehmer mit gesellschaftlicher Verantwortung	die Leistungen in den Unternehmensbereichen zu verbessern, z.B. Betrieb, Forschung und Entwicklung, Ingenieurswesen
ökologisch orientierte Fachausbildung	Arbeitnehmer, die umweltrelevante Tätigkeiten ausführen	Erfüllung von gesetzlichen oder behördlichen Forderungen oder von Bestimmungen, zu deren Erfüllung sich das Unternehmen verpflichtet
Schulung zur Erfüllungsverpflichtung	Arbeitnehmer, deren Tätigkeiten die Erfüllung beeinflussen	Erfüllung von gesetzlichen oder behördlichen Forderungen oder von Bestimmungen, zu deren Erfüllung sich das Unternehmen verpflichtet

Dokumentation

Um sicherzustellen, dass ein Managementsystem der gesellschaftlichen Verantwortung verstanden und wirksam betrieben wird, sollte das Unternehmen eine angemessene Dokumentation entwickeln und betreiben. Der Zweck einer solchen Dokumentation ist es, Arbeitnehmern und anderen interessierten Kreisen notwendige Informationen zur Verfügung zu stellen. Dokumente sollten gemäß der Unternehmenskultur und der Bedürfnisse des Unternehmens gesammelt und aufbewahrt werden und auf einem bestehenden Informationssystem aufbauen oder dieses gegebenenfalls verbessern. Auch wenn der Umfang der Dokumentation von Unternehmen zu Unternehmen unterschiedlich sein kann, so sollte sie die Kernelemente umfassen, welche das MSGVU ausmachen. Die Dokumentation kann die Darstellung der Ziele, Programmbeschreibungen, Verantwortlichkeiten und auf die gesellschaftliche Verantwortung des Unternehmens bezogenen Verfahren umfassen. Zusätzlich kann das Unternehmen diese Informationen in der Form eines Handbuches zusammenfassen, das einen Überblick über das MSGVU und die übrigen geltenden Dokumente gibt.

Für ein wirksames Management der Schlüsselprozesse (vor allem jener zu den wesentlichen Aspekten der gesellschaftlichen Verantwortung) sollte das Unternehmen Verfahren schaffen, die mit notwendiger Detailtiefe die Umsetzung der Prozesse beschreiben. In Bereichen, wo das Unternehmen entscheidet, Verfahren nicht zu dokumentieren, sollten die betroffenen Arbeitnehmer und Arbeitnehmervertreter durch Kommunikation und Schulung informiert werden, was für die Erreichung benötigt wird.

Aufzeichnungen, die Informationen über erreichte Ergebnisse oder Nachweise zu Tätigkeiten enthalten, sind Teil der Dokumentation des Unternehmens. Die Aufzeichnungen werden jedoch allgemein durch verschiedene Managementprozesse gelenkt.

Dokumente können in jedem Medium verwaltet werden (Papier, elektronisch, Fotos, Poster), das verwendbar, lesbar, einfach verständlich und verfügbar für jene ist, die die darin enthaltene Information benötigen. Vorteile der elektronischen Variante sind zum Beispiel einfachere Aktualisierung, steuerbarer Zugriff und Sicherstellung, dass alle Anwender die gültige Dokumentenversion verwenden.

Wo Prozesse des Managementsystems der gesellschaftlichen Verantwortung mit anderen Prozessen anderer Managementsysteme zusammentreffen, kann das Unternehmen die zutreffende Dokumentation in Bezug auf die gesellschaftliche Verantwortung mit der Dokumentation aus anderen Managementsystemen kombinieren.

Praktische Hilfe – Dokumentation

Beispiele für Dokumente sind:

– Darstellung der Unternehmenspolitik und Ziele;
– Information zu wesentlichen Aspekten der gesellschaftlichen Verantwortung;
– Verfahren;
– Prozessinformationen;
– Organigramme;

- interne und externe Standards;
- Notfallspläne;
- Aufzeichnungen.

Lenkung der Dokumente

Die Lenkung der im Zusammenhang mit dem Managementsystem der gesellschaftlichen Verantwortung stehenden Dokumente ist wichtig, um sicherzustellen, dass

- Dokumente mit entsprechendem Unternehmen, Abteilung, Funktion, Tätigkeit oder Kontaktperson gekennzeichnet werden;
- Dokumente (andere als Aufzeichnungen) regelmäßig überprüft und gegebenenfalls überarbeitet werden und vor ihrem Gebrauch durch autorisierte Personen genehmigt werden;
- die gültigen Versionen der Dokumente an allen Stellen verfügbar sind, wo der Betrieb für die wirksame Funktion des Systems stattfindet;
- ungültige Dokumente unverzüglich zurückgezogen werden. In manchen Fällen, zum Beispiel aus gesetzlichen Gründen oder aus Gründen der Nachvollziehbarkeit, können ungültige Dokumente zurückbehalten werden.

Dokumente können wirksam gelenkt werden durch:

- Entwicklung eines geeigneten Dokumentenformats, das einen eindeutigen Titel, Nummer, Datum, Nummer der Überarbeitung, Geschichte der Überarbeitung oder Bewilligung umfasst;
- Beauftragen der Überprüfung und Genehmigung der Dokumente an Einzelpersonen mit ausreichend technischer Fähigkeit und Befugnisse im Unternehmen; und
- Aufrechterhalten eines wirksamen Dokumentenverteilungssystems.

Steuerung

Prüfen:
- Bewerten der Prozesse;
- Durchführen laufender Überprüfung und Messung;
- Bewertung der Erfüllung und der Leistungen, die im Managementsystem der gesellschaftlichen Verantwortung eines Unternehmens erbracht werden;

- Bestimmen von Fehlern und Setzen von Korrekturen und vorbeugenden Maßnahmen.

  Vorbeugende Maßnahmen dienen dem Ermitteln und dem Vermeiden möglicher Schwierigkeiten, bevor sie eintreten. Korrekturen umfassen Maßnahmen zum Ermitteln und Korrigieren von Schwierigkeiten im Managementsystem der gesellschaftlichen Verantwortung. Ein Prozess zum Ermitteln von fehlerhaften Übereinstimmungen im MSGVU und zum Setzen von Korrekturen oder vorbeugenden Maßnahmen dient dem Unternehmen, das MSGVU in dem Sinn, wie es beabsichtigt ist, zu betreiben und aufrecht zu halten.

- Führen von Aufzeichnungen.

  Die Führung und wirksame Lenkung von Dokumenten sind für das Unternehmen eine verlässliche Informationsquelle über den Betrieb und die Ergebnisse des MSGVU.

- Durchführen regelmäßiger Audits, damit das Unternehmen nachprüfen kann, ob das Managementsystem planmäßig konzipiert und betrieben wird.

Diese Instrumente unterstützen die Leistungsbewertung.

Überprüfen und Messen

Ein Unternehmen sollte einen systematischen Ansatz zur Messung und zur Überprüfung der Leistungen im Rahmen der gesellschaftlichen Verantwortung wählen. Das Überprüfen beinhaltet das Sammeln von Informationen über einen gewissen Zeitraum, zum Beispiel Messungen oder Beobachtungen. Messungen können entweder qualitativ oder quantitativ sein. Messergebnisse sollten möglichst in der gleichen Einheit und in vergleichbarer Form wie national, regional oder international empfohlene bzw. vorgeschriebene Kenngrößen dargestellt werden (zum Beispiel Bezug auf die gleichen Treibhausgase in Tonnen CO_2-Äquivalent). Überprüfungen und Messungen dienen vielen Zwecken in einem Managementsystem der gesellschaftlichen Verantwortung, z.B.:

- Verfolgen des Fortschritts in der Unternehmenspolitik, der Ziele und der ständigen Verbesserung;

- Ermitteln von Informationen, um wesentliche gesellschaftliche Aspekte identifizieren zu können;

- Überprüfung der Erfüllung von gesetzlichen oder behördlichen Forderungen oder von Bestimmungen, zu deren Erfüllung sich das Unternehmen verpflichtet;

– Daten zur Verfügung stellen, um die Leistung bezogen auf die gesellschaftliche Verantwortung bewerten zu können;

– Daten zur Verfügung stellen, um die Leistung des MSGVU bewerten zu können.

Die Ergebnisse der Messung und der Überprüfung sollten analysiert und genutzt werden, um Bereiche zu ermitteln, wo das Unternehmen erfolgreich war oder wo Korrekturen bzw. Verbesserungen notwendig sind. Bei der Messung ist auf die Verlässlichkeit der geschaffenen Daten zu achten.

Bewertung der Erfüllung

Ein Unternehmen sollte einen Prozess schaffen, um regelmäßig die Erfüllung der gesetzlichen Bestimmungen als Teil seiner Verpflichtung zur Einhaltung gesetzlicher Bestimmungen zu bewerten. Das Unternehmen sollte die Ergebnisse dieser Bewertung aufzeichnen. Das Unternehmen kann denselben Prozess nutzen, um die Erfüllung mit anderen Bestimmungen im Rahmen seiner gesellschaftlichen Verantwortung zu bewerten.

Der Umfang der Bewertung der Erfüllung kann mehrere oder lediglich nur eine gesetzliche Bestimmung umfassen. Eine Vielzahl von Verfahren kann benutzt werden, um die Erfüllung zu beurteilen, zum Beispiel:

– Audits;

– Überprüfung der Dokumente;

– Inspektion von Betriebsniederlassungen;

– Interviews;

– Rundgänge im Betrieb und/oder direkte Beobachtungen.

Ein Unternehmen sollte die Regelmäßigkeit und die Art des Prozesses der Bewertung der Erfüllung entsprechend seiner Größe, Art und Organisationsstruktur anpassen, wobei die Regelmäßigkeit gegebenenfalls gesetzlich vorgeschrieben ist. Es kann hilfreich sein, eine unabhängige Überprüfung regelmäßig durchzuführen.

Fehler, Korrekturen und vorbeugende Maßnahmen

Damit ein Managementsystem der gesellschaftlichen Verantwortung eines Unternehmens langfristig wirkungsvoll ist, sollte es einen systematischen Prozess beinhalten, mit dem aktuelle und mögliche Fehler ermittelt, Korrekturen gesetzt und vorbeugende Maßnahmen ergriffen werden können.

Fehler bedeuten, dass definierte Anforderungen nicht erfüllt werden, wie zum Beispiel, dass ein Teil des Managementsystems nicht planmäßig funktioniert. Ein Fehler kann auch ein schlechtes Leistungsergebnis sein. Beispiele für Fehler sind:

– Ziele der Energiereduktion werden nicht erreicht;

– Sozialpläne des Unternehmens werden nicht eingehalten;

– geforderte Verantwortlichkeiten im Rahmen des Managementsystems wurden nicht entsprechend zugeordnet.

Das Audit ist ein Weg, um Fehler regelmäßig zu ermitteln. Das Ermitteln von Fehlern kann auch Teil von Routineaufgaben von Einzelpersonen sein, die einer Tätigkeit am nächsten sind, wo aktuelle oder mögliche Fehler auftreten.

Wird ein Fehler festgestellt, sollte der Grund des Fehlers erkannt werden, um Korrekturen zu setzen. In der Schaffung eines Plans zur Behebung eines Fehlers, sollte das Unternehmen berücksichtigen,

– welche Maßnahmen notwendig sind, um das Problem anzugehen,

– welche Änderungen notwendig sind, um die Situation zu korrigieren (auf den Normalbetrieb zurückgehen), und

– was zu tun ist, damit das Problem nicht erneut entsteht (die Gründe beheben).

Art und Zeit der Maßnahmen sollten der Natur und dem Umfang des Fehlers und des gesellschaftlichen Aspekts entsprechen.

Wird ein mögliches Problem festgestellt, ohne dass ein aktueller Fehler vorliegt, sollten vorbeugende Maßnahmen nach einem ähnlichen Ansatz gesetzt werden. Mögliche Probleme können

– durch Extrapolation von Korrekturen aktueller Fehler aus anderen Bereichen, wo ähnliche Tätigkeiten vorliegen, oder

– aus Trendanalysen erkannt werden.

Die oberste Leitung sollte sicherstellen, dass Korrekturen und vorbeugende Maßnahmen umgesetzt wurden und dass eine systematische Nacherfassung zur Sicherstellung von deren Wirksamkeit stattfindet.

Die Schaffung von Anweisungen, um Fehlern zu begegnen und um Korrekturen und vorbeugende Maßnahmen zu setzen, hilft der Sicherstellung einer Konsistenz in dem Prozess. Solche Anweisungen sollten Verantwortlichkeiten, Befugnisse und die zu setzenden Schritte bei der Planung und Durchführung von Korrekturen und vorbeugende Maßnahmen festlegen. Wenn die gesetzten Maßnahmen eine Änderung des Managementsystem der gesellschaftlichen Verantwortung bedeuten, sollte der Prozess sicherstellen, dass alle zugehörigen Dokumentationen, Schulungen und Dokumente aktualisiert und genehmigt werden und dass Änderungen an jene, die betroffen sind, kommuniziert werden.

Aufzeichnungen

Aufzeichnungen stellen einen Nachweis des laufenden Betriebs und der Ergebnisse des Managementsystems der gesellschaftlichen Verantwortung dar. Wesentlich für Aufzeichnungen ist, dass sie beständig sind und üblicherweise nicht überarbeitet werden. Ein Unternehmen sollte bestimmen, welche Aufzeichnungen für die Lenkung seiner gesellschaftlichen Angelegenheiten wesentlich sind. Aufzeichnungen sollten umfassen:

–   Informationen zur Erfüllung von gesetzlichen oder behördlichen Forderungen oder von Bestimmungen, zu deren Erfüllung sich das Unternehmen verpflichtet;

–   Details zu Fehlern, zu Korrekturen und zu vorbeugenden Maßnahmen;

–   Nachweis der Erfüllung von Zielen;

–   Information über die Teilnahme an Schulungen;

–   Zulassungen, Lizenzen und andere Formen rechtlicher Genehmigungen.

Die wirksame Lenkung dieser Aufzeichnungen ist wesentlich für die erfolgreiche Verwirklichung eines Managementsystems der gesellschaftlichen Verantwortung. Die Schlüsselfaktoren der Lenkung der Aufzeichnungen beinhalten Mittel zur Erkennung, Sammlung, Indexierung, Aufrechterhaltung und Archivierung.

Audits

Audits eines Managementsystems der gesellschaftlichen Verantwortung sollten in regelmäßigen Zeitabständen durchgeführt werden, um der obersten Leitung Informationen zur Verfügung stellen zu können, ob das Managementsystem den geplanten Vereinbarungen entspricht und entsprechend umgesetzt und betrieben wird. Audits können auch durchgeführt werden, um Möglichkeiten zur Verbesserung des MSGVU aufzuzeigen.

Ein Unternehmen sollte ein Auditprogramm schaffen, um die Planung und Durchführung von Audits zu lenken und jene Audits zu ermitteln, die für die Erreichung der Programmziele notwendig sind. Das Programm sollte abgestimmt sein auf

–   die Art und Weise des Betriebs des Unternehmens,

–   die für gesellschaftliche Verantwortung relevanten Aspekte und deren mögliche Auswirkungen,

–   die Ergebnisse vergangener Audits,

–   andere relevante Faktoren.

Die Audits sollten von (einem) objektiven und unparteiischen Auditor(en) – unabhängig ob sie aus dem Unternehmen oder von externen Stellen kommen –

geplant und durchgeführt werden. Diese(r) Auditor(en) können/kann gegebenenfalls von Fachexperten unterstützt werden, die entweder aus dem Unternehmen oder von externen Stellen herangezogen werden. Die Einbeziehung externer Fachexperten, zum Beispiel aus Nichtregierungsorganisationen, im Sinne eines externen Audits ist in der Regel notwendig, um die Glaubwürdigkeit und das Vertrauen in das System der gesellschaftlichen Verantwortung des Unternehmens zu schaffen und zu stärken.

Die kollektive Kompetenz der Auditoren sollte ausreichen, die Ziele und den Aufgabenbereich des jeweiligen Audits abzudecken und das Vertrauen auf die Verlässlichkeit der Ergebnisse zu rechtfertigen.

Die Ergebnisse des Audits können in Berichtsform abgefasst werden und für die Korrektur oder Vorbeugung von Fehlern sowie für die Managementbewertung benutzt werden.

Das Audit kann gemäß den Auditprinzipien der ÖNORM EN ISO 19011 erfolgen. Diese ÖNORM gibt Anleitung zur Umsetzung von Auditprinzipien, zum Management von Auditprogrammen, zur Durchführung von Audits von Qualitätsmanagement- und Umweltmanagementsystemen sowie zur Qualifikation von Auditoren von Qualitätsmanagement- und Umweltmanagementsystemen.

Sie ist anwendbar auf alle Organisationen, die interne oder externe Audits von Qualitätsmanagement- oder Umweltmanagementsystemen durchführen müssen oder ein Auditprogramm benötigen.

Die Anwendung dieser ÖNORM auf andere Arten von Audits ist im Prinzip möglich, vorausgesetzt, dass der Festlegung der Qualifikation, die für die Mitglieder des Auditteams in solchen Fällen erforderlich ist, besondere Aufmerksamkeit beigemessen wird.

Gemäß ÖNORM EN ISO 19011, Abschnitt 4 stützt sich die Auditierung auf eine Reihe von Prinzipien. Diese machen das Audit zu einem wirksamen und zuverlässigen Werkzeug zur Unterstützung von Managementpolitik und -führung, das Informationen bereitstellt, auf deren Grundlage eine Organisation handeln kann, um ihre Leistung zu verbessern. Die Erfüllung dieser Prinzipien ist eine Voraussetzung für Auditschlussfolgerungen, die relevant und ausreichend sind, und um zu ermöglichen, dass Auditoren, unabhängig voneinander zu gleichartigen Schlussfolgerungen unter gleichartigen Umständen gelangen.

Die folgenden Prinzipien beziehen sich auf die Auditoren:

(a) Ethisches Verhalten: die Grundlage des Berufsbildes

Vertrauen, Integrität, Vertraulichkeit und Diskretion sind unabdingbar für das Auditieren.

(b) Sachliche Darstellung: die Pflicht, wahrheitsgemäß und genau zu berichten

Auditfeststellungen, Auditschlussfolgerungen und Auditberichte spiegeln wahrheitsgemäß und genau die Audittätigkeiten wider. Über wesentliche Hindernisse, die während des Audits auftreten, und über nicht bereinigte oder auseinander gehende Auffassungen zwischen dem Auditteam und der auditierten Organisation wird berichtet.

(c) Angemessene berufliche Sorgfalt: Anwendung von Sorgfalt und Urteilsvermögen beim Auditieren

Die Auditoren lassen Sorgfalt walten gemäß der Bedeutung der Aufgabe, die sie erfüllen, und gemäß dem Vertrauen, welches Auditauftraggeber und andere interessierte Parteien in sie setzen. Eine wichtige Voraussetzung ist das Vorhandensein der erforderlichen Qualifikation.

Managementbewertung

Handeln: Bewerten und Setzen von Maßnahmen zur Verbesserung des MSGVU:

- Durchführen von Managementbewertungen des MSGVU in angemessenen Zeitabständen;
- Bestimmen von Bereichen, in denen eine Verbesserung erzielbar ist.

Ein Unternehmen sollte regelmäßig sein Managementsystem der gesellschaftlichen Verantwortung bewerten und kontinuierlich verbessern. Damit kann die Leistung im Rahmen der gesellschaftlichen Verantwortung des Unternehmens gesteigert werden.

Bewertung des Managementsystems der gesellschaftlichen Verantwortung

Die oberste Leitung des Unternehmens sollte in von ihm gesetzten Zeitabständen eine Bewertung des Managementsystems der gesellschaftlichen Verantwortung durchführen, um die Eignung und Wirksamkeit des Managementsystems zu überprüfen. Diese Bewertung sollte für die gesellschaftliche Verantwortung des Unternehmens relevante Aspekte in Hinblick auf seine Tätigkeiten, Produkte und Dienstleitungen umfassen.

Eingaben für die Managementbewertung können neben anderen Informationen beinhalten:

- Umfang der Erfüllung von Zielen;

- Leistung des Managementsystems der gesellschaftlichen Verantwortung;
- Kommunikation von (externen) interessierten Kreisen;
- Ergebnisse des Überprüfens und Messens;
- Ergebnisse des Audits des Managementsystem der gesellschaftlichen Verantwortung;
- Stand der Korrekturen und der vorbeugenden Maßnahmen;
- Bewertung der Fehler, der Korrekturen und der vorbeugenden Maßnahmen;
- an vorangegangene Managementbewertungen gesetzte Maßnahmen;
- geänderte Umstände;
- Empfehlungen zur Verbesserung; und
- Bedarf zur Änderung des Managementsystems der gesellschaftlichen Verantwortung in Anbetracht sich ändernder Umstände:
    - Änderungen in den Produkten, Tätigkeiten, Dienstleistungen und in der Struktur des Unternehmens,
    - Ergebnisse der Beurteilung von für die gesellschaftliche Verantwortung relevanten Aspekten auf Grund geplanter oder neuer Entwicklungen,
    - sich ändernde gesetzliche oder behördliche Forderungen oder Bestimmungen, zu deren Erfüllung sich das Unternehmen verpflichtet,
    - Ansichten von interessierten Kreisen,
    - Fortschritte in Wissenschaft und Technik,
    - Lehren aus früheren Notfallssituationen oder Unfällen.

Ergebnisse der Bewertung des MSGVU können Entscheidungen umfassen zu:

- Eignung und Wirksamkeit des Managementsystems;
- Änderungen in den finanziellen und personellen Ressourcen; und
- Maßnahmen in Bezug auf mögliche Änderungen in der Unternehmenspolitik, den Zielen und anderen Elementen im Managementsystem der gesellschaftlichen Verantwortung.

Jedes Unternehmen kann für sich entscheiden, wer an der Managementbewertung teilnehmen soll. Üblicherweise sind an der Managementbewertung Personen beteiligt, die in den Teilbereichen der gesellschaftlichen Verantwortung leitend tätig sind und die notwendigen Informationen zusammenstellen und präsentieren, und die oberste Leitung, welche die Leistung des Managementsystems der gesellschaftlichen Verantwortung beurteilen, die Prioritäten für die Leistungsverbesserung setzen und sicherstellen, dass wirksame Folgemaßnahmen gesetzt werden.

Ständige Verbesserung

Die ständige Verbesserung ist ein Schlüsselmerkmal eines wirksamen Managementsystems der gesellschaftlichen Verantwortung.

Ständige Verbesserung wird sichergestellt, indem für die gesellschaftliche Verantwortung relevante Ziele erreicht werden bzw. indem das MSGVU als Ganzes oder in zumindest einem seiner Teile weiterentwickelt wird.

Gelegenheiten für Verbesserungen

Ein Unternehmen sollte regelmäßig sowohl seine für die gesellschaftliche Verantwortung relevante Leistung als auch die Leistung seines Managementsystems der gesellschaftlichen Verantwortung beurteilen, um Gelegenheiten für Verbesserungen zu ermitteln. Die oberste Leitung sollte durch den Prozess der Managementbewertung unmittelbar in diese Beurteilung eingebunden sein.

Das Ermitteln von Defiziten im MSGVU (einschließlich aktueller und möglicher Fehler) stellt eine wesentliche Gelegenheit der Verbesserung dar. Um solche Verbesserungen durchzuführen, sollte ein Unternehmen nicht nur wissen, welche Defizite es gibt, sondern auch deren Gründe verstehen.

Einige wertvolle Informationsquellen für eine ständige Verbesserung sind:
- Erfahrungen aus Korrekturen und vorbeugenden Maßnahmen;
- externes Benchmarking mit Best Practices;
- beabsichtigte oder vorgeschlagene Änderungen in für die gesellschaftliche Verantwortung relevanten gesetzlichen oder behördlichen Forderungen oder Bestimmungen, zu deren Erfüllung sich das Unternehmen verpflichtet;
- Ergebnisse der Audits;
- Ansichten von interessierten Kreisen, einschließlich Arbeitnehmer und Arbeitnehmervertreter, Kunden und Lieferanten.

Verwirklichung der ständigen Verbesserung

Sind Gelegenheiten für Verbesserungen erkannt, sollten sie beurteilt werden um zu bestimmen, welche Maßnahmen zu setzen sind. Die gewählten Verbesserungen sollten geplant werden und Änderungen im Managementsystem der gesellschaftlichen Verantwortung sollten gemäß diesen Plänen verwirklicht werden. Verbesserungen müssen nicht notwendigerweise zeitgleich in allen Bereichen stattfinden. Alle Verbesserungen sollten in einer dem Unternehmen angepassten Weise dokumentiert werden.

Praktische Hilfe – Beispiele für Verbesserungen

Verbesserungen können sowohl innerhalb als auch außerhalb der gesetzten und bewerteten Ziele für gesellschaftliche Verantwortung durchgeführt werden. Beispiele für Verbesserungen sind:

– Maßnahmen zur Vereinbarung von Beruf und Familie (siehe zum Beispiel Anhang B, [36]),

– Sponsoring von Sozial- und Gesundheitseinrichtungen,

– Maßnahmen zur Abfall- und/oder Emissionsreduktion im Unternehmen.

Kapitel 4: Nachhaltigkeitsberichte

Eine Form der externen Kommunikation ist die Erstellung und Verbreitung von Berichten. Ein Leitfaden zur Erstellung eines Nachhaltigkeitsberichtes ist in Anhang B, [40] angeführt, der nachfolgend in seinen Kernaussagen wiedergegeben wird.

Schritt 1: Klärung der Rahmenbedingungen

Das Team bilden.

– In einem erfolgreichen Team „Reporting" sollten unterschiedliche Rollen vertreten sein, um Know-how und optimale Kommunikation im Unternehmen sicherzustellen.

– Es ist zu überlegen, wer diese Rollen übernehmen kann bzw. sollte ein vorhandenes Team bei Bedarf durch neue Mitglieder ergänzt werden.

Zeitplan erstellen und Ressourcen sichern.

– Das geplante Erscheinungsdatum des Berichts sollte festgelegt werden.

– Dabei sollten Geschäfts- und Nachhaltigkeitsberichterstattung so nahe wie möglich zusammengelegt werden.

– Die Schritte für die Erstellung des Berichtes sind vom Erscheinungsdatum zurückzuplanen.

– Die Teammitglieder sollten sich für die Phasen, in denen sie besonders intensiv an der Berichterstattung mitarbeiten, die notwendigen Zeitressourcen reservieren.

Sich auf die Grundaussage einigen.

– In einem ersten Teamworkshop ist es wichtig, das Einvernehmen herzustellen, welche Aussage der Bericht über das Unternehmen treffen soll.

– Ein guter Einstieg in das Thema „unternehmerische Nachhaltigkeit" ist die Darstellung positiver Aspekte.

– Möglich früh sollte man sich auch über allfällige negative Aspekte informieren und im Bericht die damit verbundenen Herausforderungen beschreiben, um die Lernfähigkeit des Unternehmens zu signalisieren.

– Im Zuge der Berichterstattung werden die interessierten Kreise besser kennen gelernt und mit einbezogen.

Schritt 2: Themen und interessierte Kreise identifizieren

Wer steht mit dem Unternehmen in Verbindung?

– Im Team ist eine umfassende Liste der interessierten Kreise des Unternehmens zu erstellen.

– Es sollte festgestellt werden, wie interessierte Kreise in die Berichterstattung eingebunden werden können.

Welche Themen sind für das Unternehmen relevant?

– Es sollten jene Themen bestimmt werden, die aus dem Blickwinkel der Nachhaltigkeit für das Unternehmen die größte Relevanz besitzen.

– Über diese Themen sollten Informationen eingeholt werden.

– Möglichst früh sollte jene Themen behandelt werden, mit denen das Unternehmen noch nicht vertraut ist.

– Insbesondere bei solchen Themen sollte Kontakt zu kompetenten interessierten Kreisen aufgenommen werden.

Für die zentralen interessierten Kreise ein Profil erstellen.

– Es sollte festgestellt werden, welche interessierten Kreise mit einem Nachhaltigkeitsbericht erreicht werden können und

– welchen Informationsbedarf die interessierten Kreise bezüglich der nachhaltigkeitsrelevanten Themen haben.

– Im Unternehmen sollten Ideen weitergegeben werden, wie mit jenen Gruppen kommuniziert werden kann, die mit dem Bericht nicht angesprochen werden.

Schritt 3: Unternehmensziele und Berichterstellung

Wie wurde Nachhaltigkeit bisher im Unternehmen berücksichtigt?

– Im Team sollte diskutiert werden, wie die nachhaltigkeitsrelevanten Themen des Unternehmens in den Werten, der Strategie, den Zielen, dem Management, den Produkten und Dienstleistungen und der Struktur berücksichtigt werden.

– Besondere Beachtung sollte finden, wie stark die bisherigen Nachhaltigkeitsinitiativen in das Unternehmen integriert sind. Ökologische, gesellschaftliche und wirtschaftliche Maßnahmen sind ebenso zu ergänzen wie zu hinterfragen, ob es zwei Prozesse – einen für den wirtschaftlichen Erfolg und einen für die Nachhaltigkeit – gibt.

Impulse geben für die weitere Entwicklung des Unternehmens.

– Es sollten die für das Unternehmen derzeit notwendigen Nachhaltigkeitsmaßnahmen erkannt und der Handlungsbedarf im Unternehmen weitergeleitet werden.

Das Konzept für den Bericht entwerfen.

– Das Konzept für den Bericht sollte auf eine Zusammenfassung der ökologischen, gesellschaftlichen und wirtschaftlichen Aspekte ausgelegt sein.

– Ein erstes Inhaltsverzeichnis für den Bericht sollte entworfen werden.

– Es sollte entschieden werden, ob der Bericht ein Thema besonders in den Mittelpunkt stellt und welches grafische Konzept er verfolgen soll.

Schritt 4: Daten und weitere Informationen sammeln

Konzepte für die Kapitel erstellen.

– Es sollten jene Themen festgelegt werden, zu denen in den einzelnen Kapiteln Stellung bezogen werden soll.

– Es sollte dabei berücksichtigt werden, welche weiteren Informationen dazu benötigt werden.

– Falls kein Indikatorensystem vorhanden ist, das den Fortschritt bei den einzelnen nachhaltigkeitsrelevanten Themen misst, sollten geeignete Kennzahlen gefunden werden, welche die Themen der einzelnen Kapitel mit Fakten untermauern.

– Einigung sollte herbeigeführt werden auf wenige Kern-Kennzahlen, die einen raschen Überblick zur nachhaltigen Entwicklung des Unternehmens geben.

Daten und Informationen unter Berücksichtigung der Bestimmungen des Datenschutzes im Unternehmen sammeln.

– Jene Personen sollten ausreichend über das Projekt Berichterstattung informiert werden, von denen Informationen benötigen werden.

– Fragebögen sollten ausgesendet bzw. Daten durch das interne Nachhaltigkeits-Controlling erhoben werden.

- Wo notwendig können ergänzende Interviews im Unternehmen geführt werden.

Schritt 5: Den Bericht schreiben

Den Text erstellen.

- Der Ton sollte neutral sein. Der Text sollte Fakten aufzählen und Interpretationen vermeiden. Auflockerungen wie Interviews, Geschichten usw. können eingebunden werden, ohne dass der Charakter eines Berichts jedoch verloren geht.

Überprüfung und Bewertung.

- Der Rohentwurf des Berichts sollte von der Unternehmensleitung und – falls notwendig – auch von anderen unternehmensinternen Personen überprüft werden.
- Es sollte überlegt werden, ob und wie der Bericht extern bewertet werden kann. Dabei sollte berücksichtigt werden, ob die Daten auf Richtigkeit überprüft werden können, und ob der Bericht oder die nachhaltigkeitsrelevanten Leistungen des Unternehmens insgesamt bewertet werden soll.

Schritt 6: Den Bericht gestalten

Noch offene Aufgaben erledigen.

- Es sollte für ein Vorwort, Zusammenfassungen, Ausblick, Internetaufbereitung, Übersetzung usw. gesorgt werden.

Das Layout fertig stellen.

- Sofern die beiden Berichte nicht kombiniert wurden, sind Geschäfts- und Nachhaltigkeitsbericht im Erscheinungsbild aufeinander abzustimmen.

Schritt 7: Den Bericht verbreiten

Der Bericht ist aktiv an die Zielgruppen auszusenden.

- Die Medien sollten auf den Bericht aufmerksam gemacht werden. Es wird empfohlen, an Wettbewerben für die besten Nachhaltigkeitsberichte teilzunehmen.
- Fachdiskussionen und Dialoge mit interessierten Kreisen auf Basis der Inhalte des Berichtes sollten angeregt werden.
- Feedback als Grundlage für den nächsten Bericht sollte gesammelt werden.

Anhang A: Benennungen und deren Definitionen

Corporate Citizenship, gesellschaftliches Engagement eines Unternehmens

Gestaltung der Gesamtheit der Beziehungen zwischen einem Unternehmen und dessen lokaler, nationaler und globaler Umwelt

Corporate Community Investment

Alle Unternehmen haben Einfluss auf die lokale und regionale Gesellschaft. Sie können diesen Einfluss in einer Art und Weise geltend machen, sodass sowohl die umliegende Bevölkerung als auch das Unternehmen selbst profitiert. Community Investment gehört somit zu einer der nach außen sichtbarsten Formen von Corporate Social Responsibility. Häufig sind Spenden und Unterstützung von Bildungseinrichtungen vorzufinden, aber es existieren auch Kooperationen mit verschiedensten Akteuren.

Corporate Governance

Gestaltung der Gesamtheit der Beziehungen zwischen dem Management, dem Aufsichtsrat, den Anteilseignern und den anderen Stakeholdern eines Unternehmens

Die Coporate Governance gibt auch eine Struktur vor, in deren Rahmen die Unternehmensziele, die Mittel zur Erreichung dieser Ziele und die Überprüfung der Unternehmensleistung festgelegt bzw. geregelt werden (OECD-Kodex 1999).

Corporate Social Responsibility, gesellschaftliche Verantwortung von Unternehmen

Konzept, das dem Unternehmen als Grundlage dient, auf freiwilliger Basis soziale Belange und Umweltbelange in seine Unternehmenstätigkeit und in die Wechselbeziehungen mit den Interessensgruppen zu integrieren.

[Quelle: Mitteilungen der Kommission: „Die soziale Verantwortung der Unternehmen", Juli 2002]

Sozial Responsibility, gesellschaftliche Verantwortung

Ein ausgewogener Ansatz einer Organisation, sich ökonomischen, sozialen und ökologischen Fragen in der Weise zu stellen, dass Personen, Gemeinschaften und die Gesellschaft einen Nutzen ziehen können.

[Quelle: Vorschlag der Advisory Group zu Corporate Social Responsibility der Internationalen Organisation für Normung ISO]

Ethische Veranlagung

Veranlagungen, bei denen ethische, ökologische und soziale Komponenten bei der Auswahl, Beibehaltung und Realisierung des Investments berücksichtigt werden. Für Anleger(innen), die Anteile an Investmentfonds erwerben möchten, steht mittlerweile eine ganze Reihe von ökologisch ausgerichteten Angeboten zur Verfügung. Eine Neuerung in Österreich sind Öko-Fonds, die auf ökologischen Indizes beruhen.

Ethisches Handeln

Handel mit dem Ziel, in den konventionellen Produktionsketten für Bedingungen zu sorgen, die grundlegende Mindeststandards erfüllen, sowie die schlimmsten Formen der Ausbeutung, zum Beispiel Kinderarbeit, Zwangsarbeit und die so genannten „Sweatshops", ausrotten. Die Gütesiegel-Kriterien für ethisches Handeln stützen sich im Allgemeinen auf einschlägige IAO-Übereinkommen.

Global Compact

Initiative von UN-Generalsekretär Kofi Annan, die ein nachhaltiges Wachstum im Kontext der Globalisierung gewährleisten soll, indem sie einen grundlegenden Katalog allgemein gültiger Werte fördert, die für die Befriedigung der sozialen und wirtschaftlichen Bedürfnisse aller Menschen jetzt und in Zukunft von wesentlicher Bedeutung sind. Ziel der Initiative ist es, dem globalen Markt ein menschliches Gesicht zu verleihen.

Managementsystem der gesellschaftlichen Verantwortung (eines Unternehmens), MSGVU

Managementsystems eines Unternehmens, um die Unternehmenspolitik zu entwickeln und zu verwirklichen und seine Wechselwirkung(en) mit der Gesellschaft zu betreuen.

Ein Managementsystem ist ein Satz zusammenhängender Anforderungen, der gebraucht wird, um eine Politik und Zielsetzungen zu formulieren und diese Zielsetzungen zu erreichen.

Ein Managementsystem umfasst eine Organisationsstruktur, Planungsaktivitäten, Verantwortlichkeiten, Praktiken, Verfahren, Prozesse und Ressourcen.

Menschenrechte

Menschenrechte basieren auf der Anerkennung der Menschenwürde und der gleichen und unveräußerlichen Rechte aller Menschen auf Grundlage von Freiheit, Gerechtigkeit und Frieden in der Welt. Definiert sind sie in der Erklärung der Menschenrechte aus dem Jahr 1948.

Nachhaltige Entwicklung, Sustainable Development

Im Jahr 1987 wurde das Leitbild einer Nachhaltigen Entwicklung (Sustainable Development) von der World Commission on Environment and Development im Brundtland-Report festgehalten: Eine Entwicklung ist dann nachhaltig, wenn sie „die Bedürfnisse der heutigen Generation befriedigt, ohne die Möglichkeiten künftiger Generationen aufs Spiel zu setzen, ihre eigenen Bedürfnisse zu befriedigen". Auf den Weltkonferenzen von Rio de Janeiro (1992) und Johannesburg (2002) wurden Strategien und Programme zur nachhaltigen Entwicklung diskutiert und beschlossen.

Nachhaltigkeitsstrategie (Österreich, Europäische Union, andere Länder)

In der Vorbereitung der UN-Weltkonferenz für nachhaltige Entwicklung in Johannesburg 2002 wurden von vielen Ländern nationale Nachhaltigkeitsstrategien erstellt und beschlossen. Auf EU-Ebene liegt seit dem Gipfel von Göteborg (2001) ebenfalls eine Nachhaltigkeitsstrategie vor. Die im Mai 2002 beschlossene Österreichische Nachhaltigkeitsstrategie enthält 20 Leitziele zu den Themen Lebensqualität, Wirtschaftskraft, Lebensräume und internationale Verantwortung (http://www.nachhaltigkeit.at/strategie).

Oberste Leitung

Person oder Personengruppe, die ein Unternehmen auf der obersten Ebene leitet und lenkt.

OECD-Leitsätze für multinationale Unternehmen

Gemeinsame Empfehlung der teilnehmenden Länder und Regierungen (neben den 29 OECD-Mitgliedern auch Argentinien, Brasilien, Chile und die Slowakei; Verhandlungen mit weiteren Ländern, darunter Estland, Lettland, Litauen und Slowenien, laufen) an die in ihren Ländern oder von ihren Ländern aus operierenden multinationalen Unternehmen für verantwortungsvolles unternehmerisches Verhalten. Sie bilden einen auf Freiwilligkeit basierenden Rahmen für sozial verantwortliches unternehmerisches Verhalten.

Ökoeffizienz

Konzept, das eine sinnvollere Ressourcennutzung die Umweltbelastung vermindert und Kosten senkt: Ökologische Probleme ökonomisch lösen.

Sozialkapital

Bestand an gemeinsamen Wertevorstellungen und gegenseitigem Vertrauen in einer Gemeinschaft.

Social Responsible Investing (SRI)

Integrieren persönlicher Werte und sozialer Anliegen in die Investmententscheidung. SRI-Anleger berücksichtigen sowohl den Finanzertrag als auch den Einfluss ihrer Investition auf die Gesellschaft.

Sozioeffizienz

Beschreibt den Umstand, dass Unternehmen ihre Produkte auf eine sozial verträgliche Weise produzieren. Steigt die Sozioeffizienz, werden die positiven

Auswirkungen des Unternehmens auf Mitarbeiter und allgemeine Gesellschaft erhöht, die negativen Auswirkungen werden verringert.

Stakeholder, Interessengruppe, interessierter Kreis

Einzelperson, Gemeinschaften oder Organisationen, die die Geschäftstätigkeit eines Unternehmens beeinflussen oder von ihr beeinflusst werden. Dazu zählen beispielsweise Mitarbeiter, Kunden, Zulieferer, Anteilseigner, Investoren, lokale Gemeinschaften.

Ständige Verbesserung

Wiederkehrender Prozess zur Weiterentwicklung des Managementsystems der gesellschaftlichen Verantwortung, um Verbesserungen der gesamten Leistung in Erfüllung der Unternehmenspolitik zu erreichen.

Anmerkung: Der Prozess muss nicht in allen Tätigkeitsbereichen gleichzeitig erfolgen.

Triple bottom line

Konzept, das davon ausgeht, dass die Gesamtleistung eines Unternehmens daran gemessen werden sollte, in welchem Maße sie zu wirtschaftlichen Wohlstand, Umweltqualität und Sozialkapital beiträgt.

Verantwortungsvolles Unternehmertum

Konzept der Vereinten Nationen, das die Rolle der Unternehmen in der nachhaltigen Entwicklung herausstreicht. Sie besagt, dass Unternehmen ihre Tätigkeit so ausüben können, dass sie das Wirtschaftswachstum fördern, die Wettbewerbsfähigkeit steigern und gleichzeitig umweltbewusst und sozial verantwortlich handeln.

Verhaltenskodex, Code of Conduct

Formelle Erklärung zu den Werten und Aktivitäten eines Unternehmens, vielfach auch über dessen Beziehungen zu den verschiedenen interessierten Kreisen.

Anhang B: Literaturhinweise

Normen und Richtlinien zur gesellschaftlichen Verantwortung

[1] Europäische Rahmenbedingungen für die gesellschaftsorientierte Verantwortung der Unternehmen – Grünbuch, Luxemburg: Amt für amtliche Veröffentlichungen der Europäischen Gemeinschaften, 2001, ISBN 92-894-1477-4; http://europa.eu.int/comm/employment_social/soc-dial/csr/csr_index.htm

[2] OECD Guidelines for multinational Enterprises, OECD, 2, rue André Pascal, F-75775 Paris Cedex 16, France;
http://www.oecd.org/daf/investment/guidelines

[3] Jakarta Declaration on Leading Health Promotion into the 21st Century, Weltgesundheitsorganisation WHO, 1997;
www.who.int/hpr/NPH/docs/jakarta_declaration_en.pdf

[4] Human Rights Principles and Responsibilities for Transnational Corporations and Other Business Enterprises, UN-Kommission für Menschenrechte, 2002

[5] OECD Grundsätze der Corporate Governance, OECD, 2, rue André Pascal, F-75775 Paris Cedex 16, France;
http://www.oecd.org/dataoecd/50/13/19820911.pdf

[6] Mitteilung der Kommission an den Rat, das Europäische Parlament und den Europäischen Wirtschafts- und Sozialausschuss – Eine umfassende EU-Politik zur Bekämpfung der Korruption, Mai 2003, KOM(2003, 317 final);
http://europa.eu.int/eur-lex/de/com/cnc/2003/com2003_0317de01.pdf

[7] Anti-corruption instruments and the OECD Guidelines for Multinational Enterprises, September 2003;
http://www.oecd.org/dataoecd/0/33/2638728.pdf

[8] Fighting Corruption: What Role for Civil Society? The Experience of the OECD, November 2003;
http://www.oecd.org/dataoecd/8/2/19567549.pdf

[9] Übereinkommen über die Bekämpfung der Bestechung ausländischer Amtsträger im internationalen Geschäftsverkehr der OECD;
http://www1.oecd.org/deutschland/Dokumente/bestech.htm

[10] ABC der Korruptionsprävention – Leitfaden für Unternehmen, Transparency International, Deutsches Chapter e.V.; www.transparency.de

[11] Living our values – Code of professional ethics, The Worldbank Group, 1999; http://www.worldbank.org/wbi/corpgov/

[12] The SIGMA Project: Sustainability in Practice – The Sigma Guidelines, Mai 2001; http://www.projectsigma.com

[13] Sustainability Reporting Guidelines, Global Reporting Initiative, http://www.globalreporting.org

[14] AA 1000, Assurance Standard, The Institute of Social and Ethical AccountAbility Unit A, 137 Shepherdess Walk, London, N1 7RQ, United Kingdom; http://www.accountability.org.uk

[15] AS 3806, Compliance Programs, Australisches Normungsinstitut SAI; http://www.sai-global.com

[16] AS 8000, Corporate governance – Good governance principles, Australisches Normungsinstitut SAI; http://www.sai-global.com

[17] AS 8001, Corporate governance – Fraud and corruption control, Australisches Normungsinstitut SAI; http://www.sai-global.com

[18] AS 8002, Corporate governance – Organizational codes of conduct, Australisches Normungsinstitut SAI; http://www.sai-global.com

[19] AS 8003, Corporate governance – Corporate social responsibility, Australisches Normungsinstitut SAI; http://www.sai-global.com

[20] AS 8004, Corporate governance – Whistleblower protection programs for entities, Australisches Normungsinstitut SAI; http://www.sai-global.com

[21] DMS 700, Social responsibility – Requirements for combating child labour, Normungsinstitut von Malawi

[22] ECS 2000, Ethics Compliance Management System Standard (ECS2000 V.1.2), Business Ethics & Complinace Research Center, Reitaku University, November 2001; http://ecs2000.reitaku-u.ac.kp

[23] FD X30-021, SD 21000 – Développement durable – Responsabilité sociétale des entreprises – Guide pour la prise en compte des enjeux du développement durable dans la stratégie et le management de l'entreprise, Französisches Normungsinstitut AFNOR; http://www.afnor.fr

[24] OHSAS 18001, Occupational health and safety management systems, British Standards Institution; http://www.bsi-global.com

[25] ONR 141001, Standard-TransFair Siegel für das Lizenzprodukt Kaffee, Österreichisches Normungsinstitut ON; http://www.on-norm.at

[26] SA 8000, Social Accountability 2000, Social Accountability International, 220 East 23rd Street, Suite 605, New York, NY 10010, USA; http://www.sa-intl.org

[27] SI 10000, Social Responsibility and Community Commitment, Israelisches Normungsinstitut SII

Österreichische Rechtsvorschriften und Richtlinien

[28] BGBl. Nr. 292/1921   Angestelltengesetz, idgF

[29] BGBl. Nr. 98/1965   Aktiengesetz 1965, idgF

[30] BGBl. Nr. 461/1969   Arbeitszeitgesetz, idgF

[31] BGBl. Nr. 22/1974   Arbeitsverfassungsgesetz, idgF

[32] BGBl. Nr. 390/1976   Urlaubsgesetz, idgF

[33] BGBl. Nr. 599/1987   Beschäftigung von Kindern und Jugendlichen 1987 – KJBG, idgF

[34] BGBl. Nr. 450/1994   ArbeitnehmerInnenschutzgesetz, idgF

[35] BGBl. I Nr. 96/2001   Bundesgesetz über begleitende Regelungen zur EMAS-V II (Umweltmanagementgesetz-UMG)

[36] Audit Familie und Beruf, Bundesministerium für soziale Sicherheit und Generationen; http://www.bmsg.gv.at/cms/site/liste.html?channel=CH0179

[37] Austrian Code of Corporate Governance, Bundesministerium für Finanzen; http://www.corporate-governance.at

[38] Die Österreichische Strategie zur Nachhaltigen Entwicklung – Eine Initiative der Bundesregierung, April 2002; http://www.lebensministerium.at

[39] Wirtschaftlicher Erfolg mit gesellschaftlicher Verantwortung – Leitbild, CSR Austria, 2003; http://www.csr-austria.at

[40] Reporting about Sustainability – In 7 Schritten zum Nachhaltigkeitsbericht, erstellt vom Österreichischen Institut für nachhaltige Entwicklung im Auftrag des ABCSD, BMWA, IV, Lebensministerium, WKÖ; http://www.csr-austria.at

[41] UZ 49 Grüne Fonds, Österreichisches Umweltzeichen, VKI, Verein für Konsumenteninformation, 2004, www.umweltzeichen.at

Übereinkommen der Internationalen Arbeitsorganisation IAO

[42] IAO-Übereinkommen Nr. 29, Zwangsarbeit

[43] IAO-Übereinkommen Nr. 87, Vereinigungsfreiheit und Schutz des Vereinigungsrechtes

[44] IAO-Übereinkommen Nr. 98, Vereinigungsrecht und Recht zu Kollektivverhandlungen

[45] IAO-Übereinkommen Nr. 100, Gleichheit des Entgelts

[46] IAO-Übereinkommen Nr. 105, Abschaffung der Zwangsarbeit

[47] IAO-Übereinkommen Nr. 111, Diskriminierung (Beschäftigung und Beruf)

[48] IAO-Übereinkommen Nr. 135, Übereinkommen bezüglich Arbeitnehmervertreter

[49] IAO-Übereinkommen Nr. 138 und Empfehlung Nr. 146, Mindestbeschäftigungsalter und Empfehlung

[50] IAO-Übereinkommen Nr. 155 und Empfehlung Nr. 164, Gesundheit und Sicherheit am Arbeitsplatz

[51] IAO-Übereinkommen Nr. 159, Berufsausbildung und Beschäftigung/ Behinderte

[52] IAO-Übereinkommen Nr. 177, Heimarbeit

[53] IAO-Übereinkommen Nr. 182, Verbot und unverzügliche Maßnahmen zur Beseitigung der schlimmsten Formen der Kinderarbeit

Normen zu Qualitäts- und Umweltmanagementsystemen

[54] ÖNORM EN ISO 9000, Qualitätsmanagementsysteme – Grundlagen und Begriffe

[55] ÖNORM EN ISO 9004, Qualitätsmanagementsysteme – Leitfaden zur Leistungsverbesserung

[56] ÖNORM EN ISO 14001, Umweltmanagementsysteme – Spezifikation mit Anleitung zur Anwendung

[57] ÖNORM EN ISO 19011, Leitfaden für Audits von Qualitätsmanagement- und/oder Umweltmanagementsystemen

[58] ÖNORM ISO 14004, Umweltmanagementsysteme – Allgemeiner Leitfaden über Grundsätze, Systeme und Hilfsinstrumente

[59] ÖNORM S 2095-1, Integriertes Management – Qualitätssicherung, Umwelt, Gesundheit und Sicherheit – Teil 1: Festlegung der grundsätzlichen Anforderungen

[60] ÖNORM S 2095-3, Integriertes Management – Qualitätssicherung, Umwelt, Gesundheit und Sicherheit – Teil 3: Anforderungen in der chemischen Industrie

[61] Verordnung (EG) Nr. 761/2001 des Europäischen Parlaments und des Rates vom 19. März 2001 über die freiwillige Beteiligung von Organisationen an einem Gemeinschaftssystem für das Umweltmanagement und die Umweltbetriebsprüfung (EMAS)

Anhang C: Mitarbeiter im Arbeitskreis

Mitarbeiter	Entsendende Organisation	Homepage
Mag. Simone Alaya	OMV AG	www.omv.com
Dr. Konrad Autengruber	VA TECH HYDRO GmbH	www.vatech-hydro.at
Mag. Wilhelm Autischer	CSR-Austria	www.csr-austria.at
Dipl.-Ing. Dr. Eveline Balogh	Oesterreichische Kontrollbank	www.oekb.co.at

Mag. Elisabeth Beer	Bundeskammer für Arbeiter und Angestellte	www.akwien.at
Mag. Michael Buchbauer	Andritz AG	www.andritz.com
Dr. Josef Dellinger	Raiffeisen Zentralbank Österreich AG	www.rzb.at
Andreas Ecker-Nakamura	Raiffeisen Zentralbank Österreich AG	www.rzb.at
Dr. Christian Friesl	Industriellenvereinigung	www.iv-net.at
Mag. Walter Gagawczuk	Bundeskammer für Arbeiter und Angestellte	www.akwien.at
Prok. Peter Gumpinger	Oesterreichische Kontrollbank	www.oekb.co.at
Dipl.-Ing. Harald Hagenauer	VA TECH	www.vatech.at
Ing. Heinz Hödl	Koordinierungsstelle der österreichischen Bischofskonferenz	www.koo.at
Dr. Thomas Hofer-Zeni	Rechtsanwaltskanzlei	www.hofer-zeni.com
Mag. Alexander Hofmann	Wirtschaftskammer Österreich	www.wko.at
MMag. Gabriele Holzer	Österreichische Post AG	www.post.at
Mag. Dietmar Hoscher	Casinos Austria AG	www.casinos.at
Dipl.-Ing. Dr. MBA Gerhard Hrebicek	Fachgruppe Unternehmensberatung und IT der Wirtschaftskammer Wien	
Univ.-Doz. Dr. Paul Kolm	Gewerkschaft der Privatangestellten	www.gpa.at
Mag. Andreas Kovar	Kovar & Köppl Public Affairs Consulting OEG	ww.publicaffairs.cc
Mag. Hanns Kratzer	Merck Sharp & Dohme GmbH	www.merck.com
Dr. Fritz Kroiss	Ökobüro	www.oekobuero.at
Mag. Martin Neureiter	Kovar & Köppl Public Affairs Consulting OEG	www.publicaffairs.cc

Dipl.-Ing. Christian Öhler	Bundesministerium für Land- und Forstwirtschaft, Umwelt und Wasserwirtschaft	www.lebensministerium.at
Michaela Reeh	OMV AG	www.omv.com
Hannes Roither Palfinger	Krantechnik GmbH	www.palfinger.com
Mag. Alois Schrems	Telekom Austria AG	www.telekom.at
Dipl.-Ing. Hannes Spitalsky		
Dipl.-Ing. Dr. Alfred Strigl	Universität für Bodenkultur	www.boku.ac.at
Dipl.-Ing. Thomas	Szabo ÖVQ	www.oevq.at
Dr. Wolfram Tertschnig	Bundesministerium für Land- und Forstwirtschaft, Umwelt und Wasserwirtschaft	www.lebensministerium.at
Dr. Peter Theurer	Bundesministerium für Wirtschaft und Arbeit	www.bmwa.gv.at
Mag. Ing. Herbert Wegleitner	Siemens Österreich AG	www.siemens.com
Mag. Verena Wimmer-Kodat	Casinos Austria AG	www.casinos.at

Das CSR-Leitbild

CSR Austria: Leitbild

„Erolgreich Wirtschaften. Verantwortungsvoll Handeln."

Österreichs Unternehmen bekennen sich zu ihrer gesellschaftlichen Verantwortung.

Das Konzept des verantwortungsvollen Unternehmertums besagt, dass Unternehmen ihre Tätigkeit so ausüben können, dass sie das Wirtschaftswachstum fördern, die Wettbewerbsfähigkeit steigern und gleichzeitig umweltbewusst und sozial verantwortlich handeln.

Miteinander sprechen. Einander verstehen.

Von September bis Dezember 2003 haben sich Vertreter der Wirtschaft mit Menschen aus unterschiedlichsten gesellschaftlichen Bereichen zu einem intensiven Dialog zusammen gefunden. Unternehmer und Unternehmer-Vertreter loteten in Gesprächen mit Sozialpartnern, internationalen Organisationen und NGOs (Nichtregierungsorganisationen) zahlreiche Dimensionen gesellschaftlicher Verantwortung aus. Die Ergebnisse dieser konstruktiven Gesprächsreihe wurden zu dem hier präsentierten Leitbild für Österreichs Unternehmen verdichtet:

„Erfolgreich wirtschaften. Verantwortungsvoll handeln."

Erfolgreich wirtschaften, verantwortungsvoll handeln. Mit diesem Grundsatz bekennen sich Österreichs Unternehmen zu ihrer ökonomischen, sozialen und ökologischen Verantwortung und damit zum System der Sozialen Marktwirtschaft. Für Wohlstand zu sorgen, den gesellschaftlichen Zusammenhalt zu fördern, eine lebenswerte Umwelt zu bewahren – all das gilt ihnen als unternehmerisches Ziel.

Orientierung. Gerade in Zeiten großer gesellschaftlicher Veränderungen ist Orientierung vonnöten. Ein wirkungsvoller Ordnungsrahmen und dessen Beachtung schaffen faire Bedingungen und fördern die nachhaltige Entwicklung der österreichischen Wirtschaft.

Dialog. Das Zusammenwirken gesellschaftlicher Organisationen mit den Instanzen der Politik und den Unternehmen stärkt den für diese Orientierung so unerlässlichen Dialog. Der österreichische Weg der Sozialpartnerschaft erweist sich immer wieder aufs Neue als zielführend, indem er wirtschaftlichen Erfolg und gesellschaftlichen Zusammenhalt fördert und in Wohlstand, sozialen Frieden und hohen Umweltstandards mündet. Auf Betriebsebene ist der Dialog zwischen Arbeitgebern und Arbeitnehmern erfolgreicher Bestandteil österreichischer Unternehmenskultur.

Gesellschaftliche Verantwortung. Als Managementkonzept integriert die gesellschaftliche Verantwortung von Unternehmen (Corporate Social Responsibility – CSR) alle Bereiche der Nachhaltigkeit in die Unternehmensstrategie. Um als Managementkonzept zu taugen, muss das Prinzip der gesellschaftlichen Verantwortung der besonderen Situation des einzelnen Unternehmens angepasst werden. Damit können sich die Unternehmen den Herausforderungen der Globalisierung und des gesellschaftlichen Wandels stellen.

Nachhaltigkeit. Indem sie das Prinzip der Corporate Social Responsibility achten, leisten Österreichs Unternehmen ihren Beitrag zur Umsetzung der Nachhaltigkeitsstrategie der österreichischen Bundesregierung. Die hier präsentierten Grundsätze basieren auch auf einer Vielzahl internationaler Vereinbarungen, zu denen sich Österreich bekannt hat, etwa der Lissabon-Strategie der Europäischen Union und den OECD-Leitsätzen für Multinationale Unternehmen. Das freiwillige Engagement der Unternehmen und ihrer Führungskräfte signalisiert daher auch die Bereitschaft der österreichischen Wirtschaft, über das bisher Erreichte hinaus Verantwortung zu übernehmen.

Verantwortung wirkt. Verantwortungsvolles Handeln baut Vorurteile ab und schafft positive Voraussetzungen für das Unternehmertum. Es stärkt das Vertrauen zwischen Wirtschaft und Gesellschaft. Gesellschaftliche Verantwortung von Unternehmen schafft Nutzen – für Kleinbetriebe wie auch für multinationale Konzerne.

- Durch verantwortungsvolles Handeln setzen die Unternehmen ein Zeichen gegenüber ihren Interessengruppen. Indem sie Transparenz und Partizipation signalisieren, schaffen sie Vertrauen.
- Sie stärken das Vertrauen der Konsumenten und fördern die Kundenbindung.
- Die Unternehmen motivieren die Mitarbeiter und schaffen sich damit auch entscheidende Vorteile im Wettbewerb um die besten Mitarbeiter.
- Der Dialog mit Interessengruppen verringert das Risiko der Unternehmen.
- Investoren, Eigentümer und Aktionäre schätzen verantwortungsvolle Unternehmen, weil sie Sicherheit bieten und Wertsteigerungspotenzial repräsentieren.

- Verantwortungsvolles Handeln verbessert das Image der Unternehmen und stärkt ihre Marktposition.

Handlungsfelder gesellschaftlicher Verantwortung

Erfolgreich wirtschaften

Die Basis. Wirtschaftlicher Erfolg ist die Grundlage, die den gesellschaftlichen Zusammenhalt, aber auch eine lebenswerte Umwelt sichern kann. Es sind die erfolgreichen Unternehmen, die den Menschen die für ein Leben in Sicherheit, Wohlstand und Würde notwendigen Güter und Dienstleistungen bereit stellen. Damit Unternehmen diese Funktion erfüllen können, müssen sie wettbewerbsfähig sein, innovativ und gewinnbringend. Verantwortungsvoll handelnde und auf die Zukunft bedachte Unternehmen führen ihre wirtschaftlichen Ziele mit ihrer Verantwortung für Gesellschaft und Umwelt zusammen. Sie setzen Innovationskraft und Leistungsfähigkeit sowohl für ihr Unternehmen als auch zum Nutzen der mit ihnen verbundenen Interessengruppen ein.

Verlässlich und vertrauenswürdig sein

Im Interesse aller. Neben ihren klar definierten wirtschaftlichen Zielen ziehen Unternehmen auch die Interessen der Eigentümer, der Kapitalgeber und der Mitarbeiter in ihre Überlegungen mit ein. Mehr noch: auch das öffentliche Interesse gilt ihnen als Wert. Zuverlässigkeit, Respekt, Qualität und Vertrauen sind die Grundlage für erfolgreiche Geschäftsbeziehungen, auf diesen vier Pfeilern bauen Mitarbeitermotivation und Kundenbindung auf. Selbstverständlich handeln die Unternehmen innerhalb des gesetzlichen Ordnungsrahmens und nach den Grundsätzen ordentlicher Unternehmensführung. Als Orientierungshilfe kann dabei der Corporate Governance Kodex gelten, der auch nicht börsennotierten Unternehmen anregende Ansätze bietet.

Unternehmen mit Verantwortung bekennen sich zu den Grundsätzen guter Unternehmensführung.

Langfristig und wertorientiert entscheiden

Wertsteigernd, zukunftssichernd. Nachhaltiger wirtschaftlicher Erfolg trägt Früchte: Er ist die Voraussetzung für eine starke Position am Arbeitsmarkt und am Finanzmarkt. Im Zentrum seiner Unternehmertätigkeit steht daher nicht die kurzfristige Gewinnmaximierung, sondern eine langfristige Steigerung des Wertes – und damit die Zukunftssicherung des Unternehmens.

Unternehmen mit Verantwortung investieren in langfristige Wertsteigerung.

Für fairen Wettbewerb sorgen

Faires Verhalten. Indem sich Unternehmen für die Einhaltung aller Rechtsvorschriften einsetzen, indem sie aktiv gegen Korruption auftreten, fördern sie Rechtssicherheit und die Stärkung demokratischer Strukturen. Unternehmen beachten in ihren Entscheidungen soziale Gefüge auf lokaler und regionaler Ebene. Sie demonstrieren Fairness auch in ihren Geschäfts-, Vermarktungs- und Werbepraktiken.

Unternehmen mit Verantwortung gründen ihre Geschäftsbeziehungen auf gegenseitigem Respekt und auf Fairness.

Vorbildwirkung entfalten

Zeigen, wie es geht. Unternehmen agieren in ihren jeweiligen Rollen als Geschäftspartner, als Kunde, als Zulieferer, als Auftraggeber oder als Mitbewerber vorbildhaft. Durch ihre Vorbildwirkung nützen Unternehmen die Chance zur aktiven Mitgestaltung bei Geschäftspartnern oder in anderen Bereichen der Gesellschaft. Als Beispiel seien die Förderung der Vereinbarkeit von Familie und Beruf, die Steigerung des Umweltbewusstseins oder das Auftreten gegen Diskriminierung genannt.

Unternehmen mit Verantwortung streben eine vertrauensvolle Zusammenarbeit mit ihren Partnern an.

Andere einbeziehen

Gesellschaftliche Verantwortung beginnt im eigenen Unternehmen. Partnerschaftlicher Umgang mit Mitarbeitern trägt zur Stärkung des sozialen Zusammenhalts bei. Ebenso tut dies das Engagement für die Integration Benachteiligter im Unternehmen. Auf diesem Weg werden die sozialen Standards nicht nur im eigenen Unternehmen, sondern auch in der Gesellschaft gefestigt. Österreichische Unternehmen sind sich ihrer einschlägigen Verantwortung bewusst, auch wenn sie in Ländern tätig sind, die noch keine entsprechenden Bestimmungen haben. Mit dem Ziel einer wirtschaftlich und sozial erfolgreichen Zukunft vor Augen arbeiten Österreichs Unternehmen mit allen Stakeholdern partnerschaftlich zusammen – mit ihren Eigentümern und Aktionären, den Mitarbeitern, Betriebsräten und Arbeitnehmervertretern, mit Kunden, Anrainern und Behörden, mit gemeinnützigen Organisationen, NGOs, mit den Medien und mit der breiten Öffentlichkeit.

Mitarbeiter als Partner behandeln

Der wertvolle Kern. Eine partnerschaftliche Unternehmenskultur weist das Unternehmen als attraktiven Arbeitgeber aus, steigert Arbeitszufriedenheit und Identifikation mit dem Unternehmen und verbessert so die Wirtschaftlichkeit. Die Mitarbeiter sind somit der wertvolle Kern eines jeden Unternehmens. Unternehmenskultur zeigt sich in unterschiedlichsten Formen: Der Lebensqualität und dem Schutz der Beschäftigten ist dabei ein höchstmöglicher Stellenwert einzuräumen, ebenso der körperlichen, geistigen und seelischen Gesundheit der Mitarbeiter. Das Recht der Mitarbeiter auf Beitritt zu Interessenvertretungen ist selbstverständlich. Als wichtige gesellschaftspolitische Herausforderungen sind zu nennen: die Vereinbarkeit von Familie und Beruf, das Entwickeln und Bereitstellen von Aus- und Weiterbildungsmaßnahmen sowie von Maßnahmen für lebenslanges Lernen und nicht zuletzt die Einrichtung alters- und behindertengerechter Arbeitsplätze. Freiwilliges Engagement in diesen Bereichen verbessert die Chancen im Wettbewerb um kompetente und motivierte Mitarbeiter.

Unternehmen mit Verantwortung pflegen einen partnerschaftlichen Umgang mit ihren Mitarbeitern als Basis für ihren wirtschaftlichen Erfolg.

Die gesellschaftliche Integration fördern

Keine Diskriminierung. Soziales und ökologisches Engagement eröffnet den Unternehmen neue Möglichkeiten, die Herausforderungen des gesellschaftlichen Wandels zu meistern. Dabei bietet sich ihnen die Chance, soziale Errungenschaften zu sichern und zugleich ihre Wettbewerbsfähigkeit zu steigern. Folgerichtig setzen sich Österreichs Unternehmen für gesellschaftliche Integration, soziale Gerechtigkeit und Gleichbehandlung ein. Dies gilt insbesondere für die Gleichstellung von Frauen und Männern auf allen Ebenen. Ebenso selbstverständlich wirken die Unternehmen auch gegen andere Formen der Diskriminierung: gegen die Diskriminierung von Menschen mit Behinderungen oder von Minderheiten, gegen die Diskriminierung von Menschen aufgrund ihrer ethnischen Zugehörigkeit, ihrer Herkunft, ihres Alters, ihrer sexuellen Orientierung, ihrer politischen oder religiösen Überzeugung. Darüber hinaus sind die Integration ausländischer Mitbürger und die Einbindung Jugendlicher, beispielsweise durch die Bereitstellung geeigneter Arbeitsplätze, den österreichischen Unternehmen ernsthafte Anliegen.

Unternehmen mit Verantwortung engagieren sich für eine offene Gesellschaft und anerkennen deren Vielschichtigkeit.

Die Anliegen von Interessengruppen berücksichtigen

Im Interesse aller. Auf dem Weg zu ihren unternehmerischen Zielen beachten Österreichs Unternehmen auch die Anliegen der Interessengruppen im lokalen Umfeld. Sie suchen im Dialog mit diesen nach gemeinsamen Lösungen und leisten dadurch einen Beitrag zur Bewahrung des sozialen Friedens. Sie engagieren sich für Gemeinschaftsbelange, unterstützen im Rahmen ihrer Möglichkeiten soziale Aktivitäten ihrer Mitarbeiter und fördern soziale, sportliche, kulturelle sowie Bildungs- und Umweltaktivitäten.

Unternehmen mit Verantwortung beachten die Anliegen unterschiedlichster Interessengruppen und werden so ihrer Rolle in der Gesellschaft gerecht.

Die Situation in anderen Ländern verbessern helfen

Grenzenlos engagiert. Österreichs Unternehmen sorgen an all ihren Standorten für menschenwürdige Arbeitsbedingungen. Sie zeigen Respekt für regionale Kulturen, für sozio-kulturelle Gepflogenheiten und für die Rechte von Ureinwohnern. Konkret bedeutet dies, dass sie die einschlägigen internationalen Standards und Konventionen umsetzen. Beispielhaft seien hier die ILO-Kernarbeitsnormen, die OECD-Leitsätze für Multinationale Unternehmen, das OECD-Übereinkommen zur Korruptionsbekämpfung angeführt. Die Unternehmen bekennen sich zu den Menschenrechten, zur Einhaltung aller lokalen Vorschriften und sprechen sich gegen Kinderarbeit aus. Unternehmen, die ihrer Verantwortung nachkommen, sorgen dafür, dass ihre unternehmerische Tätigkeit in all den betroffenen Regionen für die lokale Bevölkerung und deren wirtschaftliche Entwicklung Nutzen bringt. Sie sorgen darüber hinaus auch dafür, dass ihre Partner vergleichbare Standards anwenden. Länder, die solche Standards erst entwickeln, unterstützen sie nach Möglichkeit darin, deren Sozial- und Umweltstandards an internationale Konventionen heranzuführen.

Unternehmen mit Verantwortung wirken in ihren Bestrebungen auch über Betriebs- und Landesgrenzen hinaus.

An Umwelt und Zukunft denken

Heute die Verantwortung für Morgen tragen. Österreichs Unternehmen sind sich ihrer Verantwortung künftigen Generationen gegenüber bewusst. Sie dokumentieren dies, indem sie ihr unternehmerisches Handeln so gestalten, dass natürliche Ressourcen weitestgehend geschont werden und die Vielfalt von Lebensräumen und Arten erhalten bleiben kann. Der effiziente Einsatz der Produktionsfaktoren erfolgt unter möglichster Schonung der Umwelt. Als wesentlicher Beitrag dazu werden erneuerbare Rohstoffe und Energieträger eingesetzt. Damit unterstützen die Unternehmen die Umsetzung der Resolution von Johannesburg. Sie sichern damit aber auch ihren wirtschaftlichen Erfolg: Indem die Unternehmen innovative Produkte und Dienstleistungen anbieten, profitieren ihre Kunden und zugleich auch die Umwelt.

Das Vorsorgeprinzip beachten

Für die Umwelt. Österreichs Unternehmen setzen ihre wirtschaftlichen Aktivitäten im Bewusstsein um die Einmaligkeit der natürlichen Umweltbedingungen. Sie setzen Initiativen, um Umweltprobleme frühzeitig zu erkennen, um diese in ihren Entscheidungen zu berücksichtigen und um sie einer Lösung zuzuführen. Diese Initiativen betreffen insbesondere den vorbeugenden Luft- und Gewässerschutz, die Flächen- und Bodennutzung, die Gewährleistung hoher Sicherheitsstandards im Umgang mit gefährlichen Gütern und Stoffen, die Berücksichtigung von Umweltüberlegungen bei der Produktgestaltung, die konsequente Minimierung von Schadstoffemissionen sowie die möglichst weitgehende Vermeidung giftiger Substanzen.

Unternehmen mit Verantwortung beachten das Vorsorgeprinzip – und verstehen dies als wesentlichen Teil ihrer unternehmerischen Aktivitäten.

Ökologische Herausforderungen ökonomisch lösen

Ökonomie der Vernunft. Auch bei ökologischen Herausforderungen können Marktmechanismen und unternehmerisches Denken zu effizienten Lösungen führen. Entwicklung und Verbreitung ökoeffizienter Technologien führen zu einem schonenden Einsatz natürlicher Ressourcen, verringern Umweltbelastungen, helfen Kosten sparen und eröffnen neue Geschäftsfelder. Betriebliches Mobilitätsmanagement und die Nutzung lokaler Ressourcen können zu einer Verringerung der Verkehrsbelastung führen, also einen wesentlichen Beitrag zum Klimaschutz leisten.

Unternehmen mit Verantwortung nützen Innovationen zur Steigerung der ökologischen und ökonomischen Effizienz.

Die Interessen der Verbraucher berücksichtigen

Faire Geschäfte. Österreichs Unternehmen sind bestrebt, auch den Endverbrauchern gegenüber faire Geschäfts-, Vermarktungs- und Werbepraktiken anzuwenden. Sie treffen alle zumutbaren Vorkehrungen, um Sicherheit und Qualität der von ihnen angebotenen Dienstleistungen und Güter zu gewährleisten. Dabei haben sie den gesamten Lebenszyklus dieser Güter im Auge.

Sie sorgen für eine möglichst gefahrlose Anwendbarkeit, für Reparaturfreundlichkeit, möglichst lange Lebensdauer und Wiederverwertbarkeit dieser Güter.

Unternehmen mit Verantwortung richten ihr Augenmerk auf den gesamten Lebenszyklus ihrer Güter.

Die nachhaltige Entwicklung global und regional fördern

Globale Verantwortung. Österreichs Unternehmen trachten danach, dass ihre Aktivitäten positive Einflüsse auf die Umwelt in anderen Ländern haben und werden so ihrer globalen Verantwortung gerecht. Sie halten lokale Vorschriften für Sicherheit und Umweltschutz ein. Sie streben danach, an allen Standorten weltweit den anerkannten Stand der Technik zur Anwendung zu bringen. In jenen Staaten, deren Sicherheits- und Umweltgesetzgebung erst in Entwicklung ist, führen sie ihre eigenen Umweltschutzmaßnahmen an internationale Standards heran. Nachhaltige Entwicklung bedeutet neben dem Schutz der Umwelt aber auch, dass die Interessen der Menschen und der gesellschaftlichen Systeme in anderen Ländern sowie die Anliegen kommender Generationen gewahrt werden.

Unternehmen mit Verantwortung sind sich der globalen Zusammenhänge bewusst und berücksichtigen die Interessen künftiger Generationen.

Engagiert umsetzen

Verantwortung übernehmen, Initiativen setzen. Unternehmen, die ihre Verantwortung der Gesellschaft gegenüber ernst nehmen, sorgen auch für die konsequente Umsetzung ihrer Ansprüche und Pläne. Dieser Prozess beginnt in der eigenen Unternehmenspraxis, die in systematischer Auseinandersetzung auf diese Grundsätze hin durchleuchtet werden soll. Er setzt sich fort in einer Analyse der Stellung des Unternehmens in der Gesellschaft. Und er schlägt sich schließlich in der Unternehmensstrategie und in deren Umsetzung nieder. Er schließt immer auch den Dialog mit den relevanten Interessengruppen ein, der als Chance zum Lernen begriffen wird.

Gefasste Grundsätze als Maßstab ernst nehmen

Verantwortung als Strategie. Die Unternehmensleitung begreift das Thema „Gesellschaftliche Verantwortung" als strategische Aufgabe: Sie entwickelt also Grundsätze, die verantwortungsbewusstes Handeln im Geschäftsleben klar definieren und genau auf die Situation des jeweiligen Unternehmens abgestimmt sind. Diese Grundsätze gelten als Richtschnur für Führungskräfte und Mitarbeiter. Als Orientierungshilfen für diesen Prozess können – neben diesem

Leibild – internationale Richtlinien (etwa die OECD-Leitsätze für Multinationale Unternehmen) wie auch nationale oder internationale Brancheninitiativen (etwa „Responsible Care" der chemischen Industrie Österreichs oder der Code of Conduct der Europäischen Zuckerindustrie) dienen.

Durch Informationspolitik für Transparenz sorgen

Offensiv offen. Österreichs Unternehmen bemühen sich um eine offene Informationspolitik. Dies betrifft nicht nur die finanziellen Aspekte, sondern das Unternehmen in seiner Gesamtheit – einschließlich der ökologischen und sozialen Dimensionen. Besonders bewährt haben sich in dieser Hinsicht Nachhaltigkeits- und Sozialberichte, die sowohl für die interne Bewertung als auch für die öffentliche Präsentation eingesetzt werden können.

In Partnerschaftsmodellen zusammenarbeiten

Aktive Partner. Österreichs Unternehmen anerkennen ihre Verantwortung der Gesellschaft gegenüber, indem sie mit unterschiedlichsten Interessengruppen Partnerschaften eingehen und so auch geschäftlich profitieren. Besonders deutlich wird dies, wo es um Bildungs- und Ausbildungsfragen geht, bei Kinder- und Jugendprojekten, in regionalen Entwicklungsmodellen, bei Ökologieprojekten und in Fragen der Entwicklungszusammenarbeit. Verantwortungsbewusste Unternehmen engagieren sich für die Weiterentwicklung der Gemeinschaft an ihrem Standort und in ihrem Zulieferbereich.

Zielführende Maßnahmen weiter entwickeln

Wirksam und nachvollziehbar. Unternehmen, die gesellschaftlich verantwortungsvoll handeln, stellen die Wirksamkeit und Nachvollziehbarkeit ihres Engagements sicher. Dies ist sowohl firmenintern als auch -extern für den Erfolg und die Glaubwürdigkeit des Unternehmens entscheidend – was zunehmend auch am Finanzmarkt von Bedeutung ist. Für die Evaluation und die Weiterentwicklung solchen Engagements bieten sich unterschiedliche Methoden der Selbstkontrolle an, bei der je nach Situation und Thematik auch Mitarbeiter und deren Vertreter oder andere Interessengruppen beigezogen werden können. Darüber hinaus steht eine breite Palette anderer bewährter Methoden zur Verfügung (etwa die Global Reporting Initiative).

Stichwortverzeichnis